Kohlhammer

Andreas Gattinger

Handbuch Ausbilden bei der Feuerwehr

Verlag W. Kohlhammer

Dieses Werk einschließlich aller seiner Teile ist urheberrechtlich geschützt. Jede Verwendung außerhalb der engen Grenzen des Urheberrechts ist ohne Zustimmung des Verlags unzulässig und strafbar. Das gilt insbesondere für Vervielfältigungen, Übersetzungen, Mikroverfilmungen und für die Einspeicherung und Verarbeitung in elektronischen Systemen.

Die Wiedergabe von Warenbezeichnungen, Handelsnamen und sonstigen Kennzeichen in diesem Buch berechtigt nicht zu der Annahme, dass diese von jedermann frei benutzt werden dürfen. Vielmehr kann es sich auch dann um eingetragene Warenzeichen oder sonstige geschützte Kennzeichen handeln, wenn sie nicht eigens als solche gekennzeichnet sind.

Die Abbildungen stammen – soweit nicht anders angegeben – vom Autor.

1. Auflage 2025

Alle Rechte vorbehalten
© W. Kohlhammer GmbH, Stuttgart
Gesamtherstellung: W. Kohlhammer GmbH, Heßbrühlstr. 69, 70565 Stuttgart
produktsicherheit@kohlhammer.de

Print:
ISBN 978-3-17-035438-8

E-Book-Formate:
pdf: ISBN 978-3-17-035440-1
epub: ISBN 978-3-17-035441-8

Für den Inhalt abgedruckter oder verlinkter Websites ist ausschließlich der jeweilige Betreiber verantwortlich. Die W. Kohlhammer GmbH hat keinen Einfluss auf die verknüpften Seiten und übernimmt hierfür keinerlei Haftung.

Vorvorwort

Sie halten sich nicht lange mit dem Vorwort auf?!
Sehr gut – ich auch nicht!

 Erste Lektion: Wenn Sie zu einem Thema nichts zu sagen haben – sagen Sie auch nichts!
Vielleicht auch etwas weniger provokativ ausgedrückt:
Ein Praxisabend oder Unterricht zu einem Thema, bei dem Sie sich nicht auskennen oder nicht wissen, was Sie den Teilnehmenden überhaupt Neues vermitteln sollen und welchen Nutzen das haben soll – lassen Sie es lieber!
Sie und Ihre Zuhörer können hier nur verlieren. Lesen Sie stattdessen ein gutes Buch – … Vielleicht ja sogar dieses?!

Vorwort

Ok, ich konnte mich selbst überzeugen – ein kleines Vorwort ist immer gut und es soll ja auch ein paar Informationen vorneweg bieten. Denn die Investition in ein neues Buch soll sich ja schnellstmöglich bezahlt machen und lohnen.

Deshalb gleich im Vorwort – noch vor dem »richtigen Vorwort«, die Quintessenz dieses Buches – ganz exklusiv:

Aus- Fort- und Weiterbildung ist eigentlich ganz einfach und soll vor allem Spaß machen. Je mehr Spaß man selbst damit und dabei hat, umso einfacher ist das Ganze für alle, die unterrichten oder praktisch anleiten wollen, zu schaffen.

Fragen Sie sich einfach vor jeder Art der Wissensvermittlung:
1. Was wollen Sie wirklich vermitteln?
2. Welcher konkrete Nutzen und welches Ziel sollen erreicht werden?
3. Welcher Zielgruppe wollen Sie das von Punkt 1 vermitteln und warum?
4. Was ist die beste Methode, die Sie kennen, diesen Inhalt zu verdeutlichen?
5. Gibt es Personen im Auditorium, die mehr Wissen haben? Gut, dann nutzen Sie das und binden diese mit ein!
6. Und bitte – auch wenn Sie einen Wissensvorsprung haben, behandeln Sie alle gleich und auf Augenhöhe.

… Und der absolute Grundsatz, der nie vergessen werden sollte:

Nicht Sie sind wichtig und dass Sie Ihr Wissen möglichst darstellerisch gut mitteilen können, sondern das was bei den Teilnehmenden effektiv ankommt und was diese von Ihnen lernen können.

Sie sind der Meinung, dass dies jetzt doch etwas einfach wäre und der Preis für diese sechs (ein halb) Thesen etwas hoch wäre – richtig! Das sehe ich genauso …

… denn wenn man ein Talent zum Ausbilden hat, diese Thesen unterbewusst verinnerlicht hat, intuitiv anwendet und dabei noch ganz einfach Spaß hat – ist alles ganz einfach. Die meisten Menschen müssen sich aber leider durch zahlreiche Bücher plagen und sich vieles erst erarbeiten. Keine Angst – zahlreiche Erfahrungen und Informationen habe ich reichlich für Sie hier zusammengetragen, gefiltert und (hoffentlich) gut aufbereitet – so dass das Preisleistungsverhältnis am Ende des Buches wieder ausreichend hergestellt sein dürfte!

Vorwort

Habe ich Sie durch die zugegeben etwas provokante Aussage gerade doch zum Nachdenken angeregt?! Das war natürlich meine Absicht und sollte schon mal die eigene Selbstreflexion anregen ...

Vielleicht wundern Sie sich auch, warum dieses Buch, in einem eher weniger wissenschaftlichen Stil geschrieben ist und etwas despektierlich mit Ihnen – den Lesenden – umgeht?! Ich möchte für die Dauer dieses Buches Ihr persönlicher Lernbegleiter auf Augenhöhe sein und Sie somit an der richtigen Stelle und auf Augenhöhe abholen. Das heißt im Klartext, ich möchte hier möglichst wenig Fachchinesisch wiedergeben und keine hochtrabenden Theorien verfolgen, sondern für (fast) jeden Feuerwehrler einen nachvollziehbaren Leitfaden anbieten.

Manche Begriffe und Theorien werden zwar notwendig sein, sollen aber immer mit praxisnahen Empfehlungen anhand von Beispielen und klaren Hinweisen aus der Erfahrung heraus verdeutlicht werden. Natürlich werde ich hier speziell den Bereich der Feuerwehr besonders mit einbeziehen – das macht mir persönlich nämlich am meisten Spaß! Mal ehrlich ... Bei der Menge, der zu schreibenden Seiten, sollte das Ganze auch mir als Autor schon ein bisschen Spaß machen! Was Sie daraus machen, bleibt Ihnen überlassen ... Aber hey – das ist ja schon gelebte Erwachsenenbildung! (Diese wird übrigens noch etwas umfangreicher in ▶ Kapitel 2.9 erklärt.)

Habe ich Sie jetzt etwas neugierig gemacht, wie es denn hier weitergeht und vielleicht sogar zum Schmunzeln gebracht? Auch habe ich bewusst mit den drei Vorworten – Tatsache, eines habe ich noch – die gängigen Konventionen von Büchern gebrochen. Das können Sie auch selbst immer wieder in Ihren Unterrichten und praktischen Übungen tun. Sie werden feststellen, ab und zu mal etwas außerhalb des üblichen Horizonts zu denken und zu handeln, kann wunderbare Lernerfolge erzielen.

Diese Art der Störung zur Steigerung des Lernverhaltens und als Anregung zum Nachdenken wird übrigens »Perturbation« genannt und findet in der Erwachsenenbildung immer wieder Anwendung.

Richtiges Vorwort, Bedienungsanleitung und Nutzen für dieses Buch

Ein Buch über Ausbilden bei der Feuerwehr? Ist das überhaupt notwendig? Es gibt doch schon Skripte, Empfehlungen und fertige Präsentationen auf schier unzähligen Webseiten und Foren. Zusätzlich gibt es in fast jeder Bibliothek noch mehr Fachliteratur, die sich mit Didaktik, Pädagogik, Andragogik und Methodik beschäftigt.

Mein Ansatz ist es hier ein »schlaues Buch« oder Nachschlagewerk **(Ja, ich gebe es ja zu: Ich steh' auf Taschenkarten und Kurzübersichten)** mit den wichtigsten Überlegungen vorzustellen, das ganz klassisch zur Vorbereitung gelesen werden und zusätzlich als Nachschlagehilfe dienen kann. In jedem Fall aber schon mal Danke dafür, dass Sie sich der Thematik annehmen und vor allem versuchen, sich weiter zu informieren und zu verbessern!

> Vielleicht kommt Ihnen ja folgende Aussage irgendwie bekannt vor: »Der Unterricht hat doch noch immer geklappt, da machen wir genau das Gleiche wie im letzten Jahr, da hat sich auch keiner beschwert ... Es hat ja nicht mal einer gemeckert – nein, das passt schon!«

In meiner nun doch schon einige Jahre andauernden Feuerwehrkarriere gab es viele Übungen und Unterrichte, die ich auch auf der Seite der Teilnehmenden erleben durfte. Die Qualität dieser Schulungen reichte von sehr gut bis zu, sagen wir einmal »ganz besonders« ... Was ist mir persönlich von diesen Letzteren hängen geblieben? – Leider nicht die Inhalte, sondern nur, was mich alles störte und dass ich selbst gerne anders und effektiver die Inhalte, die mich meistens schon sehr interessiert haben, gelernt hätte. Genau das soll aber nicht passieren, deshalb meine folgende Zielsetzung für dieses Buch.

Zielsetzung dieses Buches
Ziel dieses Buches ist es, auf möglichst einfache Art und Weise die – durchaus komplexe – Welt der Aus-, Fort- und Weiterbildung so prägnant und praxisnah wie möglich zu erklären. Es soll auch ein steter Bezug zur Feuerwehr bestehen und das eigentlich sozialwissenschaftliche Thema möglichst bildlich und nachvollziehbar ausgestalten.

Richtiges Vorwort, Bedienungsanleitung und Nutzen für dieses Buch

Nutzen dieses Buches
Wenn du ein Feuer bei anderen entfachen willst, musst du selbst brennen!
Konkret soll dieses Buch Ihnen ein besseres Verständnis für alle die Aus-, Fort- und Weiterbildung betreffenden Themen ermöglichen. Dadurch sollen Sie im Anschluss bessere Unterrichte, Übungen und Lehrgänge durchführen können. Ihre Teilnehmenden sollen so einen größeren Lernerfolg erzielen und dadurch eine gesteigerte Qualität im Einsatzdienst erhalten. Darüber hinaus können Sie verbesserte Begründungen für die Umsetzung neuer Ideen und Methoden für den Aus-, Fort- und Weiterbildungsbereich in Gesprächen und Verhandlungen nutzen.

Bedienungsanleitung für dieses Buch
Wofür soll denn bitte eine Anleitung für ein Buch gut sein? Nun ja, die klassische Lesart von vorne nach hinten und von links nach rechts sollte hoffentlich bekannt sein! Trotzdem habe ich weder zeitlichen Aufwand noch schreibtechnische Mühen gescheut, um zwei weitere Varianten hier unterzubringen, so dass alle Lesenden selbst entscheiden können, wie dieses Buch gelesen und damit am besten gelernt werden soll …

Bild 1: *Möglichkeiten dieses Buch zu lesen*

Hier also die drei Arten, wie sich dieses Buch lesen lässt:
    a) Klassisch von vorne nach hinten und der Reihe nach, der Aufbau folgt hier analog einer Schulung und der gewohnten Leseweise.
    b) Bewusste Suche nach einzelnen Themen wie sie benötigt werden – über den roten Faden, die Kurzübersicht oder die Frageübersicht.
    c) Sich von Thema zu Thema durch die zahlreichen vorhandenen Querverweise treiben lassen und sich so über eine ganzheitliche Sicht auf die Ausbildung nach konstruktivistischen Gesichtspunkten nähern.

Richtiges Vorwort, Bedienungsanleitung und Nutzen für dieses Buch

Hinweis zu den Bildern

Bild 2: *Bilder dienen als Blickfang und wie ein Anker*

Auch wenn ich kein Abbildungsverzeichnis aufgeführt habe, soll Ihnen die immer wieder auftauchenden Bilder als Anregung für eigene Präsentationen dienen. Zusätzlich verstärken die Bilder den Lerneffekt durch die Nutzung des visuellen Lernkanals und bilden einen Anker, der das Auge bei Präsentationen einfängt und auch mal ruhen lässt.

Hinweis zur Verwendung der Begrifflichkeiten für Frauen, Männer und weitere Geschlechter

Bild 3: *Vielfalt! Vielfalt macht unser ganzes Leben aus!*

Üblicherweise steht an dieser Stelle, dass der Einfachheit halber nur eine Bezeichnung (meistens die männliche Form) verwendet wurde, aber selbstverständlich alle gemeint sind … **Aber hier mal nicht!** Das hat seinen guten Grund. Nachdem ich mich selbst zu Beginn gegen eine Genderung von allem möglichen (un)sinnigen Begriff:innen **(sic!)** gewehrt habe, konnte sogar ich überzeugt werden, dass es sehr wohl eine Bedeutung hat, alle Geschlechter anzusprechen und ein bisschen mehr darauf zu achten. Diese Einstellung möchte ich an dieser Stelle kurz erklären und

Richtiges Vorwort, Bedienungsanleitung und Nutzen für dieses Buch

Ihnen weitergeben! Ja – denn es macht wirklich einen großen Unterschied – hier gibt es inzwischen zahlreiche Studien, die das auch sehr gut begründen können!

Die wahrscheinlich häufig zitierteste Studie besagt, dass sich schlichtweg mehr Frauen auf eine Stelle bewerben, wenn diese auch explizit im Jobtitel mit angesprochen werden. Einfach mal im Internet nach »gendern warum« suchen – hier finden sich die wichtigsten Erkenntnisse schon bei den ersten beiden Treffern!
(Studie: Vervecken, Hannover (2015): Yes I can! Effects of gender fair job descriptions on children's perceptions of job status, job difficulty, and vocational self-efficacy; Social Psychology 2/15)

Also liebe Feuerwehrfrau, lieber Feuerwehrmann – schön, dass Ihnen dazu auch gleich einfällt, dass es ja »neuerdings« auch noch ein drittes Geschlecht gibt … Es dürfte sich inzwischen auch schon rumgesprochen haben, dass es nicht nur neuerdings und nicht nur ein drittes, sondern noch wesentlich mehr Geschlechter (-rollen) gibt und diese auch adäquat angesprochen werden sollten (LGBTQIA+ ist hier das Stichwort). Deshalb möchte ich Sie als moderne/n und weltoffene/n Ausbilder:in mit einem weit geöffneten Blick über den Tellerrand aktiv ansprechen, nicht nur meinem Beispiel zu folgen und alle Menschen unabhängig ihrer Herkunft, Religion, Geschlecht oder sexuellen Orientierung gleich zu behandeln, sondern auch für eine verbesserte Sichtbarkeit von Frauen und Diversen zu sorgen. Denn das ist meiner Meinung nach, die größte Stärke von uns Feuerwehrlern **(Dieser Begriff gefällt mir persönlich sehr gut, da er schon immer alle mit einbezogen hat)**. Wir wollen allen – egal wem – bestmöglich und gleich helfen und in unserem Team auch Schwächere und Ruhigere unterstützen!

Sollte die ein oder andere Formulierung doch noch durchgerutscht sein, bitte ich das – nicht zu entschuldigen –, sondern einfach entspannt zu sehen. Das ist meiner Meinung nach bei dieser Thematik äußerst wichtig. Wir sind gerade erst am Anfang einer Entwicklung unserer Sprache und sollten hier mit entsprechender Rücksichtnahme auf allen Seiten beginnen.

Das Genderzeichen Doppelpunkt »:« ist für mich die beste und leserlichste Variante, wenn neutrale Formulierungen nicht zu finden sind. Außerdem wird dieser im »Screenreading« mit einer kurzen Pause gewürdigt.

Wer weiß, vielleicht wird dieses Buch sogar mal als Hörbuch verkauft, und da möchte ich gut vorbereitet sein … Also probieren wir es doch einfach mal aus und bleiben entspannt bei dieser Thematik!

Richtiges Vorwort, Bedienungsanleitung und Nutzen für dieses Buch

Hinweise zu den Kästen

Es werden in diesem Buch nachfolgend immer wieder ein paar unterschiedlich farbige Kästen zur Verdeutlichung auftauchen. Was einmal der Übersichtlichkeit dient, soll dich gleichzeitig auf wertvolle Tipps, Informationen, mögliche Probleme und Lohnenswertes hinweisen.

Achtung – Kasten:
Achtung – wenn du hier nicht aufpasst, drohen Probleme

Info – Kasten:
Info – Hintergrundinformationen

Merke – Kasten:
Merke – das lohnt sich für Sie/dich zu merken

Praxis-Tipp:
Aus der Praxis für die Praxis Beispiele

Hinweis zur Meta-Ebene:
Bei dieser übergeordneten oder dahinterstehenden Sichtweise falle ich hier quasi aus der Rolle des Autors und erkläre die gerade angewendete Methodik, werfe persönliche Anmerkungen ein oder relativere bestimmte Sachen. Manchmal auch mit einem leicht ironischen Unterton – falls er denn verstanden wird … – verstanden? :-)

Kurzübersicht

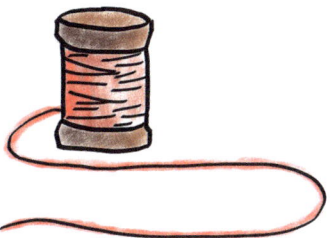

Bild 4: *Der rote Faden durch dieses Buch*

	Vorvorwort	5
	Vorwort	6
	Richtiges Vorwort, Bedienungsanleitung und Nutzen für dieses Buch	8
	Inhaltsverzeichnis	15
1	Einleitung	25
2	Begriffsdefinitionen	56
3	Lerntheoretische Überlegungen	94
4	Die eigene Rolle	189
5	Planung einer kurzen Schulung oder eines Trainings	199
6	Planung einer längeren Schulung oder eines Lehrgangs	258
7	Methodensammlung	299
8	Lernzielbilanzierung, Lernzielkontrolle, Prüfung und Evaluation	385
9	Schulungsabschluss	419
10	Abschluss dieses Buchs	428
11	Schluss und Danke	440
	Kurzwörterbuch/Stichwortverzeichnis	442
	Abkürzungsverzeichnis	450
	Anhang und Hinweise zum digitalen Content	452

Inhaltsverzeichnis

Vorvorwort		5
Vorwort		6
Richtiges Vorwort, Bedienungsanleitung und Nutzen für dieses Buch		8
Kurzübersicht		13

1 Einleitung **25**

1.1	Begrüßung	29
1.2	Vorstellung	30
1.2.1	Persönlicher Hintergrund und Bezug	32
1.2.2	Eigenes Ziel und eigene Motivation	32
1.3	Der erste Eindruck	34
1.3.1	Sympathie und persönlicher Nutzen	35
1.3.2	Positive Beeinflussung	36
1.3.3	Kleider machen ausbildende Leute!	37
1.4	Einstieg	38
1.5	Nutzen	40
1.6	Lernziel	44
1.7	Roter Faden	46
1.8	Rahmenbedingungen für die gemeinsame Zeit	48
1.9	Zusammenfassung der Einleitung	50
1.10	Weiterlernen	52

2 Begriffsdefinitionen **56**

2.1	Ausbildung	58
2.2	Fortbildung	59
2.3	Weiterbildung	60
2.4	Umschulung	61
2.5	Schulung (Bildungsmaßnahmen)	62
2.5.1	Training (kurze Schulung)	64
2.5.2	Lehrgang (lange Schulung)	65
2.5.3	Unterrichtseinheit (UE)	66

Inhaltsverzeichnis

2.5.4	Didaktischer Ablauf	67
2.6	Kompetenz	69
2.7	Pädagogik	78
2.8	Didaktik	79
2.9	Andragogik/Erwachsenenbildung	81
2.10	Methode	82
2.10.1	Theorie/Unterricht	83
2.10.2	Praxis	86
2.11	Lernfelder und der logische Aufbau daraus	86
2.11.1	Handlungsszenarien = Lernsituationen	87
2.11.2	Handlungstätigkeiten = Fallbeispiele = Übungen	88
2.11.3	Handlungsfertigkeiten = Skills = Grundtätigkeiten	88
2.11.4	Logischer Aufbau	89
2.12	Zusammenfassung der Begriffsdefinitionen	90
2.13	Weiterlernen, Quellen und weiterführende Literatur	92
3	**Lerntheoretische Überlegungen**	**94**
3.1	Neuronales Lernen	97
3.1.1	Gedächtnis – aus neurologischer Sicht	98
3.1.2	Lerntypen oder Vielfältigkeit	108
3.1.3	Sinnzusammenhang/kontextuelles Lernen	113
3.1.4	Spaß und Emotionen	113
3.2	Ausgestaltung über Empathie	117
3.2.1	Wie möchte ich selbst behandelt werden?	118
3.2.2	Was interessiert mich in meiner Funktion am Thema?	118
3.2.3	Mit welcher Art der Darstellung oder Methode lernen alle in ihrer jeweiligen Funktion am besten?	119
3.3	Augenhöhe erklärt über Führungsautoritäten	121
3.3.1	Amtsautorität	122
3.3.2	Persönliche Autorität	123
3.3.3	Fachautorität	124
3.4	Lernziele	124
3.4.1	Lernzielkategorisierung	126
3.4.2	Lerntaxonomie(-stufen)/Lernzielstufen	128
3.5	Informationsbeschaffung und Inhaltsanalyse	135
3.6	Didaktische Reduktion	139
3.6.1	Reduktion der Darstellung (horizontale didaktische Reduktion)	142

Inhaltsverzeichnis

3.6.2	Reduktion der Schwierigkeit oder Reduktion des Inhalts (vertikale qualitative didaktische Reduktion)	144
3.6.3	Reduktion des Umfangs (vertikale quantitative Reduktion)	144
3.7	Wissenschaftliche Lerntheorien (und Lehrtheorien)	145
3.7.1	Behaviorismus und Konditionierung	146
3.7.2	Kognitivismus	148
3.7.3	Konstruktivismus	151
3.7.4	Konnektivismus	155
3.7.5	Ermöglichungsdidaktik	158
3.7.6	Erfahrungsbasierter Ansatz	159
3.7.7	Handlungsorientierung	160
3.7.8	Kompetenzorientierte Ausbildung (KOA)	161
3.7.9	Kompetenzentwicklung und Kompetenzförderung	163
3.8	Lernformen	164
3.8.1	Bestärkung/Konditionierung	164
3.8.2	Versuch und Irrtum (Trial-and-Error)	165
3.8.3	Einsicht	165
3.8.4	Nachahmung (Vormachen/Nachmachen)	166
3.8.5	Spiel/Gamification	167
3.8.6	Lernen am Modell	168
3.8.7	Informelles Lernen	168
3.8.8	Erklären, Vormachen, Nachmachen	169
3.8.9	Vormachen, Erklären, Nachmachen, Üben (VENÜ)	169
3.8.10	AVIVA/+AVIVA Phasen	170
3.8.11	Didaktisches/Berliner Modell	171
3.8.12	Lernen durch Lehren (LdL)	172
3.8.13	Lernformen – die zehn Lernregeln	173
3.9	Motivation	173
3.9.1	Die großen Drei (Big Three)	174
3.9.2	Intrinsische Motivation	175
3.9.3	Extrinsische Motivation	176
3.9.4	Fünf Quellen der Motivation	177
3.9.5	Kombinationen der Motivationsmodelle für das Lernen	179
3.10	Quintessenz der Lerntheorie	180
3.11	Quintessenz der Quintessenz der Lerntheorie	182
3.12	Weiterlernen, Quellen und weiterführende Literatur	183

Inhaltsverzeichnis

4 Die eigene Rolle **189**
4.1 Verantwortungsvolle Führungskraft und Vorbild 191
4.2 Spezialisierte Fachkraft 192
4.3 Interessantes Gegenüber 193
4.4 Kooperative Lernbegleitung 194
4.5 Hervorragendes Organisationstalent 195
4.6 Die Summe aller Anforderungen 195
4.7 Weiterlernen, Quellen und weiterführende Literatur 197

5 Planung einer kurzen Schulung oder eines Trainings **199**
5.1 Klartext – das ist die Zauberformel für ein Training! 200
5.2 Klartext – das sind die häufigsten Fehler eines Trainings! 201
5.3 Der Ablauf – so wird ein Training oder eine kurze Schulung ein Erfolg 204
5.4 Vorbereitung 206
5.4.1 Rahmenbedingungen klären 207
5.4.2 Inhaltsrecherche durchführen 212
5.4.3 Lernziele formulieren 216
5.4.4 Zielgruppe festlegen 220
5.4.5 Didaktische Reduktion anwenden 221
5.5 Methodenplanung 224
5.5.1 Theorie oder Praxis? 225
5.5.2 Methodenauswahl 225
5.5.3 Abwechslung und Freude bieten 227
5.5.4 Das ist die perfekte Methode! 228
5.6 Zeitplanung 228
5.6.1 Lehr- und Lernzeiten planen 228
5.6.2 Aktiv- und Passivphasen planen (Rhythmisierung) 230
5.6.3 Pausen planen 230
5.7 Arbeitsplatzeinrichtung 231
5.8 Schulungsbeginn 233
5.8.1 Teilnehmende begrüßen 233
5.8.2 Nutzen vorstellen 234
5.8.3 Lernziele vorstellen 234
5.8.4 Roten Faden/Ablauf erläutern 235
5.8.5 Ins Thema einsteigen 235
5.9 Schulungsdurchführung 241
5.9.1 Erwachsenengerechtes Training 242

Inhaltsverzeichnis

5.9.2	Klassenraum-Management (Classroom-Management)	243
5.10	Schulungsende	250
5.10.1	Themenausstieg	250
5.10.2	Zusammenfassung	250
5.10.3	Weiterlernen anregen	251
5.10.4	Lernziele sichern	251
5.10.5	Feedback geben	252
5.11	Nachbereitung	252
5.12	Zusammenfassung zur Planung eines Trainings	253
5.13	Weiterlernen	254

6 Planung einer längeren Schulung oder eines Lehrgangs — 258

6.1	Klartext – das ist die »Zauberformel« für einen Lehrgang!	260
6.2	Klartext – das sind die häufigsten Fehler bei der Planung eines Lehrgangs!	260
6.3	Der Ablauf – so wird ein Lehrgang oder eine lange Schulung ein Erfolg!	261
6.4	Anforderungen klären	263
6.4.1	Kundenanforderungen	263
6.4.2	(Gesetzliche) Vorgaben	265
6.4.3	Interne Vorgaben und strategische Ziele der eigenen Bildungseinrichtung	267
6.5	Grobkonzept/Makrodidaktik erstellen	270
6.5.1	Rahmenbedingungen fixieren	270
6.5.2	Didaktischen Ablauf festlegen	271
6.5.3	Ressourcen planen	273
6.5.4	Kosten planen	276
6.5.5	Machbarkeitsanalyse durchführen	278
6.5.6	Freigabe durch Kunden einholen	279
6.6	Feinkonzept/Mikrodidaktik erstellen	280
6.6.1	Didaktischen Ablauf ausrollen	280
6.6.2	Fachthemen den Fachkundigen überlassen	282
6.6.3	Stundenplan erstellen	283
6.6.4	Skripte erstellen	284
6.6.5	Lernzielkontrolle erstellen	284
6.6.6	Freigabe durch Kunden einholen	285
6.7	Lehrgang vorbereiten	285
6.8	Lehrgang durchführen	287

Inhaltsverzeichnis

6.8.1	Aufgaben der Schulleitung	287
6.8.2	Aufgaben der Schulungsplanung	289
6.8.3	Aufgaben der Schulungsleitung	289
6.8.4	Aufgaben der Moderation	290
6.8.5	Aufgaben von Lehrkräften oder Trainerinnen/Trainern	290
6.8.6	Aufgaben von Coaches oder der Lernbegleitung	291
6.9	Lernzielkontrolle durchführen	291
6.10	Evaluation durchführen	292
6.11	Lehrgang nachbereiten	292
6.12	Kennzahlen auswerten	293
6.12.1	Was sind Kennzahlen?	293
6.12.2	Wofür sind Kennzahlen gut?	295
6.13	Maßnahmen ableiten	296
6.14	Rückspiegelung an den Kunden	296
6.15	Weiterlernen, Quellen und weiterführende Literatur	297
7	**Methodensammlung**	**299**
7.1	Empfehlungen für Methoden bei der Feuerwehr	302
7.2	Legende und Wertung der einzelnen Methoden	305
7.2.1	Anzahl der Teilnehmenden	306
7.2.2	Zielgruppeneignung	308
7.2.3	Dauer	308
7.2.4	Zentrierung (Rhythmisierung)	309
7.2.5	Aufwand	310
7.2.6	Notwendige Erfahrung der Trainer:innen	311
7.2.7	Aktivierungsgrad	312
7.3	Kennenlernen und Einschätzen	313
7.3.1	Vorstellungsrunde	313
7.3.2	Aufstellen im Raum/Lebende Statistik	314
7.3.3	Aufstehen und Setzen/Sitzstatistik	316
7.3.4	Schlüsselbund	317
7.3.5	Bilder auswählen/Bildkarten	318
7.3.6	Gegenstände auswählen	319
7.3.7	Wachrallye	320
7.4	Ideenfindung	321
7.4.1	Brainstorming	321
7.4.2	Brainwriting	322
7.4.3	6-3-5 Methode/Methode 635	324

Inhaltsverzeichnis

7.4.4	Mindmap/Denklandkarte	325
7.4.5	Negativ-Suche/Kopfstand	326
7.4.6	ABC-Suche/ABC-Liste (Buchstabenassoziieren)	327
7.4.7	Erzählmethode	328
7.5	Inhaltsvermittlung	329
7.5.1	Lehrvortrag, Vortrag, Erzählung	329
7.5.2	Impulsvortrag/Keynote/Pecha Kucha	331
7.5.3	Unterrichtsgespräch/Lehrgespräch/Moderation	332
7.5.4	Debatte/Podiumsdiskussion	333
7.5.5	Interview	334
7.5.6	PC mit Beamer/Präsentationssoftware	335
7.5.7	Flipchart/Digitales Flipchart	337
7.5.8	Moderationskarten und Pinnwand	339
7.5.9	Metaplanwand	340
7.5.10	Whiteboard	342
7.5.11	Smartboard/Digitales Schwarzes Brett/Interaktives Whiteboard	343
7.6	Offene Methoden	344
7.6.1	World Cafe	345
7.6.2	OpenSpace	346
7.6.3	Fishbowl/Innen-Außen-Kreis	347
7.7	Methoden speziell für die Feuerwehraus-/-fort- und Weiterbildung	348
7.7.1	Vormachen, Erklären, Nachmachen, Üben/Demonstrieren und Nachmachen	349
7.7.2	Ausprobieren und aus Fehlern lernen	350
7.7.3	Echtsimulation	351
7.7.4	Realtraining	352
7.7.5	Algorithmustraining	353
7.7.6	Praxisspiel	354
7.7.7	Ortsbegehung	355
7.7.8	Bilderbegehung	355
7.7.9	Kommunikationsübung	356
7.7.10	Crew/Team Ressource Management	357
7.7.11	Skill Training	358
7.8	Spezielle Führungsmethoden	359
7.8.1	Führungssimulation im Planspiel	360
7.8.2	Führungssimulationstraining	361
7.8.3	Planspiel-Einzeltraining	362
7.8.4	Planspiel-Übung/Planübung	363

Inhaltsverzeichnis

7.8.5	Planspiel-Besprechung/Planbesprechung	364
7.8.6	Erkundungsübung	365
7.8.7	Anfahrtsübung	366
7.8.8	Einsatzplandurchsprechung	367
7.9	Gruppenarbeiten	368
7.9.1	Teamfindung	371
7.9.2	Regeln und Empfehlungen	373
7.9.3	Probleme bei Gruppenarbeiten	374
7.9.4	Varianten	376
7.9.5	Partnerarbeit/Murmelgruppe/Kleingruppe	376
7.10	Evaluationsmethoden	377
7.10.1	Daumenfeedback	377
7.10.2	Blitzlicht	377
7.10.3	Kartenfeedback (Zeigen und Ausformulieren)	378
7.11	Zusammenfassung über das erfahrungsbasierte Lernmodell für Lernmethoden in der Feuerwehrausbildung	379
7.12	Weiterlernen, Quellen und weiterführende Literatur	381

8 Lernzielbilanzierung, Lernzielkontrolle, Prüfung und Evaluation 385

8.1	Definitionen der Begrifflichkeiten	386
8.2	Lernzielkontrolle	388
8.2.1	Selbstkontrolle	388
8.2.2	Lernfortschrittskontrollen	389
8.3	Prüfungen	390
8.3.1	Ansprüche an Prüfungen/Gütekriterien	391
8.3.2	Ausgestaltung von Prüfungen	393
8.3.3	Prüfungsmethoden	399
8.3.4	Zusammenfassung zu Prüfungen	404
8.4	Evaluation	405
8.4.1	Selbstevaluation	405
8.4.2	Fremdevaluation	406
8.5	Feedback, Qualität und objektive Einschätzung	407
8.5.1	Qualität	408
8.5.2	Feedback/Übungsnachbesprechungen	409
8.5.3	Objektive Überprüfung und Beurteilungsmethoden	413
8.6	Zusammenfassung der Lernzielbilanzierung	415
8.7	Weiterlernen, Quellen und weiterführende Literatur	416

Inhaltsverzeichnis

9	**Schulungsabschluss**	**419**
9.1	Rückblick und Transfer	421
9.1.1	Themenausstieg	421
9.1.2	Zusammenfassung	422
9.1.3	Feedback und Evaluation	422
9.1.4	Lernzielkontrolle und Prüfung	423
9.2	Perspektive	423
9.2.1	Ausblick	424
9.2.2	Weiterlernangebote	424
9.2.3	Schluss und Verabschiedung	425
9.3	Weiterlernen, Quellen und weiterführende Literatur	426
10	**Abschluss dieses Buchs**	**428**
10.1	Transfer in deine Aufgabe oder Funktion	429
10.2	Ausblick zum Thema Lernen und Lehren	430
10.2.1	E-Learning/Blended Learning	431
10.2.2	VR/AR/XR	432
10.2.3	WTF? – Was kommt da noch?!	432
10.3	Weiterlernangebote	434
10.3.1	Erklärung für die (freiwilligen) Aufgaben	435
10.3.2	Erklärung für die Quellen und weiterführende Literatur	435
10.3.3	Erklärung für die Suchmaschinenbegriffe	436
10.3.4	Wissenschaftlichkeit	437
10.3.5	Persönliche Weiterlerntipps	438
11	**Schluss und Danke**	**440**
	Kurzwörterbuch/Stichwortverzeichnis	**442**
	Abkürzungsverzeichnis	**450**
	Anhang und Hinweise zum digitalen Content	**452**
	Hinweise zum digitalen Content – Wo finde ich die Dateien?	452
	Anhang 1 – Verben zur Lernzielformulierung	453
	Anhang 2 – Operatoren für die Prüfungsbeschreibung	454
	Anhang 3 – Gestaltung von digitalen Präsentationen	456

Inhaltsverzeichnis

Anhang 4 – Flipchart-Gestaltung 458
Anhang 5 – Notengebung 460

1 Einleitung

Bild 5: *Lass uns starten!*

Nutzen:
- ✓ Sie erhalten eine Empfehlung und ein Beispiel wie eine Begrüßung und Vorstellung aussehen kann.
- ✓ Sie bekommen eine zusammengefasste Übersicht was in der Einleitung und Begrüßung alles enthalten sein sollte.
- ✓ Sie lernen den Autor, seinen Hintergrund, seinen Bezug zum Thema und seine Beweggründe für das Buch kennen und können manche Überlegungen besser nachvollziehen.
- ✓ Sie kennen die Bedeutung des ersten Eindrucks und welche Faktoren diesen beeinflussen. Diesen können Sie ab sofort besser nutzen.

Lernziele:

Am Ende des Kapitels solltest du …
- … eine eigene Einleitung und die Begrüßung von Lernenden und Teilnehmenden erstellen können.
- … den persönlichen Bezug zum Thema und die eigene Motivation in die Thematik einbinden und kritisch beurteilen können.
- … zu jedem Vortrag und Training den dazugehörigen Nutzen erzeugen und diesen den Lernenden vermitteln können.

1 Einleitung

- ... die Bedeutung des Nutzens für die Lernenden erklären und begründen können.

Antworten auf die Fragen:
- ? Wie beginne ich mein Training oder meinen Lehrgang?
- ? Wie stelle ich einen Bezug zum Thema her?
- ? Wie muss ich sprechen?
- ? Wie muss ich mich bewegen?
- ? Wie schaffe ich ein gutes Lernklima?

Bild 6: *Herzlich Willkommen – schön, dass Sie das hier lesen!*

Herzlich willkommen zu diesem Buch und vielen Dank, dass Sie sich die Zeit nehmen oder du die Energie aufbringst mehr über das Thema »Aus-, Fort- und Weiterbilden in der Feuerwehr« zu lesen, hoffentlich langfristig etwas zu lernen und dich persönlich zu verbessern!

Ich hoffe es ist in Ordnung, wenn wir beim Du bleiben – in der Feuerwehr ist das ja meist so üblich und hoffentlich so in Ordnung. Auch im Einsatz mache ich das immer so und außerdem ist es einfach persönlicher! Mehr dazu übrigens gleich im ▶ Kapitel 1.3.

Bild 7: *Andreas Gattinger – leicht vorteilhafte Selbstdarstellung*

1 Einleitung

Mein Name ist Andreas Gattinger, Andreas oder gerne auch einfach Andi, ich bin seit Geburt genetisch mit der Feuerwehr verbunden und seit 1996 selbst endlich aktiv dabei (erstmal freiwillig – beruflich habe ich 2010 mit der Ausbildung für den gehobenen feuerwehrtechnischen Dienst angefangen). Danach hatte ich die Gelegenheit sowie das Glück direkt im Anschluss an die Feuerwehrschule München zu kommen und dort meine Freude an der Ausbildung in unterschiedlichsten praktischen und theoretischen Formaten weiter anwenden zu können. Bereits davor war ich etliche Jahre am Trainings- und Ausbildungszentrum (TAZ) der Freiwilligen Feuerwehr München tätig. Weil mir Ausbilden seit Beginn an unglaublich viel Spaß macht und weil ich irgendwann mal wissen wollte, wie man professionell ausbildet, habe ich berufsbegleitend noch Erwachsenenbildung studiert. Dabei konnte ich viele neue Erkenntnisse gewinnen, die sich wunderbar mit der Feuerwehr, meiner Ausbildertätigkeit und meiner Leidenschaft »Feuerwehrlern etwas beizubringen« kombinieren lassen. Diese möchte ich jetzt hier mit dir teilen.

Ich würde gerne für die Dauer dieses Buches und immer dann, wenn du später einmal etwas nachschlagen möchtest, dein persönlicher Lernbegleiter, Berater, Coach und Mentor für dich in Ausbildungsfragen sein. Das heißt, ich werde immer wieder in der **Meta-Ebene-Schrift** auftauchen und dir mit möglichst praxisnahen Empfehlungen, kurzen Hinweisen oder entsprechenden Kommentaren zur Seite stehen. Der für dich zu erwartende Nutzen liegt (hoffentlich) sowohl auf vielen erfahrungsbasierten Empfehlungen und Tipps für die Praxis als auch in einigen tiefergehenden Hintergrundinformationen. Diese sollen einen Gesamtzusammenhang verdeutlichen und gleichzeitig nicht realitätsfremd sein. Das alles habe ich hier zusammengefasst, um dir das Ausbilden möglichst schnell zu erleichtern. Den größten Nutzen wirst du aber direkt als Feedback von deinen Teilnehmenden erfahren, wenn als Rückmeldung über deine Ausbildung mal nicht geschimpft wird, sondern vielleicht sogar ein anerkennendes Nicken verbunden mit einem aufmunterndem Schulterklopfen folgt. Freust du dich nicht auch schon auf deinen nächsten eigenen Unterricht, der ganz sicher noch besser, mitreißender und begeisternder wird? Willst du noch mehr Tipps erhalten, die du sofort umsetzen kannst? Prima! Dann fangen wir doch gleich mal an!

Die oben vorgestellte Begrüßung wäre ein Beispiel, wie eine relativ kurze Vorstellung erfolgen könnte. Ob besonders gut oder nicht ganz schlecht, sei einmal dahingestellt. Einerseits ist dies immer auch ein bisschen vom persönlichen Geschmack abhängig und andererseits auch von der Zielgruppe. So würde ich, wahrscheinlich, niemals einen Vortrag im Bundestag über die Ausbildungsentwicklung im Feuerwehrwesen beginnen ... (falls man mich

mal hierzu einladen sollte – Einladungen an dieser Stelle bitte an …), aber unter Feuerwehr-Kolleginnen/Kollegen, dürfte dies ein ganz guter Einstieg sein, um sich, das Thema und die Verbindung zwischen Person und Inhalt vorzustellen. Zusätzlich könnte so etwas Begeisterung für das noch Kommende erzeugt werden. Überlege dir mal selbst, ob das so gelungen ist! … Und falls nicht, welche Punkte du davon übernehmen würdest und welche eher nicht.

Bevor ich gleich zur genaueren Erklärung einer erfolgreichen Einleitung und Begrüßung komme, kurz nochmal aufgeführt welche Einzelpunkte und hintergründigen Überlegungen oben angewendet wurden:

Das sollte in einer Einleitung enthalten sein:

1. Teilnehmende willkommen heißen (ankommen lassen und den Beginn definieren)
2. Mit dem eigenen Namen vorstellen (persönlicher Bezug zum Vortragenden und als persönlichen Kontakt definieren)
3. Eigenen Hintergrund kurz vorstellen (Bezug zum Thema und warum für Schulung geeignet)
4. Zeitraum vordefinieren (Zeit, um das Thema zu bearbeiten)
5. Rahmenbedingungen vorgegeben oder vorstellen
6. Eigenes Ziel und eigene Motivation (Verbindung Thematik, Auftrag und persönlicher Bezug)
7. Neugierig machen mit einer Frage (Klammer schließen)

Natürlich gibt es an dieser Stelle schon ein paar Fallstricke oder – sagen wir mal – nicht ganz optimale Punkte, die Schwierigkeiten nach sich ziehen könnten. Der Einfachheit halber sind diese auch in einer kurzen Zusammenfassung dargestellt.

- Übertriebene Vorstellung, Höflichkeit, Gestik, Mimik
- Übertriebene Anwendung von Fachbegriffen oder geschraubte Formulierungen
- Generell – alles »unnatürliche« oder »nicht normales Verhalten«
- Erklärungen, was alles schwierig war, ist und sein wird oder nicht funktioniert
- Kleinreden des Themas, der reingesteckten Arbeit oder gar sich selbst

1.1 Begrüßung

Bild 8: *Eine persönliche Begrüßung erleichtert den Einstieg*

Bei einer Schulung, einem Unterricht, einer Übung oder auch eines länger andauernden Lehrgangs sollte am Anfang immer eine (zumindest kurze) Begrüßung aller Teilnehmenden erfolgen. Zum einen ist dies das Startzeichen für den Beginn und zum anderen kannst du die ersten Sekunden ganz einfach nutzen, um den entscheidenden Moment der Anfangsphase, also die kritische Ersteinschätzung von dir persönlich, in deine Richtung zu beeinflussen.

Es gibt viele Studien, die sich genau mit diesem ersten Eindruck beschäftigen und alle landen bei mehr oder minder ähnlichen Werten. So fällt die Entscheidung, ob du als sympathisch eingestuft wirst, zwischen einer und maximal drei Sekunden. Am meisten Einfluss auf die Einschätzung nimmt hier die Körpersprache ein – also Gestik, Mimik, Haltung und Auftreten. Der gesprochene Inhalt hat fast keinen Einfluss – was man eigentlich vermuten würde.

 Am besten du konzentrierst dich in den ersten zehn Sekunden auf deinen Gesichtsausdruck, deine Körperhaltung und eine besonders deutliche Betonung der Aussprache. Auch hilft es, sich hier vorab schon Gedanken zu machen, was möchte ich überhaupt sagen – dann fällt das Konzentrieren auf die »nebensächliche« Körpersprache wesentlich leichter!

Was ist jetzt genau die Idee hinter einer anständigen Begrüßung? Nun ja, zunächst einmal etwas uneigennützig, wollen wir die bestmöglichen Rahmenbedingungen für unsere Lernenden schaffen, so dass diese am effektivsten lernen können. Das funktioniert nun mal am besten in einer Umgebung, wo wir uns als Lernende willkommen und aufgenommen fühlen. Das Wohlbefinden steigt, wenn die »Chemie« zwischen den beteiligten Lernenden und den Lehrenden einfach stimmt.
Jetzt breche ich gleich schon zu Beginn eine erste Konvention – Falls du erwartet hast, dass ich Empfehlungen für Lehrende bereithalte und wie diese sich am besten verhalten sollten, hast du dich leider getäuscht. Wenn ich dieses Buch auch grundsätzlich als Unterstützung mit vielen Empfehlungen ansehe,

1 Einleitung

so möchte ich nicht nur Kochrezepte oder gar Führungshilfen bereitstellen – **diesmal zumindest nicht.** Vielmehr ist es mein erklärtes Ziel, Verständnis zu schaffen und an deiner inneren Einstellung zu arbeiten. Das ist auch das Prinzip von Kompetenzen. Diese machen den Unterschied zwischen »einfach nur Abarbeiten« und »in jeder Situation handeln und kreative Lösungen finden können«. Aber da gehen wir im ▶ Kapitel 3 noch viel genauer darauf ein.
Probiere es mal aus: Steh auf und sage ganz laut und gerne etwas überdeutlich mit dem ganzen Körper »Herzlich willkommen«. Hast du's gemerkt?! Man kann dies fast nicht ohne offene Körperhaltung, einem leichten Lächeln und durch öffnende Armbewegungen durchführen. Dieses Verstehen und Begreifen ist mir viel wichtiger, als Einzelschritte zu erklären. (Stell dich vor die Teilnehmenden, breite die Arme aus, atme tief ein ...)
Damit konnte ich jetzt gleich zwei Fliegen mit einem Halligan-Tool erschlagen. Einmal wollte ich das Verständnis über das Verstehen und zusätzlich das Hauptziel dieser kleinen Übung kurz vorstellen. Es geht um das aktive Erleben, dass eine offene Körperhaltung und gute Körperspannung immer unterbewusst als sympathisch wahrgenommen werden. Am besten lernt jemand, wenn er ein »Gegenüber« an seiner Seite hat, dem vertraut wird und der ihn auch bewusst oder unterbewusst unterstützt. Wenn du deine (neue) Rolle selbst verinnerlicht hast, dann wirst du folglich auch automatisch positiv wahrgenommen. Schöne Erkenntnis, einfache Umsetzung und wieder was gelernt.

1.2 Vorstellung

Keine Angst, du musst dich bei deiner Feuerwehr, bei der du schon seit 25 Jahren aktiv bist und bei der dich jeder schon seit deiner Kindheit kennt, nicht jedes Mal neu vorstellen. Das wäre natürlich etwas schräg, wirkt gestelzt und komisch (siehe auch unter dem Merker »Achtung« in der Einleitung). Außerdem würdest du damit neben höchstwahrscheinlich verwunderten Gesichtern auch auf ablehnendes Unverständnis stoßen; frei nach dem Motto – »bloß, weil er oder sie jetzt da ein Buch über Ausbildung gelesen hat ...«. Das wollen wir ganz sicher nicht! **Nicht, dass du dann nicht mehr weiterlesen willst und ich die folgenden Seiten ganz umsonst geschrieben habe ...**
Aber warum dann das Ganze? Nicht immer kennen einen alle. Zum Beispiel wenn gerade viele neu in der Jugendfeuerwehr angefangen haben oder man selbst in der Nachbarfeuerwehr einen Unterrichtsabend halten darf, gibt es doch immer wieder ein paar, die einen nicht so genau kennen. Für Lehrende ist es immer schwierig sich

1.2 Vorstellung

Bild 9: *Persönliche Vorstellung schafft eine gute Beziehung*

die Vielzahl an Gesichtern und Namen zu merken, aber für die Teilnehmenden ist es andersherum nicht nur einfacher, sondern auch wichtig zu wissen, wer ihm denn jetzt etwas sagen oder beibringen möchte. Abgesehen davon, gebietet es, meiner Meinung nach, nicht nur die Grundhöflichkeit dem Gegenüber wenigstens den Namen und die wichtigsten Daten zu seiner Person zu nennen, wenn man sich noch nicht so gut kennt.

Damit der nachfolgende Stoff besser eingeordnet und besser aufgenommen werden kann, empfiehlt es sich immer, wenn auch nur kurz, darauf einzugehen, wer, was und warum vermittelt (wird). Bei Bewerbungsgesprächen oder dem sogenannten »Elevator-Pitch« gibt es die sogenannte Ich-bin-ich-kann-ich-will-Formel, die sich hier auch ganz gut anwenden lässt.

> Eine (kurze) Vorstellung beinhaltet i. d. R. immer folgende drei Hauptpunkte
> 1. Ich bin ... (Wer bin ich und was interessiert die Teilnehmenden über mich?)
> 2. Ich kann ... (Warum bin ich hierfür geeignet?)
> 3. Ich will ... (Was will ich persönlich hier mit dem Folgenden erreichen?)

Vielleicht konntest du jetzt herauslesen, dass es eigentlich bei einer Vorstellung mehr um den Punkt des persönlichen Hintergrunds und den Bezug zum Thema geht und gar nicht so sehr darum, wer man ist. Hier möchte ich an erster Stelle den Begriff »auf Augenhöhe« erklären. Dieser bietet sich nämlich für die Beschreibung möglicher Probleme bei der Vorstellung ganz gut an. Solange man sich auf Augenhöhe mit den Teilnehmenden (oder zumindest auf fast gleicher Höhe befindet), funktioniert eine Vorstellung i. d. R. ganz gut. Schwierig wird es immer dann, wenn die Distanz (nach

1 Einleitung

oben oder unten) zu groß wird. Dann wird der Abstand zu riesig und man einfach nicht mehr ernst genommen oder auch verstanden.

Es geht also nicht um ein Schaulaufen, bei dem gezeigt werden soll, was man alles kann, was man schon ist und schon erlebt hat. Es geht nur darum, ein Verständnis zu schaffen und ob das zielführend für das Lernen ist.

1.2.1 Persönlicher Hintergrund und Bezug

Der eigene persönliche Hintergrund zeigt den Weg auf, der bereits vor dir lag und den du bis zu diesem Punkt heute gegangen bist. Es hilft den Teilnehmenden eine bessere Bindung zu dir aufzubauen und zu verstehen, was und wie deine Herangehensweise an das Thema war und welche Motivation du damit verfolgst. Dieser kleine psychologische Effekt hat zwei Vorteile. Die Teilnehmenden entwickeln schneller eine persönliche Beziehung und Vertrauen zu dir, so dass deine Erzählungen und Beispiele besser aufgenommen werden. Erfahrungen von Freunden und Bekannten bleiben halt besser in Erinnerung als die Geschichten von völlig Unbekannten. Des Weiteren bringen sie ein besseres Verständnis für deine Sichtweisen und auch kleinere Fehler mit auf. Der Grund hierfür ist die Meinung einer verbesserten Einschätzung deiner Persönlichkeit und auch das Gefühl, dich besser zu kennen und so dadurch deine Individualität viel schneller akzeptiert zu haben. So kann in Summe betrachtet festgestellt werden, dass die aufgewendete Zeit für die Herstellung eines kurzen Bezugs zum Thema sehr gut investiert ist. Natürlich muss das alles im vernünftigen Rahmen bleiben.

Bei einem Unterrichtsabend von ca. zwei Stunden dürfte ungefähr eine Minute zur Vorstellung und Themenbezug genau richtig sein.

1.2.2 Eigenes Ziel und eigene Motivation

»Einer für einen Unterricht wurde gesucht und jetzt muss ich das eben machen« oder »Ihr wisst ja, dass das ein besch… Thema ist, ich hab' da eigentlich auch keine Lust drauf – aber jetzt machen wir das halt …« **Bei wem ich je so einen Unterrichtsbeginn mitbekommen sollte und zusätzlich weiß, dass sich dieses Buch im Besitz befindet – dem nehme ich es persönlich wieder weg! Versprochen!**

1.2 Vorstellung

Damit dürfte ich zumindest meine Motivation klar gemacht haben und das solltest du auch. Nichts ist schlimmer als gerade zu Beginn nicht ausreichend zu motivieren oder zu begeistern. Keine Angst – du wirst ziemlich sicher nicht als übermotiviert rüberkommen, nur weil du ein Thema als interessant und lernenswert rüberbringst.

Nehmen wir mal das besonders und allseits beliebte Thema der Unfallverhütung. Natürlich kann man einen Einstieg zur Verbrüderung schon so wählen, indem man sagt, das ist jetzt nicht das interessanteste und beliebteste Thema. Aber man sollte im gleichen Atemzug sofort darauf hinweisen, dass man … **Nein! Eben nicht das Beste daraus gemacht hat und wir das jetzt schnell durchziehen müssen, sondern** …, dass man es als ein sehr wichtiges und relevantes Thema betrachtet … mit einer ehrlichen Begründung. Was auch ganz gut funktioniert, ist die zu erwartenden Bedenken aufzunehmen und anschließend gleich auszuräumen.

»Auch ich hatte mir zuerst gedacht, dass das Thema nicht viel zu bieten hat – aber, nachdem ich mich damit ein bisschen beschäftigt und die Hintergründe verstanden habe, fand ich es sehr wichtig und auch interessant – und dieses Interesse und diese Wichtigkeit möchte ich euch heute hier vermitteln. Mein Ziel ist es, dass ihr zum Schluss hin genau die gleiche Erkenntnis habt wie ich. Damit es auch spannend wird, werden wir jetzt keinen Unterricht durchführen, sondern ihr dürft selbst in kleinen Gruppen in der Praxis gefährliche Situationen suchen und finden!«

Ich hoffe, das klingt jetzt schon etwas besser – oder?!

Menschen lieben Geschichten und diese prägen sich auch immer besser ein. Dazu werde ich zwar bei der Zusammenfassung der Lerntheorie noch näher darauf eingehen, dennoch passt es hier auch schon mal sehr gut. Die eigene Motivation lässt sich am besten durch (kleine) Geschichten rüberbringen, da sich die Zuhörenden durch die Erzählungen von Beispielen besser in die andere Person hineinversetzen können. Dadurch können Entscheidungen, Überlegungen und auch die Motivation, bestimmte Dinge zu tun oder zu sagen, besser nachvollzogen werden. Das liegt ganz einfach daran: Wenn man in der beschriebenen Situation selbst motiviert ist, dann lassen sich anhand der Beschreibung auch andere durch das Mitfiebern, Nachvollziehen oder allein sich vorstellen entsprechend motivieren. Der Bereich der Motivation ist generell noch viel umfangreicher, das möchte ich am Ende des Kapitels zur Lerntheorie noch etwas genauer aufgreifen – zu finden im ▶ Kapitel 3.9.

Ein eigenes Ziel zu haben und dieses auch gleich zu Beginn allen mitzuteilen, ist eine sehr gute Idee. Zumindest wird das in der Führungsausbildung immer wieder gelehrt und auch in vielen Fachbüchern für angehende Führungskräfte empfohlen. Die Auswirkung dieser guten Idee besteht darin, einmal klare Verhältnisse und eine

1 Einleitung

klare »Marschrichtung« zu haben, daraus Vertrauen zu fassen und – das wichtigste – als Führungskraft verlässlich und berechenbar zu sein. Diese beiden letzten Punkte kann man sich langfristig erst durch das Einhalten der selbst gesetzten Ziele erarbeiten. Aber sie stärken dann zusätzlich das Vertrauen und die Bindung zum Vorgesetzten oder hier eben zum Lehrenden.

> Überlege dir ein klares Ziel, was mit der Lerneinheit beabsichtigt wird, kommuniziere dies offen und möglichst frühzeitig und handle immer danach. Richte immer dein Handeln und deine Entscheidungsspielräume nach dem gesetzten Ziel aus. Das erzeugt Verlässlichkeit und schafft Vertrauen.

1.3 Der erste Eindruck

Der erste Eindruck zählt und, dass dieser auch länger anhält, hast du bestimmt schon öfter gehört. Was steckt hinter dieser doch recht ungenauen Aussage aus dem Volksmund wirklich? Laut einer (umstrittenen) Studie von 1967 durch den Psychologen Albert Mehrabian bildet sich dieses erste Bild in weniger als einer Sekunde zu mehr als 90 % aus Körpersprache, Mimik, Geruch und Stimme. Somit erfolgt die Beurteilung unserer Worte – also das, was wir sagen – gerade zu Beginn nur zu 7 %. Auch wenn es wie schon gesagt etwas umstritten ist – ein wahrer Kern steckt doch dahinter – dies wurde der Tendenz nach in anderen Studien bestätigt, nur nicht in dieser exakten Bezifferung. Etwas erschreckend, dass dies so viel ausmacht und scheinbar auch noch kaum zu beeinflussen ist – oder?

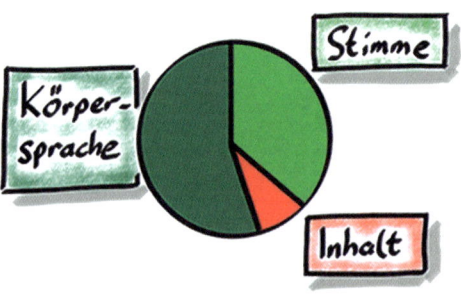

Bild 10: *Verteilung des ersten Eindrucks*

Normalerweise verwenden wir wesentlich mehr Zeit darauf zu achten, was wir sagen und nicht wie wir uns Hinstellen, wie wir unsere Stimme einsetzen oder was unser Gesicht unterbewusst für Grimassen macht. Nun ja, jetzt wissen wir zumindest mal,

1.3 Der erste Eindruck

worauf es ankommt. Die Umsetzung steht natürlich auf einem anderen Blatt und ja, für die eigene Stimme kann man leider nur wenig. Aber keine Angst, da geht es allen gleich, die eigene Stimme klingt einfach komisch. Wichtig ist immer – und nicht nur hier für den ersten Eindruck – die Erkenntnis des Problems und das Wissen, wie es idealerweise sein sollte. Solange man mit gesundem Ehrgeiz versucht, dieses Ideal zu erreichen, ist das schon die halbe Miete! Das ganze Prinzip der nonverbalen Ersteinschätzung erfüllt natürlich auch einen Zweck, der sich aus der Evolution heraus über viele Jahrtausende wohl so entwickelt hat. Wie genau – das schauen wir uns jetzt mal an!

1.3.1 Sympathie und persönlicher Nutzen

Unser Gehirn prüft innerhalb weniger Sekundenbruchteile aufgrund vieler Einzelheiten (Aussehen, Körperhaltung, Pheromone und vielem mehr), ob unser Gegenüber Tendenzen zu einem potenziellen Freund oder Feind aufweist. Das bringt uns wieder zurück zur berühmten Steinzeit, wo dieser erste Eindruck unser Überleben sichern konnte. Je schneller diese Einschätzung, desto größer war der Vorteil (und Vorsprung) gegenüber dem unsympathischen Kerl mit der Holzkeule in der Hand.

Bild 11: *Neandertaler Fidelicus beim Beziehungsaufbau*

Nachdem wir inzwischen, zum Glück, nicht mehr in ganz so feindlichen Umgebungen leben – findet diese Ersteinschätzung hauptsächlich durch eine Überprüfung auf Sympathie statt. In einer extremen Form findet so auch eine schnelle Einschätzung z. B. auf einer Party auf der Suche nach dem Lebensabschnittsmenschen statt. Es

1 Einleitung

spielen zwar in diesem speziellen Fall noch einige andere Faktoren wie Alter, Geschlecht, Pheromone und weitere eine wichtige Rolle, trotzdem lässt sich ein bisschen Sympathie und vielleicht ein nettes Gespräch durch ein freundliches Lächeln leichter gewinnen als mit hängenden Mundwinkeln. Dies soll jedoch nicht das Hauptziel dieses Buches sein. Einigen wir uns darauf, dass wir unseren Teilnehmenden sympathisch sein wollen und einen Nutzen für sie haben. Das sollte vorerst ausreichen.

Eine Überprüfung auf den Nutzen des Gegenübers ist die zweite große Abwägung, die wir unterbewusst bei jedem neuen Kontakt durchführen. Letztendlich entscheiden wir auch wieder in den ersten Sekunden, ob uns jemand etwas bringt oder nicht. Auch hier ist der erste Eindruck entscheidend und nicht ganz so einfach zu korrigieren. Aber natürlich habe ich wieder ein paar Tricks auf Lager, wie du diesen in die richtige Richtung biegen kannst. Idealerweise brauchen wir das natürlich nicht, aber selbst einen schon bestehenden guten Eindruck können wir sogar noch weiter verbessern. Das klingt doch nach einer guten Strategie, um als kompetente Lehrkraft schon von Beginn an akzeptiert zu werden?!

Zusammengefasst werden wir gleich zu Beginn auf Sympathie und Nutzen durch die Teilnehmenden geprüft und eingeschätzt. Dieser erste Eindruck findet ohne besonders viele Einflussmöglichkeiten durch uns selbst statt. Wir müssen somit nur noch auf wenige Punkte – gerade am Anfang – achten, damit wir zumindest das, was noch möglich ist, positiv beeinflussen können.

1.3.2 Positive Beeinflussung

Ich denke, wir sind uns da hoffentlich einig, dass wir einen guten Draht zu den uns zugeteilten Lernenden brauchen und auch wollen. Wie wir diesen in der Begrüßungsphase mit ein paar weiteren kleinen Tricks zusätzlich noch verbessern können, zeige ich dir am Ende des Kapitels. Dies alles senkt bei einem selbst die Aufregung und steigert das Selbstbewusstsein. Das wirkt genauso wie eine selbsterfüllende Prophezeiung auf einen guten Unterricht. Wie wir vorher gehört haben, ist es also viel wichtiger bei der Begrüßung darauf zu achten, wie wir etwas sagen, als genau was.

Fangen wir gleich mal mit der Stimme an, die am schwersten zu beeinflussen ist. Zu einem gewissen Grad kann man hier in Kombination mit der Sprechgeschwindigkeit doch etwas erreichen. Idealerweise verwendest du eine langsame und deutliche Aussprache in Verbindung mit einer tiefen Stimme. Kombinierst du das mit einem freundlichen Lächeln und einem festen breitbeinigem Stand, hast du schon mal die halbe Miete. Steigern kannst du das noch mit einem kurzen Blick in die Runde, so dass

1.3 Der erste Eindruck

du idealerweise alle Teilnehmenden mit deinem Blick kurz streifst oder ihnen zumindest das Gesicht komplett zuwendest, kurz anlächelst und somit fast schon persönlich begrüßt. Diese kleinen Tipps finden sich auch immer wieder bei Ratgebern zu Vorstellungsgesprächen oder für erste Dates – aber hier gibt es dann andere Ziele und Nutzen.

- Achte auf dein Erscheinen und Auftreten (auch schon während der Vorbereitung)
- Achte auf eine gute gerade Körperhaltung
- Achte auf ein kleines Lächeln und deine Mimik
- Achte auf deine Hände und Gestik
- Achte auf einen guten Blickkontakt zu allen
- Achte auf eine tiefe, feste Stimme
- Achte darauf, langsam zu sprechen
- Überlege dir idealerweise was du in den ersten 10 bis 20 Sekunden sagen willst und lerne es auswendig

1.3.3 Kleider machen ausbildende Leute!

Kleider machen Leute – und Ausbilder:innen – einfacher Spruch, und genauso große Wirkung! Grundsätzlich sollte dir klar sein, dass du als Lehrkraft, Dozent:in oder Trainer:in immer in einer exponierten – also besonders herausgestellten – Position handeln wirst. Alle werden auf dich schauen und sich auch immer an dich, dein Auftreten und dein Aussehen erinnern. Dabei kannst du das Bild, das du vermittelst und welches in Erinnerung bleiben soll, zumindest äußerlich ganz leicht selbst bestimmen – heruntergekommen, lässig, Frontlinienfußvolk, Witzfigur, ... oder einfach nur ein professioneller Auftritt?!

Nun ja, vielleicht ist es nicht ganz so dramatisch mit der Witzfigur – aber auf alle Fälle bleibt immer ein negativer Eindruck hängen. Das Schlimme daran ist leider, dass negative Äußerlichkeiten soweit ablenken oder stören können, dass der Lernerfolg darunter leidet. Das kann eben ganz einfach durch einen professionellen Auftritt (hoffentlich zwar ganzheitlich, aber zumindest schonmal die Kleidung betreffend) vermieden werden.

Zusätzlich kannst du dich durch eine saubere und ordentliche Kleidung auch eines weiteren Tricks bedienen. Die meisten Expertinnen/Experten und Personen, die in Fernsehsendungen als solche auftreten, tragen Anzug, Hemd und meist Krawatte. Wer sich also vergleichbar kleidet, wird unterbewusst durch die Teilnehmenden,

1 Einleitung

tendenziell auch als Expertin bzw. Experte wahrgenommen – **Auch wenn die Qualität von Moderierenden in so manchen Fernsehsendungen deutlich nachlässt.**

Letztendlich lässt sich durch Kleidung auch die eigene Rolle gegenüber den Teilnehmenden, die man selbst vermitteln will, steuern. Mit den nachfolgenden Fragen kannst du eine Idee davon bekommen, was ich meine und was sich alles dahinter verbergen könnte:

- Willst du eher als Führungskraft oder als Teil des Teams auftreten?
- Willst du mehr als praktische oder theoretische Fachkraft angesehen werden?
- Willst du von anderen Führungskräften oder von der Mannschaft akzeptiert werden?
- Bildest du im Auftrag deiner Feuerwehr aus oder willst du dich bewusst distanzieren – weil es sich z. B. um einen Nebenjob handelt?
- Sprichst du vor anderen Behörden und Organisationen mit Sicherheitsaufgaben oder vor Zivilisten? – Aber halt, das sollte keine Rolle spielen … Du bist bei der Feuerwehr, vertrittst die Belange dieser und bist hoffentlich stolz die Uniform zu tragen – dann trage sie, und zwar in vollem Ornat!

Hier noch ein einfacher Rat für den Zweifelsfall:
Orientiere dich grundlegend an deinem Zielpublikum, sorge für eine saubere Uniform und tritt dann lieber eine kleine Stufe schicker und professioneller auf – die Krawatte entfernen kann man ja immer noch – vorausgesetzt die jeweilige Kleiderordnung lässt dies zu.

1.4 Einstieg

Einen guten Einstieg schaffen

Für einen guten Einstieg nehme man eine freundliche Begrüßung, eine Vorstellung des Nutzens und einen kurzen Überblick über das Thema und im Anschluss eine Prise Lernziele. Das Ganze rühre man mit etwas Humor auf und fertig ist die hergestellte Beziehungsebene für einen guten Start. Auch hier versuche ich den idealen Einstieg einmal aus der Neurologie und zusätzlich durch empathische Vorstellungskraft herzuleiten. Die zielführende Frage lautet: Wie und mit welchen Informationen würde ich mir selbst einen Start auf der Seite der Teilnehmenden wünschen?

1.4 Einstieg

Idealerweise sollte der Einstieg Lust auf das Thema machen, motivieren und eine Brücke von der vorherigen Situation zum eigentlichen Lerninhalt schlagen. Diese vorherige Situation kann z. B. ein anderes Unterrichtsthema in einem Lehrgang oder eine Praxiseinheit oder einfach nur ein harter Arbeitstag außerhalb der Feuerwehr sein. Das heißt, man muss allen die Gelegenheit geben, das vorherige abzuschließen und sich auf das Neue einzulassen. Indirekt werden so auch gleichzeitig die Erwartungen an die Lernenden vermittelt.

Der Einstieg ist gewissermaßen die Einleitung und die Hinführung auf das Thema und kann zur Ermittlung der Vorkenntnisse, Einstellungen und Interessen der Teilnehmenden genutzt werden. Manchmal empfiehlt sich auch ein regelmäßiges Ritual, das den Beginn einleitet, das Thema aufwärmt oder ein entstandenes Machtvakuum füllt.

Ein guter Einstieg ist ...
- ... der Startschuss.
- ... eine kurze Themeneinführung.
- ... das Vorwissen einschätzend und aktivierend.
- ... auch mal Disziplin herstellend.
- ... Ängste und Hemmungen reduzierend.
- ... immer auf Augenhöhe.

Varianten beim Einstieg

Zu Beginn nennen viele Quellen über Unterrichtsgestaltung den Einstieg als Übergang zwischen der Vorstellung und dem eigentlichen Thema der Bildungsmaßnahme. In der Regel werden hier dann ein paar unterschiedliche Varianten oder Typen aufgezeigt, mit denen der Einstig gelingen kann.

Ich persönlich bevorzuge gerne einen relativ klassischen Einstieg, der den Lernenden von vornherein zeigt, was am Ende bei rauskommen soll. Also was das Ziel der Veranstaltung ist und welchen Nutzen sie davon haben werden. Da dies auch eine der Kernaussagen der Gehirnforschung darstellt, widme ich dem Nutzen das anschließende Unterkapitel und erkläre zudem, warum es sich auch noch aus einer anderen Sichtweise heraus lohnt, diesen gleich am Anfang vorzustellen. Aber – wie so oft in der Erwachsenenbildung – es gibt viele unterschiedliche Varianten und Möglichkeiten, die alle zum Ziel führen und in den verschiedensten Konstellationen mal besser oder auch mal weniger gut geeignet sind und funktionieren. Die einzelnen Variantenmöglichkeiten und wie man selbst eine gute Auswahl dazu treffen kann werden im ▶ Kapitel 5.8.5 noch ein bisschen genauer beschrieben.

1 Einleitung

- Variante 1 – Nutzen
- Variante 2 – Aufhänger
- Variante 3 – Beispiel
- Variante 4 – Roter Faden
- Variante 5 – Wiederholung
- Variante 6 – Modell
- Variante 7 – Einbindung
- Variante 8 – Lernlandkarte

1.5 Nutzen

Bild 12: *Je konkreter der Nutzen, desto größer der Lernerfolg*

Bereits im vorherigen Kapitel wurde der Nutzen schon als eine von acht Einstiegsmöglichkeiten vorgestellt und seine Vorteile gepriesen – zusätzlich hat es noch einen weiteren grandiosen Effekt. **Das hier ist übrigens die Einstiegsmethode der Wiederholung … Das vorherige Thema ist noch nicht allzu weit entfernt, man kann sich also noch daran erinnern und es bietet eine schöne Überleitung zum neuen Inhalt. Falls du dich nicht mehr dran erinnern kannst oder eben direkt hierher gesprungen bist – kann ich dir das ▶ Kapitel 1.4 zum Einstieg wärmstens empfehlen!** Es gibt mehrere Einstiegsmöglichkeiten – ich persönlich kann nur empfehlen so früh wie möglich den konkreten Nutzen für die Teilnehmenden vorzustellen. Dies sollte eben bei jeder Veranstaltung, die Wissen oder Können vermitteln will, idealerweise direkt nach der Begrüßung erfolgen. Je direkter und bildhafter du an dieser Stelle den konkreten Vorteil für alle Teilnehmenden einzeln herausstellst, desto besser und höher liegt der zu erwartende Lernerfolg. Wie bereits unter ▶ Kapitel 1.4 erwähnt, kann es manchmal auch sinnvoll sein eine der anderen Varianten zu nutzen. Aber was spricht dagegen – vorab oder wenn dies nicht

1.5 Nutzen

möglich ist, auch direkt danach – den Nutzen einzufügen und so den Übergang zwischen Thema und den Vorteilen herzustellen?! Eben – nicht viel!

> Wenn es dir schwerfallen sollte, den Nutzen sofort herauszustellen, dann frage dich einfach, welchen Mehrwert deine Lernenden von deiner Schulungsmaßnahme haben. Noch etwas konkreter: Warum solltest du den Unterricht oder das Training überhaupt abhalten? Aus der Sichtweise der Teilnehmenden könnte man sich auch überlegen: Wenn ich bei dir in einer Schulungsmaßnahme wäre – und ich die freie Wahl hätte – warum sollte ich (körperlich oder geistig anwesend) bleiben und nicht etwas anderes machen?!
> Folgende Phrasen können zur Herausstellung des Nutzens helfen: Dieser Vortrag, dieses Training ... bringt/hilft/unterstützt ... zu erreichen/können/wissen.

Bei einer klassischen Präsentation (mit einem Präsentationsprogramm deiner Wahl) könnte somit auf der zweiten Folie, direkt nach der Begrüßung und der Einführung des Themas, der Nutzen dieser Präsentation, der Lerneinheit oder auch der gesamten Ausbildungsmaßnahme dargestellt werden. Genauso kann der Nutzen bei einer praktischen Lerneinheit oder einer Einsatzübung vorab beim Briefing noch vor den Spielregeln (wie z. B. Festlegungen für Funkkanal, Ernstfall, etc.) kurz angesprochen werden.

Der genaue Grund für meine penetranten Hinweise, dass der Nutzen an den Anfang gehört, ist hierfür eigentlich ganz einfach. Er hängt, wie so vieles, mit unserem Belohnungssystem im Gehirn zusammen. Wie in ▶ Kapitel 3.1 noch genauer erklärt wird, möchte unser Gehirn sofort wissen, ob es aus den zukünftigen, noch kommenden oder aktuell schon angebotenen Informationen einen Vorteil ziehen kann. Sobald dieser Nutzen erkannt wurde, versucht es auf der nächsten Stufe herauszufinden, welche Vorteile genau man persönlich daraus hat. Wenn du diese Denkleistung vorwegnimmst, freut sich das Gehirn des Gegenübers über die gesparte Arbeit und ist so gleich viel aufmerksamer und lernbereiter durch die Ausschüttung von Glückshormonen. Es muss dementsprechend nicht so viel selbst denken und spart damit Energie – es findet dich damit gleich viel sympathischer. Zusätzlich schaffst du durch den individuellen Vorteil noch einen weiteren persönlichen Bezug der Teilnehmenden zu deinem Vortrag. Prinzipiell schaffen es die Teilnehmenden zwar selbst, den Nutzen zu erkennen, dafür müssen sie nur aufpassen, zuhören und alle Informationen aufnehmen. Daraus lässt sich genau der Nutzen ableiten. Leider sind es eben die vielen Informationen und das stetige »Aufpassen müssen«, die hier hinderlich sind. Bei der selbstständigen Findung des Nutzens während des Lernens geht viel Rechenleistung nebenbei verloren, so wie wenn an einem Computer im

1 Einleitung

Hintergrund Videos laufen, die eigentlich keiner anschaut. Deswegen lohnt es sich, die wichtigsten Punkte mit einer kurzen Vorstellung gleich zu Beginn zu erwähnen.

Allgemeiner Nutzen von Schulungen:
- Qualität, Wissen und Können wird erhöht
- Ziele werden schneller erreicht
- Leistungsbereitschaft wird gesteigert
- Effektivität des Handelns steigt
- Wertschätzung wird größer
- Selbstbewusstsein wird größer

Jetzt muss nur noch der direkte Nutzen für (idealerweise jeden) einzelnen der Teilnehmenden herausgearbeitet werden.

Für die Herausarbeitung des Nutzens empfiehlt es sich, möglichst viel Empathie in die Sichtweise der Lernenden zu legen. Dadurch kann am einfachsten erkannt werden, welche Probleme und offenen Fragen sie haben und was man selbst zu deren Lösung und Beantwortung beitragen kann. Gerade im Bereich der Feuerwehr haben wir ja zum Glück wenig mit abstrakten Theorien zu tun – **außer in einem Buch über Aus-, Fort- und Weiterbildung ▶ Kapitel 3**. Darüber hinaus besitzen wir alle in unserer Organisation im Regelfall eine hohe Eigenmotivation für das Lernen, wenn ein konkreter Nutzen erkennbar ist oder eine aktive Lösung angeboten wird. Diesen Branchenvorteil sollten wir so gut wie möglich nutzen.

Ein schönes Beispiel wäre hier eine Schulung für Maschinisten aufgrund einer Neubeschaffung eines Fahrzeuges mit einer noch unbekannten Pumpe. Hier haben alle einen sehr hohen Leidensdruck (oder auch ein Problem), wenn sie wissen, dass das Fahrzeug direkt im Anschluss an die Schulung in den Einsatzdienst gehen soll. Keiner will sich die Blöße bei einem Zimmerbrand geben, dass kein Wasser kommt. Es existiert also ein großer Informationsbedarf und der Wunsch nach konkreten einfachen Handlungsschritten für die Pumpenbedienung.
An dieser Stelle könntest du direkt mit dem Nutzen zu Beginn punkten und die größten Ängste und Probleme abmildern: »Ich verspreche euch, dass ich euch bis zum Ende des Abends eine einfache 5-Schritt-Anleitung für die wichtigsten Fälle zeigen werde, so dass ihr sie um drei Uhr in der Nacht immer abrufen könnt!«. Jetzt nur noch das Versprechen einhalten – und der Erfolg ist dir sicher …

Ein weiterer nicht zu unterschätzender Punkt ist man selbst. Wenn ich mich gleich – nachdem ich den Titel auf die Vorlage (oder das Konzept) geschrieben habe – mit dem Nutzen beschäftige, werde ich immer die gesamte Präsentation (oder die Lerneinheit)

1.5 Nutzen

anhand dieses vorab definierten Nutzens ausrichten. Zweifelt man am weiteren Vorgehen, hat man so eine gute Orientierung. Idealerweise verliert man während der Erstellung des Lernkonzepts oder der Gedankenskizze nie das Ziel aus den Augen. Damit läuft man nur wenig Gefahr, den Kern der Schulungsmaßnahme zu verpassen. Einen anderen, zugegebenermaßen nicht ganz so wichtigen, Punkt für die Voraberklärung des Nutzens kann man gut z. B. bei Vorträgen auf Kongressen anwenden. Hier kann man den Teilnehmenden die Möglichkeit geben, gleich zu Beginn noch den Vortrag zu wechseln. Keine Angst, wenn du den Nutzen auf die zu erwartende Zielgruppe vorab abgestimmt hast und auch wie hier empfohlen gleich zu Beginn aufzeigst, wirst du das Problem von weglaufenden Horden nicht haben – versprochen! **Der Trick dabei ist, dass dann die bewusste Entscheidung für das Lernen bei den Teilnehmenden liegt (auch ohne, dass sie es wirklich groß gemerkt haben) – Das ist dann auch wieder so ein kleines Werkzeug der Erwachsenenbildung.**

Einflussnahme nach der Begrüßung
Ich hatte ja schon erwähnt, dass bei der Begrüßung jeder eine neue Begegnung auf Sympathie und Nutzen abcheckt und das Ganze ziemlich schnell und unterbewusst geschieht. Das Problem dabei ist nur, dass wir den ersten Eindruck durch unser Äußeres und unser Auftreten nicht oder zumindest nur ganz gering aktiv durch das, was wir sagen beeinflussen können. Wir können ihn zwar nie ganz revidieren aber im besten Fall sogar bestätigen und weiter positiv auf diesen einwirken. Genau das macht die Vorstellung des Nutzens zu Beginn so wertvoll. Auf einmal wirken wir als ein noch viel wertvollerer Kontakt. Da Nutzen und Sympathie unterbewusst miteinander verknüpft sind, wirkst du durch diesen kleinen Kniff mit wenig Aufwand auch gleich noch viel sympathischer. Aufgrund dieser vielen Vorteile wie Sympathiezugewinn, größerer Lernerfolg, erhöhte Aufmerksamkeit, weniger Lernblockaden, etc. empfiehlt es sich immer, allein schon vom Aufwand-Nutzen-Verhältnis, den Nutzen zu nutzen ... **(Mehrfachnutzung beabsichtigt)**. Kombiniert mit den Lernzielen wirst du schnell feststellen, dass deine Unterrichte und Übungen viel zielgerichteter, fokussierter und effektiver ablaufen. Auch die Rückmeldungen der Teilnehmenden an dich werden dadurch logischerweise besser ausfallen.

Eine weitere Möglichkeit, den Nutzen möglichst direkt herauszustellen, ist es sich vorab mit folgenden Themen zu beschäftigen:
- Welche akuten Probleme haben die Lernenden?
- Welche Probleme werde ich mit meiner Lerneinheit lösen?
- Welche Antworten brauchen die Lernenden?

1 Einleitung

- Welche Antworten kann ich liefern?
- Welche Informationen und Handlungsschritte brauchen die Lernenden?
- Welche Lücken werde ich schließen?
- Welche Ziele und Wünsche haben die Lernenden?
- Welche Ziele kann ich unterstützen zu erreichen?
- Welche Wünsche kann ich erfüllen?

1.6 Lernziel

Bild 13: *Ein Lernziel beschreibt Können oder Wissen*

Das Lernziel ist – hmm, große Überraschung, die sich fast nicht aus dem Wort allein herleiten hätte lassen – das Ziel des Lernens, also das angestrebte Ziel, das mit der Lerneinheit erreicht werden soll. Im Gegensatz zum Nutzen, der den individuellen oder zielgruppenspezifischen Vorteil beschreibt, erhält der Lernende durch das Lernziel das angestrebte Ergebnis des Lernprozesses. Was etwas sperrig klingt, lässt sich zum Glück ganz einfach beschreiben und auf den Punkt bringen, wenn man die Sichtweise auch hier wieder umdreht. Es geht darum, was die Lernenden letztendlich können oder wissen müssen und was durch die Lehrenden überprüft werden soll, damit Können und Wissen zielgerichtet nachgewiesen werden kann.

Grundsätzlich unterscheidet man drei Vorgaben an Lernzielen, die hierarchisch aufeinander aufbauen. Das **Richtlernziel** beschreibt das überordnetet Gesamtziel und existiert nur einmal für z. B. einen gesamten Lehrgang. Dort gibt es dann auch mehrere schon fachlich orientierte **Groblernziele**, die z. B. ein einzelnes Unterrichtsthema beschreiben. Hier folgen dann weitere genaue, detaillierte und eindeutige **Feinlernziele**, die sich mit den fachlichen Einzelheiten beschäftigen.

1.6 Lernziel

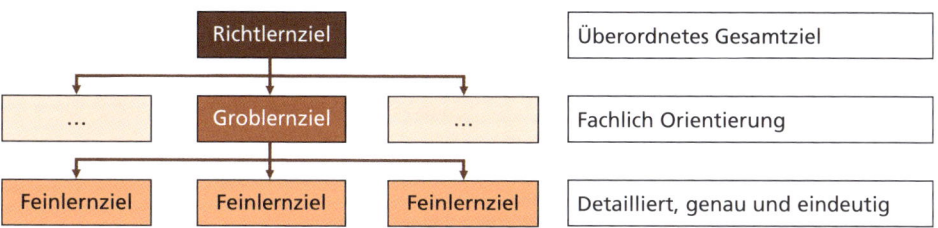

Bild 14: *Nicht nur bei der Feuerwehr, sondern auch bei Lernzielen gibt es eine klare Hierarchie*

Meistens sind die Lernziele schon in vorgegebenen Lehrplänen fixiert. Gerade wenn es sich um standardisierte Ausbildungsveranstaltungen handelt, wird so der Spielraum für die Lehrenden eher geringgehalten. Das ist auch gut so und bewusst gewollt! Es spart zusätzlich viel Arbeit, wenn es denn gut gemacht wurde. Mit wenig Spielraum (nur bei den Lernzielen – nicht aber den Methoden) können Standards geschaffen und eingehalten werden. So ist z. B. der Grundlehrgang und der Truppführerlehrgang so vereinheitlicht, dass er meines Wissens in ganz Deutschland anerkannt wird. Damit dies auch so problemlos funktionieren kann, müssen gewisse Standardisierungen und vor allem auch Mindestvoraussetzungen vorhanden sein. **Warum das dann ab der Ebene Gruppenführer nicht mehr funktioniert, ist mir leider nicht ganz klar ... Naja, vielleicht brennt es in den unterschiedlichen Bundesländern auch wieder unterschiedlich?! Oder vielleicht wird die FwDV 100 überall anders ausgelegt?! Vielleicht wollte man sich aber auch nur an die gleiche unsägliche Problematik des deutschlandweit schwer vergleichbaren Abiturs anlehnen?** Konsequenterweise heißt das für unser kleines Beispiel, dass die Teilnahmebestätigung des »erfolgreich abgeschlossenen Truppführerlehrgangs« überall das gleiche Können und Wissen mit den vordefinierten Mindestanforderungen bedeutet. Diese können durch das Lernziel klar beschrieben und dementsprechend überprüft werden. Wie Lernziele (hoffentlich) richtig formuliert werden, zeige ich dir in ▶ Kapitel 3.4.

Das Lernziel beschreibt das Können und Wissen der Teilnehmenden. Konkrete und gut ausgearbeitete Lernziele machen eine Lernzielüberprüfung (Kontrolle auf Qualität) erst überhaupt möglich. Sie sind hierarchisch aufgebaut und gehen vom Groben ins Feine.

1 Einleitung

1.7 Roter Faden

Bild 15: *Rolle den roten Faden aus und aktiviere dadurch vorhandenes Vorwissen*

Für einen guten Unterricht oder eben auch eine gute Praxisübung benötigt man unter anderem eine klare Struktur. Dieser rote Faden als Ablauf ist für dich selbst als Lehrkraft auch sehr wichtig. Er gibt eine gewisse Sicherheit bereits bei der Planung und Erstellung der Trainings. Auch während der Veranstaltung bietet eine klare Struktur noch einen weiteren Vorteil. Beim sogenannten Unterrichts- und Klassenraummanagement ist der Schlüssel zum Erfolg neben einer effektiven Lehrgangsleitung eben eine nachvollziehbare Struktur – das ist sogar mehrfach wissenschaftlich belegt! Mit den beiden vorherigen Begriffen sind alle Aktivitäten gemeint, die zur erfolgreichen Ausgestaltung eines Trainings mit hoher Lernbereitschaft und guter Mitarbeit beitragen. Eine genaue Vorstellung dieser eigenen Thematik mit ein paar konkreten Tipps für die Anwendung sind im ▶ Kapitel 3 zu finden.

Gehen wir nochmal auf die Unterstützung der Lernenden im Lernprozess durch den logischen Aufbau ein. Hier ist es hilfreich, die Inhalte und deren Reihenfolge, mittels einer kurzen Erklärung, gleich von Beginn an nachvollziehen zu können, um vor unangenehmen Überraschungen zu schützen. Der Begriff des Schutzes bezieht sich auf die Vermeidung von unangenehmen Überraschungen, die üblicherweise keiner gerne mag! Gut – das ist vielleicht etwas übertrieben, aber es geht auch um den Schutz des intakten Lernprozesses, der bei einer fehlenden Struktur durch die ständige Suche nach derselbigen, gestört wird.

 Lass deine Teilnehmenden über einen längeren Zeitraum im Ungewissen, was sie erwartet und was du mit Ihnen vorhast und du wirst ihre Aufmerksamkeit schon dadurch verlieren, weil sie ständig unterbewusst versuchen eine Struktur und Zusammenhänge zu finden.

Ein weiterer wertvoller Effekt ist die Aktivierung des vorhandenen Vorwissens für das zu schulende Thema. Das heißt, dass sich schon bei der Vorstellung des roten Fadens – also noch vor der eigentlichen Stoffvermittlung, die ersten grauen Zellen mit der Thematik beschäftigen und so einen harmonischeren Übergang zwischen den Themen bei mehreren Lerneinheiten erzeugen. Aber auch bei einzelnen Themen-

1.7 Roter Faden

blöcken, die für sich komplett allein stehen versucht unser Gehirn hier bekannte Themen zu finden, auf denen aufgebaut werden soll. **Ich hoffe, dir ist klar, dass dies nicht für einen 15-minütigen Kurzübungsdienst notwendig ist. Selbstverständlich sollte es so sein, dass je länger die Schulungsmaßnahme dauert, auch mehr Zeit für die einzelnen Vorabthemen verwendet werden sollte. Aber auch bei einem klassischen Übungsabend lässt sich, zumindest kurz, ein roter Faden als geplanter Ablauf vorab schonmal erwähnen.**

Eine weitere gute Möglichkeit ist es, den roten Faden und den geplanten Inhalt zusammen mit den Lernenden gemeinsam zu entwickeln und so gleichzeitig den gewünschten Lernbedarf abzufragen. Das steigert die Lernbereitschaft und die Motivation auf das noch Kommende um ein Vielfaches, ist aber nicht immer ganz leicht zu handhaben. Der Grund für die Steigerung liegt darin, dass das Wissen aktiv mitgestaltet werden kann und sie so einen Einfluss auf die entsprechende Situation haben.

Selbst wenn objektiv nur wenig Einfluss auf eine Situation genommen werden kann, reicht meistens schon das – subjektive – Gefühl Einfluss nehmen zu können. Deshalb glauben viele Menschen, dass ihnen im Auto weniger passieren wird als im Flugzeug oder der Bahn, auch wenn hier die Statistik eine ganz klare andere Richtung vorgibt. Das Gefühl die »Situation« selbst beeinflussen zu können verzerrt hier die Wahrnehmung – dieser Effekt heißt übrigens »Survivorship Bias«.

Wichtig für die Durchführung ist, dass man hier schon sehr sicher im Thema sein sollte und einen guten Plan hat, was alles in welcher Reihenfolge gemacht werden soll. Dies muss mit den Vorschlägen und Wünschen in Einklang gebracht werden. Letztendlich muss man den Kompromiss zwischen Pflichtveranstaltung, einer drohenden Prüfung als Lernzielkontrolle und einem reinen Wunschkonzert finden und diesen auch so erklären können. Noch wichtiger ist es allerdings, dass man die Wünsche der Teilnehmenden auch ernst nimmt und nicht nur anhört. Dann kippt die Stimmung schneller als dir lieb ist – versprochen!

Sollen bestimmte vorgeschlagene Themenfelder, Ziele oder Wünsche nicht verwendet werden können, dann führe immer eine kurze Begründung auf, warum dies nicht geht. Alternativ empfiehlt sich diese in einen »Themenspeicher« (z. B. ein Flipchart mit einem Kopf darauf) zu schreiben, so werden Sie wirklich gewürdigt und können ggf. doch noch verwendet werden – wenn noch Zeit ist oder das Thema zufällig darauf kommt.

1 Einleitung

 Diese Abfrage kann sowohl mündlich als auch schriftlich erfolgen und z. B. mittels Flipchart durch den Lehrenden oder auf Moderationskarten durch die Lernenden selbst dokumentiert werden.

Du solltest dich darauf gefasst machen, dass es wenige oder im schlimmsten Fall auch gar keine Wünsche gibt – dann brauchst du natürlich erst recht deinen eigenen roten Faden und eine selbstverständliche Art, diesen vorzustellen. Was sich auch sehr empfiehlt: zeige den roten Faden am besten dauerhaft. Schreibe ihn auf und hänge ihn in den Raum. So haben alle die Gelegenheit immer wieder das aktuelle Thema in den Gesamtbezug zu stellen.

 Stelle den roten Faden nicht auf jede Folie – das war irgendwann in den 90er-Jahren vielleicht mal modern, als Computer zu Präsentationszwecken neu entdeckt wurden. Es belegt nur Platz, den du anderweitig besser und kreativer nutzen kannst.

Bei einem länger andauerndem Lehrgang bietet sich eine Abfrage der Erwartungen und Themenwünsche z. B. mittels Moderationskarten in unterschiedlichen Farben an (jeweils für Erwartungen an den Lehrgang, Themenwünsche, eigene Vorbereitung und noch Ängste). Diese können in den (bereits selbst vorab erzeugten methodisch-didaktischen Ablauf) eingefügt und mit den eigenen noch fehlenden Punkten ergänzt werden. Speziell wenn man die Erwartungen im Raum symbolisch an einer roten Arbeitsleine dauerhaft aufgehängt hat und regelmäßig überprüft, ermöglicht dies ein sehr gutes Abstimmen auf die Bedürfnisse der Teilnehmenden und gibt gleich zu Beginn einen richtigen Motivationsschub durch das aktive Mitgestalten.

1.8 Rahmenbedingungen für die gemeinsame Zeit

Bild 16: *Rahmenbedingungen sind wichtig und müssen frühzeitig geklärt werden*

1.8 Rahmenbedingungen für die gemeinsame Zeit

Gerade wenn es sich um mehr als nur eine kurze Schulungsmaßnahme handelt, kann es sinnvoll sein, gleich am Anfang die wichtigsten Rahmenbedingungen für die gemeinsame Zeit vorzustellen oder zusammen festzulegen. Damit ist unter anderem gemeint, wann Pausen stattfinden, ob Zwischenfragen erlaubt sind oder diese erst am Ende in einer Diskussion geklärt werden sollen und noch weitere andere Rahmenbedingungen. Persönlich kann ich nur empfehlen, die wichtigsten Aspekte vorab kurz zu erklären. So spiele ich von Anfang an mit offenen Karten, jeder weiß was wann auf ihn zukommt und die Aufmerksamkeit wird nicht durch unklare Vorgaben abgelenkt. Die Teilnehmenden fragen sich sonst immer wieder: Wie lange noch bis zur nächsten Pause? Können Fragen jetzt oder erst am Ende gestellt werden? Wann bekomme ich das Handout? Darf ich einfach so aufs Klo gehen? …

> Natürlich lässt sich hier ein Muster erkennen und entsprechend daran erklären, wie umfangreich die Abstimmung zu Beginn sein sollte: je länger die Schulungsmaßnahme dauert und je weniger bekannt man untereinander ist, desto mehr Zeit sollte für die Klärung von offenen Punkten aufgewendet werden.

Speziell bei einem länger andauernden Lehrgang kann man auch zusammen mit den Lernenden einen sogenannten Lehr-Lern-Vertrag, Golden-Rules oder eigene Kommunikationsrichtlinien erarbeiten. Das gemeinsame Erarbeiten steht hier wieder im Vordergrund und schafft von Beginn an Vertrauen, dass nicht nur einer die Vorgaben macht, sondern alle aktiv mitgestalten können. Die Idee dabei ist, dass der gemeinsame Einstieg hier die Hoffnung schürt, dass auch eine ähnliche aktive Mitgestaltung während der gesamten Ausbildungszeit möglich ist. Dies ist zwar vermeintlich zeitlich sehr umfangreich, ermöglicht aber gerade bei langen Schulungsmaßnahmen, schon von Beginn an eine etwas andere Art der Kommunikation zu etablieren und alle auf Augenhöhe zu behandeln. Nebenbei bemerkt, eine vorherige Definition und Klärung spart oftmals viel Zeit während der Durchführung und reduziert die Rückfragen. Also keine Angst vor dem (vermeintlichen) Aufwand zu Beginn.

> Als Mindestmaß z. B. bei kurzen Schulungsmaßnahmen wie einem einfachen Unterrichtsabend, können mit ein bis zwei Sätzen zumindest die voraussichtliche Dauer, Pausenzeiten und der Umgang mit Zwischenfragen geklärt werden. Mehr braucht es meistens gar nicht, aber es schafft eine gewisse Klarheit für alle Beteiligten.

Allerdings sollten nicht nur die – nennen wir es mal – harten Faktoren eine Rolle spielen, auch die sozialen Regeln wie die Art der gemeinsamen Kommunikation, die

1 Einleitung

Anrede, Feedbackkultur und weitere Punkte werden an dieser Stelle oftmals abgestimmt und definiert. Mehr Informationen und eine Kurzzusammenstellung zu dem Lehr-Lern-Vertrag habe ich in ▶ Kapitel 5.9.2 unter dem Überbegriff Klassenraum-Management (Classroom-Management) zusammengefasst.

Mögliche ansprechbare Rahmenbedingungen

- Dauer der Veranstaltung
- Pausenzeiten
- Geplante Verpflegungen
- Umgang mit Zwischenfragen
- Anrede
- Abwesenheiten
- Toiletten
- Kommunikationsregeln
- Ausgabe eines Handouts
- Mitschriften/Protokolle
- Offenheit und Kritik
- Ordnungsdienst/Unterstützungstätigkeiten
- Hygienerichtlinien
- Trinken und Essen
- Sauberkeit und Ordnung
- Verhalten im Einsatzfall
- Umgang mit Störungen oder Anrufen
- Handy-, Tablet-, PC-Benutzung
- ggf. Strafkasse für kleinere Verfehlungen

1.9 Zusammenfassung der Einleitung

Bild 17: *Zusammenfassungen machen Buchautoren (fast) arbeitslos*

Auch wenn dies hier hauptsächlich die Zusammenfassung der Einleitung sein soll, empfiehlt es sich zumindest ein paar einleitende, zusammenfassende, Worte grund-

1.9 Zusammenfassung der Einleitung

sätzlich zu Zusammenfassungen vorab nochmal zusammenzufassen **(Wortspiele habe ich hier nur bedingt beabsichtigt).**

In diesem Buch werde ich jedes Kapitel am Schluss noch einmal kurz zusammenfassen und so das Wichtigste nochmal in Erinnerung rufen. Damit wird sowohl der etwas länger ausformulierte Text im gesamten Kapitel wiederholt und auf das Wesentliche runtergebrochen. Auf diese Art und Weise wird das Wissen entsprechend aktiviert und gefestigt. Zusätzlich ergibt sich daraus noch ein weiterer angenehmer Nebeneffekt. Zu einem späteren Zeitpunkt kann der prägnant dargestellte Inhalt zeitsparend als Nachschlagewerk zum entsprechenden Thema genutzt werden. Diese Vorgehensweise empfiehlt sich auch für deine eigenen Schulungen: Eine Zusammenfassung am Schluss stellt den gesamten Inhalt noch einmal kurz dar und regt zum Weiterlernen an.

Wichtig ist es, dass die Grundlagen entweder vorab schon bekannt sein sollten oder – in einem Buch wie hier – das Kapitel mindestens einmal vorher gelesen wurde. Solltest du das Kapitel aber übersprungen haben, weil du denkst, du wüsstest schon das Wichtigste und möchtest einfach einen kurzen Überblick, ist das natürlich auch nicht ganz falsch. Vielleicht fehlt dir ja noch der ein oder andere interessante Punkt und macht dich durch die Zusammenfassung neugierig auf die vorherigen Inhalte. Ob du dann nur die interessanten oder fehlenden Teile oder gleich das ganze Kapitel liest, ist dann – richtig! – selbstbestimmtes Lernen in der Erwachsenenbildung. **Nebenbei bemerkt ist das auch mein erklärtes Ziel, hier die Ideen und Grundsätze der Andragogik eher so nebenbei zu vermitteln. Es freut mich richtig, wie sich die Kreise immer wieder schließen.**

Speziell zum Sinn und genauen Hintergrund von Zusammenfassungen empfehle ich übrigens das ▶ Kapitel 3.6 über die didaktische Reduktion, dabei werden noch ein paar weitere Varianten der gekürzten Stoffvermittlung vorgestellt. Vielleicht lesen wir uns gleich dort – oder auch erst später – an dieser Stelle wieder. So, jetzt aber zur versprochenen Zusammenfassung – die aus unterhaltungstechnischen (oder methodisch-didaktischen) Gründen immer mal wieder anders aussehen kann. Die Abwechslung ist dabei nur ein Punkt. Ein weiterer Aspekt ist letztendlich nur die Auswahl der am besten geeigneten, zur Thematik passenden Methode. Hinweise dazu findest du dann wieder im ▶ Kapitel 5.5 über die Methodenplanung.

Jetzt aber wirklich die Zusammenfassung der Einleitung:
- Kleide dich sauber und ordentlich! Damit wirkst du professioneller und kompetenter.
- Bedenke, dass die Zeit zusammen mit dir vor der eigentlichen Schulungsmaßnahme und dein dortiges Auftreten schon wahrgenommen werden.

1 Einleitung

- Begrüße die Teilnehmenden mit einem freundlichen Lächeln und versuche dabei möglichst viele Gesichter mit deinem Blick zu streifen. Idealerweise schaust du jeden Lernenden einmal kurz an.
- Mache eine einladende Geste und heiße zu Beginn alle herzlich Willkommen.
- Sprich am Anfang, zumindest in den ersten zehn bis 20 Sekunden, LAUT, l a n g s a m, deutlich und be-wusst be-tont!
- Stell' dich persönlich vor, und erkläre kurz deinen Werdegang, falls er von den meisten noch nicht bekannt ist. Die Länge sollte dabei im Verhältnis zur Ausbildungsdauer passen. (1–2 min für einen Abend oder für ca. 2 h oder 3 UE).
- Versuche eine kleine Geschichte zu erzeugen, wieso du aus deinem bisherigen Werdegang und deinen Kenntnissen heraus jetzt hier stehst und was dich mit dem Thema verbindet.
- Idealerweise kannst du hier auch kurz von deiner Begeisterung für dieses Thema reden.
- Erkläre deinen Teilnehmenden gleich nach der Vorstellung, welchen direkten Nutzen sie aus deinem Unterricht oder Training erwarten können. Je konkreter dieser Nutzen für jede Funktion dargestellt werden kann, desto besser.
- Stelle im Anschluss die wichtigsten Lernziele heraus – diese sind bei guter Formulierung so beschrieben, dass sie nach Abschluss der Schulungsmaßnahme direkt überprüft werden können.
- Eine kurze Übersicht über den Ablauf als roter Faden rundet die Einleitung ab.
- Stelle diese Agenda dauerhaft und für alle sichtbar in den Raum. Dies lässt sich mit einer Abfrage der Erwartungen und gewünschten Inhalte und Ziele der Teilnehmenden kombinieren. Nimm diese ernst und gehe auf nicht verwendbare Punkte ein.
- Wenn es bestimmte Rahmenbedingungen gibt, die für die gemeinsame Zeit wichtig sind, sprich diese kurz an – das spart spätere Rückfragen und Zeit für späteren Erklärungen.
- Der rote Faden kann auch Rahmenbedingungen über den geplanten Ablauf und die Kommunikation zwischen Lehrenden und Lernenden enthalten.

1.10 Weiterlernen

Bild 18: *Schön brav weiterlernen!*

1.10 Weiterlernen

Nachdem hoffentlich mit dieser ersten Übersicht dein Interesse an der Thematik der Einleitung, der Begrüßung und dem Einstieg ins Thema geweckt wurde, würde ich es sehr schön finden, wenn du dich noch weiter mit der Materie beschäftigst. Aus diesem Grund habe ich ans Ende jedes Kapitels nach der Zusammenfassung hilfreiche Suchmaschinenbegriffe sowie weiterführende Literatur für dich zusammengestellt. Dem Thema Weiterlernen kommt in der Erwachsenenbildung eine besondere Bedeutung zu. Sie ist per Definition das Ziel der Erwachsenenbildung und soll lebenslang andauern. Fangen wir zumindest mal mit dem ersten Schritt an. Das Weiterlernen beginnt ab dem Moment, an dem das Thema nicht mehr professionalisiert (in einer institutionellen Einrichtung, in vorgeplanten Unterrichten oder eben diesem Buch) durchgeführt wird.

Der Ansatz, jetzt habe ich ja das Buch gelesen oder den Unterricht besucht und jetzt weiß ich alles und muss mich damit nicht mehr beschäftigen, ist hier leider grundlegend falsch! Vielleicht lässt sich jetzt auch besser verstehen, warum am meisten über Motivation erreicht werden kann. Zum Thema Weiterlernen gibt es noch ein weiteres ▶ Kapitel 10.3, das hier die Thematik ganz gut beschreibt. An dieser Stelle geht es in erster Linie um das Weiterlernen im Themenfeld der Einleitung – und hierfür möchte ich dir sowohl zielführende Suchmaschinenbegriffe als auch weiterführende Literatur anbieten.

Aufgaben zur Umsetzung und Anwendung – Kurzerläuterung
Damit du das in diesem Kapitel gerade gelernte auch möglichst aktiv umsetzen und anwenden kannst, werde ich an dieser Stelle immer noch ein paar Weiterlernangebote aka **Hausaufgaben aka »Aufgaben zur Umsetzung und Anwendung«** aufführen. Natürlich sind das immer nur freiwillige Empfehlungen – ganz im Sinne der Erwachsenenbildung.

Aufgaben zur Umsetzung und Anwendung
- ☐ Entwickle eine eigene Begrüßungsformel für den Einstieg!
- ☐ Erstelle einen (kurzen) Werdegang, so dass du bei unterschiedlichsten Themen darauf Bezug nehmen kannst!
- ☐ Überlege dir, welchen ersten Eindruck du vermitteln willst!
- ☐ Übe langsam und tief zu sprechen!
- ☐ Bringe deine Uniform (inkl. Schuhe) auf Vordermann!
- ☐ Überlege dir für die nächste Schulung einen konkreten Nutzen für die Zielgruppe!
- ☐ Suche die Lernziele heraus oder erstelle welche vorab!
- ☐ Frage beim nächsten Training nach den Rahmenbedingungen!

1 Einleitung

☐ Überlege dir ein paar wichtige Rahmenbedingungen für die gemeinsame Zeit!

Suchmaschinenbegriffe Kurzerklärung
Hier zeige ich dir die, für mich, beste Kombination an bestimmten Begriffen zu einem Thema und eine vernünftige Sammlung an Begriffen. Diese Begriffe habe ich selbst auch schon zu Recherchezwecken verwendet. Sie können in beliebiger Reihenfolge oder Zusammenstellung in unterschiedlichste Suchmaschinen eingegeben werden und sollen so ein paar hilfreiche Dokumente, Studien, freie Bücher und Webseiten aufzeigen. Eine genauere Erklärung zu dieser Idee des Weiterlernens kannst du übrigens im ▶ Kapitel 10.3 finden.

Zusätzlich sollen die entsprechenden Suchbegriffe dich auch zum Weiterdenken animieren, dies ist eine Art des Brainwriting (▶ Kapitel 7.4.2), so dass du mit ein bisschen Überlegen selbst noch weitere Begriffe findest und mit diesen suchen kannst. **Schreibe deine eigenen Ideen und Begriffe gleich hier mit dazu!**

Begriffe für Suchmaschinen und Recherchen
»Einleitung«, »Einstieg«, »Beginn«, »Start«,
»Vortrag«, »Präsentation«, »Referat«, »Unterricht«, »Training«,
»Vorstellung«, »Begrüßung«, »Themeneinleitung«, »Einführung«,
»Lernziel«, »Unterrichtsziel«, »Ziel«, »Nutzen«, »Seminar«, »Gestaltung«,
»Ablauf«, »roter Faden«, »Aufbau«,
»Beispiel«, »Tipp«, »Tipps«, »Möglichkeiten«, »Empfehlungen«, »Formulierung«,
»Ideen«, »Nutzen«, »Begrüßung«,
»Rahmenbedingungen«, »Schulungsbedingungen«,
»Weiterlernen«, »Weiterlernangebote«, »Lernbegleitung«, »Lernbegleiter«.

Quellen und Literatur Kurzerklärung
Grundsätzlich findet man in jedem guten Buch am Ende die sogenannten Quellen mit ihrem entsprechenden Verzeichnis. Typischerweise sollen damit die aufgestellten Thesen und Theorien, die nicht von einem selbst erschaffen wurden, belegt und aufgeführt werden. Als angenehmen Nebeneffekt bieten Sie auch die weiterführende Literatur, zu eigenen Recherchezwecken, an.

Das ist meiner Meinung nach ganz in Ordnung – **millionen wissenschaftliche Bücher können sich da nicht irren**. Nachdem du das Buch physisch und in echt in den Händen hältst, ist das mit diesem neumodischen Ding namens Internet auch gar nicht so einfach zu kombinieren. Jetzt könnte ich natürlich mit vielen QR-Codes arbeiten, die direkte Links anbieten. Wäre schon besser, aber aus der eigenen

1.10 Weiterlernen

Erfahrung heraus hält so ein Buch doch ein bisschen länger als so manche Webseite oder deren Neugestaltung durch besonders kreative Designer und damit die entsprechende fehlende Verlinkung. Deshalb hier das klassische Quellenverzeichnis, aber immer zum Thema passend, am Ende des Kapitels. Einen QR-Code habe ich dann doch noch – und zwar den mit meiner Mailadresse (fuehrungshilfen@gmx.de, falls es jemand doch lieber analog mag) für Ideen, Anregungen und weitere Wünsche.

Bild 19: *Hier Scannen für einen direkten Draht zum Autor*

Quellen und weiterführende Literatur

Arnold, Rolf: Systemische Erwachsenenbildung, Schneider Verlag Hohengehren, 2021.
Quilling, Eike; Nicolini, Hans J.: Erfolgreiche Seminargestaltung. Strategien und Methoden in der Erwachsenenbildung. 2., erw. Aufl., VS Verl. für Sozialwiss., Wiesbaden, 2009.
Pöggeler, Franz; Raapke, Hans-Dietrich (Hg.): Handbuch der Erwachsenenbildung, o. A., 1985.
Tippelt, Rudolf; Hippel, Aiga von (Hg.): Handbuch Erwachsenenbildung/Weiterbildung. 6., überarb. und aktual. Aufl., Springer VS, Wiesbaden, 2018.
Tittmann; Gerth; Halgasch: Formulierung von Lernzielen. Didaktische Handreichung. In: Sächsisches E-Competence Zertifikat, 2010. Online verfügbar unter https://tu-dresden.de/mz/ressourcen/dateien/services/e_learning/didaktische-handreichung-formulierung-von-lernzielen-aus-dem-projekt-seco?lang=de/, letzter Zugriff: 02.07.2024.
Witt, Susanne: Anfangssituationen, Deutsches Institut für Erwachsenenbildung, 2015. Online verfügbar unter https://www.die-bonn.de/id/31749/about/html, letzter Zugriff: 03.07.2024.

2 Begriffsdefinitionen

Bild 20: *Definitionen schaffen Klarheit*

Nutzen:
- ✓ Dein Selbstwertgefühl wird steigen, da dich andere Fachgrößen und Lehrkräfte als kompetente und gut informierte Kontaktperson wahrnehmen.
- ✓ Du kannst die richtigen Fachausdrücke der wichtigsten Begriffe im Zusammenhang mit Schulungen richtig verwenden und blamierst dich nicht durch eine falsche Anwendung.
- ✓ Dein Interesse an den Begriffen der Erwachsenenbildung wächst, so dass du das am Ende des Buches befindliche Glossar mit Kurzbeschreibungen weiter nutzt und du die Begriffe noch weiter anwenden willst. Dadurch wird dein Wissen durch die indirekte Recherche immer größer.
- ✓ Du kannst die richtige Menge an Definitionen und Begriffen verwenden, so dass du nicht übertreibst, und somit nicht als Angeber:in entlarvt wirst.
- ✓ Du kannst in Gesprächen und Verhandlungen durch die richtige Verwendung von Begriffen und Definition für Klarheit sorgen und giltst dadurch als feste Größe bei solchen Besprechungen.

Lernziele:

Am Ende des Kapitels solltest du ...
- ... die unterschiedlichen Bildungsmaßnahmen anderen Interessierten erklären können.
- ... die wichtigsten Fachbegriffe im Zusammenhang mit Bildungsmaßnahmen richtig definieren können.
- ... den Aufbau von Bildungsmaßnahmen theoretisch darstellen können.
- ... Bildungstheoretische und fundierte Argumente für Diskussionen im Zusammenhang mit Bildungsangeboten formulieren können.
- ... die zwei großen Unterschiede in der zeitlichen Definition von Bildungsmaßnahmen kritisch hinterfragen und auswählen können.

2 Begriffsdefinitionen

Antworten auf die Fragen:
- ? Welche wichtigen Begriffe gibt es mit Bezug zum Lernen und der Erwachsenenbildung?
- ? Wie unterscheiden sich die vielen ähnlich klingenden Begriffe?
- ? Welche Unterschiede von Schulungen oder Bildungsmaßnahmen gibt es?
- ? Wofür wird ein didaktischer Ablauf benötigt?
- ? Was sind Kompetenzen?
- ? Was ist der Unterschied zwischen Pädagogik, Didaktik und Erwachsenenbildung?
- ? Was ist Andragogik?
- ? Welche Bedeutung hat die Methode?

Im ersten Kapitel wurde bereits mehrfach der Begriff Ausbildung von mir verwendet. Meistens wird dieser gerne mit anderen Bedeutungen gleichgesetzt und auch als Über- oder Sammelbegriff verwendet. Darüber hinaus gibt es noch viele andere Beschreibungen und Definitionen im Bereich der Bildung. Ich habe mich am Anfang auch ziemlich schwergetan, die wichtigsten zu verstehen und auseinander zu halten. Aber Fachkräfte sollten ja auch Fachbegriffe richtig verwenden und das ist das große Ziel dieses Kapitels. Übrigens – ganz am Ende dieses Buches befindet sich ein Glossar oder Kurzwörterbuch mit den meist verwendeten und wichtigsten Begriffen sowie Definitionen. Diese sollen dir einerseits eine schnelle Hilfe für neue unbekannte Bezeichnungen bieten und als Erleichterung in der Abgrenzung unterschiedler Definitionen dienen. Zusätzlich ist es immer von Vorteil, wenn unterschiedliche Personen unter gleichen Begrifflichkeiten auch immer etwas Gleiches verstehen.

Bevor wir aber zu sehr ins Detail der Lernpsychologie gehen, möchte ich an dieser Stelle nur die wichtigsten Begriffe näher beschreiben. Gerade zu Beginn sind diese sehr hilfreich, um das Grundprinzip einer Bildungsmaßnahme besser zu verstehen. Wo wir aber schon bei den ersten Begriffen sind, fangen wir gleich mal mit dieser unsäglichen »Bildungsmaßnahme« an. Dieser Ausdruck erinnert nicht nur an verstaubte Klassenräume und alte Lehrmethoden, sondern klingt im Rahmen der erwachsenengerechten Aus-, Fort- und Weiterbildung so negativ und trocken, dass ich versuche ihn zu vermeiden, wo es nur geht. Was leider ein bisschen schade ist, da er theoretisch als Übergriff sehr gut geeignet wäre. Vielleicht findet sich später noch eine Alternative ... die besser klingt und trotzdem das gleiche meint. **Eine sehr gute Methodik, die ich bewusst hier gerade angewendet habe, ist der sogenannte Cliffhanger, der ...**
(gemerkt?)

2 Begriffsdefinitionen

... Neugierde auf das noch Kommende erzeugt. Cliffhanger werden in ganz vielen Filmserien oder Büchern am Ende einer Episode bzw. eines Kapitels und vor allem am Ende einer Staffel oder Buchreihentitels angewendet, um Spannung zu erzeugen und zum Weiterschauen oder -lesen zu animieren. Wie du dieses Element praxisnah einsetzen kannst, verrate ich aber erst am Ende dieses Kapitels und ... – oh nein – ich hab's schon wieder getan!

2.1 Ausbildung

Bild 21: *Ausbildung schafft neue Kompetenzen*

Meistens wird unter Ausbildung ein Überbegriff für Unterrichte, Praxiseinheiten oder sonstige Lerneinheiten von Wissen oder Fertigkeiten verstanden. Gelegentlich wird es auch als Synonym oder Überbegriff verwendet, und zwar für alles, was mit Lernen in Zusammenhang gebracht werden kann. Das ist leider so nicht ganz richtig! Denn der Begriff der »Ausbildung« ist sogar im Berufsbildungsgesetz (BBiG) fest vorgegeben und genauestens definiert: Sie vermittelt Wissen, Fertigkeiten und **(neuerdings auch ergänzt durch den Begriff der)** Kompetenzen – durch eine dafür vorgesehene Bildungseinrichtung mit dem Ziel, einen Abschluss zu erreichen, der für eine bestimmte Funktion befähigt. Speziell die Berufsausbildung ist noch genauer im Berufsbildungsgesetz definiert und vermittelt anwendbare Tätigkeiten und Fähigkeiten für einen speziellen Beruf, der durch die Ausbildung erlernt werden soll.

Grundsätzlich reden wir hier bei dem Begriff der Ausbildung aber immer von der Schaffung neuer Erkenntnisse und Fähigkeiten, um eine Tätigkeit ausführen zu können. Pragmatisch gesagt, wissen die Teilnehmenden vor der Ausbildung noch relativ wenig oder manchmal auch gar nichts von den späteren Aufgaben und danach so viel, dass sie diese zumindest vom Grundsatz in den wichtigsten Punkten ausführen können. Das generelle Ziel hierbei liegt auf der Vermittlung von Wissen und Können für eine bestimmte Aufgabe oder Tätigkeit und auch auf dem Willen, diese entsprechend auszuführen. Das ist zufälligerweise auch schon fast die Definition von Kompetenzen, was hier die Beschreibung sehr gut unterstützt. Somit kann man jetzt etwas verkürzter sagen, dass die Ausbildung das Vermitteln von Kompetenzen ist, um konkrete Aufgaben lösen zu können.

Bildung

Gleich zu Beginn erwähnte ich, dass die Ausbildung oftmals als Übergriff verstanden wird. Das, was aber eigentlich damit gemeint ist, ist die Definition von Bildung im Allgemeinen. Der größte Unterschied zur oben beschriebenen Definition von Ausbildung besteht darin, dass diese keinen Abschluss und auch keine Zweckbestimmung hat. Bildung geht immer über Abschlüsse hinaus und ist mehr als nur die reine Vermittlung von Wissen oder Fertigkeiten. Sie ist stattdessen auch das eigenständige Verstehen und der dauerhafte Erkenntnisgewinn. Verstehen kann man darunter auch, dass sich Menschen dauerhaft mit Zielen und Handlungen auseinandersetzen. Dadurch ist Bildung auch immer gleichzeitig Emanzipation und Selbstaufklärung. Der Begriff Bildung steht dabei sowohl für den Bildungsvorgang als auch für den erreichten Zustand. Letzteres bezieht sich meistens auf den Zustand der Allgemeinbildung und weniger auf einen ganzheitlichen Bildungsbegriff oder gar um allgemeingültige Kompetenzen. Außerdem will ich als Erwachsenenbildner erst gar nicht von einem Zustand reden, denn der Zustand kann durch die Philosophie des lebenslangen Lernens – zumindest theoretisch – nie ganz erreicht werden. Damit ist die Bildung in der Erwachsenenbildung ein ... lebenslanger Zustand der Suche nach mehr Wissen, Können und Kompetenzen.

2.2 Fortbildung

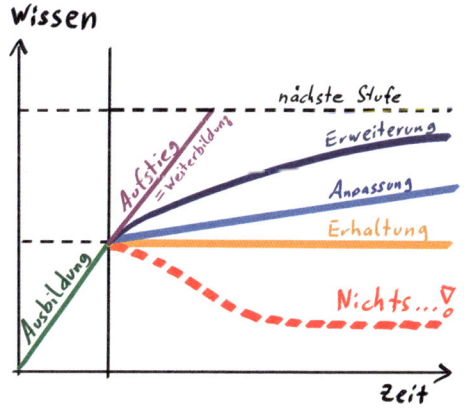

Bild 22: *Fortbildungen sind zum Erhalt und Ausbau von Kompetenzen wichtig*

2 Begriffsdefinitionen

Der Begriff der Fortbildung ist ebenfalls im Berufsbildungsgesetz definiert und beschreibt den Überbegriff aus den landläufig verbreiteten Begriffen der Fort- und Weiterbildung. Die Abbildung zeigt ganz gut, wie sich Können und Wissen bei den unterschiedlichen Arten der Fortbildung entsprechend weiterentwickeln. Definiert sind vier weitere Einzelbegriffe, die die Fortbildung schön aufteilen und sich am besten mit einer Fortführung der bisherigen Kenntnisse und Fähigkeiten in unterschiedlichen Ausprägungsstufen schnell erklären lassen.

Die **Erhaltungsfortbildung** beschreibt das aktuelle Halten des einmal erlernten Wissens auf dem Stand des erworbenen Abschlusses, aber leider nicht mehr darüber hinaus. Man verliert demnach stetig an Wissen und Können, wenn man mit dem Lernen aufhört. Diese Erklärung passt und findet sich auch in der Neurologie wieder. Wenig genutzte Verbindungen (die quasi vereinfacht für das Erlernte stehen) werden im Rahmen einer Effizienzsteigerung des Gehirns langsam zurückgebildet. Sie ist somit die schwächste Art der vier Definitionsvarianten und hält nur den vorherigen, erlernten Stand aufrecht.

Die **Anpassungsfortbildung** zielt auf das Anpassen an neueste z. B. technische, wissenschaftliche oder wirtschaftliche Gegebenheiten ab, um den ausgebildeten Beruf zeitgemäß ausführen zu können. **Das hier sollte die Referenz für den Bereich der Feuerwehr sein, wenn es um den Begriff der Fortbildung geht!**

Sollen weitere Kenntnisse und Fähigkeiten, die über die aktuellen Arbeitsaufgaben hinausgehen, erworben werden, redet man von einer **Erweiterungsfortbildung**. Sie ist noch vor der **Aufstiegsfortbildung** angesiedelt. Diese ist von der Logik her genau die Definition, die ich im nächsten Absatz unter der Weiterbildung beschreibe.

2.3 Weiterbildung

Bild 23: *Weiterbildung entwickelt und erweitert Kompetenzen*

Die grundsätzliche Idee einer Weiterbildung ist es, den Lernenden in seiner bisherigen Tätigkeit weiterzubilden – **bis hierhin schonmal keine Überraschung** – und ihn auch beruflich weiter zu bringen. Das Ziel liegt hierbei auf der Weiterentwicklung der persönlichen Fähigkeiten und Kompetenzen. Sie wird auch als Aufstiegsfortbildung beschrieben, deren größter Sinn der Aufstieg auf die nächste berufliche Stufe ist. Sie liegt damit an oberster Stelle der vier Fortbildungsbegriffe (wenn man diese denn aufreihen **und ggf. auch noch Medaillen verteilen möchte**) und hat dabei trotzdem eine ganz besondere Stellung.

So werden Wissen, Fähigkeiten und Kompetenzen nicht nur auf unterschiedliche Weisen aktuell gehalten, sondern eben auch noch für einen zusätzlich Funktionsbereich erweitert. Darüber hinaus beschreibt die Weiterbildung sämtliche Bildungsmaßnahmen für alle die, die bereits einen ersten Bildungsabschluss haben und berufstätig sind – der Inbegriff der Erwachsenenbildung also. Deswegen werden diese Begriffe auch gerne mal synonym verwendet.

2.4 Umschulung

Der hauptsächliche Unterschied von Umschulungen zu Fort- und Weiterbildungen besteht darin, dass sie nicht für die Entfaltung von schon vorhandenem Wissen oder Fähigkeiten da sind. Die (berufliche) Umschulung soll die Basis zu einer anderen (beruflichen) Tätigkeit sein. Sie gilt genauso als berufsbildende Maßnahme im Sinne des Berufsbildungsgesetzes und muss durch eine zugelassene Bildungseinrichtung durchgeführt werden. Da es sich hier aber um keine (Anpassungs-)Fortbildung handelt, werden logischerweise auch keine weiterführenden Fähigkeiten oder Kenntnisse geschult. Das Ziel oder Ergebnis ist eine neue Qualifikation, die in der Regel ein abgeschlossener anerkannter Ausbildungsberuf ist.

Für eine Umschulung kann es mehrere Gründe geben: fehlendes Interesse, längere Abwesenheiten, Neuorientierung, geringe Arbeitschancen oder auch Berufsunfähigkeit. Wichtig ist dabei nur, dass ein Mindestmaß an Unterschied zur bisherigen Ausbildung besteht. Meistens muss nicht alles komplett neu gelernt werden, manche Ausbildungsinhalte können bei einer Umschulung weitergenutzt werden oder darauf aufbauen. Deshalb handelt es sich bei einer Umschulung meist um eine verkürzte Ausbildung.

 Nur damit man es mal gehört hat – es gibt drei Arten von Umschulungen: die schulische, betriebliche und die überbetriebliche Variante.

Wichtig ist an dieser Stelle nur, dass alle Arten immer sowohl praktische als auch theoretische Anteile enthalten. Die Praxis findet meist in Praktika in entsprechend passenden Betrieben statt und soll auf die spätere (umgeschulte) Tätigkeit vorbereiten.

2.5 Schulung (Bildungsmaßnahmen)

Bild 24: *Schulungen sind alle möglichen Bildungsmaßnahmen und alle Veranstaltungen zum Lernen*

Wie schon zu Beginn des Kapitels erwähnt, finde ich den Begriff der Bildungsmaßnahme an sich fürchterlich, veraltet und unpassend. Er steht einfach so überhaupt nicht für eine erwachsenengerechte Kompetenzvermittlung auf Augenhöhe. Trotzdem fasst der Ausdruck alle anderen Begrifflichkeiten, die für verschiedenste Arten von Unterricht oder Praxis stehen, relativ gut und effektiv zusammen – also doch wieder gar nicht so verkehrt … nur eben leider sehr negativ konnotiert **(wie der Klugscheißer in mir hier anmerken muss, anstatt einfach »Nebenbedeutung des Wortes« zu sagen)**.

Als Bildungsmaßnahme kann man prinzipiell jedes Mittel oder jede Veranstaltung verstehen, die beim Lernen oder bei der Ausbildung neuer Fertigkeiten unterstützen kann. Meistens handelt es sich dabei um schulmäßige oder zumindest schulähnliche Veranstaltungen. Wenn man es ganz genau nehmen würde, **was ich jetzt auch mache,** fällt auch die Aus-, Fort- oder Weiterbildung unter den gesamten Überbegriff einer Bildungsmaßnahme. Damit hätte das Buch hier auch »Bildungsmaßnahmen bei der Feuerwehr« heißen können. Aber ich wollte ja eine moderne Version eines Nachschlagewerks herstellen und keine negativen Nebenbedeutungen mit vermitteln. **(Dafür hast du dir jetzt bestimmt konnotiert gemerkt?!)**

Nachdem ich ja bekanntlich nicht ganz so glücklich mit der Bezeichnung bin, möchte ich eine kurze Herleitung zu einer neuen, zweiteiligen Definition vorschlagen, die auch gleichzeitig eine Klassifizierung von Bildungsmaßnahmen ermöglicht.

An dieser Stelle folgt jetzt der erste von noch vielen wiederkehrenden Hinweisen, dass der Inhalt immer von der Methode getrennt wird. Ja, das ist wichtig! Denn auch

2.5 Schulung (Bildungsmaßnahmen)

schon die erste Festlegung und vermeintliche Klassifizierung, ob der Inhalt theoretisch oder praktisch vermittelt werden soll, ist unabhängig vom …

Richtig! … **Inhalt**, und der baut auf dem …
Richtig! … **Lernziel** auf, und das wiederum auf …
Richtig! … dem **Nutzen** für die Teilnehmenden.

Eine kleine Wiederholung wurde erfolgreich mit meinem hier selbst ernannten Bildungsauftrag verknüpft. Aber hoffentlich ist dir, spätestens jetzt, ausreichend klar geworden, dass du bei der Vorbereitung immer erst einen konkreten Nutzen, dann ein genaues (Lern-)Ziel benötigst und dir dann die passende Methode zur Zielgruppe aussuchst. Tadaaa! Theoretisch so einfach, praktisch steckt dann leider doch noch etwas mehr und vor allem auch viel Erfahrung und Gefühl für die Gruppe dahinter. Aber das sind schon mal die Bigpoints die dir – hoffentlich – die Gestaltung von Bildungsmaßnahmen erleichtern. Aber jetzt weiter zu den Begriffsdefinitionen, denn die ganze Herleitung soll nur noch mal zeigen, dass viele der nun folgenden Begriffe letztendlich nur Methoden sind und so erst an letzter Stelle kommen sollten. Damit sind diese dann folglich leider auch nicht wirklich als Überbegriff geeignet!

Sammeln wir jetzt gleich mal zu Beginn alle Begriffe, die uns so für eine Bildungsmaßnahme einfallen: Unterricht, Übung, Training, Lehrgang, Praxisstunde, Seminar, Workshop, Unterweisung, Kurs und noch viele mehr, die jetzt im Detail hierfür aber genaugenommen keine Rolle spielen. Viele von denen haben meist in der Erwartung schon eine Grundrichtung der ungefähren Methodik. Die einzige Möglichkeit einer sinnvollen Clusterung oder Aufteilung nach Gemeinsamkeiten **(und eben unabhängig von der Methodik – und das ist das wirklich Wichtige)** ist meiner Meinung nach nur über die Dauer der Bildungsmaßnahmen möglich. Deswegen möchte ich jetzt ab hier zwischen kurzen und langen Schulungen unterscheiden.

Die nachfolgend noch genau erläuterte Grenze mag jetzt hier erstmal, mit kurz und lang, sehr schwammig erscheinen. Es lässt sich dennoch ganz gut erahnen, in welche Richtung es dabei gehen soll. Als praktikabel hat sich aus der bisherigen Erfahrung des Autors **(also mir)** und ein paar weiteren, mir befreundeten Erwachsenenbildnern, eine Trennung bei einem Tag herauskristallisiert. Alles, was länger dauert, gilt als lang und was darunter liegt eben als kurz. Durch diese Unterscheidung lassen sich nachfolgend die unterschiedlichen Herangehensweisen für die Planung dieser beiden getrennten Schulungsmaßnahmen besser beschreiben.

2 Begriffsdefinitionen

Oftmals kann der Aufwand zwischen genau diesen beiden Arten von Schulungsmaßnahmen sehr unterschiedlich ausfallen. Vor allem zeigt sich aus der bisherigen Erfahrung, dass der Aufwand ab einem Tag wesentlich komplexer ist und ab da schon fast exponentiell ansteigt. Damit ist jede Lehrveranstaltung, welche innerhalb eines einzelnen Tages liegt, verhältnismäßig kurz und relativ einfach zu planen und zu organisieren. Auf dieses »relativ einfach« kommt es mir letztendlich bei der Unterscheidung im Verhältnis zu »etwas aufwendiger« an.

Natürlich gibt es auch z. B. zweitägige Fortbildungen, die einen gleichen geringen Aufwand wie eine eintägige Schulung haben oder auch den vierstündigen Workshop der in etwa so umfangreich in der Planung, Vorbereitung und Durchführung sein kann wie ein Vier-Wochen-Lehrgang. Aber das sind diese immer wieder aufgeführten Ausnahmen, die die berühmten Regeln bestätigen. Aufgrund der Aufteilung der Bildungsmaßnahmen in zwei Kategorien werden damit auch zwei neue Begriffe für diese als Beschreibung benötigt. Diese stehen ab sofort anstelle für die lange und die kurzen Bildungsmaßnahmen und werden direkt im Anschluss nochmal genauer erklärt.

Also gilt ab sofort:

Lange Bildungsmaßnahme = Lehrgang
Kurze Bildungsmaßnahme = Training

Ach ja, und da ich den Begriff der Bildungsmaßnahme ja bekanntlich nicht so toll finde, hier gleich ein Vorschlag, der zugegebenermaßen nicht ganz so innovativ und weltverändert ist, aber trotzdem die oben aufgezählten Nachteile und negativen Assoziationen ausgleicht – was hältst du denn von »Schulung«?!

Der Begriff der Schulung steht für aktive und geordnete Inhaltsvermittlung (durch eine Bildungs- oder vergleichbare Einrichtung).

2.5.1 Training (kurze Schulung)

Den meisten Menschen fällt bei der Begrifflichkeit Training immer sofort der Bezug zum Sport ein. Dort und auch im klassischen Schulungskontext geht es immer um das Vermitteln von Können sowie das Anwenden und Üben von erlernten Inhalten (oder Bewegungsmustern). Gerne wird hier, fast synonym, der Ausdruck Seminar ver-

2.5 Schulung (Bildungsmaßnahmen)

wendet. Der kleine Unterschied, der das »fast« im vorherigen Satz ausmacht, ist die Tendenz zu mehr Theorie im Gegensatz zum Training, bei dem durch die Assoziation zum Sport etwas mehr Praxisbezug mitschwingen sollte. Ansonsten stehen beide für eine kurze, i. d. R. unter einem Tag dauernde Schulung, die trotzdem aus mehreren einzelnen Unterrichtseinheiten bestehen kann.

Da es sich bei der Konnotation des Trainings um die Variante mit etwas mehr Praxisbezug handelt, habe ich mich persönlich dazu entschlossen, diese Version von nun an weiter zu verwenden. Denn der unabdingbare Praxisbezug ist ja genau das, was wir für die Aus-, Fort- und Weiterbildung bei der Feuerwehr benötigen!

Nehmen wir noch einen weiteren Begriff auf, der gerne auch in die Kategorie einer kurzen Schulung passt. Gemeint ist hier der sogenannte Workshop, der leider nur eine Art Imageproblem hat. Bei einem Workshop geht es meistens um die Schaffung von neuen Impulsen, Anregungen oder Entwicklungen. Manchmal wird er auch für den reinen Erfahrungsaustausch, in der Regel ohne vorab definierte Ziele, genutzt. Ansonsten wäre die Definition für einen Workshop nahezu ideal, da die Interaktion immer bei den Teilnehmenden liegt und die Begleitung oder Moderation nur in der Rolle der Diskussionsleitung auftritt. Damit wird der kreative Denkprozess idealerweise nicht gestört. Entwicklungen und Lösungen werden in zielführende Bahnen gesteuert oder durch Impulse für neue Anregungen gelenkt. Klingt alles gut und schlüssig, aber die fehlenden Ziele sind hier leider ein Ausschlusskriterium für die Verwendung als Begriff der kurzen Schulung.

In bestimmten Unterrichtsplanungsprogrammen fällt auch immer wieder die Bezeichnung eines sogenannten Klassenraumtrainings das eigentlich einen Unterricht meint. Das ist jetzt für mich wieder das Schöne, da sich hier der Kreis schließt – auch ein Training (= Unterricht mit deutlichem Praxisbezug) kann ja in einem Klassenraum stattfinden.

2.5.2 Lehrgang (lange Schulung)

Länger andauernde Lehrveranstaltungen, die meistens am Stück, mit einer vordefinierten Gruppe und einem festen Thema oder auch gezielt für einen Abschluss stattfinden, werden als Lehrgang bezeichnet. Dieser kann Teil einer Aus- oder Weiterbildung sein. Eine Fortbildung als Lehrgang ist zwar theoretisch möglich aber eher untypisch und entspricht nicht ganz dem Grundgedanken einer Auffrischung zum Wissenserhalt. Liegt der Schwerpunkt generell mehr auf dem Praxisbezug, wird weniger auf Wissensvermittlung und Erfahrungsaustausch gesetzt als vielmehr auf konkrete Handlungsorientierung. Das ändert zum Glück an der Bezeichnung nichts.

Eine weitere Definition beschreibt einen Lehrgang als geplante Aneinanderreihung von Unterrichtseinheiten in einem Fach oder Thema. Dieser kann als abgeschlossener Bereich eines Lernfelds oder Gegenstands angesetzt sein. Die Reihenfolge der darin enthaltenen Unterrichtseinheiten legt der didaktische Ablauf fest. Ein Lehrgang ist somit durch die Festlegungen der Themen in einer bestimmten Reihenfolge gekennzeichnet und hat damit eine gewisse Mindestdauer (von mehr als einem Tag). Meistens steht ein Lehrgang für sich allein und ist abgeschlossen.

2.5.3 Unterrichtseinheit (UE)

Eine Unterrichtseinheit ist eine fest definierte Zeiteinheit, die für eine bestimmte Menge eines zu lernenden Stoffes angesetzt ist oder dann auch gebraucht wird. Meist ist sie als Unterrichtsstunde mit genau 45 Minuten bestimmt – das hat sich seit den Unterrichten in der Schulzeit schon bewährt und heißt deshalb dort auch Unterrichtsstunde (UStd/USt). Natürlich gibt es auch andere Festlegungen mit genau 60 Minuten, also einer Stunde. Speziell in Österreich und anderen europäischen Ländern sind auch Unterrichtsstunden mit 50 Minuten üblich.

An Hochschulen gibt es noch zwei weitere Varianten. Einmal die sogenannten Doppelstunden, die die kleinste Einheit eines abgeschlossenen Themas repräsentiert. Das heißt rein rechnerisch handelt es sich nur um eine Unterrichtseinheit von 90 min – was ja bekanntlich zwei reguläre Schulstunden á 45 min sind. Zusätzlich gibt es noch die sogenannten Semesterwochenstunden (SWS), die hauptsächlich dafür verwendet werden, den zeitlichen Aufwand der Vorlesungen oder des Lernaufwands abzuschätzen. Hier ist die Länge ebenfalls auf eine Zeiteinheit von 45 Minuten pro Woche festgelegt. Sie bringt aber noch den zusätzlichen Zeitfaktor des Semesters, welches wiederum mit einem halben Jahr bestimmt ist, mit ins Spiel. Somit ergibt sich für eine SWS, dass die Menge des zu lernenden Stoffs mit 45 Minuten pro Woche ein Semester lang dauert. **Man könnte jetzt auch die 45 Minuten mal 15 Wochen im Mittel ausrechnen und so auf einen Workload von 675 Minuten Vorlesungsdauer kommen. Zusammen mit der Vorbereitungs- und Nachbereitungszeit kommt man so auf ca. 30 Stunden pro Semester, was wiederum ca. 1,5 ECTS-Punkten entspricht. Dann doch lieber die 1 SWS die hier wesentlich einfacher ist.**

2.5 Schulung (Bildungsmaßnahmen)

Verständnisfrage:
Wenn ich jetzt also zwei Mal 45 min für ein Thema z. B. Taktik 1 und Taktik 2 benötige, handelt es sich dann um eine oder zwei Unterrichtseinheiten? Richtig – es kommt darauf an – je nachdem, was vorab definiert wurde! Ist eine UE immer mit 45 min definiert, sind es offensichtlich und logischerweise zwei! An einer Art Feuerwehrhochschule wäre es dann logischerweise nur eine Doppelstunde.

Woher kommt eigentlich dieser so weit verbreitete Wert von 45 Minuten? Gute Frage und nicht ganz einfach und auch nicht endgültig zu klären. Am naheliegendsten gilt vermutlich, dass diese Länge der beste Kompromiss zwischen Anfangs-, End- und Pausenzeiten im schulischen Zusammenhang ist. Eine mir persönlich besser gefallende Erklärung ist, dass jede Methode zur Lernstoffvermittlung idealerweise zwischen 15 und 20 Minuten dauern sollte – zusätzlich sollte sich die Verteilung der Aktivität zwischen Lernenden und Lehrenden ständig abwechseln. Somit wäre in einer standardisierten Unterrichtseinheit die Aktivierung genau einmal auf beiden Seiten – die zusätzlich verbleibende Zeit kann hier für Einleitung, Methodeneinweisung, Zusammenfassung, Schluss und Klärung offener Fragen berechnet werden.

Alle 15 bis 20 min sollte sich die Methode und der Schwerpunkt der Aktivierung (Lehrende <> Lernende) abwechseln! Damit hätte die Unterrichtseinheit drei Methodenwechsel oder wenn man eine kurze Einleitung und eine kurze Zusammenfassung miteinberechnet, nur zwei Methodenwechsel. Beide Varianten sind im gesamten Kontext eines Lehrgangs oder Trainings geradezu ideal.

2.5.4 Didaktischer Ablauf

Der didaktische Ablauf gibt, vereinfacht gesagt, die Reihenfolge der Lerneinheiten in einer Schulung vor. Natürlich ist dabei die Komplexität in einem kurzen halbtägigen Training wesentlich geringer als in einem mehrmonatigen Lehrgang. Dieser Ablauf ist ein angepasster Strukturplan um den sinnvollen Ablauf vieler einzelner Themen zielführend aufeinander aufbauend zu gestalten und auch nachvollziehbar zu machen. Gerade bei einer Neugestaltung eines Lehrgangs, der dann regelmäßig wiederholt werden soll, lohnt sich der meist doch recht hohe, dafür nur einmalige Aufwand. Einmal vom Start weg vernünftig geplant, spart dies bei jedem weiteren Lehrgang viel Zeit, Energie und Nerven.

2 Begriffsdefinitionen

Bild 25: *Didaktischer Ablauf eines Lehrgangs*

Didaktische Abläufe innerhalb von Unterrichtsstunden

Der didaktische Ablauf hat zusätzlich noch eine weitere Bedeutung innerhalb von Unterrichtsstunden und wird dort unter anderem auch Phasenstruktur genannt. In der Unterrichtsplanung und -lehre bezeichnet er ein in mehreren Stufen systematisch aufgebautes Planungsschema einer Unterrichtsstunde oder Unterrichtseinheit und danach den Aufbau und Ablauf des nachfolgenden praktischen Unterrichtsgeschehens. Wenn also hier von einem didaktischen Ablauf von Unterrichtsstunden gesprochen wird, sind meist folgende Inhalte (nicht immer in diesem vollen Umfang) gemeint:

Tabelle 1: *Didaktischer Ablauf von Unterrichtsstunden (Beispiel)*

1)	Motivieren und fachlich vertiefen
2)	Ausgangsniveau sichern
3)	Schwierigkeiten reflektieren
4)	Neue Lerninhalte erarbeiten
5)	Gelerntes Wissen sichern
6)	Gelernte Fähigkeiten sichern
7)	Üben und Anwenden
8)	Lernerfolgskontrollen durchführen
9)	Transfermöglichkeiten herausarbeiten
10)	Thema zusammenfassen und Weiterlernen anregen

2.6 Kompetenz

Meistens geht es hier aber auch nur um ein Planungsschema für einen zusammenhängenden Unterrichtsblock oder die Abfolge mehrerer Unterrichtseinheiten innerhalb eines Themenfeldes. Wie man idealerweise eine kurze Schulung oder ein Training am besten plant und durchführt, wird in ▶ Kapitel 5 genauer erklärt. Dabei orientiere ich mich nur grundsätzlich an der oben dargestellten Tabelle. Ich habe hier ein vielleicht noch besseres Kochrezept parat!

Im Gegensatz zum didaktischen Ablauf eines Lehrgangs oder einer langen Schulungsmaßnahme, den ich in ▶ Kapitel 6 vorstelle, geht es hier mehr um allgemeine Stichpunkte als die richtigen Reihenfolgen von Themen oder Unterrichtsstunden. **An der Aufteilung des didaktischen Ablaufs in diese zwei grundsätzlichen Unterscheidungen kann man ganz gut sehen, dass meine Trennung in »kurze« und »lange« Schulungen zumindest nicht ganz falsch ist.**

2.6 Kompetenz

Der Begriff der Kompetenz steht nach der reinen Übersetzung für »zu etwas fähig sein«. So gesehen sind Kompetenzen Fertigkeiten und Fähigkeiten, bestimmte Problemlösungen zu finden und – ganz wichtig – die Bereitschaft, dies auch zu tun. Man kann also sagen, dass Kompetenzen immer aus einem Können und Wollen und einer gewissen Mindestqualität des erreichten Ergebnisses bestehen. Die Motivation spielt somit eine sehr große Rolle in der Umsetzung des Kompetenzbegriffs. Es gibt sogar eine Definition nach ISO 9001: »Fähigkeiten, Wissen und Fertigkeiten anzuwenden, um beabsichtigte Ergebnisse zu erzielen«.

Eine der größten Schwierigkeiten ist es, sich im Dschungel von gefühlt hunderten von möglichen Kompetenzen (und Kompetenzbegriffen) zurechtzufinden. Diese wurden wahrscheinlich alle von hoch motivierten Personalern erfunden, um möglichst genau eine ideal geeignete Person für eine entsprechende Stelle zu finden. Der Grund für diese schiere Menge und die unterschiedlichsten Begriffe ist, dass es keine genormten oder vordefinierten Begriffe für notwendige »Standardkompetenzen« gibt. **Die freie Auswahl an möglichen Kompetenzen kann einerseits sehr schön für die offene Gestaltung von Lehrgängen oder Lernfeldern sein, sie können aber, aufgrund der möglichen Vielfalt und ungenauen Definition, andererseits auch ziemlich überfordern und die Vorbereitung von Themen, um bestimmte Kompetenzen zu erreichen, ziemlich verkomplizieren! Ist dir auf Anhieb sofort klar welche Kompetenzen ein aktiver Gruppenführer im Einsatzdienst alle haben soll?! Gehen wir mal noch weiter ins Detail! Worin überschneiden sich Kommunikationskompetenz und Kompetenz im**

2 Begriffsdefinitionen

Funken oder die Kompetenz in der Befehlsgebung und wie ist die genaue Abgrenzung dazwischen? Du siehst, es ist leider gar nicht so leicht und genau deswegen brauchen wir immer noch zusätzlich die Lernziele!

Bild 26: *Kompetenzfelder helfen Ordnung in unzählige Kompetenzbegriffe zu bringen*

Ein bisschen als Ausgleich gibt es – auch wahrscheinlich wieder von den oben genannten hoch motivierten Personalern – zum Glück vier vordefinierte Kompetenzfelder, die immer wieder, vor allem bei Einstellungen und Stellenprofilen, verwendet werden und auch anschließend kurz von mir vorgestellt werden. Zusätzlich bietet das Deutsche Institut für Erwachsenenbildung (DIE) acht sogenannte Schlüsselkompetenzen an, die alle Bereiche der beruflichen Weiterbildung beschreiben sollen. Man könnte sie auch als Kernkompetenzen für die Bewältigung komplexer Aufgaben im Leben eines Erwachsenen bezeichnen. Sie sind in Tabelle 2 vollständig aufgeführt.

Tabelle 2: *Schlüsselkompetenzen laut Deutschem Institut für Erwachsenenbildung*

Muttersprachliche Kompetenz
Fremdsprachliche Kompetenz
Mathematische Kompetenz und naturwissenschaftlich-technische Kompetenz
Computerkompetenz
Lernkompetenz
Soziale Kompetenz und Bürgerkompetenz
Eigeninitiative und unternehmerische Kompetenz
Kulturbewusstsein und kulturelle Ausdrucksfähigkeit

2.6 Kompetenz

Alle weiteren, ein Profil beschreibenden Kompetenzen, können in diese Gruppen eingeteilt werden und bestehen immer aus kognitiven (theoretische Kenntnisse) und funktionalen Anteilen (praktische Anwendung). Der zentrale Bestandteil ist dabei immer die Fachkompetenz, die sich auch wiederum aus Fachkenntnissen und Methoden zusammensetzt. Letztendlich ist es für das Lernen egal, wie die einzelnen Kompetenzen genau benannt werden, jeder hat alle davon – nur eben in unterschiedlichen Ausprägungen. Daraus könnte man jetzt ein entsprechendes individuelles Kompetenzprofil erstellen und damit die Lernenden entsprechend fördern. Man muss sich vorher nur im Klaren sein, welche Kompetenzen für welche Tätigkeit benötigt werden.

Also: Wie findet man jetzt die richtigen Kompetenzbegriffe für das geplante Aufgabenprofil, das jemand nach einer Lerneinheit haben soll? Eine Möglichkeit wäre, dass man in der entsprechenden Literatur nach vordefinierten Begriffen sucht. Idealerweise gibt es zu der geforderten Tätigkeit schon Vorlagen, ansonsten muss man sich aus ähnlichen Tätigkeiten bedienen. Sollte die Suche nicht erfolgreich sein, kann man sich diese alternativ aus den beobachtbaren Handlungen der ausgelernten Tätigkeit ableiten und beschreiben. Hier schließt sich auch wieder der Kreis für die Kompetenzauswertung oder Lernzielkontrolle. Denn dort sollen beobachtbare Handlungen mit den zu erreichenden Zielen verknüpft und anschließend überprüft werden. Zum Glück ist dies bei vielen (Schul-)Fächern schon vordefiniert, denn ein kompetenzorientiertes Portfolio zu erstellen ist nicht nur relativ schwierig, sondern auch sehr zeitaufwendig. Meine persönliche Empfehlung für jemanden mit weniger Zeit und keinem Projektauftrag über drei Jahre zur z. B. Begründung von neuen Berufsbildern ist es, sich zunächst notwendige Tätigkeiten zu überlegen. Im Anschluss kann man sich aus bereits bestehenden Tabellen mit Kompetenzbegriffen die Geeignetsten passend zu diesen Tätigkeiten heraussuchen. Damit du es hier wesentlich leichter hast, habe ich mal zusammengefasst, was eine ideale Kompetenzbeschreibung alles beinhalten sollte.

Kompetenzbeschreibungen sollten ...
- ... sich immer auf eine Person beziehen.
- ... immer einen klaren Bezug zur beruflichen Handlungskompetenz haben.
- ... sich immer auf die Standards des Bildungsgangs beziehen.
- ... bei Fachkompetenz aus Wissen und Fertigkeiten bestehen.
- ... bei Sozialkompetenz aus Kommunikation und Kooperation bestehen.
- ... bei personaler Kompetenz aus Selbstständigkeit und Eigenverantwortung bestehen.
- ... bei Methodenkompetenz aus Problemlösung und Selbstlernen bestehen.

2 Begriffsdefinitionen

Zuvor habe ich bereits kurz die vier möglichen Kompetenzfelder angesprochen. Je nach Literatur gibt es unterschiedliche Zusammenfassungen, die ich der Übersichtlichkeit halber in der nachfolgenden Tabelle 3 dargestellt habe.

Tabelle 3: **Vier mögliche Kompetenzfelder**

Variante 1	Variante 2	Variante 3	Variante 4
KMK 2011	Typische »Stellenprofile«	»Schlüsselkompetenzen«	DQR 2010
Selbstkompetenz	Persönliche Kompetenz	Personale Kompetenz	Personale Kompetenz
Lernkompetenz			
Sozialkompetenz	Sozialkompetenz	Sozial-kommunikative Kompetenz	Soziale Kompetenz
Kommunikative Kompetenz			
Fachkompetenz	Fachkompetenz	Fach- und Methodenkompetenz	Sachkompetenz
Methodenkompetenz	Methodenkompetenz	Aktivitäts- und Handlungskompetenz	Sachkompetenz

Zur Verdeutlichung habe ich diese vier Varianten gegenübergestellt, um zu zeigen, dass es sich in allen Fällen nur um willkürliche Kategorien handelt, die sich zwar mehr oder minder ähnlich sind, aber letztendlich keine Auswirkungen auf die einzelnen Kompetenzen haben. Trotzdem nutze ich selbst sehr gerne eines der vierstufigen Systeme, die auch immer wieder bei der Beschreibung von Stellenprofilen, Arbeitsplatzbeschreibungen oder auch Bewerbungsverfahren angewendet werden. Ganz einfach, deshalb – weil man ja irgendwo mal anfangen muss und ich persönlich diese Variante mit den zwei Begriffen je Feld (siehe vorheriger Merke-Kasten) relativ schlüssig finde. Bei den persönlichen Kompetenzen geht es um einen selbst, bei den Sozialkompetenzen um die Interaktion mit Anderen, die Methodenkompetenz bildet die Werkzeuge ab und die Fachkompetenz ist eigentlich so gut wie selbsterklärend.

Persönliche Kompetenz (Personale Kompetenz, Humankompetenz)
Die persönlichen Kompetenzen beinhalten alle direkt auf die eigene Persönlichkeit abzielenden Kompetenzen und sind natürlich bei jeder Person ganz verschieden. Hier geht es um die Fähigkeit, sich eigenverantwortlich weiterzuentwickeln und das Leben

2.6 Kompetenz

vernünftig zu gestalten. Dies bildet vor allem reflexive Kompetenzen ab, die eigene Beobachtungen und vor allem Selbsteinschätzung beinhalten. Typische Vertreter dieser Kategorie sind z. B. Lernbereitschaft, Selbstorganisation, Stresstoleranz und Selbstreflexion. Wichtig sind diese natürlich vor allem bei Personalverantwortung und im persönlichen Kontakt. Für das Lernen an sich sind besonders die Lernbereitschaft und die Eigenverantwortung wichtig, um sich selbst Fehler einzugestehen und auch daran arbeiten zu können.

> Anpassungsfähigkeit, Authentizität, Durchsetzungsvermögen, Eigenverantwortung, Flexibilität, Frustrationstoleranz, Heterarchiefähigkeit, Innovationsfähigkeit, Kreativität, Selbstreflexionskompetenz, Selbstständigkeit, Veränderungsfähigkeit, Verantwortungsbereitschaft, Zielorientierung, …

Sozialkompetenz

Der Bereich der sozialen Kompetenzen beinhaltet das zwischenmenschliche Miteinander und die sogenannte emotionale Intelligenz. Also alle Themen, die mit Kommunikation, Konflikten und Kooperation zu tun haben. Es geht hier um die Befähigung, in Beziehungen mit anderen Menschen agieren zu können und angemessen in den aktuell geltenden Normen zu handeln. Dazu gehört auch die Entwicklung von Solidarität und sozialer Verantwortung.

> Anpassungsfähigkeit, Begeisterungsfähigkeit, Empathie, Integrationsfähigkeit, Kommunikationsfähigkeit, Konfliktfähigkeit, Kooperationsfähigkeit, Kritikfähigkeit, Mitarbeiterorientierung, Netzwerkfähigkeit, Teamfähigkeit, Toleranz, Transparenzorientierung, …

Methodenkompetenz

Die Methodenkompetenz steht für ein geplantes und zielgerichtetes Vorgehen bei der Lösung von komplexen Aufgaben und Problemstellungen und ist die Fähigkeit, Problemstellungen systematisch und zielführend zu lösen. Sie ist vom fachlichen Inhalt unabhängig und steht auch für Flexibilität und Selbstständigkeit bei der Aufgabenbewältigung. So können Lösungsstrategien für reale Probleme ausgewählt, geplant und umgesetzt werden. Man kann sie auch als Kompetenz zur Nutzung von Werkzeugen ansehen.

> Analysefähigkeit, Digital-/IT-Kompetenz, Feedbackkompetenz, Fremdsprachenkenntnisse, Führung auf Distanz, Problemlösefähigkeit, Recherchefähigkeit, Selbstorganisation, Strategisches Denken, Transferfähigkeit, vernetztes Denken, …

2 Begriffsdefinitionen

Fachkompetenz
Bei der Fachkompetenz gibt es zwei Richtungen oder Dimensionen: die Fachkenntnisse und die Fachmethoden. Beide sind für die zielführende Erledigung von Aufgaben notwendig. Zusätzlich lassen sich die Fachkenntnisse in drei weitere Bereiche einteilen. Grundwissen, Fachwissen und Allgemeinbildung ermöglichen eine fachlich fundierte Herangehensweise und eine Einbindung des fachlichen Problems in einen allgemeinen Zusammenhang. Man erwartet also z. B. von Feuerwehrangehörigen, dass sie Brände bekämpfen und Menschen retten können und das mit fachlichem und fachübergreifendem Wissen und Können. Somit ist Fachkompetenz in jedem Beruf notwendig und somit zu einem sehr großen Teil immer auch berufsspezifisch. Im Gegensatz zu den allgemeinen Werkzeugen der Methodenkompetenz sind Fachmethoden Methoden, die nur in einem fachlich abhängigen Zusammenhang genutzt werden können.

Merkmale von Kompetenzen
Kompetenzen zu definieren und dann entsprechend auszubilden, macht eigentlich nur in Bereichen mit konkreten, an fachliche Inhalte gebundenen Aufgaben wirklich Sinn. Sie beinhalten das Meistern von Handlungssituationen, die eine Kombination aus Kenntnissen, Fähigkeiten und Fertigkeiten sowie Willen, Motivation und Einstellung erfordern. Sie können nur durch Tests oder beobachtbares Verhalten in konkreten Situationen einer Tätigkeit erfasst werden.

Kompetenzen sind in der Regel nicht einfach nur vorhanden oder eben auch nicht – sie haben immer unterschiedliche Staffelungen. Je nach Modell – mal wieder – gibt es drei Stufen, fünf Ausprägungen oder sogar ein graduelles (stetig ansteigendes) System. Am liebsten sind uns kleinen (Hobby-)Psychologen natürlich immer ein paar klare Schubladen, in die man Menschen einfach einsortieren und anschließend wahrscheinlich therapieren kann. Deshalb empfehle ich für die Feuerwehr das System der drei Stufen, da es die Anwendung unseres Könnens am besten klassifiziert.

Stufe 1: Unter Anleitung eigenständig Probleme lösen können.
Stufe 2: Selbstständig Probleme mit gleichem Zusammenhang lösen können.
Stufe 3: Selbstständig Probleme in einem anderen Zusammenhang lösen können.

Perfekt! – Gerade die letzte Definition haben wir doch regelmäßig im Einsatz erfüllt. Also können wir dann ja auch super mit Kompetenzen arbeiten und die letzte Stufe erfüllt dabei quasi die Fähigkeit, auf Einsätze losgelassen werden zu dürfen.

Jetzt müssen wir nur noch die Kompetenzstufen und die Hierarchiestufen der Feuerwehr zusammenfügen. Dies ist zum Glück ganz einfach: Jeder Lehrgang, der

2.6 Kompetenz

eine eigene Qualifikationsstufe erzeugt, hat logischerweise in seinem Verlauf diese drei Kompetenzstufen – aber eben unterschiedliche Lernziele für die jeweiligen Funktionen.

An dieser Stelle sei noch erwähnt, dass die neue FwDV 2 zumindest in der aktuellen Entwurfsfassung ein Kompetenzmodell beschreibt, das aus Wissen, Fertigkeiten und Werten besteht – **das kommt dir jetzt hoffentlich bekannt vor?!** Zusätzlich wird dort die Anwendung auf konkrete Handlungssituationen erklärt. Wenn man jetzt noch die Aussage »zu etwas fähig sein« mit einer unbekannten Einsatzsituation als konkrete Handlungssituation gleichsetzt, schließt sich hier der Kreis der Kompetenzdefinitionen.

Typische Merkmale von Kompetenzen sind ...
- ... die Zusammenfassung von Kenntnissen, Fertigkeiten und Fähigkeiten.
- ... für beruflichen Erfolg ausschlaggebend.
- ... im Verhalten beobachtbar.
- ... in gewissen Umfang messbar.
- ... entwickelbar.

Zusätzlich könnte es in der neuen FwDV 2 dann auch noch fünf Kompetenzstufen geben, die sich wahrscheinlich an dem (inzwischen überholten) Kompetenzstufenmodell nach Dreyfus orientieren und sehr schwammige Abgrenzungen zwischen leichten, mittelschweren und komplexen Lagen beschreiben. Immerhin passt hier die Kernaussage: Je praxisnäher an Einsatzbeispielen trainiert wird, desto besser das Erreichen der Kompetenz.

Prinzipiell würden mir diese fünf Ausprägungen (Neuling, fortgeschrittener Anfänger, Kompetenter, Gewandter, Experte) sehr gut gefallen, nur sind sie leider zu wenig genau voneinander abgegrenzt. Die Stufen unterscheiden sich anhand der aufgewendeten Zeit – nicht nach dem Können.

Alle, die schon mal mit angeschlossenem Atemschutz in Bereitschaft gewartet haben, wissen, dass es hier doch noch einen kleinen Unterschied zur Innenbrandbekämpfung gibt. Das ist der Unterschied zwischen zeitlicher Beschäftigung und Können.

Kompetenzorientierte Ausbildung (KOA)
Bei der kompetenzorientierten Bildung geht es hauptsächlich um die fachlich notwendigen Voraussetzungen für eine konkrete Anwendung und die sogenannten überfachlichen Kompetenzen. Diese sollen alle in Kombination die Fähigkeiten, das

2 Begriffsdefinitionen

Wissen und die Motivation erzeugen, die notwendig ist, um eine bestimmte Tätigkeit auszuführen. Der größte Vorteil dieser Art der Aus- oder Weiterbildung ist, dass ganz individuell auf die Bedürfnisse der Lernenden eingegangen werden kann. So können unterschiedliche Umgebungen, Geschwindigkeiten und Wege dafür genutzt werden. Sie ist viel stärker an den bereits vorhandenen Fähigkeiten und individuellen Bedarfen der Lernenden ausgerichtet als am Lehrplan.

Ein englischer Satz, der die Idee der kompetenzorientierten Ausbildung kurz und knapp beschreibt, lautet übrigens »learning by doing«. Diese Einbindung in reelle Szenarien, jetzt noch kombiniert mit einem vernünftigen individuellen Coaching und gutem Feedback, das wäre – **mal ganz einfach betrachtet** – schon die ganze Kunst der kompetenzorientierten Ausbildung. Nachdem sogar die Bundeswehr auf dieses Pferd der zukunftfähigen Art der Ausbildung setzt, lohnt sich also eine weitere Beobachtung dieser Entwicklung.

Kompetenzorientierte Ausbildung ist Lernen direkt im späteren Aufgabenbereich. Dabei wird die Ausbildung vom Ende her durchdacht und geplant. Das Lernen erfolgt durch eigenständiges Problemlösen und Reflexionsphasen.

Es müssen zunächst Handlungsfelder, Szenarien oder konkrete Situationen aus den zukünftigen Tätigkeiten gefunden werden. Daraus werden Lernfelder und Lernsituationen erzeugt, die dann entsprechend ausgebildet werden.

Kompetenzbewertung

Ziel einer Kompetenzbewertung ist es, die Leistung einer Person in einem definierten Bereich (meistens im Arbeits- oder Lernumfeld) einzuschätzen und zu beurteilen. Dabei besteht immer das große Hauptproblem, dass Kompetenzen sich nicht genau oder absolut mit reinen Fakten messen lassen. Sie lassen sich meist nur in einem Dialog oder in einer konkreten Situation erfassen. Je kleiner der bewertende Personenkreis ist, desto subjektiver fällt hier folglich auch die Bewertung aus. Trotzdem lässt sich eine gewisse Kontinuität durch Bewertungshilfen, festgelegte Indikatoren oder Kriterien herstellen. Mehr Informationen zu Bewertungen gibt es übrigens im ▶ Kapitel 8.3.

Alle Bewertungshilfen haben immer eins gemeinsam: es findet ein Soll-Ist-Vergleich statt. Das heißt, dass vorab ein sogenanntes Sollprofil für die entsprechende Tätigkeit, Aufgabe oder Funktion geschaffen werden muss. Das ist auch der größte Unterschied zur Handlungsorientierung, bei der die Tätigkeiten in Handlungsoptionen und Lernfeldern beschrieben werden. Bei der Kompetenzorientierung werden die einzelnen notwendigen Kompetenzen in z. B. persönliche, Sozial-, Methoden-

2.6 Kompetenz

und Fachkompetenzen aufgeteilt und deren Ausprägungsgrad (oder auch Operationalisierung) definiert. Diese werden dann zu einer gesamten Handlungskompetenz für die jeweilige Funktion zusammengefasst. Tabelle 4 zeigt eine von mir angepasste Version der Kompetenzmatrix nach Euler. Diese kann für alle Funktionen verwendet werden und muss nur noch mit den entsprechenden Tätigkeiten ausgefüllt werden.

Tabelle 4: *Angepasste Version der Kompetenzmatrix nach Euler*

	Wissen (kennen)	Fertigkeiten (können)	Einstellungen (wollen)
Persönliche Kompetenz			
Sozialkompetenz			
Methodenkompetenz			
Fachkompetenz			

Natürlich ist der jetzt folgende Hinweis eine stark persönlich gefärbte Meinung, da dieses System letztendlich von meiner Arbeitgeberin, der LHM, entwickelt wurde und angewendet wird. Trotzdem könnte es sich (auch objektiv betrachtet) mal lohnen, hier nach dem »Münchner Kompetenzmanagement« oder der »Dienstlichen Beurteilung der Landeshauptstadt München« im Internet zu suchen. Denn dann könnte man ein vorgefertigtes System mit Beurteilungshilfen und klar definierten Kriterien zur Kompetenzbewertung finden – ganz schön praktisch!

Abgrenzung von Kompetenzen zu Fertigkeiten und Kenntnissen

Leider wird der Begriff der Kompetenz inzwischen in vielen Bereichen fast schon inflationär verwendet und stellt damit ein Problem in der Abgrenzung zu anderen Begriffen dar. Schauen wir uns mal ein Beispiel an, bei dem sich die unterschiedlichen Begrifflichkeiten zwar etwas spitzfindig, aber hoffentlich ganz gut, darstellen lassen. Wenn ein lernender Feuerwehrler z. B. abspeichert, dass die vierteilige Steckleiter 8,40 m lang ist, dann handelt es sich um Wissen. Hat er aber in einer praktischen Übung gesehen (also nebenher mitbekommen), dass man damit bis in das zweite Obergeschoss kommt, reden wir von Kenntnissen. Kann er jedoch die Leiter aufstellen, sind wir schon bei Fertigkeiten. Funktioniert dies in unterschiedlichsten Situationen (z. B. Witterung, Zeit, …) und unter Stress, haben wir nun endlich die Kompetenzen. Wichtig dabei ist aber zu verstehen, dass alle Begriffe zusammenhängen und Informationen so verarbeitet werden, dass Probleme gelöst werden können. Deshalb werden Kompetenzen und kompetenzorientierter Unterricht meist mittels einer Vielzahl an Merkmalen beschrieben.

2.7 Pädagogik

Die wörtlich übersetzte Kunst des Führens von Kindern (und Jugendlichen) beschreibt die Bildung und Erziehung dieser, sowohl in theoretischen als auch in praktischen Lernsituationen. Meistens findet man als Begriffsdefinition auch die sinngemäße Zusammenfassung zur »Kunst des Unterrichtens und Lehrens«, die besser und vor allem allgemeiner gilt und das mit den nicht so oft passenden Kindern mal außen vorlässt. **Obwohl ... bei so manchen Teammitgliedern in unserem Arbeitsumfeld ...**

Als Wissenschaft und Lehre vom Lehren und Lernen wird sie regelmäßig auch im Zusammenhang mit Hochschulen, Studiengängen und Studienfächern verwendet. Das muss für unseren Teil gar nicht so hochtrabend angesehen werden, da auch wir im Feuerwehrkontext ja von der Lehre des Unterrichtens und Lehrens profitieren wollen. In der Theorie zur Erzeugung von Lern- und Lehrinhalten, in der Struktur oder zur Auswahl und Festlegung von Lehr- und Lernzielen mit den passenden Inhalten, unterstützt uns die Pädagogik.

Hier drängt sich jetzt wieder die viel gestellte Frage nach dem konkreten Nutzen für die vorab hochtrabenden Formulierungen auf. Ganz einfach, das Wort Pädagogik kann in fast allen Suchanfragen nach Internetseiten, Büchern oder sonstigen Veröffentlichungen ergänzt werden und damit viele Theorien und Beispiele zu fast allen Wörtern im Zusammenhang mit Aus-, Fort- und Weiterbildung liefern – probier's doch einfach mal gleich aus!

Nachdem in der ersten Definition auch von Erziehung die Rede war, dürfte klar sein, dass es sich bei der Pädagogik nicht nur um die reine Theorie der Lehre handelt, sondern auch um die Theorie der Erziehung im Lernumfeld. Das heißt konkret, wie z. B. mit unruhigen oder störenden Schülerinnen und Schülern (SuS), mit negativen Gruppendynamiken oder auch fehlenden Wertevorstellungen umgegangen werden sollte. Im Gegensatz zur Lernpsychologie beschäftigt sich die Pädagogik aber nicht mit Lernstrategien, Lernprozessen oder so banalen Störungen wie z. B. Schul- oder Prüfungsangst **(aber in der Erwachsenenbildung spielen sie sehr wohl eine Rolle, denn sie haben negative Auswirkungen auf den Lernerfolg).** Falls dich

2.8 Didaktik

der Umgang mit schwierigen Situationen interessiert, dann kann ich ▶ Kapitel 5.9.2 empfehlen.

Meistens fällt im Zusammenhang mit der Pädagogik auch der Begriff der Didaktik, die im nachfolgenden Kapitel nochmal erklärt wird und hier schon wesentlich mehr mit konkreten Lehr- und Lernsituationen zu tun hat.

> Pädagogik ist nicht nur die Theorie der Lehre, sondern auch die Erziehung der zu lehrenden Personen.

2.8 Didaktik

Bei der Didaktik geht es um die Vermittlung von Inhalten sowie um das Lehren und Lernen. Das Wort Didaktik stammt, wie so vieles aus dem Bereich der Soziologie, aus dem Griechischen und bedeutet so viel wie »die Kunst des Lehrens und Unterrichtens«. Fragen wir in diesem Zusammenhang doch gleich mal nach der didaktischen Kompetenz, um die Definition noch zu verdeutlichen und besser verstehen zu können.

Didaktisch kompetent ist jemand dann, wenn diejenige Person die Fähigkeit hat, sowohl (theoretischen und praktischen) Unterricht zielführend, abwechslungsreich und kreativ zu planen sowie auszuführen. Anschließend muss kritisch reflektiert werden, ob alle vorgegebenen Rahmenbedingungen eingehalten und die Lernziele erreicht wurden. Vielleicht lässt sich durch diese umgedrehte Sichtweise auch das Ziel der Didaktik, ohne langwierige Definitionen, besser erkennen.

Didaktik ist die …
- … Kunst, Wissenschaft und Lehre vom Lehren und Lernen.
- … Wissenschaft der allgemeinen Unterrichtslehre.
- … Theorie der Bildungsinhalte und deren Struktur.
- … Auswahl der Lehr- und Lernziele.
- … Zuordnung von Lehr-/Lerninhalten und -aufgaben.
- … Theorie zur Steuerung von Lernprozessen.
- … Anwendung psychologischer Lehr- und Lerntheorien.

Didaktik kann auch für die Steuerung von Lernprozessen und für psychologische Lehr- und Lerntheorien stehen. Das Wort »Didaktik« kann bei der Recherche ebenso

2 Begriffsdefinitionen

sehr gut an alle anderen bildungsnahen Begriffe angehängt werden und so zielführendere Ergebnisse liefern.

Das Richtige zur richtigen Zeit am richtigen Ort zu tun, sollte jedem Gruppenführer eigentlich ein fester Begriff sein ... Das ist nämlich die klassische Definition der Taktik, die man ja ab dieser Ebene anwenden sollte. In der Taktikausbildung rede ich hier immer vom taktisch-technischen Werkzeugkasten, aus dem sich die Führungskraft im Einsatz bedienen kann. Die Kunst ist es, in einer Einsatzsituation die richtige Maßnahme auszuwählen und anzuwenden, die in dieser Situation, an dieser Stelle, den größten Erfolg verspricht.
Genau das gleiche passiert in der Pädagogik – der pädagogische (oder auch methodisch-didaktische) Werkzeugkasten hält hier die passenden Möglichkeiten und Methoden für die entsprechenden Lehrsituationen parat. Die Kunst liegt ebenso bei der Auswahl und Anwendung durch die »Führungskraft«. Einziger Unterschied hierbei ist die regelmäßige Abwechslung zur Vermeidung von Langeweile.

Die Didaktik ist eine Kombination von vielen Einzelfaktoren, die alle in Abhängigkeit zueinanderstehen. Die wichtigsten Komponenten bestehen aus Zielgruppe, Lerninhalt, Planung, Durchführung, Evaluation und Reflexion. Zur besseren Darstellung der Abhängigkeiten ergibt sich eine Handvoll Fragestellungen, die noch zusätzlich um die »sechs Fragen zur Didaktik« erweitert werden können:

- Welche Lernziele und warum?
- Welche Voraussetzungen und Vorwissen durch die Teilnehmenden?
- Welche Inhalte sind relevant?
- Welche Methoden und Medien sind sinnvoll?
- Wie den Lernerfolg sicherstellen?

Die sechs Fragen zur Didaktik:

Wofür?	– Verwendungssituation
Für wen?	– Zielgruppe, Bedarf
Wozu?	– Lernziel, Qualifikation
Was?	– Inhalte
Wie?	– Organisationsform, Methode
Womit, Wo?	– Medien, Lernort

2.9 Andragogik/Erwachsenenbildung

Bild 27: *Andragogik = Erwachsenenbildung = Lebenslanges Lernen = Berufliche Weiterbildung*

Andragogik klingt schon sehr hochtrabend (oder sophisticated) und wird wohl deshalb auch nur selten verwendet. Trotzdem habe ich hier den Begriff bewusst gewählt, um den Unterschied zur Pädagogik ganz deutlich herauszustellen – es geht um die Lehre von Erwachsenen. Gemeint ist damit die Bildung von Menschen, die mitten im Leben stehen. Erwachsenenbildung ist genau das, nur eben mit einem altgriechischen Wort beschrieben (hergeleitet von der Kunst der Lehre von jungen Männern) – **Tja, gendern konnten die alten Griechen wohl noch nicht so gut, natürlich sind in der heutigen Zeit auch alle Frauen und weiteren Geschlechter mit einbezogen – Hierzu kannst du gerne nochmal im richtigen Vorwort nachlesen!**

Der Begriff der Erwachsenenbildung ist inzwischen fast schon ein Modewort in der Feuerwehrwelt geworden. Leider wird es immer wieder falsch verwendet und benutzt, um alles, was mit Ausbildung zu tun hat, modern klingen zu lassen. Deswegen ist es mir hier fast schon ein persönliches Anliegen in diesem Buch, dir die Definition korrekt vorzustellen und vor allem auch die Idee dahinter zu vermitteln. Denn mit einer reinen Beschreibung der Begrifflichkeit ist es nicht getan – es geht mehr um eine Einstellung **– ach was! Um ein ganzes Lebensgefühl!**

Erwachsenenbildung steht für die lebenslange Bildung von Erwachsenen in allen Bereichen (fachlich, sozial, kulturell und politisch). Meist wird sie auch mit dem Begriff der Weiterbildung gleichgesetzt, wobei dies dann doch noch ein kleines bisschen zu wenig ist und die Idee dahinter (also die Theorie) vergisst. Die Weiterbildung beschreibt eigentlich nur das weitere Lernen nach einem ersten Bildungsabschluss mit einem konkreten Ziel – die Erwachsenenbildung funktioniert auch ohne Ziel und allumfassender.

2 Begriffsdefinitionen

Erwachsenenbildung ist lebenslange Weiterbildung in allen Bereichen.

Für das bessere Verständnis aller, die sich mit Erwachsenenbildung auseinandersetzen, ist dies die Wissenschaft, in der es um das Verstehen und Gestalten des lebenslangen Lernens geht. Es geht auch um die Entwicklung von Persönlichkeiten und dies soll möglichst selbstständig und eigenverantwortlich durch die Erwachsenen selbst erfolgen. Somit sind entsprechende Grundannahmen, dass diese eine starke Ausprägung zum selbstgesteuerten Lernen haben, die bisherigen (Lebens-)Erfahrungen in den Lernprozess einbringen wollen, eine hohe Lernbereitschaft haben, lernen wollen und aktiv Probleme des Alltags lösen wollen.

Oftmals wird hier ein schönes Gleichnis von einem durstigen Pferd verwendet: Die Aufgabe der Lehrenden ist es, das Pferd zum Fluss zu führen, den Weg vorzubereiten und ihm das Wasser zu zeigen. Das Trinken selbst ist Aufgabe des Pferdes, respektive der Lernenden. Somit kann man sagen, dass es immer an den Lehrenden liegt zu erklären, zu motivieren und die Rahmenbedingungen für ein effektives Lernen zu schaffen. Die Lernenden müssen dafür sorgen, wirklich zu lernen und dass fehlende der vorherigen Punkte nachgeholt werden. Somit liegt die Verantwortung für das Lernen immer bei den Lernenden. Die Verantwortung für die Lernatmosphäre und Inhalte liegen bei den Lehrenden. Das erklärt auch den Zusammenhang der Erwachsenenbildung mit dem Kompetenzbegriff, der immer aus Können und Wollen besteht.

Folgende Thesen für die Erwachsenenbildung gibt es:
1. Erwachsene sind für ihr Lernen und ihre Lernentwicklung selbst verantwortlich!
2. Erwachsene sind unbelehrbar!
3. Erwachsene sind lernfähig!
4. Erwachsene haben individuelle Interessen und Fähigkeiten! ... Ich nicht!
5. Erwachsene haben versteckte Kompetenzen!
6. Erwachsene lernen individuell!

2.10 Methode

Die Methode ist für den erfolgreichen Andragogen von heute **(wie vornehme Andragogen von heute zu sagen pflegen)** schlichtweg nur das Werkzeug, das zur

2.10 Methode

Stoffvermittlung verwendet wird. Sie ist nur eine von vielen Möglichkeiten oder Varianten, um das Lernziel am besten der Zielgruppe zu vermitteln.

Das ist eigentlich schon alles, was zu diesem Thema gesagt werden sollte. Denn die Methode ist einer der letzten Punkte, die auf dem Weg zu einer erfolgreichen Schulung ausgewählt werden muss. Aus didaktischer Sicht ist das Schlimmste, was gemacht werden kann, mit der Methode zu beginnen. Denn diese dient nur als »Verpackung«, um das Wissen auf die effektivste Art zu vermitteln. Je größer das Spektrum, Bandbreite oder auch Portfolio der Methoden ist, umso größer ist der methodisch-didaktische Werkzeugkasten, der an die Gegebenheiten angepasst werden kann.

Es darf nie um die Frage gehen, ob eine Schulung theoretisch oder praktisch durchgeführt werden sollte. Diese Entscheidung fällt immer erst nach den Lernzielen und bei der Auswahl der passenden Methoden.

Stell dir vor, du müsstest bei einer eiligen Wohnungsöffnung mit einer vmtl. kranken und vermissten Person die Türe öffnen…und du würdest immer nur standardmäßig die Kettensäge mitnehmen … – **Kann man machen – ist aber in meinen Augen eher unprofessionell**! (Vom Grundsatz der Verhältnismäßigkeit per Gesetz mal ganz zu schweigen …) Der passende Vergleich dazu wäre, wenn du bei jeder Schulung immer mit einer PowerPoint-Vorlage beginnen würdest – ohne genau zu wissen, was dich erwartet und vor allem ohne zu überlegen, mit welchen Rahmenbedingungen was erreicht werden soll. **Kann man machen – ist aber auch als Fachlehrkraft genauso unprofessionell**! So wie du vmtl. Fallenblech, Zieh-Fix und noch vieles mehr für das oben genannte Stichwort im Türöffnungsset hast, so sollten gute Lehrende viele unterschiedliche Methoden parat haben und immer die passendste auswählen und anwenden können. Selbst wenn die Kettensäge (oder PowerPoint) vielleicht einfacher ist und etwas mehr Spaß machen würde …

2.10.1 Theorie/Unterricht

Das Wort Unterricht oder Theorie ist in der Bedeutung fast redundant und wird auch als solches gerne verwendet. Deshalb ist es mir an dieser Stelle nochmal ein persönliches Anliegen, darauf hinzuweisen, dass es sich bei einem Unterricht oder der Theorie nur um eine Methode handelt und dass beides auch praktisch durchgeführt werden kann.

2 Begriffsdefinitionen

Vielleicht kommt es einfach aus unserer bisherigen Schulerfahrung, dass wir Unterricht auch immer automatisch mit Theorie und Lehrvorträgen verbinden. Es sollte allerdings nicht ganz vergessen werden zu erwähnen, dass eine gute Theorie nicht nur aus Vorträgen oder Frontalunterricht besteht, sondern noch weitere Methoden wie das Selbststudium mit Büchern, den Schüleraustausch oder Gruppenarbeiten beinhaltet. Letztendlich geht es hier nur um die Vermittlung und die selbstständige Erarbeitung von Erkenntnissen durch Denken. Der Begriff des Unterrichts umfasst im Gegensatz dazu auch immer die Unterscheidung zwischen Schulunterricht, Präsenzunterricht oder Distanzunterricht (oder auf neudeutsch »Distance Learning«). Beim Distance Learning wird letztendlich nur die Kommunikation durch ein zusätzliches Medium, wie zum Beispiel ein Videokonferenztool, ergänzt oder ersetzt. Ein Unterricht ist also immer ein Austausch oder eine Interaktion zwischen den Lehrenden und den Lernenden. Dabei wird diesen mit unterschiedlichen Methoden zu mehr Wissen, Kenntnissen, Fähigkeiten oder auch Haltungen verholfen.

Ein Unterricht ist somit nichts anderes als ein theoretisches Methodenarrangement. Einige Fachleute betrachten die Theorie als eine eigene Sparte der Pädagogik. Dabei geben sie bestimmte Prinzipien oder Themenfilter für die Konzeption der Ausgestaltung vor. Diese können allerdings auch wieder für die Ausgestaltung einer kurzen Schulung oder eines Trainings (▶ Kapitel 5) genutzt werden.

Themenfelder für die Konzeption von Unterrichten:
- Unterrichtsprinzipien oder Lernmethodik
- passende Methoden
- Kommunikationsstil
- Inhalte und Lernhilfen
- Leistungsbewertung
- Anwendung von bisherigen Erfahrungen

Folgende Unterrichtsprinzipien sollten als allgemeine Grundsätze zur Gestaltung eines Unterrichts eingehalten werden:
- Prinzip der Altersgerechtigkeit
- Prinzip der Entwicklungsgerechtigkeit
- Prinzip der Ganzheitlichkeit
- Prinzip der Anschaulichkeit
- Prinzip der Vorbildwirkung
- Prinzip der Strukturierung
- Prinzip der Progression
- Prinzip der Wiederholung

2.10 Methode

- Prinzip der Variation
- Prinzip der Sicherheit
- Prinzip der Systematik
- Prinzip der Konsequenz
- Prinzip der Aktualität
- Prinzip der Lernendenorientierung

Eine der bekanntesten Forscher und Lerntheoretiker auf dem Gebiet der Pädagogik ist ein Herr Meyer, der unter anderem durch seine Qualitätsmerkmale für einen guten Unterricht bekannt geworden ist.

Qualitätsmerkmale für einen guten Unterricht nach Meyer:
- Klare Strukturierung des Lehr-Lern-Prozesses
- Intensive Nutzung der Lernzeit
- Stimmigkeit der Ziel-, Inhalts- und Methodenentscheidung
- Methodenvielfalt
- Intelligentes Üben
- Individuelles Fördern
- Lernförderliches Unterrichtsklima
- Sinnstiftende Unterrichtsgespräche
- Regelmäßige Nutzung von Schüler-Feedback
- Klare Leistungserwartungen und Kontrollen

Ein weiterer Lerntheoretiker namens Helmke schlägt auch folgende zehn Gütekriterien für einen guten Unterricht vor.

Gütekriterien nach Helmke:
1. Klassenführung (Regeln/Normen, Zeitmanagement, Umgang mit Störungen)
2. Lernförderliches Klima
3. Motivierung
4. Klarheit und Strukturiertheit
5. Schülerorientierung
6. Aktivierung
7. Sicherung
8. Wirkungsorientierung
9. Passung/Umgang mit Heterogenität
10. Methodenvielfalt

Wahrscheinlich fragst du dich jetzt warum bei den Begriffsdefinition schon einige Praxistipps auftauchen. Nun ja, meine Überlegung kommt daher, dass wahrscheinlich der ein oder andere direkt zur Definition von Unterricht vorblättern wird, da wahrscheinlich ein bevorstehender Unterricht der Anlass zum Kauf dieses Buchs war. Meine Hoffnung dabei ist, hier schon die ersten spannenden Tipps als Köder parat zu halten, so dass ich ganz viele in den Bereich der noch folgenden Lerntheorie (übrigens im ▶ Kapitel 3) locken kann.

2.10.2 Praxis

Die Praxis im Bildungsumfeld ist nichts anderes als ein praktisch stattfindendes Methodenarrangement. Somit gilt alles, was für die Theorie gegolten hat, jetzt genauso für die Praxis. Das schöne dabei ist, dass die Praxistipps aus dem vorherigen Kapitel auch für die Praxis gelten – **ganz schön praktisch!**

2.11 Lernfelder und der logische Aufbau daraus

Lernfelder sollen eine ganzheitliche Betrachtung auf eine komplette Handlungssituation aufzeigen und die dafür notwendigen Einzeltätigkeiten nacheinander aufbauend vermitteln. Der größte Unterschied hier ist die Aufteilung der Einzelstunden nicht nach »klassischen schulischen« Themenfeldern, wie beispielsweise Naturwissenschaft und Technik, sondern in einem eigenen Tätigkeitsbereich. Die dabei zwingend erforderliche Handlungsorientierung wird dabei in die Zielsetzung und Methodik zur ganzheitlichen Vermittlung integriert. Hier ist die Planung des didaktischen Ablaufs relativ einfach, da dieser sich meistens anhand der Lernfelder orientiert und relativ genau im Aufbau beschrieben und vorgeben ist. Trotzdem kannst du den finalen Ablauf immer wieder in einzelnen Teilen auf die notwendigen Planungen anpassen.

Zur Verdeutlichung, ein paar mögliche Lernfelder für ein theoretisch bald existierendes Berufsbild als Feuerwehrfachkraft:
- Gefahren erkennen und beseitigen
- Einsätze zur Brandbekämpfung durchführen
- Technische Hilfeleistungseinsätze durchführen
- Einsätze mit gefährlichen Stoffen durchführen
- …

2.11 Lernfelder und der logische Aufbau daraus

Die Konzeptionierung der Ausbildung in Lernfelder ist die logische Weiterentwicklung aus der Handlungskompetenz, indem konkrete Handlungssituationen definiert werden und alle notwendigen zu lernenden Inhalte diesen Feldern zugeordnet werden. Dabei werden fachliche und thematische Schwerpunkte gebildet, die auch bei der Ausübung des angestrebten Berufsbildes eine wichtige Situation darstellen. Auch hier greifen die Überlegungen der ganzheitlichen Handlungsorientierung. Diese Handlungen sollen selbstständig geplant, durchgeführt, überprüft, korrigiert und bewertet werden. Alle auch im Arbeitsleben relevanten Aspekte (technisch, wirtschaftlich, sicherheitstechnisch, rechtlich, …) müssen innerhalb der Lernfelder berücksichtigt werden. Die direkte Verbindung zum Arbeitsleben stellen konkrete Handlungsszenarien dar. Sie beschreiben innerhalb der Lernfelder die Tätigkeiten, die in entsprechenden Situationen nach der Ausbildung auftreten können.

2.11.1 Handlungsszenarien = Lernsituationen

Lernsituationen sollen konkrete, im Arbeitsalltag auftretende Beispiele beschreiben. Idealerweise werden die mit einer großen Häufigkeit am meisten eingeübt. So kann sehr schnell eine Routine für später öfter auftretende Problemstellungen erreicht werden. Eine solche Simulation eines Einsatzes, in seiner gesamten Komplexität und seinem gesamten Umfang, stellt so eine vollständige Handlung dar – ▶ Kapitel 3.7.7.

Handlungsszenarien für Gruppenführer können beispielhaft folgende sein:
- Kritischer Zimmerbrand > Innenangriff mit Vermisstensuche und Menschenrettung
- Kaminbrand
- Balkonbrand
- Fahrzeugbrand
- Flächenbrand
- Waldbrand
- Privater Rauchwarnmelder
- Brandmeldeanlage

Damit man aber gerade zu Beginn der Ausbildung nicht mit allzu komplexen Handlungsszenarien überfordert wird, empfiehlt es sich, diese erst später nach entsprechenden Theorielektionen (Theorie nicht theoretisch) und einfacheren Tätigkeiten durchzuführen. So bestehen komplexe Handlungsszenarien i. d. R. immer aus

2 Begriffsdefinitionen

vielen miteinander verbundenen, aber nicht immer voneinander abhängigen Fallbeispielen.

2.11.2 Handlungstätigkeiten = Fallbeispiele = Übungen

Der Begriff der Fallbeispiele ist schon etwas weniger umfangreich und kann so auch einfacher und schneller eingeübt werden. Es geht dabei um einen bestimmten oder charakterisierenden Fall, der eine typische Lebens- oder Berufssituation beschreibt. Diese in sich abgeschlossenen Handlungstätigkeiten werden in den entsprechenden Szenarien benötigt. Fehlen diese, wird auch der Einsatz oder die entsprechende Simulation nicht erfolgreich sein. Wenn man so will, könnten diese einzelne Fallbeispiele in Einsätzen, die auf Gruppen- oder Zug-Ebene stattfinden, einzelne Aufträge oder Abschnitte bilden.

Fallbeispiele können beispielhaft folgende sein:
- Menschenrettung über Steckleiter
- Menschenrettung über Schiebleiter
- Menschenrettung über Drehleiter
- Schlauchvornahme unter Atemschutz
- Flammenüberschlag verhindern
- Verkehrsabsicherung durchführen
- Fahrzeug unterbauen
- …

2.11.3 Handlungsfertigkeiten = Skills = Grundtätigkeiten

Bei den Fertigkeiten handelt es ich um erlernte oder eingeübte Aspekte eines Verhaltes. Dabei geht es um rein handwerkliche Tätigkeiten, die relativ einfach und vor allem wiederholt eintrainiert werden können. Je sicherer diese beherrscht werden, desto besser funktionieren auch die Fallbeispiele. Eine gute mögliche Definition wäre die Fähigkeit, eine Aufgabe mit Können und Sachverstand durch Erfahrung und Übung zu bewältigen. An sich trifft das exakt die fachlichen Kompetenzen, wenn man die Motivation mal dabei mal außen vorlässt. Aber Vorsicht: die wörtliche Übersetzung von »skill« wäre »die Fähigkeit« und diese gilt als angeboren oder genetisch vordefiniert.

2.11 Lernfelder und der logische Aufbau daraus

Fertigkeiten können beispielhaft folgende sein:
- Atemschutz anlegen
- Strahlrohrhandhabung
- Räume absuchen
- Leitervornahme Steckleiter
- Leitervornahme Schiebleiter
- Entlastungskeile setzen
- Drehleiterkorb steuern
- Gerätebereitstellung THL
- …

2.11.4 Logischer Aufbau

Dass hinter der Idee mit den Lernfeldern ein logischer Aufbau steckt, der eine zielgerichtete Gliederung von Themen ermöglicht, war fast zu erwarten. Deshalb fangen wir zunächst mal mit den Lernfeldern an. »Vom Groben ins Feine« war dabei so ein passender Merksatz. Das stimmt in der Konzeption auch genauso – hier sollte man sich die entsprechenden Lernfelder für die Ausbildung überlegen. Anschließend beschreibt man entsprechend (reale) Einsatzszenarien (oder Lernsituationen), die man in diese Lernfelder einpasst. Zu diesen Szenarien werden komplexe Handlungstätigkeiten passend ausgewählt. Hier ist die erste wichtige Erkenntnis, dass diese zu mehreren Szenarien passen können. Diese komplexen Handlungstätigkeiten werden wieder in Einzelfertigkeiten zerlegt. Auch hier gilt wieder, dass eine Fertigkeit zu mehreren Fallbeispielen gehören kann. So weit so gut, für die gesamte Konzeption, die immer im Auge behalten werden muss, wenn man anfängt Fertigkeiten und Fallbeispiele zu beschreiben. Diese sollten aber als allererstes beschrieben werden, so dass die anderen, ebenfalls in der Beschreibung, darauf aufbauen können. Die nachfolgende Tabelle zeigt einen beispielhaften logischen Aufbau vom Lernfeld bis zu den Fertigkeiten mit ein paar möglichen Vorschlägen.

Auch in der Lernhierarchie wird zunächst mit der Theorie und den Fertigkeiten begonnen. Dann folgen die Fallbeispiele und ganz zum Schluss die Lernsituationen. Mehrere überprüfte und bewältige Lernsituationen könnten z. B. dazu beitragen, ein Lernfeld abzuschließen oder zu bestehen.

2 Begriffsdefinitionen

Tabelle 5: *Lernfelder, Lernsituationen, Fallbeispiele und Skills*

Lernfelder	Einsätze zur Brandbekämpfung durchführen				...
Lern-situationen	Kritischer Zimmerbrand mit Menschenrettung				...
Handlungs-tätigkeiten	Menschenrettung über Steckleiter		Schlauchvornahme		...
Handlungs-fertigkeiten	Steck-leiter aufstellen	Brust-bund anlegen	Herabführen über Leitern	Schläuche ausrollen	Schläuche verlegen	...

2.12 Zusammenfassung der Begriffsdefinitionen

Wie schon im ersten Kapitel angekündigt, folgt am Ende jedes Themenblocks eine Zusammenfassung der wichtigsten Überlegungen. Eine gute Zusammenfassung muss nicht zwingend nur aus Aufzählungen oder kurzen Sätzen bestehen. Manchmal sind kleine Bilder oder Übersichtsdiagramme viel schneller zu verstehen und auch besser zu merken.

Ausbildung = Job erlernen
Weiterbildung = Position im Job verbessern
Fortbildung = Job weiterhin gut machen
Umschulung = anderen Job erlernen
Training = kurze Schulung (< 1 Tag)
Lehrgang = lange Schulung (> 1 Tag)
Pädagogik = Bildung und Erziehung von Kindern und Jugendlichen
Didaktik = die Kunst des Lehrens und Lernens
Andragogik = Erwachsenenbildung = lebenslanges Lernen

Die wichtigsten Begriffe und unterschiedlichen Bildungsarten können im Zusammenhang mit der klassischen Karriere im mittleren feuerwehrtechnischen Dienst wunderbar dargestellt werden. Der Überbegriff Schulung eignet sich hervorragend als Zusammenfassung aller Begrifflichkeiten, die mit Aus-, Weiter- und Fortbildung zu tun haben. Vereinfacht lassen sich diese in lange Schulungen (Lehrgänge) und kurze Schulungen (Trainings) sowie Praxisabschnitte einteilen. Die weiteren Unterbegriffe wie Unterricht oder Praxis sind letztendlich immer nur Methoden eines Trainings.

2.12 Zusammenfassung der Begriffsdefinitionen

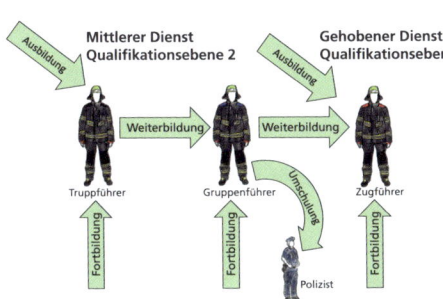

Bild 28: *Definitionen der wichtigsten Bildungsarten*

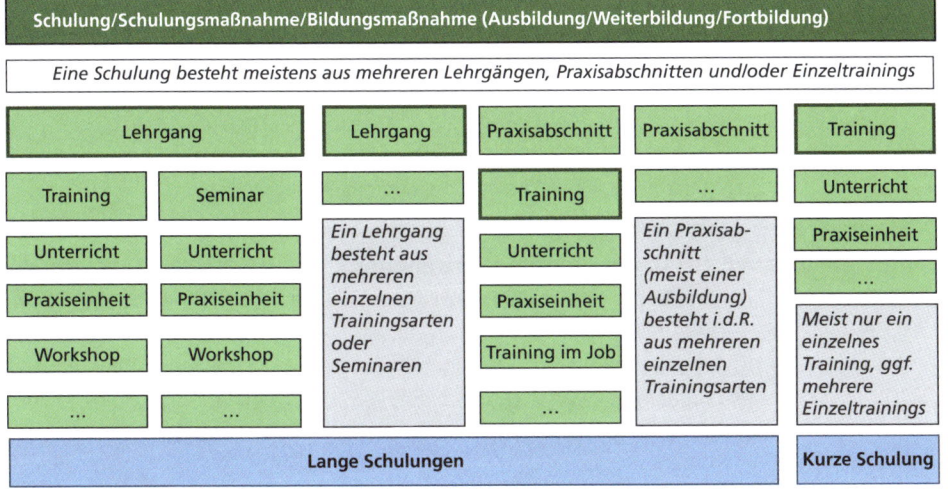

Bild 29: *Übersicht der unterschiedlichen Bildungsmaßnahmen*

Vielleicht hast du dich gefragt, was aus dem Cliffhanger aus dem Praxistipp zu ▶ Kapitel 1.10 geworden ist. Natürlich wollte ich den nicht noch schuldig bleiben!

 Am besten eignet sich diese Methode vor einer kurzen Unterbrechung oder Pause. So bleibt das Thema präsent, die Teilnehmenden haben in dieser Pause ein gemeinsames Thema, um sich angeregt zu unterhalten und kommen neugierig zurück. Gerade die Selbstbeschäftigung und der Austausch in eingeplanten Zwischenpausen darf an der Gesamtheit des Lernerfolgs nicht unterschätzt werden!

2 Begriffsdefinitionen

2.13 Weiterlernen, Quellen und weiterführende Literatur

Mein Plan in diesem Kapitel war es, die wichtigsten Begriffe im Zusammenhang mit Lernen darzustellen und zu erklären. Eines meiner Ziele war, dass du dich ab sofort etwas sicherer im großen Umfeld der Sozialwissenschaften bewegen kannst. Vielleicht konnte ich auch ein bisschen neugierig machen und dir so den Einstieg in die ein oder andere Fachliteratur erleichtern. Letztendlich kann ich nur sagen, dass es ein spannendes Thema ist. Schön ist auch, dass sich allein über die Philosophien der Begriffsdefinition sehr viel Hintergrundwissen aneignen lässt. Darüber hinaus würde ich es als großen Erfolg verbuchen, wenn dir ab sofort die Fachbegriffe in der Anwendung wesentlich leichter fallen, du deren Bedeutung kennst und dir vor allem die Grundlagen für die im Anschluss folgende Lerntheorie angeeignet hast. Denn im nächsten Kapitel werden wir uns mit der Lerntheorie und Lernformen beschäftigen. Daraus lässt sich meine Quintessenz des Lernens und Lehrens herleiten und zusammenfassen.

Aufgaben zur Umsetzung und Anwendung
- ☐ Überlege dir bei deiner nächsten Schulung vorab in welche Kategorien diese fällt!
- ☐ Schreibe die für dich wichtigen Kompetenzen in deiner Funktion heraus!
- ☐ Markiere die zehn wichtigsten für dich im Buch genannten Kompetenzen!
- ☐ Fange nie wieder mit der Methode an!

Begriffe für Suchmaschinen und Recherche
»Bildung«, »Schulung«, »Schulungsmaßnahme«, »Ausbildung«, »Fortbildung«, »Weiterbildung«, »Umschulung«, »Aus-, Fort- und Weiterbildung«, »Lehrgang«, »Seminar«, »Unterricht«, »Workshop«, »Praxiseinheit«, »Schulungsmaßnahme«, »Bildung«, »Bildungsmaßnahmen«, »Schulung«, »Lerneinheiten«, »Theorie«, »Praxis«, »Training«, »Übung«, »Seminar«, »Unterricht«, »Erwachsenenbildung«, »Andragogik«, »Pädagogik«, »Methodik«, »Unterrichtsprinzipien«, »Gütekriterien«, »Unterrichtsgrundsätze«, »Kompetenz«, »kompetenzorientierte Ausbildung«, »Merkmale«, »Kompetenzbewertung«,
»Fähigkeiten«, »Fertigkeiten«, »Kenntnisse«,
»Didaktischer Ablauf«, »Unterrichtseinheit«.

2.13 Weiterlernen, Quellen und weiterführende Literatur

Quellen und weiterführende Literatur

Arnold, K.-H.: Unterricht als zentrales Konzept der didaktischen Theoriebildung und der Lehr-Lern-Forschung. U. Sandfuchs & J. Wiechmann (Hrsg.), Handbuch Unterricht (S. 17–26), Klinkhardt Verlag, Bad Heilbrunn, 2006.

Arnold, Rolf (Hg.): Wörterbuch Erwachsenenbildung. 2., überarb. Aufl., Klinkhardt Verlag, Bad Heilbrunn, 2010.

Arnold: Meueler: Lesarten des erwachsenenpädagogischen Grundgedankens. Studienbrief Porträts und Konzeptionen in der Erwachsenenbildung. Interview mit Meueler. Hochschulschrift, o. A.

Arnold; Müller: UTB Wörterbuch Erwachsenenbildung: Online-Wörterbuch. Online verfügbar unter http://www.wb-erwachsenenbildung.de/online-woerterbuch/?tx_buhutbedulexicon_main%5Bentry%5D=98&tx_buhutbedulexicon_main%5Baction%5D=show&tx_buhutbedulexicon_main%5Bcontroller%5D=Lexicon&cHash=14fff06588549e6e891e74a0809d507b, letzter Zugriff: 02.07.2024.

Ausschuss für Feuerwehrangelegenheiten, Katastrophenschutz und zivile Verteidigung: Ausbildung der Freiwilligen Feuerwehr. FwDV 2, Verlag W. Kohlhammer, Stuttgart, 2012.

DJI: Liste möglicher Kompetenzen und was darunter zu verstehen ist. Online verfügbar unter http://www.dji.de/fileadmin/user_upload/5_kompetenznachweis/KB_Kompetenzliste_281206.pdf, letzter Zugriff: 02.07.2024.

Dolch, J.: Unterricht, Grundbegriffe der pädagogischen Fachsprache (S. 103–104), Die Egge Verlag, Nürnberg, 1952.

Euler, Dieter; Hahn Angela: Wirtschaftsdidaktik. 3. Aufl., Haupt, Bern, 2014.

Hagemann, Vera; Kluge, Annette; Ritzmann, Sandrina: High Responsibility Teams – Eine systematische Analyse von Teamarbeitskontexten für einen effektiven Kompetenzerwerb. Hg. v. Journal Psychologie des Alltagshandelns. innsbruck university press. Innsbruck, 2011. Online verfügbar unter http://www.allgemeine-psychologie.info/cms/images/stories/allgpsy_journal/Vol%204%20No%201/hagemann_kluge_ritzmann.pdf, letzter Zugriff: 02.07.2024.

Lüders, Manfred: Der Unterrichtsbegriff in pädagogischen Nachschlagewerken. Ein empirischer Beitrag zur disziplinären Entwicklung der Schulpädagogik – Zeitschrift für Pädagogik 58, 2012.

Merten, R.: Verständigungsprobleme? Die Sprache der Sozialpädagogik im Spannungsfeld zwischen wissenschaftlicher und professioneller Praxis. Zeitschrift für Pädagogik 45, 1999.

Meyer, M. A.: Unterricht. E. Tenorth & R. Tippelt, Beltz Lexikon Pädagogik, Beltz Verlag, Weinheim/Basel, 2007.

o. A.: Didaktischer Aufbau einer Unterrichtsstunde, https://www.yumpu.com/de/document/read/21101079/didaktischer-aufbau-einer-unterrichtsstunde, letzter Zugriff: 02.07.2024.

Quilling: Didaktik der Erwachsenenbildung, DIE, Bonn, 2015, https://www.die-bonn.de/wb/2015-didaktik-01.pdf, letzter Zugriff: 02.07.2024.

Stangl, W.: Stichwort: 'Bildung – Online-Lexikon für Psychologie und Pädagogik'. Online-Lexikon für Psychologie und Pädagogik, 2021. Online verfügbar unter: https://lexikon.stangl.eu/12806/bildung, letzter Zugriff: 02.07.2024.

Tippelt, Rudolf; Hippel, Aiga von (Hg.): Handbuch Erwachsenenbildung/Weiterbildung. 6., überarb. und aktual. Aufl., Springer VS (Springer Reference Sozialwissenschaften), Wiesbaden, 2018.

3 Lerntheoretische Überlegungen

Bild 30: *Lerntheorien sollen Verständnis fördern*

Nutzen:
- ✓ Du bekommst für deine nächsten Schulungen eine Anleitung, wie du vorgehen kannst.
- ✓ Deine Unterrichte und Übungen werden, aufgrund des Wissens um die Lerntheorie, besser.
- ✓ Du weißt, worauf es beim Lernen wirklich ankommt und wie du dies in deine Bildungsmaßnahmen integrieren kannst.
- ✓ Du lernst unterschiedliche Lernphilosophien kennen und findest (hoffentlich) die für dich, deine Teilnehmer:innen und das Thema passende Philosophie.
- ✓ Du bekommst Recherchetipps, um zukünftig bessere Informationen zu finden.
- ✓ Du lernst die häufigsten Fehler kennen und kannst sie dir selbst sparen.
- ✓ Du erhältst Tipps für Zeitmanagement und eine bessere Zeitplanung.
- ✓ Du weißt, worauf es bei deinem Arbeitsplatz ankommt und wie man diesen verbessert.

Lernziel:

Am Ende des Kapitels solltest du …
- … die unterschiedlichen Lerntheorien im Grundsatz kurz erläutern können.
- … die unterschiedlichen Lerntheorien unterscheiden und auf ihren Nutzen beurteilen können.
- … aus den existierenden Lerntheorien, die für einen selbst geeignetsten Teile, auswählen sowie in der theoretischen und praktischen Ausbildung anwenden und umsetzen können.

- ... eine Zielgruppenanalyse durchführen können.
- ... eine zielgruppengerechte didaktische Reduktion auf vorher recherchierte Inhalte durchführen können.
- ... den Unterschied zwischen Lerntheorien, didaktischen Modellen und Lernformen erklären können.
- ... die wichtigsten Erkenntnisse der Motivation anwenden und in Schulungen evaluieren können.
- ... die Grundphilosophie des erwachsenengerechten Lernens verstanden haben und in deine eigenen Schulungen einbauen und dort kritisch hinterfragen können.

Antworten auf die Fragen:

- ? Wie funktioniert das Gedächtnis?
- ? Welche unterschiedlichen Gedächtnisarten gibt es?
- ? Warum gibt es keine Lerntypen?
- ? Wie findet neuronales Lernen statt?
- ? Wofür wird Empathie benötigt?
- ? Was versteht man unter Augenhöhe beim Lernen?
- ? Welche Arten von Führungsautoritäten gibt es?
- ? Was sind Lernziele und wie werden sie benutzt?
- ? Wie können benötigte Informationen beschafft und Recherchen durchgeführt werden?
- ? Was ist und wie funktioniert eine didaktische Reduktion?
- ? Welche wissenschaftlichen Lerntheorien gibt es?
- ? Welche didaktischen Modelle gibt es?
- ? Welche Lernformen gibt es?
- ? Was sind die Unterschiede zwischen den drei Theorien, Modellen, Formen?
- ? Wie funktioniert Motivation?

Nachdem wir (spätestens seit dem vorherigen Kapitel) wissen, wie die wichtigsten Begriffe im Zusammenhang mit Aus-, Fort- und Weiterbildung lauten und was sie auch bedeuten, können wir uns jetzt mit dem etwas umfangreicherem Gebiet der Lerntheorie beschäftigen. Keine Angst, es geht mir hier um das Wissen und Grundverständnis für Lerntheorien und wie das Lernen an sich funktioniert – nicht nur um graue Theorie. Natürlich werden auch immer mal wieder ein paar Fachbegriffe fallen und es geht schon ein bisschen wissenschaftlich zu; trotzdem ist mein Hauptziel nach wie vor die Verständlichkeit und die Vermittlung eines Gefühls für das Lehren und Lernen.

Bei der Lerntheorie geht es um viel mehr als nur um eine reine Methodenvorstellung mit Vor- und Nachteilen. Hier geht es um das Verständnis, wann welche

3 Lerntheoretische Überlegungen

Methoden wie am besten in welcher Situation eingesetzt werden sollten. An dieser Stelle wird es zunächst mal um die (meiner Meinung nach) wichtigsten und auch neuesten Erkenntnisse über die existierenden Lerntheorien und die Erwachsenenbildung im Speziellen gehen; diese sollen hier zusammengefasst und vorgestellt werden. Die Vorstellung einiger Methoden folgt dann etwas später – im ▶ Kapitel 7. Lernen wird meistens mit Wissen und Können gleichgesetzt. Lerntheorien sollen darüber hinaus das Lernen an sich erklären und beschreiben. Das Ziel dabei ist es, eine möglichst genaue Vorstellung zu erlangen, wie man in unterschiedlichen Situationen mit unterschiedlichen Gegebenheiten am besten lernt und auch lehren kann.

Die Menschheit ist von Beginn an darauf ausgelegt, bestehende körperliche Nachteile oder fehlende Instinkte gegenüber Fressfeinden oder auch Konkurrenten durch einen Vorsprung an bestimmten Fähigkeiten auszugleichen. Am einfachsten funktionierte dies durch das Erlernen immer neuer Begabungen. So bedeutet hier mehr Können und Wissen seit jeher einen Überlebensvorteil. Die Motivation nach einem konkreten Vorteil ist hier die Triebfeder, um sich stets weiterzuentwickeln. Wie dies generell funktioniert, erklären die Lerntheorien; und das möchte ich auch in diesem Kapitel möglichst einfach darstellen. Allerdings muss auch hier wieder sehr deutlich gesagt werden, dass gerade im Bereich des neuronalen Lernens sehr viele Forschungsarbeiten geschrieben werden und aufgrund dessen immer wieder neue Erkenntnisse vorliegen. Diese sind zwar nur in den aller seltensten Fällen revolutionär, aber fast alles, was hier vorgestellt wird, spiegelt nur die aktuellen, mir bekannten, Erkenntnisse wider. Der Zeitpunkt dieses »aktuell« ist übrigens das Jahr 2025.

Natürlich hoffe ich auf weitere Auflagen, die ich selbstverständlich weiter aktuell halten werde und da werde ich natürlich auch wieder das Datum anpassen. Trotzdem ist es mir wichtig zu erwähnen, dass ich in diesem Buch immer nur eine Momentaufnahme der neuesten Erkenntnisse abbilden kann, die ggf. schon ein paar Tage oder in hunderten Jahren in einer verstaubten Bibliothek nach Veröffentlichung durch neu veröffentlichte Theorien – zum Glück nicht völlig überholt – aber zumindest veraltet sein könnten.

3.1 Neuronales Lernen

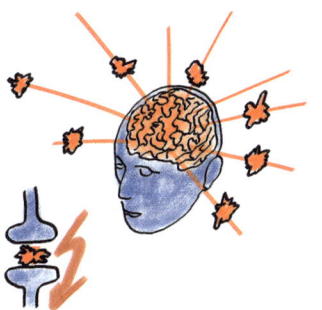

Bild 31: *Neuronales Lernen für ein besseres Verstehen von Lernprozessen*

Ausbildung, Weiterbildung und Fortbildung haben trotz ihrer unterschiedlichen Zielsetzungen in der Bildung immer etwas gemeinsam. Es soll etwas gelernt, eintrainiert oder verbessert werden. Das Organ, das hier die meiste Arbeit leisten muss (hoffentlich zumindest) ist unser Gehirn. Es ist schlichtweg das Körperteil, das für die Verarbeitung, Speicherung und Wiedererkennung von Informationen am besten ausgelegt ist; und das ist es, dank der Evolution, sehr gut. Über viele Entwicklungsschritte wurde es seit Jahrtausenden bis zum jetzigen Gipfel der Evolution, der jetzt dieses Buch liest und versteht, perfektioniert. Vorneweg hilft es uns, zu begreifen, wie unser Gehirn funktioniert und noch genauer: wie es überhaupt lernt. Kurz, knapp und ohne zu viele Details vorneweg zu erzählen, je mehr Verbindungen zwischen den Neuronen bestehen desto besser. Denn je mehr dieser Neuronenverbindungen bestehen, desto effektiver und schneller kann das Gelernte abgerufen werden.

> Die Verarbeitung aller Informationen in unseren Gehirnen funktioniert über die Kommunikation einzelner Nervenzellen (Neuronen). Bestimmte Wahrnehmungen über diverse Sinneskanäle lösen Verknüpfungen dieser Neuronen in bestimmten Hirnregionen aus und erzeugen Muster. Je mehr Synapsen miteinander verbunden und je stärker diese Verbindungen sind, desto besser und schneller können die gespeicherten Informationen abgerufen und verarbeitet werden.

Diese Verbindungen werden durch neue Eindrücke ständig überprüft und optimiert. Das ist der Lernprozess in unserem Gehirn, der uns hilft, flexibel auf immer neue Problemstellungen einzugehen. Das Ziel unseres Gehirns ist es somit, möglichst viele aktuell nutzbringende Verbindungen durch Lernen einzugehen. Regelmäßig benö-

3 Lerntheoretische Überlegungen

tigte Verbindungen werden zunächst gebildet und dann gestärkt, wohingegen nicht benötigte Verbindungen aufgelöst oder abgebaut werden. Dabei werden neue Pfade am besten an der Stelle aufgebaut, bei der bereits Anschlussmöglichkeiten existieren. Das Abbauen erfolgt zum Glück etwas langsamer.

Zwei einfache Rückschlüsse für das Lernen und Lehren lassen sich also für unser Gehirn ableiten. Wir müssen die richtigen Anreize und Anknüpfungspunkte anbieten und diese regelmäßig wiederholen. Damit können sowohl Informationen einfach integriert und anschließend gespeichert werden. Vielleicht wird es jetzt auch klarer, warum wir bei einem beliebigen Sport aufgrund von regelmäßigen Wiederholungen eine immer präzisere Bewegungsabfolge und bei sich stetig steigenden Übungen immer mehr komplexe Spielzüge ausführen können.

Wiederholungen und Anknüpfungen (= Anschlusswissen) mag unser Gehirn.
Wiederholungen und Anknüpfungen (= Anschlusswissen) mag unser Gehirn.

3.1.1 Gedächtnis – aus neurologischer Sicht

Fangen wir zunächst mal mit der Vorstellung dessen an, wofür wir überhaupt lernen. Nein, keine Angst – es wird nicht philosophisch und es geht auch nicht um den Sinn des Lernens oder gar des Lebens. Es geht nur um die Fragestellung, ob wir das uns angebotene Wissen auch überhaupt dauerhaft speichern wollen. Nachdem wir stets an einer stetigen Optimierung unseres Wissens interessiert sind und Unmengen an Informationen den ganzen Tag über auf uns einprasseln, ist es zwingend notwendig zwischen der gesamten Wahrnehmung und den lohnenden, wichtigen Aussagen zu filtern. Damit diese Filter, die meist unterbewusst und automatisiert funktionieren, wirken können, benötigen wir eine Art Aufteilung. Dabei geht es um die Arten der Speicherung von Informationen in unser Gedächtnis. Dies geschieht über eine Aufteilung in unterschiedliche Ebenen.

Diese Fähigkeit, flexibel auf die Umwelt zu reagieren, aus Problemen zu lernen und sich auf verändernde Gegebenheiten anzupassen, heißt neuronale Plastizität. Dies gewährleistet die Filterfunktionen durch eine Trennung in Wichtiges und Unwichtiges.

Filter sind immer sehr schön beispielhaft mit Sieben in einem Sandkasten darstellbar, bei dem wir nacheinander bestimmte Größe von Steinen aus dem Sand aussieben

3.1 Neuronales Lernen

wollen. Die nachfolgende Aufteilung in Gedächtnisebenen, die hier stattfindet, lässt sich sehr schön mit Eimern dazwischen zur Speicherung vergleichen.

Aufteilung oder Gedächtnisebenen
Das vorhandene Wissen kann aus neurologischer Sicht in einige unterschiedliche Gruppen oder Arten eingeteilt werden. Diese Aufteilung erklärt die Systematik, wie Informationen abgerufen und wie diese bereitgestellt werden.

	Gedächtnis/Wissen					
Art	explizit/deklarativ/bewusst			implizit/nichtdeklarativ/unbewusst		
Genaue Arten	episodisch	semantisch	Prozedural	perzeptuell	Konditionierung	Priming
Beispiele	Eigene Erlebnisse z.B. letzter Urlaub	Aktives Faktenwissen z.B. Rechnen z.B. wo steht das Hofbräuhaus?	Bewegungs-abruf z.B. Auto- oder Fahrradfahren	Wiederer-kennung z.B. Weg er-kennen und wiederfinden	Belohnungs-training z.B. Schokolade pro Lernseite	Erkennen aus Erfahrungen z.B. auf das „Bauchgefühl" hören
Lernkanäle	Erleben Fühlen	Sehen Hören	Erleben Fühlen	Sehen Hören Gerüche Erleben Fühlen	Positives Erleben	Sehen Hören Gerüche Erleben Fühlen
Ideale Vermittlungs-methode	Praxis, Geschichten und Beispiele	Vortrag, Unterrichtsge-spräch, Bilder und Videos	Praxis, Skill-Training	Bilder und Videos	Praxis mit Konsequenzen, Lob	Praxis, Geschichten, Fehler machen
Weitere Informationen	Storys	Taxonomiestufen	3 Stufen Konzept	Konstruktivismus	Behaviorismus	Erfahrungs basiertes Lernen

Bild 32: *Aufteilung der Gedächtnisebenen*

Grundsätzlich werden immer wieder zwei unterschiedliche Bereiche beschrieben – explizites (bewusstes) und implizites (unterbewusstes) Gedächtnis. Diese beiden lassen sich wiederum in weitere Unterbereiche aufteilen. Am schnellsten lässt sich dies mittels der Abbildung »Aufteilung der Gedächtnisebenen« darstellen. Die Unterteilung dieser Bereiche folgt dann in den grünen Zeilen – und damit dies nicht ganz so theoretisch abläuft habe ich versucht, möglichst griffige Beispiele zu finden und diese in den gelben Zeilen kurz beschrieben. Die hellorangen Zeilen beschreiben, mittels welcher Lernkanäle (mehr dazu gleich im nächsten Abschnitt) das beste Ergebnis erreicht werden kann. Die ideale Vermittlungsmethode für die jeweilige Art der Gedächtnisse habe ich zum Abschluss in die roten Zeilen gepackt.

3 Lerntheoretische Überlegungen

Episodisches Gedächtnis

Bild 33: *Ah – Venedig*

Fangen wir mal mit dem episodischen Gedächtnis an, bei dem wir uns am besten an bestimmte Ereignisse und Geschichten aus unserem bisherigen Leben erinnern. Diese besonders bemerkenswerten Episoden brennen sich regelrecht ein und werden hauptsächlich aufgrund der intensiven Gefühle oder mit bestimmten außergewöhnlichen Besonderheiten verbunden. Zum Herauslocken der Erinnerung benötigen wir immer eine Verbindung zu dieser besonderen Situation. Die Erinnerung kann bewusst durch interne oder externe Fragestellungen stattfinden. Also entweder frage ich dich z. B. explizit nach dem ersten Kuss oder nach der letzten Beförderung oder du magst dich ganz bewusst an deinen letzten Urlaub erinnern. Sofort müsstest du hier bestimmte Bilder, Gefühle und vielleicht auch Personen vor deinem inneren Auge haben. Beide Varianten führen dabei zum gleichen Ergebnis.

An dieser Stelle interessiert uns natürlich, wie man das ins Lernen und Lehren konkret umsetzen kann. Es gibt speziell für das episodische Gedächtnis drei Ansatzmöglichkeiten. Wir gestalten die Schulungen so interessant, lustig und einmalig, dass sich alle Teilnehmenden noch in 50 Jahren daran erinnern können … Oder jetzt zu den zwei anderen realistischeren Möglichkeiten: Erzähl ihnen eigene, interessante und reale Geschichten aus deinem Feuerwehralltag und zweites – noch besser – lass die Teilnehmenden möglichst viel selbst machen, erleben und lass sie den konkreten Nutzen spüren. **Das »Ah Venedig« bezieht sich übrigens auf ein geniales, in jeder Stadt verwendbares, Indiana Jones Zitat und auf meine eigene Reise dorthin, bei der ich u. a. dieses Kapitel geschrieben habe.**

Semantisches Gedächtnis
Das hier ist die klassischen Gedächtnisform, wie es sich jeder vorstellt, wenn es um das Lernen geht. Vokabeln büffeln, Rechenaufgaben lösen, Hauptstädte den Bundes-

3.1 Neuronales Lernen

ländern zuordnen und die Jahreszahl von Issos großer Keilerei **(drei, drei, drei!)** aufsagen.

Da wir noch bei der Beschreibung des expliziten Wissens sind, hier die Erklärung: Das semantische Gedächtnis beschreibt das sogenannte bewusste Faktenwissen. Dieses wird aus dem Langzeitgedächtnis bewusst abgerufen. Je nachdem, wie oft wir eine vergleichbare Erinnerung oder Tätigkeit ausüben, desto leichter fällt uns dies. Nachfolgend fünf Beispiele aus dem mathematischen Bereich:

> 2 + 2 =
> 4 × 17 =
> **Wie lautet die erste binomische Formel?**
> **Welche Zahl ist die fünfte Nachkommastelle von Pi?**
> **Wie funktioniert die Lösungsformel für Differenzialgleichungen?**

Wenn du jetzt nicht gerade bei der ESA die Umlaufbahnen von Satelliten berechnest oder ähnlich faszinierende Sachen machst, sollten die Beispiele für dich in aufsteigender Schwierigkeit dastehen. Daraus lassen sich interessanterweise zwei Erkenntnisse für die Lerntheorie ableiten. Erstens, es gibt wohl unterschiedliche Schwierigkeitsstufen, die teilweise aufeinander aufbauen und aufgrund dessen verschieden starke Anstrengungen in unserem Erinnerungsvermögen erfordern. Voilá – und hier sind wir schon bei der Lernzielhierarchie oder den Taxonomiestufen im kognitiven Bereich (mehr Informationen dazu gleich im ▶ Abschnitt 3.4.2). Zweitens, Wiederholungen festigen die Verbindung von Synapsen und je besser diese Verbindungen sind, desto einfacher und schneller können Informationen abgerufen werden.

> **Die zentrale Erkenntnis daraus lautet: Baue die Ausbildung in aufsteigender Schwierigkeit aufeinander auf und wiederhole Inhalte, um diese für eine schnellere Nutzung zur Verfügung zu haben.**

Prozedurales Gedächtnis

Bei der ersten Kategorie des impliziten Gedächtnisses (das ist übrigens das unbewusste Gedächtnis) wird die Erinnerungsfähigkeit für Bewegungsabfolgen beschrieben. Selbst wenn diese meist unterbewusst ablaufen, so »erinnert« sich der Körper aktiv an bestimmte Abfolgen. Oftmals findet man auch im Zusammenhang mit Unsicherheiten den Spruch: »Das ist wie Fahrradfahren – das verlernst du nie!«. Aber jetzt sag' das mal einer Dreijährigen, die gerade erst anfängt ... Trotzdem es ist ein wunderbares Beispiel, um das Prinzip dahinter zu erklären. Beim Fahrradfahren muss ein komplexer Bewegungsablauf (treten, lenken und nach den jeweiligen Seiten lehnen) in einer bestimmten Reihenfolge (lenken und in die gleiche Richtung lehnen) in Abhängigkeit zu sich stets verändernden Sinneswahrnehmungen (Gleichgewichtssinn, Blickrichtung, Fahrtwind, ...) erfolgen. Hier gilt wieder genauso der Grundsatz: Je öfter diese Tätigkeiten ausgeführt werden, desto sicherer und intuitiver kann der gesamte Ablauf angewendet werden.

Folglich müssen wir hier als Ausbildende möglichst viel Praktisches eintrainieren und viele Möglichkeiten für Wiederholungen schaffen. Nehmen wir mal das Beispiel »Anziehen des Atemanschlusses und der kompletten Ausrüstung für den Atemschutzeinsatz«. Wenn es hier das Ziel ist, dass der Übende dies in jeder Situation immer vollständig und in der gleichen Reihenfolge, auch nachts im Halbschlaf um drei Uhr, ausführen kann, dann gibt es nur drei Möglichkeiten – Üben, Üben und ... Üben! **Ich habe mir hier als militanter Pazifist sagen lassen, dass diese Art von Drill die ein oder andere Armee verwendet, wenn es konkret um die Bedienung und Reinigung von Waffen geht. Ich weiß ja nicht genau, was die da nachts um drei so machen, aber das Prinzip dieser eintrainierten Bewegungsabläufe sollte bei uns in manchen Bereichen ähnlich sein. So erwarte ich schon, dass alle meine Feuerwehrleute, mit denen ich ausrücke, fehlerfrei und in kürzester Zeit u. a. die Atemschutzausrüstung anlegen können – und ich von mir selbst natürlich auch!**

 Das hier richtige Mittel der Wahl ist das drillmäßige Lernen.

Perzeptuelles Gedächtnis

Bild 34: *Ein Feuerwehrler im Nebel wird schnell anhand vorhandener Muster erkannt*

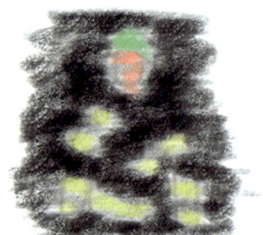

3.1 Neuronales Lernen

Jetzt sind wir wieder in der Welt des Bewussten – das perzeptuelle Gedächtnis. Es soll uns helfen, bekannte Personen, bestimmte Gegenstände und auch Orte (wieder) zu erkennen und ihren Nutzen zu bewerten. Wenn dies bei Personen und am besten in Kombination mit deren Namen funktioniert, ist dies besonders auf Cocktailpartys oder manchmal auch auf Feuerwachen hilfreich, um die zukünftige Wachleitung mit dem richtigen Namen anzusprechen. Genauso ist dies auch im Feuerwehralltag z. B. bei der Ortskunde und Objektbegehungen hilfreich, um den richtigen Weg zur Einsatzstelle, die Lage des Feuerwehrschlüsseldepots oder andere einsatzrelevante Sachen wieder zu finden. Das Lernen unterstützt hier eine große Vielfalt an unterschiedlichen Methoden, um alles zum Thema Gehörende möglichst miteinander zu verknüpfen. Dadurch wird das (Wieder-)Erkennen durch positive Bestätigung und durch die Ausschüttung von Glückshormonen gefördert.

INFO Wer schonmal von A nach C gefahren ist und dabei aber nur den Weg von A nach B kannte und dann einen Aha-Effekt bei der Vervollständigung der Strecke B nach C hatte, weiß was mit dem positiven Anknüpfen an Bekanntes gemeint ist.

Konditionierung

Bild 35: *Kekse können das Lernen versüßen*

Wer sich das ▶ Kapitel 3.7.1 bereits durchgelesen hat – darf sich wieder ein Leckerli holen **(Achtung Running Gag!)** und kennt bereits das Prinzip der Konditionierung. Nochmal für alle anderen ganz kurz erklärt: Belohnungen helfen dabei, etwas richtig Gemachtes als etwas angenehm Positives im Gedächtnis zu behalten. Genauso wird auch unterbewusst nach einem Lob, einer Belohnung oder Aufmerksamkeit gestrebt. Also – vielen Dank fürs Lesen dieses Absatzes … **Hast du gut gemacht … Bist ein ganz ein Braver! Ja ganz ein feiner Lerner! :-)**

3 Lerntheoretische Überlegungen

Zur rechten Zeit mal ein ehrliches Lob aussprechen mit einem echten »Danke fürs Mitmachen« – das kann Wunder wirken. So funktioniert die positive Seite der Konditionierung. Bei der negativen Auslegung wird ein nicht minder großer Erfolg erreicht. Hier empfiehlt es sich auch mal unangenehme Erlebnisse zu durchleben, wie z. B. die lange Wartezeit auf Unterstützung bei einer vergessenen Nachforderung.

Priming/Erfahrungsbasiertes Lernen

Bild 36:   *Lang, gelb und gebogen?*

Meist sind es mehrere Sinneskanäle, die bei einer vergleichbaren Wahrnehmung in Kombination eine Art Déjà-vu oder Wiedererkennen bei uns auslösen. **Ich hoffe, du hast die Banane erkannt!** Noch ein Beispiel: stelle dir mal eine schöne weiße Skipiste im Sonnenschein vor … und jetzt so richtig schöne weiße Schäfchenwolken am Himmel … und noch einmal die weiße Kreide, die immer im Unterricht verwendet wurde! Was trinkt die Kuh?

Falls du jetzt spontan Milch antworten wolltest, bist du einem negativen Priming Effekt aufgesessen, den bereits Kinder in dieser Form gerne scherzhaft nutzen. Als positiven Effekt hat uns auch das aus der Evolution heraus oftmals das Leben gerettet. In der afrikanischen Steppe wird ein gelbes Tier mit Mähne gesehen – assoziativ gehen wir mal von einem hungrigen Löwen und nicht von einer unrasierten Antilope aus. Das Priming war erfolgreich, das Überleben bis in deine Generation wurde gesichert.

Ganz viele Entscheidungen – gerade bei der Feuerwehr oder wenn es in vergleichbaren komplexen Umgebungen um Schnelligkeit geht – werden aus dem Bauch heraus entschieden. Dies ist letztendlich immer eine Kombination aus Erfahrungen, geprimten Informationen und Assoziationen und damit sogar meist eine bessere – jedoch immer eine schnellere – Entscheidung, ohne dass uns diese

3.1 Neuronales Lernen

notwendige Kombination überhaupt bewusst ist. **Zu diesem speziellen Fall habe ich übrigens meine Masterarbeit geschrieben: »Lernen in erfahrungsbasierten Berufen – Fortschrittliche Lernmethoden am Beispiel der Führungsausbildung von Feuerwehren«.** Da mich das Thema nach wie vor fasziniert und sich die ein oder andere Erkenntnis für das Lernen speziell für Feuerwehren daraus ableiten lässt möchte ich dir die genaueren Ergebnisse hieraus nicht vorenthalten und in ▶ Kapitel 7.11 genauer vorstellen.

Das neuronale Lernen steht nicht ohne Grund an erster Stelle der gesammelten lerntheoretischen Überlegungen. Wie man vermuten kann, lassen sich die nachfolgenden Theorien besser verstehen, wenn man weiß, wie das gesamte »System Gehirn« überhaupt funktioniert und ausgelegt ist. Die nächsten Überlegungen betreffen ebenfalls das Gedächtnis und zeigen wie die großen Mengen an Informationen effektiv aufgenommen, verarbeitet und letztendlich gespeichert oder auch wieder vergessen werden.

Kurzbeschreibung und Auswirkungen der Gedächtnisarten auf das Lernen	
Episodisches Gedächtnis	= »erlebte Erinnerungen«
	> Viel erleben lassen und Geschichten erzählen
Semantisches Gedächtnis	= »bewusste Erinnerungen/Faktenwissen«
	> Inhalte aufeinander aufbauen und viele Wiederholungen
Prozedurales Gedächtnis	= Erinnerungsfähigkeit für Bewegungsabfolgen
	> Praktisches Üben und Wiederholungen
Konditionierung	= Lernen über positive Bestätigung
	> Loben, Danken und negative Erfahrungen machen lassen
Priming	= Vorprägung und Wiedererkennen durch Reize
	> Möglichst viele reale Erfahrungen über möglichst viele Lernkanäle machen lassen

Speicherformen

Jeder der sich schon mal gewundert hat, warum er auf einer Revue **(den Begriff gerne durch ein wichtiges Kommandantentreffen ersetzen)** sofort wieder den Namen der gerade vorgestellten Person vergessen hat, kennt das Problem der unterschiedlichen Speicher-/Gedächtnisformen – zumindest indirekt. Warum man sich dafür aber noch an den Geruch des gegrillten Steaks in der lauen Sommernacht nach der Abschlussfeier erinnern kann, verwundert einen selbst noch Jahre später. Dieser Abschnitt soll verständlich machen, warum nur wichtige Informationen

3 Lerntheoretische Überlegungen

dauerhaft abgespeichert werden. Als Einstieg und Übergang zum vorherigen Teil dient hier wieder die Erklärung der zu bildenden Verbindungen der Synapsen.

Ultrakurzzeitgedächtnis (sensorisches Gedächtnis)
Das Ultrakurzzeitgedächtnis oder auch sensorisches Gedächtnis verarbeitet zunächst mal alle Informationen, die dauernd durch jeden Sinneskanal auf uns herein einprasseln. Das kann in kurzer Zeit ganz schön viel sein. Angeblich kommen allein auf dem visuellen Kanal (also über die Augen) bis zu eine Milliarde Bits (ca. 1 Mbit) pro Sekunde an. **Mir sagte mal einer, dass das Leben ja eine echt öde Story ist, aber wenigstens ist die Auflösung besser als HD … bin mir aber nach der Berechnung oben nicht mehr ganz so sicher …**

Das Problem mit unserem Gehirn ist aber, dass es nur eine begrenzte Menge dieser ankommenden Informationen verarbeiten und auch behalten kann. Mal ehrlich, sind wir nicht froh, dass wir nicht alle – ja wirklich alle! – Sinneswahrnehmungen gleichzeitig wahrnehmen können?« Also auch den geringen Druck der Kleidung, das Gefühl dieses Buch zu halten, den Flügelschlag der Fliege in mehreren Metern Entfernung usw. Diese Kunst, uns auf die »wesentlichen« Dinge zu konzentrieren, alles andere auszublenden, ggf. aber sofort wieder zu aktivieren, ist letztendlich die größte Errungenschaft des Menschen. Vielleicht sogar das wichtigste Alleinstellungsmerkmal in der – **bisher** – erfolgreichen Evolutionsgeschichte.

Es werden immer wieder Fälle von sogenannten Inselbegabungen bekannt, die z. B. alle Informationen parallel aufnehmen und interpretieren können. Aus (fiktiven) Filmen sind dir bestimmt die Figuren »Rainman« und »Sherlock Holmes« bekannt. Dort wird z. B. bewusst auf die Inselbegabung eines »hochfunktionellen Soziopaten« angespielt und mit dieser Wahrnehmungsgabe kokettiert. Dieses Zitat stammt übrigens aus der Miniserie der BBC, die dieses Phänomen ganz gut darstellt und nebenbei auch noch ganz unterhaltsam ist.

Kurzzeitgedächtnis (Arbeitsgedächtnis)
Grundlage einer bewussten Informationsverarbeitung ist das Kurzzeitgedächtnis. In einigen Modellen wird dies auch als Arbeitsgedächtnis bezeichnet. In beiden Fällen ist es ein Speicher, der eine eng begrenzte Menge von Information in einem unmittelbar verfügbaren Zustand bereithält. Nach einer heute als historisch überholt geltenden Hypothese verfügte es über eine ungefähre Kapazität von etwa 7 ± 2 Informationseinheiten, sofern es sich um zahlenmäßig auflistbare Dinge handelte. Versuche mit Kellnerinnen und Kellnern haben aber gezeigt, dass bis zu 20 Bestellungen und deren Zuordnung zu Personen realistisch und mit etwas Übung machbar sind.

3.1 Neuronales Lernen

Das schnellste Beispiel zur Erklärung der Funktion dieses Kurzzeitgedächtnis, wäre an dieser Stelle, jetzt hier, dieses Wort und dieses, das du wahrscheinlich einzeln liest, aber jetzt am Ende des Satzes, der bewusst lang und kompliziert gehalten ist, wahrscheinlich schon wieder vergessen hast, außer du hättest dich jetzt explizit nochmal darauf konzentriert.

Hieß das Wort vorher an achter Stelle jetzt »dieses« oder »diesen« – eben, spielt für den gesamten Sinnzusammenhang des Satzes keine Rolle, es geht ja um den Inhalt des Satzes und nicht um jedes einzelne Wort. Diese Art von Vereinfachung lässt uns beim Lesen schnell in eigene Welten eintauchen, dafür aber beim Korrekturlesen leider auch immer wieder mal den ein oder anderen Fehler übersehen. **Gemerkt?! Meine sehr gute Lektorin und mein hervorragender Lektor übrigens auch!**

Jemand mit der vorher angesprochenen speziellen Inselbegabung in diesem Bereich wüsste jetzt noch jedes einzelne Wort. Hier ist ein Fall international sehr bekannt geworden, der auch immer wieder als Beispiel herhalten muss. Kim Peek überfliegt z. B. eine Doppelseite eines Sachbuchs innerhalb von wenigen Sekunden und kann den Inhalt nahezu exakt wiedergeben. Ebenfalls kennt er alle Vorwahlen und Postleitzahlen in den USA und kann zu jedem beliebigen Datum den passenden Wochentag nennen.

Langzeitgedächtnis

Informationen aus dem Kurzzeitgedächtnis können jetzt entweder wieder vergessen oder in das Langzeitgedächtnis übernommen werden. Dieses hat drei besondere Eigenschaften, die es einerseits so bekannt und andererseits so wertvoll für uns macht. Die theoretisch unbegrenzte Speicherdauer, die nahezu unbegrenzte Speicherkapazität und trotzdem eine sehr kurze Abrufzeit.

Die anschließende Tabelle verdeutlicht nochmal die wichtigsten Informationen zum Gedächtnisspeicher.

Tabelle 6: *Das menschliche Gedächtnis*

Dauer der Speicherung	Bezeichnung	Funktion
2–3 s	Ultrakurzzeitgedächtnis	Informationspuffer
20–45 s	Arbeitsgedächtnis	Episodischer Puffer
20 min	Kurzzeitgedächtnis	Filter
Unendlich (theoretisch)	Langzeitgedächtnis	Einlagerung für Abruf

3 Lerntheoretische Überlegungen

Bild 37: *Kassette – das Symbolbild für den auditiven Lernkanal*

Sie haben nicht nur den Sinn, als Ideengeber oder Vorlage für deine späteren Zeichnungen zur Verfügung zu stehen, sondern sprechen zusätzlich noch einen weiteren Lernkanal an – den visuellen. Jetzt könnte man natürlich argumentieren, dass der Text ja auch bereits auf dem visuellen Kanal aufgenommen wird und ich stattdessen noch eine Kassette mit ausgesprochenem Inhalt für den auditiven Lernkanal dem Buch mit beilegen hätte können. So wie damals im Englischunterricht... Aber die Bilder dienen hier als Erinnerungsanker oder als Erstvorgabe und unterstützen bei der Erzeugung des eigenen, durch den Text generierten Bildes und können die Verbindung mit dem Text schneller vervollständigen.

Anhand des Kassettenbeispiels sieht man, dass sofort ohne großes Überlegen eine eigene Vorstellung aus dem vorhandenen (wenn auch veralteten) Bild einer Kassette erzeugt werden kann. Und noch etwas: unterbewusst wirst du ab jetzt immer den auditiven Lernkanal mit einer Hörspielkassette verbinden … – Gern geschehen! :-) Und was das unterbewusste Gedächtnis alles leisten kann, das werde ich dir im späteren ▶ Kapitel 7.11 noch mal kurz aufzeigen.

3.1.2 Lerntypen oder Vielfältigkeit

Vielleicht hast du an der Stelle, wo es um die Überlegungen geht, wie jeder am besten lernt, schon mal etwas von sogenannten Lerntypen gehört? Ja? Dann vergiss diese schnell wieder! Keine einzige wissenschaftliche Untersuchung konnte diese Kategorien je bestätigen. Wie wir trotzdem von unterschiedlichen Varianten und generell von Vielfältigkeit profitieren können, werde ich noch etwas später aufklären. Nur so viel vorneweg: die meisten Informationen werden über den visuellen Kanal aufgenommen und je mehr Kanäle genutzt werden, desto besser.

3.1 Neuronales Lernen

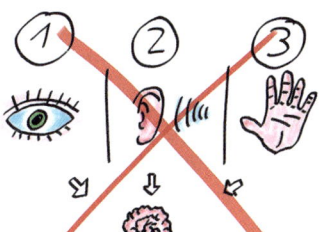

Bild 38: **Lerntypen gibt es nicht!**

Normalerweise werden an dieser Stelle jetzt die drei oder auch manchmal bis zu sechs unterschiedlichen Lerntypen vorgestellt. Anschließend werden sie genau beschrieben und dargestellt, wie wichtig diese sind und wie jeder gute Lehrende auf diese eingehen muss. Neueste Erkenntnisse aus der Neurologie zeigen, dass es diese genau genommen gar nicht gibt (die genauen Quellen sind dann im Anhang zu finden, aber Henning Beck ist hier ein sehr guter und unterhaltsamer Spezialist der Neurologie, der diesen und noch viele andere Lernmythen ausräumt). Natürlich könnte man jetzt behaupten, dass die berühmten Lerntypen einfach überholt sind und stattdessen Lernstile nach Kolb oder sonst was heißen – es gibt keine sinnvolle Einteilung des Lernens in Typen oder Stile oder sonst irgendetwas. Es konnten einfach bis jetzt keine Auswirkungen auf unser Gedächtnis nachgewiesen werden.

Nochmal im Klartext hier alle Lerntypen und Lernstile exklusiv für dich aufgeführt:
- Auditiver Lerntyp – gibt es nicht!
- Visueller Lerntyp – gibt es nicht!
- Kinästhetischer Lerntyp – gibt es nicht!
- Kommunikativer Lerntyp – gibt es nicht!
- Textueller Lerntyp – gibt es nicht!
- Personenorientierter Lerntyp – gibt es nicht!
- Medienorientierter Lerntyp – gibt es nicht!
- Aktiver Lernstil – gibt es nicht!
- Konkreter Lernstil – gibt es nicht!
- Passiver Lernstil – gibt es nicht!
- Abstrakter Lernstil – gibt es nicht!
- Der Entdecker – gibt es nicht!
- Der Denker – gibt es nicht!
- Der Entscheider – gibt es nicht!
- Der Macher – gibt es nicht!

3 Lerntheoretische Überlegungen

Leider – **ja wirklich leider** – muss man an dieser Stelle feststellen, dass sich Lernen und die Speicherung von Informationen nicht so einfach klassifizieren lässt. Einerseits, weil man eben eine gute Erklärung für das »wie« gefunden hätte und zweitens, weil man endlich die lernenden Menschen einfach zuordnen könnte. Gerade das Letztere wäre hier sehr verlockend. Zack – eine entsprechende Anzahl an Gruppen gebildet, diesen Gruppen die für sie passende Methode vorgesetzt und voilá ... alle haben perfekt gelernt! So einfach ist das mit dem Lernen und unserem Gehirn aber nun mal nicht.

Alle, die die von mir wiedergegebene Ansicht versuchen zu erklären, werden früher oder später in eine Diskussion kommen, die sich beispielhaft in etwa so anhören könnte: »Ich habe doch schon immer so gut über das Hören gelernt – ich bin halt einfach ein auditiver Lerntyp!« Hier zu überzeugen, ist leider gar nicht so einfach, ... da es sich um eine Art selbst erfüllende Prophezeiung handelt, die wahrscheinlich seit Kindheitstagen immer wieder bestätigt wurde und andersartige Feststellungen (unter)bewusst ausgeblendet wurden. Nicht zu vergessen auch gleich die passende Ausrede, warum man in der Schule so schlecht war. **Das war übrigens auch mein erster Impuls bei der Vorstellung von Lerntypen.** Letztendlich wurde so immer nur ein Lernkanal genutzt und das Gehirn hat sich im Laufe der Zeit auf den aufgezwungenen Lernstil immer weiter hin optimiert – es ist ja schließlich nicht doof! Somit wurde dann dieser eine Lernstil aufgrund der Erfahrung heraus fast nur exklusiv genutzt. Dadurch wurden dann all die anderen schönen Möglichkeiten (Lernkanäle) links liegen gelassen und das Lernpotential nicht vollständig genutzt.

Das, was man allgemein als Lerntypen versteht, ist nur die bisher bevorzugte Variante des Lernens.

Wenn es jetzt schon keine Lerntypen mehr gibt – wie lernen wir denn dann genau? Bei der Demaskierung der Lerntheorien wurde es schon mal kurz erwähnt, dass wir das meiste hauptsächlich über den visuellen Lernkanal (je nach Literatur von 40 – 90 %) aufnehmen. Informationen werden am besten gespeichert, wenn sie über möglichst viele Lernkanäle parallel und auch gleichzeitig aufgenommen werden. Unser Gehirn muss daraus viele neue Verknüpfungen bilden, denn je mehr Verknüpfungen, desto besser die Speicherung im Langzeitgedächtnis. Am besten funktioniert dies durch das Angebot oder die Verwendung möglichst vieler Lernkanäle.

Die wirklich gute Nachricht für uns als Lehrende kommt jetzt erst noch: Als man noch von Lerntypen ausgegangen ist, sollten wir möglichst viele Lerntypen an-

3.1 Neuronales Lernen

sprechen und jetzt, wo es diese nicht mehr gibt, müssen wir zum Glück einfach genau das gleiche machen. Wir müssen möglichst viele Lernkanäle für jeden Einzelnen anbieten, anstatt wie bisher Gruppen an unterschiedlichen Lerntypen entsprechend anzusprechen. Aus Lerntypen wird jetzt Lernkanäle! Wichtig ist dabei nur zu verstehen, wie die einzelnen Lernenden lernen und vor allem wie sie nicht lernen.

Am besten wird über visuellen Input, Vielfältigkeit, Abwechslung und Spaß gelernt.

Lernkanäle

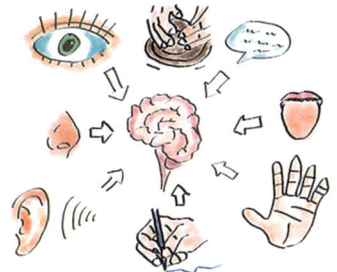

Bild 39: *Lernkanäle gibt es wohl!*

Ein Lernkanal ist nichts anderes, als die Beschreibung des Lernens mittels einer bestimmten Sinneswahrnehmung. Dank unserer fünf Sinne haben wir logischerweise auch fünf unterschiedliche Möglichkeiten und 5! (Fakultät) Kombinationsmöglichkeiten, wie wir Informationen aufnehmen können:

- Sehen   (visuell)   V
- Hören   (auditiv)   A
- Schmecken   (gustatorisch)   G
- Riechen   (olfaktorisch)   O
- Fühlen   (kinästhetisch)   K

Ein paar dieser unterschiedlichsten Kombinationen habe ich beispielhaft in nachfolgender Tabelle zusammengefasst.

3 Lerntheoretische Überlegungen

Tabelle 7: *Beispielhafte Effektivität der Informationsaufnahme*

Informationsaufnahme	Beispiel	Effektivität	V	A	G	O	K
Zuhören	Frontalunterricht	5 %		x			
Lesen	Lehrbücher	10 %	x				
Hören + Sehen	Lehrvideos	20 %	x	x			
Erklären	Demonstration	30 %	x	x	(x)	(x)	x
Mitschreiben	Zusammenfassen	40 %	x	x	(x)	(x)	x
Hören + Sprechen	Gruppendiskussion	50 %	x	x	(x)	(x)	x
Praktisches selbst machen	Übungen	75 %	x	x	(x)	(x)	x
Wissen aufbereiten	Selbst unterrichten	90 %	x	x	(x)	(x)	x

Nehmen wir mal das Mitschreiben, das typischerweise drei Sinne gleichzeitig anspricht (hören, fühlen und sehen). Das ist demnach schon mal ganz gut ... steigern könnte man das, wenn man das Mitschreiben in der Provence auf einem kleinen Chalet während der Lavendelblüte zusammen mit einem Wein deiner Wahl ausführen würde. Dann wird man sich wahrscheinlich sein Leben daran erinnern können – **und sei es nur, warum man dort Mitschreiben geübt und nicht den Urlaub genossen hat**. Meistens wird man sich zusätzlich durch das dortige Gefühl auch noch sehr gut an Teile des Textes erinnern können. Zudem kann man bei den beschriebenen Arten der Informationsaufnahme durch die in Prozent dargestellte Effektivität feststellen, dass eine Kombination von möglichst vielen Lernkanälen die Neuronen im Gehirn am besten verbindet. Zusätzlich den Lernstoff noch öfter auf unterschiedliche Varianten wiederholen und dem Nichtvergessen steht fast nichts mehr im Weg.

Je mehr Lernkanäle (auch parallel) genutzt werden, desto besser werden Informationen im Gedächtnis gefestigt.

3.1.3 Sinnzusammenhang/kontextuelles Lernen

Ein weiterer wichtiger und entscheidender Punkt für das effektive Lernen unseres Gehirns ist, wenn ein Sinn erkannt wird. Dieser bringt das gesamte Thema in einen Zusammenhang. Wenn jetzt noch eine Verbindung zwischen Sinn, Inhalt und dem persönlichen Nutzen hergestellt wird, dann feiern die Neuronen eine richtige Verbindungsparty.

In der Erwachsenenbildung wird kontextuelles Lernen als Beziehung der eigenen Erfahrung zu dem Erkennen der Bedeutung verstanden. Die Aufgabe der Lehrenden ist es, die Informationen so aufzubereiten, dass die Erfahrungen der Lernenden aktiviert und genutzt werden können. Zusätzlich sollen solche Methoden genutzt werden, dass die Lernenden selbst den Sinn dieser Informationen erkennen. Manchmal reicht hierfür nur ein ergänzendes Wort, ein Satz oder eine veranschaulichende Grafik aus, um diesen Erkenntnisgewinn für den größeren Zusammenhang herstellen zu können.

- Hebe die Problemlösung von Beginn an hervor
- Helfe den Lernenden bei der Selbstreflexion ihres Lernprozesses
- Binde reale Lebensinhalte und Beispiele aus dem Umfeld der Lernenden in das Lernen ein
- Unterstütze soziales Lernen
- Bewerte fair und nachvollziehbar

3.1.4 Spaß und Emotionen

Jetzt mal zu was Lustigem – gelernt wird immer auch mit Spaß. Haha. Zum Glück empfinden die meisten Menschen humorvolle Situationen als äußerst positiv. Dahinter stecken angenehme Assoziationen oder eine Belohnung durch Glückshormone. Dies gilt regelmäßig im Alltag und selbstverständlich auch in Lernsituationen. Die Aufmerksamkeit und das Interesse an den Inhalten durch Humor steigen ebenso wie die Erinnerungsfähigkeit.

An dieser Stelle bietet sich wieder der Vergleich zum Höhlenmenschen an, für dessen Anwendungsbereich unser Gehirn in erster Linie mal hin entwickelt wurde – danach ging es mit der Entwicklung der Menschen schneller voran als mit der Evolution, weshalb wir fast noch das gleiche Gehirn verwenden. Damals bedeutete jeder Lernerfolg auch gleichzeitig eine höhere Überlebenswahrscheinlichkeit oder zumindest einfachere Lebensbedingungen. Somit ist das Belohnungszentrum im

Gehirn darauf ausgelegt, möglichst interessante und nützliche Dinge zu lernen. Am besten funktioniert dies mittels Emotionen, die mit diesen Dingen verbunden werden. Prinzipiell ist es dem Gehirn dabei egal welche Art von Emotionen mit einer Erinnerung verbunden werden. Wobei sich negative Emotionen ein bisschen deutlicher einprägen. Allerdings tritt dabei zusätzlich ein Vermeidungsmechanismus als Schutz in Kraft – Fehler sollen also nicht nochmal gemacht werden. **Vielleicht fällt hier dem ein oder anderen ein fast schon feuerwehrtypischer Spruch ein ... »Lernen durch Schmerzen« auch wenn es furchtbar klingt und ich genau diese Begrifflichkeit verabscheue(!), liegt erstaunlicherweise doch ein wahrer Kern darin. Denk hier nur an die berühmte Herdplatte oder das aufrechte Stehen im Brandraum eines feststoffbefeuerten Containers ... Ich halte dir schon mal die Brandsalbe parat, die du danach für diese Situation nie wieder brauchen wirst!**

Vermeidungsstrategien sind beim Lernen zwar kurzfristig zielführend, langfristig aber immer durch die negative Erfahrung kontraproduktiv. Positive Emotionen sind genau das, was wir wollen. Ein viel zitiertes Beispiel ist hier die Erinnerung an den Gewinn der letzten Fußball-Weltmeisterschaft des eigenen Lieblingslandes. Da wir aber nicht nur alle vier Jahre lernen wollen, geschweige denn auch wirklich eine WM gewinnen, ist jetzt die Frage, wie wir konkret positive Emotionen beim Lernen erzeugen können. Denn auch für bessere Prüfungsergebnisse und eine höhere Lernzielerreichung sind Emotionen und Humor verantwortlich – und genau das wollen wir ja.

Humor

Lustige Wortspiele, Witze und Humor im Allgemeinen sind natürlich bestens geeignet, um Spaß und positive Emotionen zu vermitteln. Die Teilnehmeraktivierung steigt und das Bedürfnis nach Unterrichtsstörungen sinkt. Gerade bei schwierigen Themen oder Problemfächern entspannt Humor und senkt die Angst vor dem heiklen Lernstoff. Manchmal kommt es dabei, vor allem im Bereich der Erwachsenenbildung, zu Irritationen, denn über Jahre hinweg wurde Lernen mit (schulischem) Ernst und Weiterbildung mit Anstrengung verbunden. Diese legen sich meistens sofort, sobald die erste angenehme Wirkung spürbar wird und die Atmosphäre sich lockert.

- Sorge für eine lockere Lehr-/Lernumgebung
- Beseitige Angstbarrieren
- Entspanne den Umgang mit Fehlern
- Erzeuge einen offenen Umgang mit Kritik
- Erhalte dir und der Situation eine positive Grundstimmung

3.1 Neuronales Lernen

Aber – und das ist leider ein wirklich ganz großes aber – ist es mit Humor wie mit einem guten Wein **… Von beidem hab' ich keine Ahnung**. Nein, nicht ganz, vom Wein noch etwas weniger – aber mir wurde gesagt, dass es auf die Qualität und auf die Menge ankommt!

Eine Überraschende Wendung, ein bisschen Selbstironie und das Ganze passend zum Thema, so könnte ein guter Ansatz für einen passenden Scherz aussehen. Natürlich hilft es, möglichst viel Erfahrung als Entertainer und zusätzlich viele witzige Sprüche, Ideen oder Wortspiele parat zu haben. Nachdem dies aber nicht jeder in Perfektion hat, hier ein paar Tipps, um die individuelle Humorfähigkeit zu steigern. Als erstes empfiehlt es sich, dem Thema entspannt zu begegnen und schon gar nicht verkrampft, um jeden Preis witzig zu sein. Mein zweiter und persönlich liebster Tipp: Besuche möglichst viele lustige Webseiten, schaue lustige Videos, folge ironischen Kommentaren oder klicke dich durch die zahlreichen Memes **(ausgesprochen: Miems)** für Inspirationen. Eine Art Tagebuch über witzige Geschichten, Vorkommnisse oder Ähnliches auf Wache oder in der Ausbildung ist ein weiterer effektiver Tipp, den ich selbst gerne nutze. Meistens kann man eine dieser Geschichten immer ganz gut mal zur Auflockerung zwischendurch nutzen. Erstaunlicherweise findet sich dann immer auch eine zum Thema passende Schilderung oder Ergänzung durch die Teilnehmenden. Es wird auch immer wieder empfohlen, andere lustige Menschen mit einzubinden. Das ist prinzipiell eine gute Idee, aber auch hier macht die Dosis den Nutzen oder das Gift. Ein bisschen Unterstützung kann sehr hilfreich sein und eine ungezwungene Stimmung fördern. Bei zu viel Beteiligung fällt die Steuerung immer schwerer und so kann das Ganze dann entweder in einen Klamauk ausarten oder du lässt dir das Heft aus der Hand nehmen.

Nachdem überraschender und intelligenter Humor immer besser ankommt, als sich abfällig oder verletzend über Einzelne oder Gruppen zu äußern wäre es natürlich gut zu wissen, wie diese Schlagfertigkeit und Spontanität funktionieren und was die meisten Menschen witzig finden. Die ersten beiden sind durch jahrelange Übung, vorausplanen von bestimmten Situationen und ein großes Repertoire an Optionen gar nicht so schlimm in den Griff zu bekommen. Letzteres ist wieder gar nicht so einfach zu beantworten, da jeder eine andere Art von Humor hat. Generell empfinden wir kleine Grenzüberschreitungen im Alltag als witzig (siehe bspw. Mr. Bean oder Dieter Hallervorden). Nebensächlichkeiten überhöhen oder aufplustern (siehe Loriot, der Postillion, …) ist eine weitere gute Basis für ein gemeinsames Humorlevel. Am besten finde ich aber immer noch, eigene Fehler oder Niederlagen einzugestehen, gerne damit etwas zu kokettieren und manchmal die Zuhörerenden im Ungewissen zu lassen, ob das jetzt stimmt, überzeichnet oder frei erfunden ist.

3 Lerntheoretische Überlegungen

Humor sollte ...
- ... gerade zu Beginn sehr vorsichtig verwendet werden.
- ... generell nur dosiert eingesetzt werden.
- ... immer einen Bezug zum Thema oder Lerninhalt haben.
- ... niemals auf Kosten von Anderen, Unbeteiligten oder Gruppen gehen.
- ... niemals auf Kosten der Teilnehmenden gehen.
- ... deinen eigenen Stil repräsentieren.
- ... niemals in Sarkasmus ausarten.
- ... nicht immer verwendet werden – manchmal passt es einfach nicht.

Positive Überraschungen

Die erste Möglichkeit, Spaß und Emotionen beim Lernen zu erzeugen, lässt sich auch wieder aus der Neurologie ableiten. Die meiste Ausschüttung von Dopamin (auch als Glückshormon bekannt) erfolgt bei positiven Überraschungen. Das heißt wir (und unser Gehirn) freuen uns generell über unerwartete Wendungen und wenn diese zusätzlich noch eine gute Seite haben, wird am meisten Dopamin ausgeschüttet – was uns wiederum sehr glücklich macht. Wir werden also für Neugier und positive Überraschungen belohnt, so dass wir nach immer weiterem angenehmem Erstaunen suchen.

Wer schon mal mit seinem kleinen Kind »Wo ist Mama/Papa?« mit Händen vorm Gesicht (und dann wieder öffnen) gespielt hat und beim Wiedererkennen das Lachen, Glucksen und freudige Gequietsche gehört hat – weiß wie die Evolution Neugier fördert ... und wie lange dieser Effekt anhalten kann ...

Veralbern

Eine von vielen Mnemotechniken, **ja das schreibt man so und es lohnt sich wirklich diese mal im Internet zu suchen**, ist die Veralberung von Inhalten. Mnemotechniken beschäftigen sich mit Eselsbrücken und »Abkürzungen« beim Lernen. Am bekanntesten dürfte die Zuordnung von Zahlen zu Bildern sein, mit denen man sich z. B. lange Zahlenreihen mittels einer Geschichte der vorgestellten Bilder einfacher merken kann. Es geht also hauptsächlich um die Speicherung von Informationen mittels Hilfstechniken. Immer wieder gibt es Tabellen, Formeln und Reihenfolgen die auswendig gewusst werden müssen, da bieten sich diese Techniken geradezu an. Es gibt z. B. Assoziationsketten, Gedächtnispaläste, Loci-Methoden, Merksprüche und auch die Veralberung.

Die Veralberung oder auch Verblödung ist ganz einfach und macht gerade im Bereich von Sechs- bis Zwölfjährigen richtig viel Spaß! Du wirst nicht glauben, was da für kreative, absurde und witzige Ideen herauskommen. Wenn du jetzt nicht gerade die Zielgruppe vor dir sitzen hast – nicht schlimm. Suche dir ein Lernthema, erzeuge ein möglichst plastisches mentales Bild der zu lernenden Sache und mach' es so albern wie möglich – und beim nächsten Mal lass die Teilnehmenden es selbst probieren. Ein Merkspruch mittels Veralberung aus Akronymen wäre übrigens »Alle Wollen Wir Mit« und »Siehste August Siehste« … Das Erstaunliche dabei ist, dass man sich den Schmarrn (bayerisch für Blödsinn) noch über Jahrzehnte seit dem Grundlehrgang merken kann – Ziel erfüllt! Nutze hier auch die Kreativität der Lernenden und lass diese selbst anschauliche Bilder, Akronyme oder sonstige Eselsbrücken finden.

Lustige Filme, Bildsequenzen und Memes einbinden
Eine weitere sehr gerne von mir genutzte Methode ist die Verwendung von lustigen Kurzfilmen oder Memes, die sehr gut die Systematik oder die Problemstellung auf lustige Weise verdeutlichen. Meine Vorgehensweise ist hier immer zuerst ein allgemeiner Einstieg und dann das Filmchen oder eine humorvolle Bildsequenz. Bevor ich zum Schluss noch ein konkretes anwendbares Beispiel oder die Konsequenzen daraus vorstelle, erkläre ich den Sinn und Zweck des Filmchens und den Mechanismus bzw. die Grundidee oder die Systematik.

 Humor ist wichtig und unterstützt das Lernen. Zuviel des Guten stört den Lernprozess und artet in Klamauk aus!

3.2 Ausgestaltung über Empathie

Eine andere Herangehensweise an die Frage »Wie sollte man lernen?« oder noch besser »Wie sollte gelehrt werden?« ist die Überlegung, aus der Empathie oder dem Perspektivenwechsel heraus die ideale Vermittlungstechnik zu finden. Versetzen wir uns mal schnell in die Lage eines Lernenden, der bei bestimmten vorgegebenen Rahmenbedingungen (wie z. B. Thema und zeitlicher Umfang oder auch Räumlichkeit) etwas lernen soll. Die zentrale Fragestellung lautet dann: »Was würde ich mir wünschen, nach der Lerneinheit zu können bzw. wie könnte ich diese Thematik am besten lernen?« Es gibt noch eine kleine Einschränkung, da wir ja nicht in einer idealen Welt mit nur einzelnen Teilnehmenden leben. Die Schwierigkeit besteht bei der Betrachtung aller möglichen lernenden Teilnehmenden und deren Beziehungen

3 Lerntheoretische Überlegungen

zueinander sowie das gemeinsame Ideal zu finden und trotzdem die entsprechenden Einzelfälle nicht zu vernachlässigen.

3.2.1 Wie möchte ich selbst behandelt werden?

Eigentlich sollte es selbstverständlich sein, dass wir uns alle respektvoll, auf Augenhöhe und gegenseitig ohne Vorurteile begegnen und miteinander vernünftig umgehen. Spätestens beim Wissen hört dann der Spaß auf! Nein – so schlimm ist es zum Glück nicht! Trotzdem verfallen viele Lehrende, **auch ich selbst**, immer wieder in den Glauben, dass ein Wissensvorsprung automatisch dazu berechtigt, über dieses Wissen zu verfügen und inhaltlich zu führen. Die Schwierigkeit dabei ist es, zwischen Wissensvermittlung und Selbstzweck zu unterscheiden.

Nur weil wir uns über ein entsprechendes Thema informiert und eingelesen haben, heißt das noch lange nicht, dass man hier der alleinige Experte ist oder schon alles weiß. Vielmehr geht es darum, die Beteiligung an der Thematik bei den Lernenden wach zu kitzeln, indem man sich überlegt, wie man auf der anderen Seite mit eingebunden werden möchte. Stell dir einfach vor, unter den Lernenden ist die absolute Koryphäe in diesem Fachgebiet, bei dem du dich selbst nur ein paar Stunden eingelesen hast. Wie würdest du an dieser Stelle selbst am liebsten behandelt werden und dein Wissen einbringen können? Genau aus den daraus resultierenden Überlegungen kannst du selbst am meisten profitieren. Nutze vorhandenes Fachwissen und behandle alle Teilnehmenden mit dem nötigen Respekt vor deren Wissen, Können und Erfahrung.

> Eine Fachperson ist niemals nur ein alleiniger Experte auf dem sich angeeigneten Gebiet und wird durch das Teilen von Informationen weder abgewertet noch geringer geschätzt!

3.2.2 Was interessiert mich in meiner Funktion am Thema?

Stell dir vor, du bist in einem Zugführerlehrgang und hörst einen Unterricht über ein beliebiges Thema, das du genauso schon in der Grundausbildung und im Gruppenführerlehrgang gehört hast. Wie fühlst du dich dabei …?

Zielführende Stoffvermittlung für die richtige Zielgruppe ist da leider etwas anders. Also betrachten wir das Ganze wieder aus der Sichtweise des Lernenden: Du bist hochmotiviert und weißt, dass du nach Abschluss des Lehrgangs in der

3.2 Ausgestaltung über Empathie

Funktion eingesetzt wirst. Nehmen wir auch mal an, dass du einen gewissen Anspruch an die eigene Qualität deiner späteren Aufgabe hast und folglich auch richtig was lernen willst. Was ist dir folglich wichtiger – eine Wiederholung der gleichen, schon gehörten Thematik oder speziell auf deine Einsatzfunktion abgestimmte Lerninhalte?!

Jetzt stell' dir vor, du kannst das beeinflussen, denn du bist jetzt die ausbildende Person :-)

Hoffentlich verdeutlicht dir dieses Beispiel, warum es so wichtig ist, die Zielgruppe zu erkennen und die Inhalte entsprechend auf diese anzupassen oder auch didaktisch zu reduzieren.

3.2.3 Mit welcher Art der Darstellung oder Methode lernen alle in ihrer jeweiligen Funktion am besten?

Die Frage nach der richtigen Methode ist gerade am Anfang und vor allem bei den ersten Malen doch sehr schwierig und auch umfangreich zu klären. Keine Angst – mit jeder Schulung wird dies weniger, einfacher und vor allem intuitiver. Kurioserweise fangen die meisten Unterrichte mit der beabsichtigten Methode, z. B. einer PowerPoint-Vorlage, an. Aber wie ich jetzt schon öfter versucht habe, darauf hinzuwirken – erst brauchen wir den Nutzen, dann die Lernziele, den roten Faden, die Zielgruppen, die Rahmenbedingungen und erst dann können wir uns um die Auswahl der Methode kümmern. Deshalb einfach nur noch mal zur Sicherheit und als kleine Wiederholung jetzt laut mitsprechen: Ich werde nie wieder mit der Methode bei der Planung einer Schulung beginnen!

Bild 40: *Lernen wie Bart S. aus S.*

3 Lerntheoretische Überlegungen

Ok, jetzt wo das nochmal geklärt ist, können wir mal versuchen zu beschreiben, wie die richtige Methode ausgewählt wird: Dafür gibt es leider kein klares Patentrezept, sondern nur – **leider wirklich so** – jahrelange Erfahrung und gute Kenntnisse der Zielgruppe. Dieses Wissen versuche ich im Methodenteil siehe ▶Kapitel 7 zu beschreiben und dich aus meiner Erfahrung heraus dabei zu unterstützen.

Nehmen wir mal als konkretes Beispiel an, du müsstest für eine Gruppenführerfortbildung eine Taktikschulung planen und hier ist das Zielpublikum von ca. 30–60 Jahren relativ breit gefächert. Die meisten Teilnehmenden der Zielgruppe haben schon ca. zehn- bis hundertmal so viel erlebt wie du und sind gegenüber Gruppenarbeiten (aus der meist negativen Erfahrung heraus) und Quereinsteigern, wie du z. B. hier einer bist, eher weniger aufgeschlossen ... Falls das konstruiert klingt – nein, das war meine erste persönliche große Herausforderung.

Eigentlich wollte ich hier ein Planspiel machen, da hier viele Varianten in kurzer Zeit gut dargestellt werden können. Bereits im Vorfeld wurde mir signalisiert, dass ein Planspiel (also allein vor der Gruppe) so ziemlich das letzte wäre, was als Methode akzeptiert wird. Diese Problematik habe ich und wirst du für ähnliche Beispiele immer wieder mal haben – wie nimmt meine (Ziel)Gruppe die geplante Methode auf? Die Lösung liegt hier wieder im Verständnis für Empathie. Ich habe mich einfach mal in die Rolle der Teilnehmenden versetzt und diesen Standpunkt bewusst überzeichnet. Dadurch war mir sofort klar, was ich in dieser Rolle überhaupt nicht machen werde, will und vielleicht auch gar nicht kann. Meine Lösung für das Problem war damals das Planspiel etwas umzugestalten, indem wir im Rahmen einer Planbesprechung und anschließenden Führungssimulation im Planspiel alle möglichen Varianten (aus der Erfahrung der Teilnehmenden heraus) durchgesprochen haben.

Eine der häufigsten Fragen in diesem Zusammenhang ist die nach den immer funktionierenden Methoden, oder denen die gar nicht angenommen werden. Hier muss man ganz klar sagen, dass es diese nicht gibt und man es nie genau sagen kann. Es gibt aber immer ein paar Tendenzen, die ich dir im Anschluss und im ▶Kapitel 7.1 Empfehlungen für Methoden bei der Feuerwehr gerne mitgeben möchte.

- ✓ Nutze die Erfahrung anderer Personen, die schon mal unterrichtet haben - diese Erkenntnisse können Gold wert sein.
- ✓ Je heterogener (verschiedener) die Gruppe ist, desto besser eignen sich klassische und bewährte Methoden.
- ✓ Je homogener (ähnlicher) die Gruppe ist, desto besser kann experimentiert werden.
- ✓ Solltest du eine Methode das erste Mal ausprobieren, beschreibe diese selbstbewusst, so als wäre diese schon immer ein großer Erfolg gewesen.

> ✓ Je kürzer die letzte Schulausbildung der Teilnehmenden zurück liegt, desto mehr Neues kann man ausprobieren.

3.3 Augenhöhe erklärt über Führungsautoritäten

Eine der wichtigsten Forderungen in der Erwachsenenbildung ist die gegenseitige Behandlung aller auf Augenhöhe. Das bedeutet, dass sich alle am Bildungsprozess Beteiligten gegenseitig wertschätzen und ernst nehmen. Der bildhafte Vergleich der Höhendifferenz bietet sich gerade in sehr Hierarchie gestützten Unternehmen an – **Wo könnten wir diese nur finden?!**

So sollen sich alle auf einer Ebene, der Augenhöhe, unabhängig von Besoldungsstufen, Alter oder vermeintlicher Erfahrung treffen. Alle haben einen unterschiedlichen Werdegang, andere Voraussetzungen, unterschiedliche Wissensstände und Erfahrungen. Dies gilt es immer zu respektieren und darauf einzugehen – **und mir immer ganz wichtig!** – von beiden Seiten.

Erst wenn ich weiß, warum mein Gegenüber so gehandelt hat, kann ich mir selbst ein Urteil erlauben. Das heißt: entweder ich frage öfter mal nach dem »Warum« oder ich akzeptiere, dass es immer noch mindestens einen guten Grund für das Handeln gibt, den ich selbst nur noch nicht erkannt habe!

Für die Idee »Augenhöhe macht Schule« ist es wichtig, dass wir uns gegenseitig ernst nehmen und ernst genommen werden, uns gegenseitig stärken und zuhören, sodass wir uns, inklusive der Lehrenden, auf Augenhöhe begegnen können. Alle sollen für ihre Anliegen den Raum bekommen, den sie benötigen. In der Führung werden meist drei Arten von Autoritäten unterschieden. Diese stelle ich nachfolgend kurz vor und weise darauf hin, dass auch Lerngruppen immer einen gewissen Grad an Führung benötigen, um funktionieren zu können. Idealerweise sollten bei herausragenden Lehrenden alle drei Arten von Autoritäten immer in Einklang sein.

3.3.1 Amtsautorität

Bild 41: *Amtsautorität allein reicht nicht*

Die Amtsautorität wird oftmals auch als institutionelle Autorität oder Autorität per Auftrag beschrieben. Diese Variante sollte uns bei der Feuerwehr nicht ganz fremd sein. So mag es z. B. bei einem Einsatz mit einem Löschzug mehrere ausgebildete und fachlich erfahrene Zugführer geben, aber nur einen einzigen, der diese Funktion auch innehat (oder zumindest haben sollte). Dieser wird meist mit einer roten Funktionsweste oder Koller gekennzeichnet und trifft aufgrund der ihm übertragenen Verantwortung und Funktion auch die Entscheidungen. Natürlich können hier jederzeit fachliche Ratschläge eingeholt werden, aber die letzte Entscheidung liegt bei der verantwortlichen Person, die die entsprechende Funktion innehat.

Daraus kann man auch schon sehr gut ableiten, ohne bereits die anderen Arten zu kennen, dass jemand, der nur Amtsautorität vorweisen kann, es langfristig als Führungskraft eher schwierig haben dürfte. Im übertragenen Sinn: Wenn jemand nur deswegen ausbildet, weil die Person dazu bestimmt wurde, wird es zwangsläufig zu großen Problemen bei der Akzeptanz kommen. Genauso wird es andersherum schwierig, wenn jemand ungefragt und ohne Auftrag die Ausbildung übernimmt; dies wird nicht nur den Ablauf im System, sondern auch den angestrebten Lernerfolg stören. Diese und ähnliche Störungen im Lernprozess sind übrigens im ▶ Kapitel 5.9.2 zu finden.

3.3.2 Persönliche Autorität

Bild 42: *Persönliche Autorität kann man leider nur wenig beeinflussen*

Es geht also immer darum, dass man als zuverlässiges Gegenüber selbst so agiert, wie man es auch einfordert und einegewisse (Selbst-)Sicherheit im eigenen Auftreten hat. **Manche Menschen haben einfach von Natur aus eine bestimmte persönliche Autorität oder ein besonderes Auftreten. Vielleicht kann mir hier ja jemand verraten, was das Geheimnis dafür ist?!**

3.3.3 Fachautorität

Bild 43: *Eine Person mit Fachautoriät gilt als Experte und ist bestens für die Inhaltsvermittlung geeignet*

Zum Glück ist dieser Begriff fast selbsterklärend. Von einer Fachautorität werden die für diese Aufgabe wichtigen Sach- und Fachkenntnisse erwartet, um die notwendigen Entscheidungen treffen zu können. Je mehr Fachkunde desto eher können Mitarbeitende oder Lernende in der Regel überzeugt werden. Allerdings verändert sich dieser Grundsatz, je höher man in der (Führungs-)Hierarchie aufsteigt, denn eine Führungskraft, die sich nur in fachlichen Details verliert, kann nicht richtig führen. Aber das ist wieder ein anderes Thema.

3.4 Lernziele

Bisher habe ich ja schon mehrfach erwähnt, dass Lernziele ungeheuer wichtig sind – **das stimmt ja auch, sonst würde ich es ja nicht ständig wiederholen ...** Deshalb noch einmal hier an dieser Stelle die kurze Erklärung, warum ich so auf diese Lernziele stehe – und zwar etwas salopper formuliert. Wenn ich (als Lehrender) nicht weiß, was überhaupt das zu erreichende Ziel meiner Lernenden ist, dann wird es mit Garantie alles, nur kein guter Unterricht oder keine gute Übung. Punkt.

Zusätzlich werden die Lernziele auch für die im Anschluss zur Lernvermittlung stattfindende Überprüfung genutzt. Somit brauchen wir als Lehrende die Lernziele, einmal um den Stoff überhaupt gut vermitteln und dann die Erreichung anschließend überprüfen zu können. Eine gute Überlegung kann immer auch sein, in welcher

3.4 Lernziele

Beziehung die Lernenden zum Thema stehen und in welchem Zusammenhang etwas gelernt werden soll.

> **Lernziele**
> - ... sind wichtig für die Beurteilung der Bedeutung der Lerneinheit.
> - ... informieren über den zu erwartenden Nutzen, das zu erwartende Wissen und Können.
> - ... ermöglichen erst ein vernünftiges Lehren oder Lernen.
> - ... unterstützen selbstgesteuertes Lernen durch die Möglichkeit, den eigenen Lernfortschritt zu überwachen.
> - ... helfen bei der Planung der Lernaktivitäten und steigern die Lerneffizienz.
> - ... ermöglichen erst nach deren Beschreibung eine zielgerichtete Auswahl an geeigneten Methoden.
> - ... ermöglichen erst eine sinnvolle Lernzielkontrolle.

Nachdem wir jetzt wissen, wie wichtig Lernziele sind, schauen wir uns mal genau an, was diese so ausmachen, wie sie aufgebaut werden sollten und wie man selbst welche formulieren kann. Lernziele sollen eine bestimmte Veränderung im beobachtbaren Verhalten beschreiben (ganz wichtig – im beobachtbaren Verhalten gibt es noch keine Wertung, ob gut oder schlecht – mehr dazu im ▶ Kapitel 8). Diese angestrebte Veränderung kann in unterschiedlichen Bereichen stattfinden: im Denken, Wissen, Verhalten, in den Fertigkeiten oder auch in den Einstellungen. Somit beziehen sie sich immer auf die angestrebten Kompetenzen, die erworben werden sollen. Das heißt, dass ein vorhandenes Wissensniveau oder ein bestimmtes Können mit einer Lerneinheit gehoben werden soll.

Eigentlich gut nachvollziehbar – die Teilnehmenden sollen nach der Lerneinheit mehr wissen oder können als vorher. Das ist der konkrete Mehrwert eines Lernziels. **Die Erklärung, dass jede Lerneinheit einen Mehrwert haben soll, ist ja eigentlich ganz logisch, ... aber wie oft hast du selbst schon einen Unterricht oder eine Übung mit dem Einstieg: »... Ich weiß gar nicht genau, was ich euch zu dem Thema erzählen soll ...« gehört? Oder dich selbst am Ende einer Lerneinheit gefragt, was jetzt genau nochmal der Mehrwert war ... Ich selbst habe das leider schon viel zu oft gehört! Deswegen lass es uns in Zukunft besser machen und als gutes Beispiel vorangehen! Nur wenn du das Lernziel kennst, weißt du, was du auch erzählen musst.**

Genau deswegen sollen Lernziele so formuliert werden, dass auch alle diese nachvollziehen können. So ist von Beginn an sofort verständlich, ob und ab wann diese Kompetenzen erreicht werden. Dazu sollten sie idealerweise aus Inhalt,

3 Lerntheoretische Überlegungen

Handlung und einer Situationskomponente (Beschreibung einer konkreten Situation, in der die Handlung mit dem bestimmten Inhalt durchgeführt werden soll) bestehen.

Unterstützende Fragen, um Lernziele besser zu erstellen:
1. Was soll sich bei den Lernenden durch die Lerneinheit konkret in ihrem Denken, Wissen, Können, Verhalten oder ihren Einstellungen verbessern?
2. Wie kann nach Abschluss der Lerneinheit überprüft werden, inwieweit die Ziele erreicht wurden?
3. In welcher konkreten Situation oder in welchem Szenario soll etwas angewendet werden können?

Handlungen und die Differenz zum vorherigen Zustand müssen final und eindeutig beschrieben werden, so dass keine weiteren Interpretationsmöglichkeiten vorhanden sind. Wie man dies am besten formuliert, soll bei den Taxonomiestufen noch näher erklärt werden. Zunächst ist es wichtig und ausreichend, zu verstehen, dass es eine Kategorisierung von Lernzielen gibt und wie diese aufgebaut sind.

3.4.1 Lernzielkategorisierung

Zur noch genaueren Planung von Lernzielen für Schulungen ist es hilfreich, diese in weitere Kategorien zu unterteilen. Hierfür gibt es mehrere Möglichkeiten, die aber alle das gleiche Ziel haben: Struktur in die Lernmaßnahmen zu bekommen und stufenweise das Thema immer weiter zu präzisieren. Manchmal wird hier auch der Begriff der Lernzielklassen oder -stufen verwendet. Unterschieden werden Abstraktionsgrad, Fachbezogenheit, Dimensionen und Anforderungen.

Damit Lernziele bei der Planung und Durchführung von Schulungen helfen und ihren Zweck erfüllen können, muss man sich an ihnen tatsächlich orientieren und die Zielgruppe an den zu vermittelnden Inhalten und Kompetenzen ausrichten.

Abstraktionsgrad oder Hierarchie der Lernziele
In der ersten Betrachtung von Lernzielkategorien werden der Grad der Genauigkeit und die Details beschrieben. Diese Stufen sind hierarchisch aufgebaut und voneinander abhängig, so dass man mit jeder Stufe konkreter und detaillierter wird. Wie so oft im Bereich der Sozialwissenschaften – dazu gehört ja auch die Ausbildung – gibt es mal wieder mehrere Theorien und Ansätze, um sich dem Thema zu nähern. So gibt es eben auch bei den Lernzielen verschiedene Aufteilungen und unterschiedliche Beschreibungen der Stufen für die Lernzielhierarchie. Versuchen wir es mal mit dem

3.4 Lernziele

kleinsten gemeinsamen Nenner – mit drei Stufen, die in der aktuellen Literatur und aufgrund ihrer Einfachheit überzeugen.

Bei der ersten Stufe sind die strategische Ausrichtung und das Gesamtziel einer Schulung als Schwerpunkt festgelegt. Hier wird das Bildungsziel oder auch das Richtziel sehr grob und noch recht unspezifisch formuliert und orientiert sich an den Rahmenbedingungen und einer Einbindung in den gesamten Kontext.

Das Grobziel ist hier schon etwas genauer und ist dem Richtziel untergeordnet. Dabei beschreibt es meist ein gesamtes Lernfeld, Themengebiet oder eine abgeschlossene Veranstaltung. Bei einem eintägigen Seminar kann dieses durchaus mit bis zu drei Groblernzielen ausreichend beschrieben werden.

In der dritten Stufe werden mit den Feinzielen konkrete Situationen in einem Training beschrieben oder stehen auch für eine gesamte Trainingseinheit. Dabei muss aber gerade im Bereich der Erwachsenenbildung drauf geachtet werden, dass diese zwar ausreichend konkret sind aber trotzdem nicht zu kleinteilig werden. Denn die Feinziele könnten auch unterbewusst zur Verhaltenskontrolle missbraucht werden. In der nachfolgenden Tabelle sind die drei Hierarchiestufen in Bezug auf lange und kurze Schulungen dargestellt. So dürfte eine gute Vorstellung entstehen, wie konkret diese aufgebaut werden sollten:

Tabelle 8: *Drei Stufen der Lernzielhierarchie*

Lernzielhierarchie und Bedeutung	Lange Schulung = Lehrgang	Kurze Schulung = Training
Richtlernziel	Ziel des Lehrgangs	Einbindung in den Gesamtkontext
Groblernziel	Ziel eines Lernfelds/ einer Trainingseinheit	Ziel der Veranstaltung
Feinlernziel	Ziel eines Trainings	Ziel der Themenblöcke

Falls du die FwDV 2 oder eine Lehrunterlage des IdF NRW zur Hand hast, wirst du feststellen, dass diese eine andere Einteilung in drei bzw. vier andere Lernziele haben. Man merkt also, dass es selbst in der heilen Feuerwehrwelt auch keine Einigkeit gibt (z. B. werden in der FwDV 2 die einzelnen Unterrichtsschritte gar nicht beschrieben). Hier sind Ausbildungsziel (Richtziel), Groblernziel und Feinlernziel definiert; diese werden dann auf die unterschiedlichsten Formate gestülpt. Je besser die Lernziele beschrieben sind, desto höher ist das Verständnis bei den Lernenden und umso mehr wird dadurch das aktive Selbstlernen gefördert. So lässt sich einerseits jeder Trainings-

3 Lerntheoretische Überlegungen

anteil auf das entsprechende Ziel (Richt- bis Feinlernziel) ausrichten sowie der Sinn und Nutzen gleich vorweg schon erkennen.

Genau diese Problematik ist einer der Hauptkritikpunkte an unserem Schulsystem. Fehlende oder nur selten offen beschriebene oder für die Schüler:innen nicht erkennbare Lernziele, die nur Auswendiglernen oder auch »Vergessenslernen« fördern, wären dieser Kritik nach zumindest bis zur Sekundärstufe noch Realität. Wenn sie dann doch noch ausreichend beschrieben sind, sind sie in erster Linie hauptsächlich auf Wissen statt auf Kompetenzen ausgelegt.

Damit dir das Schuldilemma so nicht passiert, verwende idealerweise, wie vorab beschrieben, den hierarchischen Aufbau von Lernzielen, beschreibe sie nach den entsprechenden Taxonomiestufen und stelle sie den Lernenden am besten zu Beginn vor.

3.4.2 Lerntaxonomie(-stufen)/Lernzielstufen

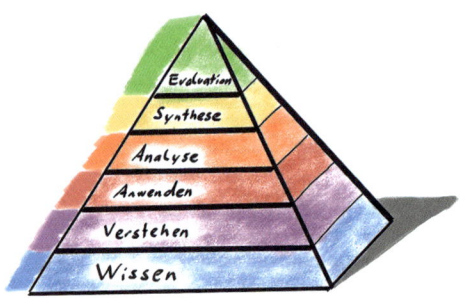

Bild 44: *Lernzielstufen garantieren eine sinnvolle Verteilung von Wissen und Können*

Der Begriff der Taxonomie - **Gesundheit!** - wurde ursprünglich von Bloom bereits relativ früh (1956) eingeführt und angewendet, um eine Struktur in die Erstellung von Lernzielen bei der frühzeitigen Planung von Unterrichten zu bekommen. Allerdings hat sich Bloom nur auf den Wissensbereich bezogen und da wir ja eine ganzheitliche oder zumindest handlungsorientierte Ausbildung bevorzugen, gibt es im Anschluss auch noch die Erklärung für die anderen zwei Bereiche.

Versetzen wir uns mal in die Situation unserer Kunden, denen im wahrsten Sinne des Wortes die Hütte brennt, die am Fenster stehen und uns gerufen haben. Was wäre dir jetzt an deren Stelle lieber – dass die Truppe, die jetzt kommt um dich zu retten, die Anwendung von Leitern kennt, erklären oder vielleicht doch anwenden kann?

3.4 Lernziele

> Denken wir uns das Gedankenspiel mal weiter. Würde es dir denn in der oben genannten Situation gefallen, wenn der Gruppenführer die richtige Länge der Leiter zwar kennt oder rezitieren kann, aber nicht in der Lage ist, diese auszuwählen oder seine Auswahl in Worte zu fassen oder eben zu befehligen?!

Wie du siehst, schaffen Lernzielstufen eine unterschiedliche Staffelung an aufeinander aufbauender Hierarchie und Qualität des Könnens und Wissens. Generell existieren drei Lernzielbereiche, die eine genauere Beschreibung und Aufteilung der zu erwartenden Lernziele ermöglichen. Werte und Normen werden hierbei gerne vergessen, da sie wahrscheinlich als selbstverständlich angesehen werden. Der kognitive Bereich ist wohl der bekannteste und auch verhältnismäßig leicht zu beschreiben. Fertigkeiten und Fähigkeiten sind wohl die wichtigsten für das handwerkliche Gebiet der Feuerwehr, sie sind eher unpopulär und aufwendiger in Worte zu fassen.

> Hinter dem Begriff der Taxonomiestufen oder auch Lernzielstufen verbirgt sich eine Staffelung der zu vermittelnden Inhalte nach unterschiedlich gewichteten Kriterien. Das heißt, dass die zu erwartenden Lernziele hierarchisch in aufeinander aufbauende Stufen kategorisiert werden. Diese beschreiben das unterschiedliche »Können« in unterschiedlichen Bereichen – am bekanntesten sind sie im kognitiven (= Wissens-)Bereich.

Werte und Normen
Im affektiven (gefühlsbetonten) Bereich der Werte und Normen sollen die Kompetenzen im Wertebereich der Lernenden verbessert werden. Die nähere Beschreibung dieser Kompetenzen wirkt leider wenig konkret. Sozialverhalten und Selbstreflexion sind hier noch am besten nachvollziehbar. Wenn es aber um Gefühle, Empfindungen und die eigene Einstellung zu bestimmten Themen geht, ist dies eher schwierig zu durchschauen und anzuwenden.

Hier ist es meiner Meinung nach einfacher, die erwünschten Wertvorstellungen im Gesamten zu beschreiben. Man darf auch nicht erwarten, dass Werte und Normen innerhalb eines einzigen Unterrichtsabends nachhaltig beeinflusst werden können. Vielmehr ist dies über eine ganzheitliche Ausbildung, idealerweise in einem gesamten Ausbildungskonzept von der Jugendfeuerwehr bis zum abgeschlossenen Truppführerlehrgang und noch darüber hinaus, anzusehen. So kann die Grundrichtung der Werte immer wieder mit aufgenommen werden. Ein Beispiel hierfür wäre die Laufbahnausbildung von Feuerwehrbeamten, die immer auf den Grundlagen der freiheitlichen Demokratischen Grundordnung erfolgt und zu rechtschaffenden, sozial engagierten und politisch mündigen Bürgerinnen und Bürgern ausbilden soll. Das schafft man eben leider nicht mit ein paar Einzelstunden, sondern nur indem man die Grundrichtung der Vorgaben konsequent umsetzt und kontinuierliche Akzente setzt (Tabelle 9).

Tabelle 9: *Die fünf Taxonomiestufen zur Ausprägung von Werten und Normen*

Affektiver Bereich	
Stufe der Komplexität	**Beschreibung**
Stufe 1 Wertbetrachtung	Auf entsprechende Werte aufmerksam werden. Bewusstsein und Aufnahmebereitschaft schaffen.
Stufe 2 Wertbeantwortung	Auf einen Wert reagieren und mit dieser Reaktion zufrieden sein.
Stufe 3 Wertung	Einen Wert annehmen und anschließend bevorzugen.
Stufe 4 Wertordnung	Einen Wert begreifen und im eigenen Wertsystem organisieren.
Stufe 5 Wertverinnerlichung	Das Wertsystem wird verallgemeinert und eine Weltanschauung gebildet.

Typischerweise sollten grundlegende Werte und Normen eigentlich durch Eltern und das soziale Umfeld durch eine Erziehung bereits vorhanden sein. Trotzdem können, sollen und müssen diese für manche Berufe, Aufgaben und Funktionen neu vermittelt, angepasst und gefestigt werden.

Leider gibt es immer wieder, zum Glück nur vereinzelt, bei einigen Behörden Vorfälle (z. B. im Bereich von Rassismus oder Extremismus). Dies ist ein passendes Beispiel dafür, dass bereits vorhandene Werte besser justiert und angepasst, aber in jedem Fall gefestigt werden müssen, damit genau so etwas nicht vorkommt!

Mir sei an dieser Stelle noch eine persönliche Meinung erlaubt: Menschen, Tieren und der Umwelt zu helfen sowie Sachwerte zu schützen, das ist unsere Aufgabe und der Grund für fast alle, die irgendwann mal zur Feuerwehr gegangen sind. Unsere größte Stärke war, ist es und wird es immer sein, allen – unabhängig des Geschlechts, der Herkunft, der sexuellen Orientierung, der Religion und allen weiteren wichtigen Eigenschaften zu helfen und somit immer gleich zu behandeln. Damit dies auch weiterhin so bleibt, ist es mir

3.4 Lernziele

ganz wichtig, dass alle Personen – vor allem die in der Ausbildung – in unserer Feuerwehrumgebung dementsprechend auch so handeln und dafür Sorge tragen, dass sich hier keine andersartigen Ideologien einschleichen – Danke für die Aufmerksamkeit!

Wissen

Im kognitiven Bereich geht es um das zu vermittelnde Wissen und die anschließende Evaluierung der Lernziele im Wissensbereich. Vor allem die anzueignenden Kenntnisse sind sehr genau beschrieben und bauen sehr gut aufeinander auf. Hier hat Bloom in der Beschreibung ganze Arbeit geleistet. Wann immer es um Lernzielstufen geht, fällt zwangsläufig sein Name und früher oder später finden die dazu passenden Verben zur Lernzielformulierung entsprechende Anwendung. Deren Ausformulierung zwingt einerseits zur genauen Überlegung was erreicht werden soll und sie beschreiben andererseits sehr anschaulich (wie auch in nachfolgender Tabelle), wie die Komplexität des Wissens aufgebaut werden sollte.

Tabelle 10: *Taxonomiestufen nach Bloom*

Kognitiver Bereich	
Stufe der Komplexität	**Beschreibung**
Stufe 1 Wissen	Kenntnisse können verbal wiedergegeben werden.
Stufe 2 Verstehen	Begriffe und Konzepte sind bekannt und Merkmale können unterschieden werden.
Stufe 3 Anwenden	Aufgaben können gelöst und Entscheidungen selbstständig getroffen werden.
Stufe 4 Analysieren	Komplexe Themen können in Teile zerlegt und erläutert oder logische Probleme gelöst werden.
Stufe 5 Synthetisieren	Durch Kombination von einzelnen Teilen kann etwas neues Ganzes geschaffen werden.
Stufe 6 Evaluieren	Aus mehreren Alternativen kann begründet die geeignete ausgewählt werden.

Damit das Ganze noch etwas komplizierter wird, gibt es noch weitere beschriebene Taxonomiestufen für den Wissensbereich. Am bekanntesten sind die des deutschen Bildungsrates. Aber nicht nur deswegen habe ich die nachfolgende Tabelle noch mit aufgeführt. Die FwDV 2 beschreibt sogenannte »Lernzielstufen im Erkenntnisbereich« die sehr ähnlich sind. **Wenn du dich noch an meine vorherigen Kommentare erinnern kannst, dann fällt es dir sicher nicht sehr schwer zu erraten, was ich persönlich davon halte, dass bei dieser Beschreibung in der FwDV 2 eine Unterrichtsmethode dort an diese Lernzielstufen gekoppelt ist ...**

Tabelle 11: *Taxonomiestufen des deutschen Bildungsrates*

Kognitiver Bereich	
Stufe der Komplexität	**Beschreibung**
Stufe 1 Reproduktion	Kenntnisse können verbal wiedergegeben werden. (Wissen)
Stufe 2 Reorganisation	Begriffe und Konzepte sind bekannt und Merkmale können unterschieden werden. (Verstehen)
Stufe 3 Transfer	Aufgaben und logische Probleme können gelöst, Entscheidungen selbstständig getroffen und komplexe Themen in einzelne Teile zerlegt werden. (Anwenden und Analysieren)
Stufe 4 Problemlösung und Beurteilung	Komplexe Themen können in Teile zerlegt, logische Probleme gelöst und mehrere Alternativen begründet und die die geeignete ausgewählt werden. (Synthetisieren und Evaluieren)

Egal welche Variante man nimmt, es geht immer um den hierarchischen Aufbau und die Unterscheidung in den einzelnen Kategorien, um diese auch überprüfen zu können.

Fertigkeiten/Fähigkeiten
Bei den psychomotorischen Lernzielen geht es primär um handlungsbezogene Fähigkeiten und Körperbewegungen sowie um manuelle Fertigkeiten. Das klingt zwar erstmal noch etwas gestelzt, aber trotzdem passt es wesentlich besser zu einer handlungsorientierten Ausbildung und praktischen Feuerwehrübungen. Allerdings ist der Aufbau der Lernziele mehr für standardisierte Handlungen als auf komplexe unzusammenhängende Bewegungsabläufe ausgelegt. Das Gute dabei ist aber, dass viele unserer feuerwehrspezifischen Tätigkeiten aus genau solchen standardisierten

3.4 Lernziele

Vorgehensweisen bestehen. Das heißt, wenn wir uns z. B. das Schlauchausrollen oder das Leitersteigen als isoliertes praktisches Training ansehen, so kann dies wieder entsprechend den Lernzielstufen aufgebaut werden. Auch können wir so die Fertigkeiten im psychomotorischen Bereich genauer trainieren oder einüben, bevor wir diese dann wieder zu komplexen und in Kombination schwer zu beschreibenden Handlungen zusammenfügen.

Tabelle 12: *Taxonomiestufen nach Dave*

Psychomotorischer Bereich	
Stufe der Komplexität	**Beschreibung**
Stufe 1 Imitation	Innere Impulse zur Nachahmung werden angenommen und Tätigkeiten können beobachtbar nachgemacht werden.
Stufe 2 Manipulation	Auf Anweisung können die geforderten Handlungen ausgewählt und befolgt werden.
Stufe 3 Präzisierung	Genauere Ausführungen, Reproduktionen und selbstständige Verhaltensabfolgen werden beherrscht.
Stufe 4 Handlungsgliederung	Eine Serie oder Sequenz von Handlungen werden koordiniert.
Stufe 5 Naturalisierung	Intuitives Arbeiten und Handlungen werden als Routine automatisiert.

Natürlich lässt uns auch hier die gute alte FwDV 2 wieder nicht im Stich und bietet Lernzielstufen im Handlungs-/Verhaltensbereich an. Auch hier sind es wieder nur vier Stufen, die den oben aufgeführten inhaltlich exakt entsprechen – nur die Stufen 1 und 2 wurden zusammengefasst.

Tabelle 13: *Lernzielstufen der FwDV 2*

Handlungs- und Verhaltensbereich	
Lernzielstufen (LZS)	**Beschreibung**
LZS 1 Nachmachen	Tätigkeiten werden vorgemacht und Handgriff für Handgriff können nachgemacht werden
LZS 2 Selbstständiges Handeln	Man ist in der Lage, Tätigkeiten selbstständig auszuführen

3 Lerntheoretische Überlegungen

Tabelle 13: *Lernzielstufen der FwDV 2 – Fortsetzung*

Handlungs- und Verhaltensbereich	
Lernzielstufen (LZS)	**Beschreibung**
LZS 3 Präzision	Man ist in der Lage, die Tätigkeiten nicht nur selbstständig und richtig, sondern zusätzlich noch zügig und exakt auszuführen
LZS 4 Automatisierung des Handelns	Tätigkeiten können in jeder Situation, schnell, fehlerfrei und absolut sicher ausgeführt werden

Den Ansatz finde ich persönlich sehr gut und wesentlich konkreter gefasst. Einzig die LZS 4 dürfte ganz schön heftig sein … Mir fällt hier absolut keine (!) meiner Fertigkeiten ein, bei der ich hier zu 100 % unterschreiben würde. Achtung – Running Gag: »B!@#$#!T – Wer hat schon wieder das Lernziel mit der Methode kombiniert?!«

Handlungskompetenz
Nachdem es ja in diesem Teil um Lernziele und deren Vermittlung geht, bietet es sich an, die vielgerühmte Handlungskompetenz mal kurz zu beleuchten. Per Definition ist sie die Befähigung (Können) und die Bereitschaft (Wollen), sich in bestimmten Situationen überlegt und verantwortlich zu verhalten. Sie setzt sich zusammen aus Fachkompetenz, Selbstkompetenz und Sozialkompetenz. Diese Definition passt übrigens wieder wunderbar zum ▶ Kapitel 2.6, in dem die Kompetenz im Allgemeinen erklärt wird.

Letztendlich geht es darum, dass die im schulischen Umfeld erworbenen Fertigkeiten und Fähigkeiten in der realen Lebenswelt ein Handeln in komplexen Situationen ermöglichen. Deshalb ist es so wichtig, bei der Gestaltung der Lernziele konkrete Aufgaben und Situationen aus der beruflichen Praxis zu verwenden. Nur dann kann eine Handlungskompetenz auf dem Niveau der angestrebten Lernziele erreicht werden. Genutzt werden sollen Wissen, Erfahrungen, Fertigkeiten, Fähigkeiten, Qualifikationen und Kenntnisse aus den drei Bereichen Werte und Normen, Wissen und Fertigkeiten/Fähigkeiten.
Was für ein wunderschönes Schlusswort zu den Lernzielen!

3.5 Informationsbeschaffung und Inhaltsanalyse

Nur weil ich glaube viel zu wissen – weiß ich deshalb noch lange nicht genug – und schon gar nicht alles, was ich für eine gute Schulung benötige!

Andreas Gattinger, 2021, Möchtegernphilosoph

Bei der Informationsbeschaffung tun wir Feuerwehrler uns gefühlt immer etwas leichter. Der berühmte weitergegebene USB-Stick mit den gleichen Präsentationen seit 15 Jahren, die schnelle Google-Suche mit der PowerPoint-Vorlage der FF Hinterhuglhapfing, die eigenen besuchten Kurse mit den Kopien der Klarsichtfolien vom Sprechfunkerlehrgang 1986 – da haben wir doch schon etwas, mit dem wir gleich anfangen können. **Ok – etwas überzeichnet, aber vielleicht doch mit einem Körnchen Wahrheit?!** Natürlich kann man auch bei diesen Beispielen sowohl gute Informationen als auch ein paar didaktische Perlen finden. Trotzdem wäre es gut, manchmal noch ein paar zusätzliche und neuere (vielleicht auch professionelle) Informationen zu beschaffen.

Die Inhaltsanalyse wird in der Welt der Didaktik gerne auch als Sachanalyse oder didaktische Analyse bezeichnet. Ziel dieser Analyse ist es, sich mit der Sache so ausreichend zu beschäftigen, dass der notwendige Bildungsinhalt damit erreicht wird sowie eine Schulung geplant und durchgeführt werden kann. Vor allem wenn es um fachfremde Themen geht, ist dies der einzige Weg, um die notwendige Sachkenntnis zu erwerben. Dabei sollen die wichtigsten Themeninhalte und Zusammenhänge für die didaktischen Entscheidungen – **welcher Zielgruppe welche Inhalte nahegebracht werden sollen – oder auch die didaktische Reduktion – Reduzierung auf die wesentlichen Lerninhalte, genaue Erklärung folgt im nächsten Kapitel** – herausgearbeitet werden. Also auf gut deutsch: Nur wer mit dem Inhalt vertraut ist, kann sich überlegen, was die Teilnehmenden dann auch wirklich lernen sollen.

Folgende Themen sollten in einer Inhaltsanalyse behandelt werden:
- Bezug zu den Teilnehmenden
- Umfang und Menge
- Fachliche Eingrenzung
- Gliederung und Zusammenfassung

3 Lerntheoretische Überlegungen

Unterschiedliche Analysemethoden für die Auswertung von Inhalten gibt es prinzipiell viele, vor allem in wissenschaftlichen Abhandlungen wird gerne in eine qualitative (wenig Quellen aber viel Inhalt) und quantitative (viele meist statistisch auswertbare Quellen) Inhaltsanalyse unterschieden. Am meisten wird dort auch die Analyse nach Mayring verwendet. Sie beinhaltet einige Schritte, die sich in Teilen auch als Ansätze in der Schulungsplanung gut nutzen lassen. Aber das ist nicht nur der einzige Grund, warum ich mich bei der Vorstellung einer praxisnahen Methode hierfür entschieden habe. Mir gefällt einmal die (fast) wissenschaftliche Ausrichtung und vor allem die Strukturierung der Informationsbeschaffung.

 Vor allem die Bildung und Nutzung von Kategorien ist bei der anschließenden Strukturierung, der didaktischen Reduktion, sehr wertvoll. Aber auch bei möglichen Rückfragen oder der anschließenden Aufbereitung der Schulung selbst kann man sich dadurch viel Zeit sparen.

Material auswählen
Zunächst müssen geeignete Quellen und Fachliteratur zum passenden Thema gefunden und im Anschluss richtig genutzt werden. Egal über welche Medien das Material gesucht, bewertet und weiterverarbeitet werden soll, es ist immer ein komplizierter und meist aufwendiger Prozess – wenn man einen gewissen Anspruch an die Mindestqualität der Aussagen hat. Das Problem dabei ist, dass es hier allein schon ganze VHS-Kurse, Schulungen oder wiederum bergeweise Literatur zur Recherche gibt. Nicht umsonst werden gerade in der schulischen Bildung vermehrt Schwerpunkte und Projektarbeiten zum Thema Recherche und Materialbeschaffung und sogar explizit zu Suchen im Internet gebildet. Dabei geht es auch immer um die Bewertung der Quellen.

Wie man Goodnews von Fakenews und qualitativ hochwertige Literatur oder Quellen von gekauften Studien oder geschickt platzierter Werbung unterscheidet, lässt sich leider nicht so leicht auf ein paar Seiten beschreiben. Hier sind viele Schlüsselkompetenzen, Recherchekenntnisse und vor allem jahrelange Erfahrung notwendig, **und selbst dann können sogar Profis immer noch Fehler passieren, gell – lieber Spiegel … Finger weg von Tagebüchern**. Trotzdem möchte ich dir ein paar Tipps geben, wie man zumindest halbwegs sicher durch den Quellen-Dschungel kommt. Konkrete Tipps hierfür habe ich im ▶ Kapitel 5.4.2 zusammengestellt

3.5 Informationsbeschaffung und Inhaltsanalyse

Zusätzlich findest du im Digitalen Anhang:

»Anhang Digital 2 – Informationsbeschaffung« – eine Hilfe zur Unterstützung für mögliche Quellen. Eine hier verwendete Methode ist die ABC-Assoziation, die du selbst noch erweitern und ergänzen kannst.

Analyserichtung festlegen

Bevor man anfängt, das ganze Material im Detail zu sichten und festzulegen, was genau alles verwendet werden soll, empfiehlt es sich eine Analyserichtung festzulegen. Dabei ist die Ausrichtung der geplanten Schulung nach bestimmten Kriterien gemeint. Diese Kriterien sind gleichzeitig auch als detailliertere Fragestellungen zur Ermittlung des nutzbaren Inhalts zu verstehen. So ist gleich zu Beginn wichtig zu wissen, welchen Bezug das Thema zu den Teilnehmenden haben soll. Hier kann man sich ganz einfach immer wieder die Zielgruppe vor Augen rufen und sich bei jeder Entscheidung zur Übernahme von Themen die Frage stellen, ob das der Zielgruppe nutzt. Der Umfang oder die maximal zu vermittelnde Menge bezieht sich immer auf das Thema der gesamten Schulung und auf einzelne Themen im Verhältnis zueinander. Die fachliche Festlegung oder Eingrenzung definiert nochmal das Hauptthema bei der Auswahl und gibt die Grundrichtung der Analyse vor.

Form der Inhaltsanalyse auswählen/anwenden

Bei der wissenschaftlichen Inhaltsanalyse müsste jetzt eine von drei Formen zur Kategorienbildung ausgewählt und anschließend angewendet werden. Für den Bereich der didaktischen Inhaltsanalyse sind bereits zwei Formen (Zusammenfassung und Strukturierung = Kategorisierung) vordefiniert, die zwar zunächst getrennt voneinander angegangen werden können, aber zum Schluss zu einem gemeinsamen Ergebnis führen sollten.

Zusammenfassung und Strukturierung sind die essenziellen Analysemethoden in der Didaktik.

Kategorien bilden

Das Bilden von Kategorien kann auch als Clusterung oder definierte Strukturierung von Themen verstanden werden. Die einzige Schwierigkeit dürfte sein, hier die richtigen Kategorien zu finden. Das Einsortieren von (neuen) Informationen in diese ist dafür umso einfacher. Sollten es ohnehin bereits feststehende Themengebiete

3 Lerntheoretische Überlegungen

sein – naja, dann haben wir ja zumindest schonmal sowas wie Überkategorien. Jetzt müssen wir diese nur noch in Unterkategorien aufteilen und damit etwas verfeinern.

Hier bietet sich wieder das Beispiel der Gefahren der Einsatzstelle an. 4A 1C 4E würden hier wieder die Hauptkategorien bilden. Jetzt geht es im Detail nur noch darum, wie man z. B. die Atemgifte in Unterkategorien einteilen kann. Ich bin seinerzeit bei der Erstellung des Lernkonzepts auf folgende Begriffe gekommen: Begriffsbestimmung, Erkennen und Vorkommen, Unterscheidungsmöglichkeiten, Einsatzbeispiele und Besonderheiten. Im Großen und Ganzen lassen sich die Kategorien immer wieder verwenden.

Sollte es noch keine Themenfelder oder andere Anhaltspunkte geben, dann wird es schon etwas schwieriger. Einerseits kann es helfen, sich ein paar wichtige Voraussetzungen immer wieder vor Augen zu führen. Idealerweise sollten natürlich alle Themenfelder in Kategorien abbildbar sein und zusätzlich aber auch genau in nur eine Kategorie eingeordnet werden können. Die Begriffe sollten den Inhalt treffend beschreiben und entsprechend definiert sein.

Kategorien sollen ...
- ... alle relevanten Sachverhalte erfassen können.
- ... den entsprechenden Inhalt genau beschreiben.
- ... möglichst genau definiert sein.
- ... die Inhalte exklusiv zuordenbar machen.

Andererseits gibt es auch wissenschaftliche Möglichkeiten, eine induktive (aus dem vorhandenen Material) Suche nach Kategorien durchzuführen. Deduktiv (vorab definiert) bedeutet, sich vorher Gedanken über eine Struktur zu machen. Dies ist meist ziemlich simpel, wenn man sich im Thema auskennt. Dann überlegt man sich auf dieser Basis, welche Einteilung hier sinnvoll ist. **So einfach kann Wissenschaft im Bereich der Erwachsenenbildung sein... Na gut, ein paar Begründungen und Ankerzitate als Beleg müssen dann leider doch noch sein!** Eine bessere (auch wissenschaftlich begründete) Möglichkeit, um Kategorien induktiv zu finden, ist die sogenannte Paraphrasierung. Man vereinfacht ganze Aussagen (abhängig von der Kodiereinheit – **keine Angst kann man googeln, ist hier aber nicht relevant**) in kurze prägnante Sätze oder gar einzelne Wörter.

Meine persönliche Empfehlung ist es, hier nach Überschriften zu Themenblöcken oder Wissensgebieten zu suchen. Am allerbesten gefällt mir immer ein einzelnes Wort oder zumindest eine Art Kurzbeschreibung aus maximal zwei Wörtern –

Hauptwort und Ergänzung. Damit sind alle möglichen Themenkomplexe ausreichend beschreibbar.

Für eine erste Übersicht wie Kategorien oder Überschriften gebildet werden und Überbegriffe aussehen könnten, kannst du dich gerne hier in diesem Buch von meinen Überschriften inspirieren lassen.

3.6 Didaktische Reduktion

Im Anschluss an die Recherche (mit einer schon vorhandenen Struktur durch Inhalts-/Sach- oder didaktischer Analyse) oder auch einer ersten Gedankensammlung, hast du vermutlich jetzt wie viele andere auch ein typisches Problem: Wie soll die schiere Menge an Informationen auf die gewünschte Zeit eines Trainings und vor allem auf das Wichtigste reduziert werden und was ist überhaupt das Wichtigste für meine Zielgruppe? Mit der Durchführung der didaktischen Reduktion beginnt die wichtigste Vermittlungskompetenz von Lehrenden. Sie ist Teil der Planungen und später auch der Durchführung, was zu einem Thema alles vermittelt werden soll.

Gute Didaktiker:innen sind nicht zwingend gute Fachexperten/-expertinnen. Sie sind vielmehr gute didaktische Reduzierer:innen.

Der in der Recherche gefundene Stoff oder auch notwendige Teile einer komplexen Wirklichkeit müssen ausgewählt und entsprechend den Anforderungen aufbereitet werden. Wichtig ist dabei, immer zuerst die Zielgruppe, dann die Lernziele und danach noch die organisatorischen und zeitlichen Rahmenbedingungen zu beachten. Immer wenn die Stofffülle die zu vermittelnden Menge an Lerninhalten übersteigt oder die Themen zu komplex werden, ist die Technik der didaktischen Reduzierung anzuwenden. Dies ist notwendig, um die Lernziele auch erreichen zu können und schafft zusätzlich durch eine Vereinfachung stärkere Lerneffekte. Man kann also auch sagen, dass die didaktische Reduktion einen inhaltsbezogenen Filter darstellt, der die Stofffülle vermindert und die Wissensdichte erhöht. Letztendlich bedeutet dies aber nicht nur, dass viele Stunden Inhalt in eine Unterrichtseinheit (UE) gepresst werden, sondern dass dieser überschaubar und verständlicher für die Zielgruppe wird.

3 Lerntheoretische Überlegungen

Mal ein praktisches Beispiel zur Bedeutung der didaktischen Reduktion: Was glaubst du, wie viele Seiten habe ich allein für dieses Unterkapitel an Fachliteratur gelesen und wie groß sind meine persönlichen Notizen und die Zusammenfassung mit entsprechenden Querverweisen?
Ca. 300 Seiten aus elf Büchern und ein ca. DIN A2 großes Blatt im Querformat als Zusammenfassung in einer App, die vom Prinzip her so zwischen einer Mindmap und einer Verweisbibliothek liegt.
Dies soll bitte nicht als Angabe meinerseits verstanden werden, sondern nur zur besseren Vorstellung dienen, was didaktische Reduktion bedeutet und was sie bewirken soll. Zunächst habe ich versucht, die Zielgruppe (den Feuerwehrlehr) mit einzubeziehen. Durch die Reduzierung oder Erklärung von Fachbegriffen vorneweg, Verwendung von Beispielen und erklärenden Grafiken konnte dies ganz gut erreicht werden. Danach habe ich mich an die Rahmenbedingungen gewagt, die glücklicherweise hier in meinem Buch nur sehr gering vorhanden sind (meine eigene Vorgabe für dieses Kapitel liegt übrigens bei max. 5 Seiten). Zum Abschluss habe ich versucht, die schiere Menge durch Weglassen, Zusammenfassen und Relevanzfindung in den Griff zu bekommen. Und siehe da – es sind nur noch diese paar Seiten – die hoffentlich auch noch den wesentlichen Inhalt speziell für dich als Feuerwehrlehr darstellen …

Bei dem vorhandenen Wissen oder der recherchierten Stoffmenge gibt es ein paar Möglichkeiten, diese gemäß der didaktischen Reduktion auf das notwendige Maß zu minimieren. Im Vordergrund der didaktischen Reduktion steht die Anpassung der Lerninhalte an die Zielgruppe bzw. Lerngruppe. Sie ist eine Methode, um die komplexe Wirklichkeit und den Umfang zu vereinfachen und zu reduzieren, um den Lernenden eine passende Präsentation des jeweiligen Inhalts zu ermöglichen. Komplexe Sachverhalte werden auf die wesentlichen Elemente reduziert, dies dient der Überschaubarkeit und Begreifbarkeit. Nur weil es als Hilfestellung gedacht ist, heißt das nicht, dass man Schwierigkeiten rauslassen sollte. Es geht hier immer um eine »minimale Überforderung« der Lernenden als Forderung.

Für den Stoff bzw. den zu vermittelnden Lerninhalt gilt die fachliche Richtigkeit. Der Lernstoff muss widerspruchsfrei zum aktuellen Wissen der Lernenden passen und an den Kenntnisstand der Lerngruppe angepasst werden. Unterstützt wird diese Ausarbeitung durch eine geeignete Auswahl von Beispielen und Modellen. Alles sollte an das vorhandene Vorwissen der Lernenden angeknüpft werden, so kann eine angemessene Gestaltung des Unterrichts erfolgen.

Nehmen wir für eine bessere Vorstellung z. B. mal meinen Lieblingsunterricht »Gefahren der Einsatzstelle« den ich im Laufe meiner Fachlehrertätigkeit in allen Lehrgangsformaten halten durfte. Beim Grundlehrgang waren es 12 Unterrichts-

3.6 Didaktische Reduktion

einheiten (zu je 45 min), im Führungslehrgang 6 UE und im Zugführerlehrgang sind es nur 4 UE. Durch die jährlichen Fortbildungen für Gruppenführer und Zugführer von jeweils 2 UE mit Spezialthemen wie Wärmedämmverbundsysteme, Amok/Terror oder Faserverbundwerkstoffe kommen so in Summe ca. 30 UE an möglichem Lehrmaterial oder Wissen zusammen. Vorab habe ich noch wesentlich mehr Stoff recherchiert und mir angeeignet. Jetzt ist es letztendlich meine Kunst als Lehrender, dieses vorhandene Wissen so zu reduzieren, dass ich die richtige Zielgruppe erreiche, die im Lehrgang geforderten Inhalte, Lernziele und die dafür vorgegebenen Zeitvorgaben einhalte. Das klingt nicht nur nach sehr viel, was alles parallel beachtet werden muss. Letztendlich sind das genau die Qualitätskriterien, an denen sich eine gute Lehrkraft messen lassen muss.

INFO Wenn eine Evaluation eines Lehrenden nicht so gut wie gewünscht ausfallen sollte, ist meistens nicht das vorhandene Wissen oder Können das Problem, sondern fast immer die didaktische Reduktion nach den oben genannten Kriterien.

Gut – manchmal ist auch die Methode falsch gewählt oder der Funke springt einfach nicht über. Der Knackpunkt ist meistens die Frage: Was brauchen und interessiert die Teilnehmenden?

Arten von didaktischen Reduktionen

- **Horizontale Reduktion** / **Darstellungsreduktion**
  - Übersichten, Zusammenhänge, Beispiele, Schemas, Bilder, Filme, ...

- **Vertikale Reduktion** / **Inhaltsreduktion**
  - **Qualitative Reduktion** / **Schwierigkeitsreduktion**
    - Kernaussagen, 1 Aussage, 3 Aussagen, 5 Aussagen, ...
  - **Quantitative Reduktion** / **Umfangsreduktion**
    - Nur Wichtiges, Unnützes weglassen, Oberfläche, Tiefenbohrung

Bild 45: *Arten von didaktischen Reduktionen – ein gutes Beispiel, dieses umfangreiche Thema übersichtlich zu erklären*

Die didaktische Reduktion wird in der Fachliteratur oftmals in die vertikale (Inhaltsreduktion) und horizontale (Darstellungsreduktion) oder auch in qualitative (Schwierigkeitsreduktion) und quantitative (Umfangsreduktion) Reduktion eingeteilt und klassifiziert. **Je nach Literatur und Theorie sind auch wieder mehrere Mischformen ohne entsprechende Verbindungen und Abhängigkeiten möglich – manchmal hasse ich die Sozialwissenschaften einfach!** Aber dies ist meiner Meinung nach (mal wieder) gar nicht so relevant für die praktische Anwendung. Deshalb möchte ich an dieser Stelle nur auf die drei Möglichkeiten der Durchführung und ihre damit verfolgten Ziele hinweisen. Diese sollten hier für den Bereich eines ersten Überblicks mehr als ausreichend sein! Im Anschluss an diese Vorstellung biete ich dir auch noch ein paar praktische Tipps für die Vorgehensweise an. **Gesehen?! Das, was ich gerade angewendet habe und in den folgenden nachfolgenden Unterkapiteln immer wieder anwenden werde, ist schon eine didaktische Reduktion – hier habe ich übrigens sowohl Umfang als auch Schwierigkeit reduziert.**

So wichtig die didaktische Reduktion ist und so radikal man beim Weglassen auch vorgehen sollte, drei Grundsätze solltest du trotzdem immer beachten:

1. Die fachliche Richtigkeit muss erhalten bleiben und zum bisherigen Wissen der Lernenden und zu den anderen Themenfeldern passen.
2. Bei der fachlichen Ausbaufähigkeit sollte sichergestellt werden, dass man auf die verwendeten Inhalte und Beispiele weiter aufbauen kann.
3. Die Angemessenheit stellt sicher, dass sowohl Vorwissen als auch Leistungsstand der Lernenden mit eingeplant werden können.

Die didaktische Reduktion muss immer auf folgende Aspekte überprüft und durchgeführt werden:
- Zielgruppe
- Lernziele
- Zeitliche Rahmenbedingungen (Zeit die zur Verfügung steht)
- Organisatorische Rahmenbedingungen (existierende Möglichkeiten)

3.6.1 Reduktion der Darstellung (horizontale didaktische Reduktion)

Fangen wir mal mit der bekanntesten Art der Reduzierung an, der Reduktion der Darstellung (auch horizontale didaktische Reduktion). Alle, die schon mindestens einmal mit den öffentlichen Verkehrsmitteln unterwegs waren, kennen die typischen Übersichtskarten der Haltestellen. Hier wird mittels einer Grafik eine komplexe Wirklichkeit vereinfacht und veranschaulicht dargestellt. Genau darum geht es bei der Reduktion der Darstellung. Schwierige Sachverhalte sollen durch eine Minimierung aller Eindrücke so aufbereitet werden, dass die Lernenden es viel einfacher

3.6 Didaktische Reduktion

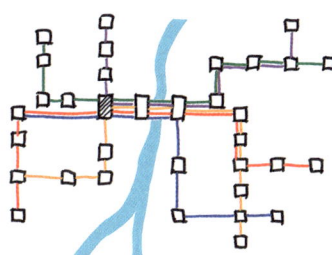

Bild 46: *Darstellungsreduktion – das Prinzip aller Karten*

verstehen können. Am besten funktioniert diese angestrebte Minimierung durch die Darstellung von Übersichten zur Verdeutlichung. Infografiken, Skizzen, Bilder, Schemata, Ablaufdiagramme, Übersichtskarten und weitere Charakterisierungsmöglichkeiten unterstützen den Lernprozess sowohl durch die einfache Art der Darstellung als auch durch das Anbieten eines weiteren Lernkanals.

Visualisierungen sind zwar am bekanntesten und wahrscheinlich auch am besten zu erfassen, es gibt aber noch weitere Möglichkeiten, diese Art der Reduzierung durchzuführen. So können auch Fachbegriffe möglichst bildhaft beschrieben und vorgestellt werden. Es wird also nicht nur einfach eine Definition aufgesagt, sondern konkret mit einem Beispiel verdeutlicht. Dabei lässt sich auch die dritte Möglichkeit der Reduzierung gut mit einbinden: Beispiele und Zusammenhänge sollen die abstrakten Aussagen besser verständlich machen. Die Nutzung von einfacher Sprache mit erklärenden Begriffen unterstützt das Ganze natürlich. **Kommt dir mal wieder die Systematik bekannt vor? Glückwunsch, du hast es erkannt – genau das ist mein USP (Unique Selling Proposion/das Alleinstellungsmerkmal) dieses Buches … Also das, was es so besonders und einzigartig machen soll – hoffentlich?!**

Bei der Darstellungsreduktion wird der fachliche Sachverhalt nicht verändert. Nur die angebotenen Informationen verändern – idealerweise – ihre Darstellungsart von kompliziert zu einfach. Man kann auch sagen, dass der Zugang für die Lernenden zum Thema deutlich vereinfacht wird. Auch persönlich finde ich diese Variante mitunter am besten; durch Visualisierungen werden lange Textpassagen deutlich aufgelockert und man kann durch die Vorstellung der Zusammenhänge das »große Ganze« viel schneller erkennen. Das hat wiederum den Vorteil, dass bestimmte Themenbereiche durch die Lernenden besser eingeordnet werden können.

- ✓ Veranschaulichung durch Grafiken, Bilder, Filme oder weitere Methoden
- ✓ Beschreibung von Fachbegriffen
- ✓ Verdeutlichung und Bezug durch Beispiele und Zusammenhänge

3.6.2 Reduktion der Schwierigkeit oder Reduktion des Inhalts (vertikale qualitative didaktische Reduktion)

Die Reduzierung der Schwierigkeit oder des Inhalts geschieht meist durch die Verwendung von ausgewählten Angaben und Kernaussagen. Ein weiteres Mittel ist die Verallgemeinerung (oder auch Generalisierung) von Themengebieten. Man kann auch sagen, dass ein vereinfachtes Modell des komplizierten Stoffes neu gebildet wird. Das Grundprinzip dahinter ist die Anwendung einer einfacheren und kürzeren Möglichkeit, das gesamte System zu verstehen, **wie bei einem Planspiel**. Der Nachteil ist, dass immer auch eine Beeinflussung und leichte Anpassung des Lernstoffs geschieht, was natürlich in streng wissenschaftlicher Weise nicht ideal ist. Aber mal ehrlich, wer steht schon auf Studien und rein methodisch generierte, wissenschaftliche Literatur?! Hoffentlich alle – auch wenn es in diesem Fall nicht ganz ideal für den Lernerfolg ist. Deshalb gibt es für die zwingend auftretenden Veränderungen auch wieder eine Lösung: Wenn die Quellen und Querverweise genannt werden und damit zum Weiterlernen angeregt wird, kann dies nachträglich durch die Lernenden selbst kompensiert werden. So können diese vom ersten Überblick und vom Verständnis in die eigene Recherche gelockt werden.

> Genau diese Methode, viele Querverweise und Anregungen zur Quellensuche am Ende des Kapitels, versuche ich dir in diesem Buch mitzugeben. Probiere es doch demnächst selbst mal in einem Skript als Ergänzung zu einem Vortrag aus!
> - Biete viele Querverweise bei jeder Gelegenheit an.
> - Stelle die Quellen und beispielsweise Suchbegriffe an das Ende.
>
> By the way ... genauso funktioniert fast jede Webseite – hier ist nur das »Springen« durch Klicks viel einfacher.

3.6.3 Reduktion des Umfangs (vertikale quantitative Reduktion)

Der Plan zur Reduzierung des Umfangs ist es, den Lernstoffe auf die notwendige Menge für die vordefinierten Lernziele zu reduzieren. Dies geschieht, indem die weniger wichtigen Aspekte einfach weggelassen werden (auch quantitative Reduktion). Es soll der Kern des Sachverhalts vermittelt werden und dies schafft man am besten, wenn man immer wieder hinterfragt, was für die Zielgruppe und das Lernziel relevant ist und was nicht. Hier braucht es auch etwas Mut zur didaktischen Lücke – **nicht Schlucht!** Also alles, was für das Lernen und die Lernziele irrelevant ist, wird herausgesucht und kann damit auch wirklich weglassen werden.

Ein schnelles Beispiel wäre beim Thema Schlauchkunde zu finden. Lernziel wäre z. B. in der Grundausbildung »Größe, Funktion und Anwendung von Schläuchen erklären können«. Somit würde ich schon mal das Material, die Herstellung und alle nicht in der eigenen Wehr und im Umkreis vorhandenen Sondergrößen von meiner Inhaltsliste streichen. Auch die Reibungsverluste für die Berechnung von möglichen Schlauchlängen würde ich hier weglassen – diese kann man dann dafür wieder beim Gruppenführerlehrgang in konkreten Anwendungsbeispielen mit aufnehmen (Selektive Reduktion).

3.7 Wissenschaftliche Lerntheorien (und Lehrtheorien)

Nachdem es in diesem Kapitel um lerntheoretische Überlegungen geht, möchte ich nach der konkreten Hinführung und Herangehensweise an ein Thema, einer vernünftigen Recherche und der Reduktion eine Brücke zu den vorhandenen Lerntheorien schlagen. Leider gibt es keine eindeutige Definition, was Lerntheorien genau sind, das macht es in ihrer Zuordnung und Beschreibung leider nicht ganz so einfach. Meistens werden sie aber über die drei großen Theoriengebiete: Behaviorismus, Kognitivismus und Konstruktivismus erklärt. Zusätzlich wird gerne in diesem Zusammenhang noch von Konnektivismus, Ermöglichungsdidaktik und Handlungsorientierung gesprochen. Bei den Letzteren handelt es sich genau genommen um gar keine Lerntheorien, sondern nur um Anwendungs- oder Zwischenformen der drei Theoriengebiete. Aber auch weitere theoretische Annahmen etwa über das Gedächtnis, das Lernen mit verschiedenen Systemen oder die Rolle der Erfahrung beim Lernen können einem in der wissenschaftlichen Literatur als Theorie oder Modell begegnen. Wie schon erwähnt, ist es leider alles andere als klar, was genau eine Lerntheorie eigentlich ist.

Ungeachtet dessen werde ich nachfolgend alle passenden Theorien, **die meiner Meinung nach relevant sein könnten**, etwas genauer erklären – allerdings in einer etwas anderen Form. Die normalen Erklärungen sind hier nicht ganz so spannend oder praxisbezogen und außerdem gibt es hierzu schon richtig viel Literatur. Diese lohnen sich für einen tieferen Einstieg dann aber wirklich. Zusätzlich steht auch noch der Begriff der Lehrtheorien im Raum – oder zumindest in der Überschrift. Bei manchen Quellen findet man dort eine feine Unterscheidung. Lerntheorien beschäftigen sich mit einer einzelnen Person, Lehrtheorien demnach mit Gruppen. Nachdem aber die meisten wissenschaftlichen Quellen nur von reinen Lerntheorien sprechen, möchte ich diese Bezeichnung auch verwenden. Allein schon deshalb, weil die Beschreibung einer Lerntheorie – für mich – immer eher wie eine Art Philosophie wirkt und somit beide Varianten miteinschließt. Deshalb werden hier von mir nachfolgend die wichtigsten Lern- und Lehrtheorien als Lernphilosophien mit der Bezeichnung Lerntheorien vorgestellt.

3.7.1 Behaviorismus und Konditionierung

Bild 47: *Behaviorismus – das Reiz-Reaktionsmodell*

Du hast ein Haustier, das du erfolgreich erzogen hast, oder kannst den Begriff des Behaviorismus bereits erklären? Ganz fein, dann darfst du dir jetzt ein Leckerli holen! Das Prinzip ist mit dem, zugegeben etwas überspitzen, Beispiel schon ganz gut erklärt. Noch kürzer gefasst: Belohnungen verstärken ein bestimmtes Verhalten. Trotzdem stelle ich hier gleich noch die ausführlichere Variante vor – keine Angst – denn »Strafen« schwächen Verhaltensweisen ab.

Der Behaviorismus ist ein einfaches Reiz-Reaktionsmodell, bei dem es um die Verstärkung oder Abschwächung von Verhaltensweisen geht. Die Reize können sowohl angeboren als auch anerzogen oder eintrainiert sein. Sie werden von der Umgebung oder Trainierenden beeinflusst und lösen ein bestimmtes, meist gewünschtes, Verhalten aus. Das nennt man dann Konditionierung und wäre das Ziel dieses Lernmodells.

Am bekanntesten dürften hier die Experimente von Herrn Pawlow an seinem Hund oder von Herrn Skinner mit Ratten in der nach ihm benannten Box sein – **ob dies seine Ratten waren oder nur Versuchstiere, konnte ich leider nicht herausfinden**. In beiden Fällen wurden erwünschte Verhaltensweisen von Tieren durch Belohnung mittels Futter erzeugt und eintrainiert. Das Prinzip dahinter ist, dass sich aufgrund eines bestimmten Reizes auf ein Ergebnis eingestellt wird und dass nach einer bestimmten Lernphase das Ergebnis selbst gar nicht mehr notwendig ist. Beim Behaviorismus wird der Lernende selbst als Black-Box (symbolisch für »keine Ahnung was im Inneren vorgeht, ist aber auch egal«) und der Lehrende oder das Lernen als Eingangssignal oder Reiz betrachtet. Das erwünschte Verhalten ist dabei dann der Output (Ausgang oder Reaktion). Das heißt, dass die (Fach-)Autorität und die Auswahl der Lerninhalte immer vom Lehrenden ausgehen. **Ganz so negativ,**

3.7 Wissenschaftliche Lerntheorien (und Lehrtheorien)

wie gerade eben dargestellt, darf man diese erstmal doch recht einfache Sichtweise auf Lernende nicht sehen ...

Es geht um positive Bestätigung, die uns – meistens – unterbewusst bereits unser ganzes Leben begleitet. Den größten Teil unseres Verhaltens, das wir als Kind von unseren Eltern übernommen oder erlernt haben stammt von positiver Bestätigung oder auch aus der Vermeidung von negativen Konsequenzen. Selbst Erwachsene wenden diese Strategie immer noch regelmäßig an. Deshalb ist es für die Lehrenden auch so wichtig richtiges Verhalten zu loben und generell als Vorbild zu agieren. **Du hast das Prinzip jetzt verstanden? Sehr schön, dann darfst du dir endlich die verdiente Süßigkeit als Belohnung holen ... Außerdem bist du ein ganz ein Braver!**

Zwei konkrete Anwendungen aus meinem eigenen Feuerwehrleben fallen mir hier spontan ein. Als erstes wäre da die Kombination einer jährlichen Entrümpelungsveranstaltung des Feuerwehrhauses mit einem anschließenden Grillfest. Hier stiegen die Teilnehmendenzahlen wundersamerweise sehr schnell und auch sehr deutlich an. Was entweder Zufall sein könnte oder ein Zeichen dafür ist, dass klassische Konditionierung durch Essen nicht nur bei einfachen Lebewesen, sondern auch bei Feuerwehrleuten funktioniert. Diese Idee lässt sich natürlich problemlos auch auf unliebsame (Fach-)Themen anwenden, um die Begeisterung zur Teilnahme etwas zu erhöhen.

Diese Idee zur Motivationssteigerung könnte z. B. auch bei Zwischenprüfungen angewendet werden. So teile ich hier vorab gerne Süßigkeiten aus, damit die unbeliebten Lernzielkontrollen fast schon freudig erwartet werden. Auch während meines Studiums konnte ich mich selbst besser dazu aufraffen, seitenlange und wenig interessante Texte zu lesen, wenn nach jedem Absatz ein Gummibärchen auf mich wartete. Konditionierung funktioniert natürlich nicht nur mit Essen oder Süßigkeiten, sondern auch das Streben nach Anerkennung kann genau das gleiche bewirken. **Hier noch ein Eigenversuch für die, die mir nicht glauben, was schon Kleinigkeiten an Lob ausmachen können. Verteile doch einfach mal über einen kleineren Zeitraum regelmäßig vermeintlich »sinnlose« Fleißbildchen an besonders engagierte Lernende und dann lass sie überraschend wieder weg und beobachte das Verhalten, bei denen, die entweder noch gar keine bekommen haben oder aber jetzt welche erwarten ...**

Die schon gefallene Formulierung »Lernen durch Schmerzen«, die ich von der Bezeichnung her allein schon furchtbar finde, wäre ebenfalls ein Beispiel, für Lernen durch Behaviorismus. Womit ich mich etwas besser anfreunden könnte, wäre die den eigentlichen Sinn genauer treffenden Formulierung »Lernen anhand der Auswirkungen«, die auch mal durchaus negativ ausfallen können. So wäre hier ein Beispiel, die Auswirkungen eines falschen Lüftereinsatzes im Anschluss an eine Übung mal bewusst durchspielen zu lassen und die Konsequenzen direkt vor Ort darzustellen. Das ist in ganz vielen Fällen eine sehr wertvolle Erkenntnis – und nicht nur für alle Entscheidungstragenden.

Somit kann auch der Behaviorismus eine wertvolle Komponente im Gesamtkonzept des Erwachsenengerechten Lernens sein. Aber niemals nur für sich allein – sonst wäre die Bildung auf dem Niveau einfacher Lebensformen stehen geblieben. Damit kommen wir zur logischen Weiterentwicklung – dem Kognitivismus.

1. Ausreichendes Loben unterstützt den Lernprozess und lässt erwünschte Verhaltensweisen leichter im Gedächtnis behalten.
2. Lass die Teilnehmenden die (negativen) Auswirkungen von Entscheidungen bei Übungen spüren (natürlich nur im Rahmen einer sicheren Umgebung).
3. Ehrlich gemeintes und regelmäßiges Feedback (runtergebrochen auf »positiv« und »negativ« mit einer vernünftigen Begründung) unterstützt das Lernverhalten und die persönliche Weiterentwicklung der Lernenden.
4. Ab und zu kleine Süßigkeiten als Belohnung steigern die Motivation.
5. Zur Steigerung der Anzahl der Teilnehmenden, gerade zu Beginn einer neuen »Zeitrechnung« können unliebsame Themen bei Übungen oder Unterrichten mit einem anschließenden gemeinsamen Essen versüßt werden.

3.7.2 Kognitivismus

Bild 48: *Kognitivismus – die individuelle Informationsverarbeitung*

3.7 Wissenschaftliche Lerntheorien (und Lehrtheorien)

Der Kognitivismus sollte eigentlich jedem, der im deutschsprachigen Raum zur Schule gegangen ist bestens bekannt sein. **Zumindest in der Anwendung.** So ist er die hauptsächlich angewendete Lerntheorie während der Schulpflichtzeit, also der sogenannten Primär- und Sekundarstufe. Danach beginnt dann (meistens) der nachfolgend beschriebene Konstruktivismus. Beim Kognitivismus steht immer noch die Lernmethode im Mittelpunkt, bei der das Lernen als Abruf von gespeicherten Informationen verstanden wird. Der Unterschied zum Behaviorismus ist, dass der Mensch nicht mehr nur als Black-Box betrachtet wird, sondern vielmehr als biologische Maschine oder biologischer Computer, bei der bestimmte Verarbeitungsschritte und Prozesse im Gehirn ablaufen. So werden z. B. Entscheidungsprozesse, Problemlösung und Sprachverständnis als individuell unterschiedlich angesehen. Dies erklärt viel besser, warum Menschen unterschiedlich auf gleiche Reize reagieren können.

> Beim Kognitivismus wird im Gegensatz zum Behaviorismus der Mensch als Individuum erkannt, der auf unterschiedliche Arten lernen kann. Im Vordergrund steht dabei, wie Menschen Informationen aufnehmen, verarbeiten, verstehen und sich auch daran erinnern. Das eigentliche Lernen entsteht somit durch Verstehen und Nachvollziehen.

Immerhin – schon eine Stufe fortschrittlicher als die vorherige Lerntheorie, trotzdem geht die Theorie immer noch davon aus, dass die Lehrenden noch alles wissen und aufgrund dessen die Inhalte und Methoden für den Lernenden bestimmen. Diese werden dabei nicht annähernd auf Augenhöhe betrachtet, da ja noch nicht ausreichend Wissen vorhanden ist und somit auch nicht gewusst wird, was das Beste für sie selbst und ihr Lernen ist. Deshalb wird der Kognitivismus oftmals als etwas veraltet bzw. überholt angesehen. Vor allem wenn es um Erwachsenenbildung geht, passt diese Denkart in keiner Weise zum konstruktiven Miteinander. Der Kognitivismus zielt des Weiteren verstärkt auf Denkprozesse ab und vernachlässigt damit körperliche Fertigkeiten und Fähigkeiten und bietet wenige praxisnahe Überlegungen. **Vieles wird hier wieder sehr negativ dargestellt, trotzdem lassen sich auch wieder einige gute Ansätze erkennen und umsetzen. So können doch etliche Grundsätze und Überlegungen für ein modernes Lernen aus dem Kognitivismus abgeleitet werden.**

Aufmerksamkeit steuern

Die Aufmerksamkeit der Lernenden muss während des Lernens immer vorhanden sein und ggf. durch lernfördernde Reize aktiviert werden. Unbekannte und unge-

3 Lerntheoretische Überlegungen

wöhnliche Themen sollen mit abwechslungsreicheren aktiviert werden. Dies kann z. B. durch Lernzielformulierungen, besondere Hervorhebungen und das Einbetten des Lerninhalts in spannende Geschichten erfolgen. Je interessanter also eine Schulung gestaltet wird, desto höher ist die Aufmerksamkeit der Lernenden und dadurch auch ihr Lernerfolg.

Vorwissen aktivieren
Diese Überlegung hinter diesem Grundsatz ist hauptsächlich im Konstruktivismus (siehe nachfolgender Teil) verankert, trotzdem kann die Maßnahme auch im Kognitivismus schon eingeführt und angewendet werden. Der Unterschied ist, dass hier nur das Vorwissen aktiviert wird und noch keine Erzeugung neuen Wissens durch die Aktivierung stattfindet. Es wird nur davon ausgegangen, dass neue Informationen besser verarbeitet werden, wenn bereits Wissen vorhanden ist. Man könnte hier idealerweise von sich überschneidenden Schnittmengen der Inhalte sprechen.

Das Begreifen von neuen Informationen funktioniert umso besser, je mehr an bereits vorhandenes Wissen angeknüpft werden kann. Zu Beginn sollte also ein kurzer Überblick über das Thema erfolgen, damit das Vorwissen beim Lernenden gleich zu Beginn schon aktiviert wird. Das wäre meinen Überlegungen nach in der Einleitung in ▶ Kapitel 1.7 zufolge der rote Faden, der vor Überraschungen schützen soll. Zusätzlich aktiviert er also noch das Vorwissen – prima, dann hätten wir schonmal gleich zwei Fliegen mit einer Klappe. Die dritte Fliege kommt noch aus der Neurologie: je öfter wir Inhalte hören, desto leichter lässt sich Neues einprägen, desto besser verknüpfen sich unsere Neuronen und umso besser können wir uns an diese Inhalte erinnern. Es bietet sich also an, die Zielgruppe genau zu analysieren und herauszufinden, welchen Wissensstand die Teilnehmenden bereits vorab haben und wie eine Aktivierung ihr Vorwissen am besten unterstützen könnte.

Wahrnehmungsprozess unterstützen
Lernen kann nur gut funktionieren, wenn die Lerninhalte so gestaltet werden, dass die Lernenden diese auch einfach aufnehmen können. Dies und die Tatsache, dass es unbefriedigend ist, Lernkapitel nicht abzuschließen, unterstützen die Forderung nach in sich geschlossenen Lerneinheiten. In kleineren Teilsequenzen ist es genauso sinnvoll, Gedankengänge und Lernprozessschritte abzuschließen. Manche Quellen fordern hier sogar nur eine Informationseinheit pro Folie, Buchseite oder anderer Darstellungsmöglichkeit. **Wenn man mich persönlich fragen würde, dann würde ich an dieser Stelle die Meinung vertreten, dass ein Gedanke pro Darstellungsmethode viel sinnvoller ist. Diesen Begriff gibt es zwar nicht**

3.7 Wissenschaftliche Lerntheorien (und Lehrtheorien)

wirklich, beschreibt aber schön anschaulich alle Methoden, die notwendig sind, um einen Gedanken komplett darzustellen.

Reduktion der Inhalte
Entgegen den Erwartungen durch das vorherige beschrieben Kapitel, geht es hier nicht um die didaktische Reduktion. Vielmehr geht es um die Zerlegung und Ordnung von komplexen Inhalten. Sind diese zu umfangreich oder zu schwierig, ist es zwingend notwendig, diese möglichst in ihre Einzelteile zu zerlegen und mit aufsteigender Schwierigkeit oder einer logischen Reihenfolge zu vermitteln. Alle notwendigen Informationen sollten immer so einfach, knapp und klar, mit welcher Methode auch immer, dargestellt und vermittelt werden.

Wissenskontrolle
Eine regelmäßige Abfrage der Lernziele motiviert einerseits extrinsisch (von außen) und ermöglicht andererseits erst ein individuelles Feedback und persönliche Lernpläne. Vor allem über einen längeren Zeitraum ist es sinnvoll einen Erwartungshorizont oder einen Lernkorridor vorab zu definieren und mehrere Wissenskontrollen durchzuführen. So kann schnell ein Soll-Ist-Vergleich durchgeführt und nachgesteuert werden.

- ✓ Lernziele formulieren
- ✓ Hervorhebungen nutzen
- ✓ Spannende Geschichten erzählen
- ✓ Überblick über Inhalt vorab geben
- ✓ Roten Faden vorstellen
- ✓ Wiederholungen der wichtigsten Themen
- ✓ Lernprozessschritte abschließen
- ✓ Nur ein Gedanke pro Darstellungseinheit
- ✓ Einfache kurze Darstellungen bevorzugen
- ✓ Erwartungshorizont vorab definieren
- ✓ Möglichst individuelles Feedback
- ✓ Soll-Ist-Vergleiche durchführen

3.7.3 Konstruktivismus

Hier ist er endlich – der Konstruktivismus. Egal was man momentan im Bereich der Erwachsenenbildung macht, sucht oder findet, früher oder später stolpert man dabei über diesen Begriff. Vermeintlich ist dieser zusammen mit der Erwachsenenbildung

3 Lerntheoretische Überlegungen

Bild 49: *Konstruktivismus – die eigene Lebenswelt wird erzeugt*

aktuell der letzte Schrei unter den Lerntheorien und ein schickes Modewort, das leider auch noch oft genug falsch eingesetzt wird … Erstaunlicherweise gibt es den Konstruktivismus schon seit den 1960er-Jahren und die Theorie dahinter kommt ursprünglich auch noch aus der Philosophie. Dabei hat die Ursprungsidee zunächst herzlich wenig auf die Lerntheorie abgezielt, aus der sich später die vielgerühmte Erwachsenenbildung entwickelte. Da wurde dann auch der Konstruktivismus übernommen und als eigenständige Lerntheorie eingeführt.

Schauen wir uns mal an, was daraus geworden ist und wie sich das für das moderne Lernen nutzen lässt. Ursprünglich wird angenommen, dass Menschen sich ihre Umgebung und die Abbildungen, die sie davon haben, entsprechend selbst aus ihrer Vergangenheit und Erfahrung heraus konstruieren. Also je nach eigener Erfahrung und persönlicher Vorgeschichte wird z. B. ein Bild oder eine Information so interpretiert, wie es am besten zu allen bisherigen Voraussetzungen passt. Dies passiert bei allen Schritten, bei denen es um das Erleben und Erlernen geht. Sie werden durch sinnesphysiologische, neuronale, kognitive und soziale Prozesse beeinflusst. Jetzt bekommen wir hoffentlich wieder langsam die Kurve zum Bildungswesen. Denn was heißt das jetzt übertragen auf die Lerntheorie und das konkrete Lernen? Hier würde sich ein leicht umgedichteter Beispielsatz aus einem Kinderlied anbieten: »Ich konstruier' mir die Welt – widde wie ich sie schon kenne …«

Ok, das Versmaß passt nicht ganz und singen kann ich auch nicht – trotzdem dürfte das recht eingängig sein und du solltest jetzt das Bild eines kleinen Mädchens mit zwei roten Zöpfen und einem kunterbunten Haus vor Augen haben. Nur die Szene, die du gerade im Kopf hast, wird wahrscheinlich von meiner abweichen … (Bei mir hat sie den Affen – Herrn Nilsson – auf der Schulter) … und genau das ist der Konstruktivismus – der Lehrende gibt Inhalte und Themen vor und der Lernende konstruiert sich die passende

3.7 Wissenschaftliche Lerntheorien (und Lehrtheorien)

Situation aus seinen bisherigen Erfahrungen. Solltest du das oben genannte Bild eher nicht erzeugen können, wurdest du vielleicht in einen Schuppen gesperrt und durftest schnitzen, anstatt fernzusehen?! (Für alle, die nach 2 000 geboren sind hier die Auflösung: Pippilotta Viktualia Rollgardina Pfefferminz Efraimstochter Langstrumpf und Michel aus Lönneberga.)

Die Theorie des Konstruktivismus bedeutet, dass ein Lernender neue Informationen nicht einfach nur abspeichert, sondern er verbindet und verknüpft sie mit seinem vorhandenen Vorwissen, verifiziert sie mit seiner persönlichen Einstellung zu diesem Thema und konstruiert sich daraus sein persönliches Abbild, das dann wiederum im entsprechenden Kontext abgespeichert wird. Für die Feuerwehr bedeutet das, dass alle Feuerwehrleute eine gemeldete Rauchentwicklung aufgrund unendlich vieler eigener Vorerfahrungen und Triggerpunkte (Rauchfarbe, Rauchmenge, …) komplett unterschiedlich einschätzen und darauf reagieren.

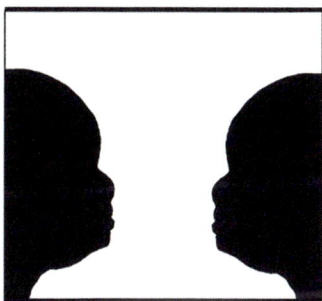

Bild 50: *Vexierbild – zwei Köpfe*

Sogenannte Vexierbilder (Doppeldeutige Bilder mit versteckten Aussagen) zeigen sehr schnell – wenn auch nur stark vereinfacht – worauf die obere Aussage hin abzielt. Je nach persönlicher Erfahrung und Vorgeschichte wird eines der beiden Bilder schneller erkannt. Das zweite Bild erscheint erst nach entsprechender Überlegung (hier wären wir wieder beim Kognitivismus). Also was zeigt das oben dargestellte Vexierbild für dich an? Zwei Köpfe? Sehr gut! Das zeigt schonmal, dass du i. d. R. mehr mit Menschen als mit Vasen zu tun hast … Auch habe ich mit einem kleinen schmutzigem Trick – durch die Bildbeschriftung (auch wenn diese vmtl. nur unterbewusst gelesen wurde) – das Ergebnis noch weiter beeinflusst. Würden wir den Versuch, vielleicht mit einem introvertierten Antiquitätenhändler, nochmal durchführen – vielleicht würde er eher die Vase als Gesichter erkennen …

3 Lerntheoretische Überlegungen

Im Kontext von Lerntheorien bedeutet das, dass Wissen nicht nur von einer Person auf eine andere Person übertragen werden kann, sondern von jedem Menschen neu konstruiert wird. Wenn z. B. Lehrende den Lernenden etwas erklären, speichern diese die Informationen nicht einfach nur ab, sondern konstruieren sich anhand der aufgenommenen Informationen ihr persönliches, individuelles Abbild der Realität – abhängig von ihrem Vorwissen, ihren Einstellungen und der aktuellen Lernsituation. Demzufolge ist Lernen kein passives (Ab-)Speichern, sondern ein aktives Erzeugen von Wissen.

Der Konstruktivismus beschreibt also, dass das Erleben und Lernen Konstruktionsprozessen unterworfen ist. Diese werden durch sinnesphysiologische, neuronale, kognitive und soziale Prozesse beeinflusst. Die Lernenden schaffen sich eine eigene Abbildung der Welt in ihrem Lernprozess und damit hängt das Lernergebnis sehr stark, aber nicht ausschließlich, von den Lernenden selbst und ihren Erfahrungen ab.

Was heißt das Ganze jetzt wieder konkret für das Lernen? Generell besteht meistens der Wunsch, dass Lehrinhalte aufgenommen und wiedergegeben werden können. Geht es jetzt nach dem Konstruktivismus, dann ist dies nicht möglich, sondern muss immer durch die Lernenden selbst erschaffen werden. Dabei wird der Lernprozess in drei Einzelschritte eingeteilt. Diese lauten Rekonstruktion, Konstruktion und Dekonstruktion – **also immer was mit Konstruktion, deswegen wohl der Konstruktivismus?**! Mit der Rekonstruktion ist das Entdecken einer neuen Welt gemeint. Dabei ist es die Aufgabe der Lernbegleitenden, den Lernenden diese Welt zu zeigen, zu erklären und vor allem für etwas Neues zu begeistern. Beim Konstruieren geht es um das Suchen und Finden von neuen Zusammenhängen und das Zusammensetzen von bereits bekannten Lösungen. Dies liegt in der Verantwortung der Lernenden und wird durch das Abarbeiten von zielführenden Aufgabenstellungen gefördert. Die Lernbegleitenden sollen dabei für passende Lernumgebungen sorgen. Das Kritisieren und kritische Hinterfragen sind die passenden Werkzeuge bei der Dekonstruktion. Wiedersprüche aufdecken, Reibungen erzeugen oder auch mal unangenehme Fragen stellen, unterstützen beim Kombinieren der gelernten Informationen. Dies zuzulassen, Gegensätzlichkeiten, mehrere Lösungen und Diskrepanzen zu akzeptieren, ist leider nicht leicht – aber als motivierte Lernbegleitung gut machbar und für eine gute Förderung der eigenständigen Denkprozesse unbedingt notwendig.

Rekonstruieren – Entdecken   > für Neues begeistern, dieses zeigen und erklären
Konstruieren – Erfinden   > passende Lernumgebungen schaffen
Dekonstruieren – Kritisieren   > aktiv und konstruktiv mitstreiten

3.7 Wissenschaftliche Lerntheorien (und Lehrtheorien)

Wenn man jetzt noch die systemisch-konstruktivistische Didaktik mit einbezieht, lassen sich ein paar neue Thesen zu den bisherigen Ansichten weiterführen. Systemisch heißt übrigens ganzheitlich und betrachtet dabei nicht nur den Lernprozess, sondern auch alle anderen Einflussfaktoren.

- ✓ Es gibt keine objektive Wirklichkeit, nur subjektive Konstrukte, die sich jeder Mensch anders konstruiert
- ✓ Verschiedene Wirklichkeiten werden in sozialen Beziehungen erzeugt und gegeneinander abgewogen
- ✓ Lernen ist eine eigene Leistung durch Konstruktion, nicht durch Lehren
- ✓ Es gibt keine fixierten Wahrheiten
- ✓ Beziehungen kommen vor Inhalten
- ✓ Lehrende sind Mehr-Wisser, keine Besserwisser
- ✓ Eigenständige Kreativität spielt eine zentrale Rolle

Es gibt auch noch eine radikal-konstruktivistische Didaktik, die sich hauptsächlich gegen die institutionellen Bedingungen von Schulen wenden. **Vielleicht musste da jemand zu oft nachsitzen?** Es geht hier, wie der Name schon sagt, sehr radikal gegen starre Rahmenbedingungen und Lernumgebungen. Salopp wird das gerne als »Singen und Klatschen« in zwei, meistens negativ konnotierten, Bildungseinrichtungen verstanden. Dabei haben die Montessori und Walddorfschulen viele gute Ansätze und letztere leider auch noch ein paar sehr obskure Theorien. An dieser Stelle möchte ich dich einfach mal dazu auffordern, ganz im Rahmen des systemischen Konstruktivismus, ein bisschen zu beiden Schulen zu recherchieren und dir selbst ein Bild davon zu machen. Vielleicht wird dann aus den radikalen Ansätzen doch eine brauchbare Grundidee. Die einschlägige Internet-Enzyklopädie reicht für einen ersten Überblick hier völlig.

3.7.4 Konnektivismus

Beim Konnektivismus streiten sich aktuell noch die Gelehrten, ob es sich bei dieser relativ jungen Theorie (die ersten Veröffentlichungen sind so ab dem Jahr 2008 zu finden) auch wirklich um eine »richtige« Lerntheorie handelt, oder nur um eine pädagogische Sicht auf Bildung – was auch immer das heißen mag. **Ich habe es leider nicht herausfinden können. Vielleicht gibt es da so einen besonderen Club der Lerntheoretiker, bei dem nicht alle mitspielen dürfen …?! Meine persönliche Einschätzung wäre, dass hier der Ansatz für eine klassische**

3 Lerntheoretische Überlegungen

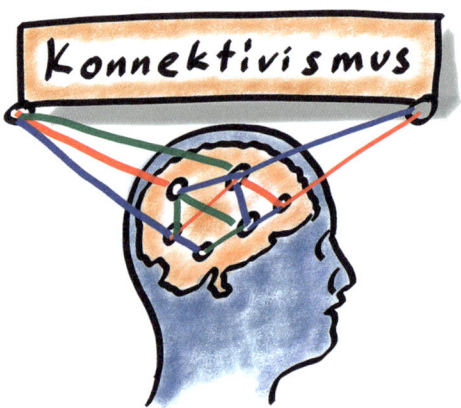

Bild 51: *Konnektivismus – Netzwerkbildung im Lernprozess*

Lerntheorie zu pragmatisch oder praktisch orientiert und somit die Neuschöpfung nicht ausreichend »hoch« genug ist … Einigen wir uns darauf, das »Lern-« einfach weg zu lassen, denn Theorie stimmt ja in jedem Fall!

Also nochmal von vorne: Das Ziel dieser Theorie ist es, das Lernen im digitalen Zeitalter genauer zu beschreiben. Da wir Menschen nicht nur als einzelne, sondern als vielschichtig vernetzte Lernwesen zu sehen sind, geht es nicht nur um einzelne Individuen, sondern auch um die Beziehungen dieser zueinander. Der Theorie nach ist diese Vernetzung nicht nur im normalen Leben äußerst wichtig, sondern eben auch beim Lernen. Hierfür gibt es ein paar Prinzipien von unterschiedlichen, diese Theorie vertretenden Personen, die sich über die einschlägigen Suchmaschinen leicht finden lassen. Bei Interesse einfach am Ende des Kapitels die angegebenen Begriffe als Empfehlung nutzen. Trotzdem versuche ich mal die Kernaussagen dieser zwei Hauptrichtungen zusammenzufassen.

Prinzipien nach Siemens
Überlegungen aus dem Konstruktivismus werden um einzelne Überlegungen aus der Neurologie ergänzt. Demnach beruht Lernen auf der Vielfalt der persönlichen Auffassungen und der Verbindung von wichtigen Informationen. Diese müssen immer aktuell sein und weiter genutzt werden, um ein effektives Lernen zu ermöglichen und Zusammenhänge zu erkennen. Diese Zusammenhänge zwischen Ideen, Konzepten und Wissensfeldern zu erkennen sowie Entscheidungen daraus zu treffen, sind das wichtigste Kernstück dieser Theorie. Networking und der Austausch untereinander sind zwingend notwendig. Das erklärte Ziel des konnektivistischen Lernens ist die Vermittlung aktuellen Wissens. Der Anspruch, immer noch mehr

3.7 Wissenschaftliche Lerntheorien (und Lehrtheorien)

wissen zu wollen, wird als wichtiger angesehen als einfach nur Wissen zu haben. Ebenso wird das Treffen von Entscheidungen als eigenständiger Lernprozess in dieser Theorie mit angesehen. Interessant ist auch die Betrachtung der sich ändernder Realitäten in Bezug auf die getroffenen Entscheidungen. So ist die Auswahl von unterschiedlichen Lernvarianten zu unterschiedlichen Zeitpunkten auf der Basis unterschiedlicher Informationslagen als Teil des Lernprozesses zu sehen.

Prinzipien nach Downes
Bei diesen Prinzipien werden auch die Grundprinzipien der Neurologie als Basis genommen und um eigene Thesen ergänzt. Demnach ist bei der Interaktion von Lernenden Kreativität wichtiger als gleiche Denkweisen. Dabei ist Lernen als der Fortschritt der Verbindungen zwischen den lernenden Menschen zu sehen. Wenn Wissen vorhanden ist, dann nur als Verbindung zwischen Menschen, denn das Lernen selbst ist die Ausgestaltung dieser Verbindungen. Lehrende müssen eine möglichst offene Lernumgebung schaffen und die Verbindungsprozesse zwischen den Lernenden fördern und unterstützen. Lernen wird als passierende Eigenschaft eines Systems angesehen.

Überlegungen zum Konnektivismus
Nachdem es sich hier um fast schon philosophische Überlegungen und angeblich noch nicht einmal um eine richtige Lerntheorie handelt, würde ich vorschlagen, wir warten hier die noch weitere Entwicklung und Festigung des Konnektivismus ab. Damit können wir an dieser Stelle jetzt einfach mal aufhören und lassen den Konstruktivismus als die aktuelle und modernste Lerntheorie so stehen. Diese wird immer wieder im Zusammenhang mit der Erwachsenenbildung verwendet und außerdem brauche ich noch eine schöne Überleitung zum nächsten Thema, das eng mit dem Konstruktivismus verbunden ist. Keine Angst – so einfach mach ich es mir dann doch nicht, da auch die Theorie des Konnektivismus ein paar sehr schöne Ansätze hat, die den Konstruktivismus gerade aus den neurologischen Überlegungen heraus hervorragend ergänzen können.

Wie du siehst, betrachte auch ich den Konnektivismus als noch nicht ganz ausgereift, trotzdem möchte ich der Weiterentwicklung nicht im Wege stehen und zusätzlich auch die wirklich guten Ansätze und weiteren Ideen nicht ignorieren. Nachdem es ja mein erklärtes Ziel ist, möglichst allumfassend zu informieren und dir eine Grundidee des modernen Lehrens und Lernens mitzugeben, war es mir wichtig, genau in diese Gesamtüberlegungen auch diese relevanten Punkte nochmal einzubringen.

3 Lerntheoretische Überlegungen

Konnektivismus = Konstruktivismus
- ✓ Verbindung von persönlichen Auffassungen mit wichtigen Informationen
- ✓ Nutzung der neuesten Erkenntnisse, um weitere Zusammenhänge zu erkennen
- ✓ Förderung des Austauschs aller Lernenden untereinander
- ✓ Förderung der Neugier nach immer weiteren neuen Informationen
- ✓ Förderung möglichst viele eigene Entscheidungen zu treffen
- ✓ Akzeptanz unterschiedlichster Realitäten bei der Entscheidungsfindung
- ✓ Schaffung von möglichst kommunikativen Lernumgebungen

3.7.5 Ermöglichungsdidaktik

Bild 52: *Ermöglichungsdidaktik – die Lernenden stehen im Mittelpunkt*

Einen ähnlichen Ansatz wie der weiter oben beschriebene Konstruktivismus verfolgt die Ermöglichungsdidaktik. Sie ist eine Kompetenz fördernde Variante der Didaktik – die sich ja mit der Kunst des Lernens beschäftigt. In diesem Fall soll den Lernenden das Lernen ermöglicht werden. Der Ansatz dahinter klingt ebenso banal wie einfach, war aber in der Anfangszeit fast eine Revolution durch Jürgen Arnold mit folgender Kernaussage. Der Lernende steht im Mittelpunkt des Lernprozesses und der Lehrende schafft die Rahmenbedingungen für ein effektives Lernen.

Der Name Jürgen Arnold ist übrigens fest mit Erwachsenenbildung, Konstruktivismus und Ermöglichungsdidaktik verbunden. Du wirst keine Recherche zu einem der drei Themen durchführen können, ohne früher oder später über diesen Namen zu stolpern. Vielleicht sind sich deshalb alle drei Felder auch in ihrer Grundausrichtung sehr ähnlich und gelten deshalb heute als der Goldstandard für ein fortschrittliches Lernen.

3.7 Wissenschaftliche Lerntheorien (und Lehrtheorien)

> Eine meiner persönlichen Spaß-Herausforderungen während meiner Masterarbeit war es übrigens, keine einzige Quelle von diesem Autor zu verwenden – ich habe es leider nicht ganz geschafft! Vielleicht war das ganz gut so ... er war mein Zweitkorrektor ... :-)

Die Ermöglichungsdidaktik basiert auf den Prinzipien der Selbstbestimmung und Selbststeuerung durch die Lernenden. Sie geht davon aus, dass für die Lernenden ein Lernprozess nicht durch Lehrende von außerhalb erzeugt wird, sondern nur durch den inneren Lernprozess ermöglicht werden kann. Die Lehrenden sind dafür verantwortlich, geeignete Rahmenbedingungen zu schaffen, die diese inneren Lernprozesse anstoßen. Das Schöne ist auch hier wieder der wissenschaftliche Ansatz aus der Neurologie, der in die Entwicklung dieser didaktischen Variante eingeflossen ist. Für die Ermöglichungsdidaktik gelten ein paar Grundprinzipien, die in der Gesamtüberlegung auch im Konstruktivismus schon vorhanden und so ähnlich beschrieben sind, aber hier nochmal sehr direkt aufgeführt werden.

- Keine Begrenzung starrer Denkschemata
- Kein »Vergessenslernen«
- Lebenslanges Lernen
- Richtige Methoden und Wechsel der Methoden
- Motivieren und Anreize schaffen
- Persönlichkeitsentwicklung

Ermöglichungsdidaktik soll ...	S. P. A. S. S.-Methode
... selbstgesteuertes Lernen unterstützen.	SELBSTGESTEUERT
... produktive Möglichkeiten zum Entdecken anbieten.	PRODUKTIV
... die Lernenden aktivieren.	AKTIVIEREND
... einen situativen Bezug zur Lerngruppe haben.	SITUATIV
... wertschätzend für alle Beteiligten sein.	SOZIAL

3.7.6 Erfahrungsbasierter Ansatz

Die Förderung übergreifender Kompetenzen und die Anwendung von bereitstehendem Wissen ist das Ziel erfahrungsbasierten Lernens. Die Nutzung des bestehenden Wissens, Könnens und Wollens in konkreten Situationen, ohne auf diese vorab vorbereitet worden zu sein, ist die Beschreibung des Konzepts zum erfahrungsbasierten Lernen.

Das klingt erstmal nach einem gewaltigen Widerspruch – Erfahrungen aufbauen und in Situationen anwenden, ohne in diesen bereits Erfahrungen gesammelt zu haben. Aber genau das soll mit interdisziplinären Kompetenzen erreicht werden – unbekannte Probleme lösen, ohne diese einzeln und im Detail vorab gelernt zu haben. Das ist doch genau das Besondere (und auch spannende) an der Feuerwehr, selbst nach vierzig Dienstjahren gibt es immer wieder Einsätze, die man so noch nicht erlebt hat.

Woher kommt es aber, dass gerade ältere Führungskräfte mit gänzlich unbekannten Situationen i. d. R. besser umgehen können als Jüngere? Das ist keine falsche Beobachtung, sondern liegt ganz einfach an der bereits vorhandenen Erfahrung und der damit verbundenen Reichweite an Lösungsvarianten. **Die Schlussfolgerung, mehr Erfahrung ist für eine vernünftige Entscheidungsfindung besser, klingt logisch und nachvollziehbar. Aber es ist gar nicht so einfach, hier Methoden, Modelle oder konkrete Umsetzungsempfehlungen zu finden – zum Glück! Sonst hätte ich mir für meine Masterarbeit ein anderes Thema suchen müssen … und ich könnte an späterer Stelle nicht meine erarbeiteten (besser erforschten) Erkenntnisse weitergeben.** Dies tue ich an dieser Stelle jetzt bewusst aber nicht, denn es geht um die Auswahl von Methoden und diese sind natürlich im ▶ Kapitel 7.11 wesentlich besser aufgehoben. Dort findest du zusätzlich auch die Erklärung für die Herleitung und die Kernaussage des erfahrungsbasierten Ansatzes. Aber eines sei an dieser Stelle schon mal verraten: Je mehr Erfahrungen vorhanden sind, desto schneller können Entscheidungen getroffen werden und desto mehr neue Lösungswege können konstruiert werden.

3.7.7 Handlungsorientierung

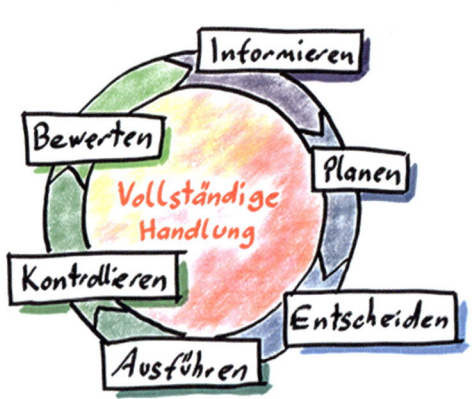

Bild 53: *Handlungsorientierung – die vollständige Handlung unterstützt hierbei*

3.7 Wissenschaftliche Lerntheorien (und Lehrtheorien)

Bei handlungsorientierten Schulungen geht es um eine ganzheitliche und aktive Art für die Lernenden, einen Unterricht oder ein Training zu gestalten. Dabei werden zwischen den Lehrenden und den Lernenden bestimmte Handlungsprodukte vereinbart, so dass gemeinsam der Lernprozess beschrieben wird. Vor allem in der Berufsausbildung wird seit den 1980er-Jahren versucht, die notwendigen Kompetenzen durch eine handlungsorientierte Ausbildung nach dem Modell der vollständigen Handlung zu gestalten. Dabei sollen die Lernenden den kompletten Lernprozess unter selbstständiger Durchführung von der Informationsbeschaffung über die Planung und Durchführung bis zur eigenständigen Bewertung der geleisteten Arbeit durchlaufen. Die Abbildung zu Beginn des Abschnitts zeigt den Kreislauf der vollständigen Handlung mit den einzelnen definierten Schritten. **Das wäre dann auch schon eine Lernsituation.**

3.7.8 Kompetenzorientierte Ausbildung (KOA)

Die kompetenzorientierte Ausbildung könnte bald der letzte Schrei in der Bildungswelt sein, das habe ich ja schon mal bei den Definitionen kurz erwähnt. Vielleicht fragst du dich, wie ich auf diese Annahme komme. Die Entwicklung in der Arbeitswelt geht immer weiter dahin, dass nicht mehr nur Wissen und Fertigkeiten zur Durchführung der gestellten Aufgaben notwendig sind. Vielmehr werden in immer mehr Bereichen übergreifende Kompetenzen gefordert, um flexibel auf die unterschiedlichen Problemstellungen reagieren zu können. Auch die Bundeswehr stellt aktuell von einer handlungsorientierten auf eine kompetenzorientierte Ausbildung um. Die gesamte Ausbildung wird auf einen Kompetenzerwerb möglichst nahe an den realen Anforderungen für konkrete Arbeitsprozesse ausgelegt. Diese sollen möglichst früh verschiedenste Fähigkeiten kombinieren. In umfangreichen und komplexen Situationen wird das soziale Umfeld mit eingebunden und zur Suche nach eigenen Lösungsvarianten angeregt.

Kompetenzorientierte Ausbildung lässt unterschiedliches Vorwissen, verschiedene Lerngeschwindigkeiten, mehrere Lösungswege sowie unterschiedliche Lernumgebungen zu und geht auf die individuellen Bedürfnisse und Fähigkeiten von Lernenden und Lehrenden ein.

Die wichtigste Grundidee der Kompetenzorientierung ist, dass es nicht nur ein Kompetenzprofil für die durchzuführenden Tätigkeiten geben muss, sondern auch vordefinierte Querschnittskompetenzen. Diese sollen eine lebenslange Weiterent-

3 Lerntheoretische Überlegungen

> wicklung, den Umgang mit Veränderungen und ein Bestehen von nicht erlernbaren Problemstellungen ermöglichen.

Nachfolgend habe ich mal die zwölf notwendigen Überlegungen, die für eine erfolgreiche Umsetzung der Kompetenzorientierung zielführend sind, kurz beschrieben. Zielführend heißt dabei, dass die Teilnehmenden die Tätigkeiten im Anschluss an die Ausbildung ausführen können und wollen. Was passenderweise ja auch die Basisdefinition von Kompetenzen ist.

1. Teilnehmerorientierung – die Teilnehmenden stehen im Mittelpunkt des Lernprozesses und ihr Vorwissen wird berücksichtigt
2. Problemorientierung – die Teilnehmenden sollen die Problemstellungen selbstständig entdecken und das zu vermittelnde Fachwissen unterstützt dies
3. Konstruktionsorientierung – die Aktivierung der Teilnehmenden soll einen großen Anteil in allen Lernformaten beinhalten
4. Selbstorganisation – die Teilnehmenden sollen ihre Lernprozesse selbst organisieren
5. Differenzierung – die zu absolvierenden Aufträge sind entsprechend der Kompetenzniveaus gestuft
6. Methoden- und Handlungsorientierung – die Methoden aktiveren die Teilnehmenden und unterstützen die fachlichen und überfachlichen Kompetenzen
7. Diagnose – das Wissen und der Lernstand der Teilnehmenden wird zu Beginn diagnostiziert
8. Individualisierung – die Teilnehmenden haben zeitliche und inhaltliche Freiräume in ihren Lernprozessen
9. Zielorientierung – die zu erreichenden Kompetenzen werden vom Ziel ausgehend geplant und durch Wiederholungen gefestigt
10. Lernproduktorientierung – die Lernprozesse sollen in einem auswertbaren Ergebnis enden
11. Exemplarisches Lernen – alle Lernüberlegungen sollen durch geeignete Beispiele unterstützt werden
12. Reflexionsorientierung – die Lernprozesse sollen reflektiert und kritisch überprüft werden

3.7 Wissenschaftliche Lerntheorien (und Lehrtheorien)

3.7.9 Kompetenzentwicklung und Kompetenzförderung

Das Ziel einer Kompetenzentwicklung ist es, den Lernprozess der Lernenden zu unterstützen und die vorhandenen Fähigkeiten entsprechend weiterzuentwickeln. Idealerweise gibt es ein angestrebtes Kompetenzprofil, das erreicht werden soll. Hierfür ist zuerst eine Analyse der vorhandenen Kompetenzen erforderlich. Zusätzlich werden die allgemeinen Schlüsselkompetenzen für eine erfolgreiche Weiterentwicklung im Leben mit herangezogen. Daraus lassen sich dann individuelle Förder- und Entwicklungspläne erstellen, die die Lernprozesse in einzelne Teile zerlegen und so individualisierte Lernwege ermöglichen.

Wie man sich hier sehr leicht denken kann, steigt der Aufwand für diese individuelle Betreuung sehr schnell an und lässt die Entwicklung in großen Gruppen nur in kleinen Schritten zu oder erfordert (für bessere Lernerfolge) Kleinstgruppen oder sogar eine Individualbetreuung – **da wären wir dann beim Coaching und Mentoring**. Letztendlich geht es aber immer um passend auf die Zielgruppe zugeschnittene Angebote zur Förderung von personalen, sozialen und fachlichen Kompetenzen. In der höchsten Form ist Kompetenzentwicklung auch die Befähigung zur Selbstorganisation, um die eigenen Kompetenzen selbst weiter entwickeln zu können.

Kompetenzförderung – so können Kompetenzen gesteigert werden:
- Kompetenzen vorab definieren
- Vorhandene Kompetenzen ermitteln
- Theorie und Praxis verknüpfen
- Wissen und Können verknüpfen
- Berufsspezifische Fälle, Probleme und Aufgaben stellen
- Bezug zu konkreter Arbeit oder Aufgabenbeschreibung nehmen
- Komplexe Aufgaben schaffen, so dass mehrere Kompetenzen gefordert und gefördert werden
- Verschiedene Inhalte und Methoden realitätsnah miteinander verbinden
- Bewältigung in Eigenverantwortung muss möglich sein
- Zusammenwirken von Handlung und Reflexion fördern
- Unterschiedliche Komplexitätsstufen ansprechen
- Komplexitätsstufen mit jeder weiteren Schulung steigern

3   Lerntheoretische Überlegungen

3.8   Lernformen

Da stellen wir uns mal janz dumm – Watt ist ne Lernform…? Hat hint' und vorn kein Loch – hat dafür aber irgendwie und irgendwas mit Lerntheorien zu tun **(und stammt übrigens – leicht abgewandelt – aus der einzigartigen Feuerzangenbowle)**. Trotzdem reicht es aber eben noch nicht ganz für eine Theorie. Methoden sind es aber auch noch nicht so ganz. Sie könnten schon eher eine Beschreibung oder eine Umsetzung eines methodischen Ansatzes sein. Manchmal auch noch mit bestimmten Sozialformen kombiniert – oder eben auch nicht.

Wie du siehst, ist dieser Begriff ziemlich schwammig, unscharf und auch nicht ganz genau zu Beschreiben. Vielmehr ist es eine konkretere Umsetzung einer Lerntheorie auf dem Weg zu einer Methode. Lernformen unterliegen meistens auch immer gewissen Modeerscheinungen oder passen sich an die technische Entwicklung mit an. Aktuell (Mitte 2025) ist gerade E-Learning en vogue – somit steht schon mal ein selbstorganisiertes Lernen mit digitaler Ausrichtung gerade hoch im Kurs. Bei keinem der drei Begriffe reicht es für eine vollständige Lerntheorie; einen davon könnte man meinetwegen noch als Methode durchgehen lassen. Je nach Art geht es um die Herstellung von Lernbedingungen, die Art und Weise, wie man sich mit Inhalten auseinandersetzt oder eben um die Einzigartigkeit in der Methode. Sie beschreiben irgendwie ganz gut in welcher Form gerade das Lernen stattfindet. **Ah – Form und Lernen, also Lernform!**

3.8.1 Bestärkung/Konditionierung

Jetzt wären wir wieder beim Leckerli – wenns bei Hunden und Kleinkindern funktioniert, dann klappts auch mit dem Feuerwehrnachbarn. Bestimmte Verhaltensweisen werden durch positive Verstärkung und angenehme Konsequenzen erlernt. Der Lernende legt dabei unterbewusst die Art der Bestärkung fest, die für ihn funktionieren wird. Wichtig dabei ist, dass die Bestärkung direkt im Anschluss und angemessen erfolgt. Das heißt, dass bei zu später Reaktion kein direkter Zusammenhang mehr hergestellt werden kann. Auch bei einer übertriebenen Rückmeldung wird diese als nicht echt angesehen und erzielt damit eher einen umgekehrten Effekt. Übrigens – nicht nur Süßigkeiten helfen hier den Feuerwehrlern beim Lernen, auch ein kurzes »Gut gemacht«, ein Schulterklopfen oder ein leichtes Kopfnicken in den richtigen Situationen sind manchmal schon ausreichend zur Bestärkung von gewünschten Verhaltensweisen.

3.8 Lernformen

Bild 54: *Lernformen – zwischen Lerntheorie und Methode*

3.8.2 Versuch und Irrtum (Trial-and-Error)

In der Übersetzung steht »trial and error« wortwörtlich für Versuch und Irrtum und dies steht wiederum im Lernzusammenhang dafür, dass man etwas so lange ausprobiert, bis die Lösung zufällig oder systematisch erreicht wird. Man lernt also einerseits Möglichkeiten, wie etwas nicht funktioniert (Ausschluss) und welche Lösungen dafür sehr wohl funktionieren (Erkenntnisfortschritt).

Das zum Erfolg führende Verhalten sollte dabei immer wiederholt werden, dann wird diese Verhaltensweise noch besser erlernt und behalten. Bei fehlender regelmäßiger Wiederholung im Anschluss werden die notwendigen Verhaltensweisen nicht weiter ausgebaut und sogar wieder abgebaut. Es konnte übrigens nachgewiesen werden, dass Katzen größtenteils auf genau diese Art lernen. **Vielleicht sind sie deshalb so irrational?! – Äh, natürlich verspielt!** In der Informatik nutzt man diese Methode z. B. zur Passwortsuche – dort nennt man sie auch Brute-Force.

 Auch Kleinkinder und Babys lernen sehr viel über diese Variante. Ein schönes Beispiel ist hier das Bauklotzspiel, bei dem verschieden geformte Bauklötze in entsprechend geformter Öffnungen gesteckt werden sollen. Bei meiner kleinen Tochter konnte ich auch noch folgende Varianten lernen »geht's nicht mit Gewalt – probier's mit mehr Gewalt« und irgendwann wurde einfach der Deckel abgehoben, um nicht die kleinen Öffnungen nutzen zu müssen. Die Lösungsansätze erinnern mich hierbei schon sehr stark an die Arbeit …

3.8.3 Einsicht

Beim Lernen durch Einsicht ist ein relativ komplizierter Vorgang gemeint, bei dem der Lernende ein Problem erkennt, in bekannte Teilprobleme zerlegt, diese umstrukturiert oder neu organisiert und wieder zusammensetzt. Dabei werden Handlungsstrategien erarbeitet, um eine Lösung zu finden. Meistens erfolgt am entscheidenden Punkt ein sogenannter Aha-Effekt, der ab diesem Moment eine ständige Wiederholung der gefundenen Problemlösung ermöglicht. Die Lernform »Einsicht« wird tendenziell dem Kognitivismus zugeordnet und soll hauptsächlich durch Verstehen und nicht durch reines Ausprobieren stattfinden.

Der Schwerpunkt liegt hier idealerweise beim Lehrenden, der durch eine (selbstständige) didaktische Reduktion das Problem aufbereitet, in Bekanntes zerlegt und dann alles einzeln erklärt oder löst. Die didaktische Reduktion ist dabei die Reduzierung der Inhalte auf das eigentliche Lernthema wie im ▶ Kapitel 3.6 bereits genauer erklärt. Wenn die Lernenden jetzt noch die Zusammenhänge und Beziehungen zwischen den Elementen der Problemsituation erkennen, haben sie durch Einsicht gelernt.

Je größer der erkennbare Nutzen durch die Problemlösung ist, desto höher ist die Motivation zur Lösungssuche.

3.8.4 Nachahmung (Vormachen/Nachmachen)

Die Entwicklung der Imitationsfähigkeit ist der wohl größte Lernerfolg in der Evolutionsgeschichte des Menschen im Vergleich zu vielen anderen Tieren. Wir können damit um ein Vielfaches schneller zum Lernerfolg gelangen als mit anderen Varianten. Zusätzlich ist für Lernen durch Nachahmung nicht immer zwingend ein aktives Bewusstsein notwendig. Dieses unbewusste Lernen findet automatisiert in unserer Umgebung auf zwei Wegen statt. Was gut ist oder gefällt, wird behalten – was nicht, wird vermieden. Also ist die Kernaussage: Umgib dich mit erfolgreichen, intelligenten und lernwilligen Menschen, dann wirst du früher oder später selbst zwangsläufig so. Das mag zwar nicht zwingend für die erfolgreichen Bereiche gelten, aber man kann von solchen Menschen z. B. sehr gut die Problemlösungskompetenzen lernen und übernehmen. Hier sind wir wieder beim Kleinkindbeispiel, bei dem sehr viel durch das Nachmachen übernommen wird. Aber auch im fortgeschrittenen Alter wird vor allem im sozialen Bereich sehr viel erworben. Wir können dies in der Ausbildung hauptsächlich durch vorbildhaftes Verhalten nutzen. Zusätzlich bietet es sich an, schwierige und komplexe Aufgaben zu Beginn vorzumachen, die dann anschließend nachgemacht und eingeübt werden müssen.

3.8 Lernformen

Fremdsprachen und vor allem die Grammatik lassen sich am besten durch das nebenbei Hören von Originaltexten und guten Zitaten verfeinern. Leider lassen sie sich so aber nicht von Grund auf lernen. Hierzu müssen vorab dann doch noch ein paar Vokabeln gebüffelt werden. Aber das Sprachverständnis und die Aussprache können so am schnellsten unbewusst übernommen und verfeinert werden.

3.8.5 Spiel/Gamification

Eine weitere interessante und erstaunlich effektive Lernform ist die Gamification oder Gamifizierung, bei der Spielprinzipien auf das Lernen angewendet werden. Erstaunlicherweise sind die Spielprinzipien nicht hauptsächlich für den spielfremden Zweck (hier das Lernen) vorgesehen und werden meist zur Motivationssteigerung genutzt. Einschlägige Spieleapps für Smartphones sind eigentlich nur gut getarnte Verkaufsshops für Premiuminhalte und Dauerwerbesendungen, die mit vielerlei Tricks versuchen, die Spielenden so lange wie möglich bei der Stange zu halten – was den meisten auch richtig gut gelingt. Aber Achtung, es besteht hier auch immer eine gewisse Suchtgefahr. Beim Lernen mittels Gamification wird die Spielbeteiligung als Bindung an vermeintlich langweilige Tätigkeiten geknüpft und das Lernen passiert somit nebenbei. Dabei unterstützen sowohl die Dauer der einzelnen Lerneinheiten und regelmäßige Wiederholungen den Lernerfolg.

Übrigens, auch die Bundeswehruniversität hat hier schon erste Forschungsstudien durchgeführt und Teile daraus zum Serious Game »SanTrain« veröffentlicht. Wer die Ergebnisse nicht abwarten will, kann sich bis dahin mal die ein oder andere Sprachlernapp ansehen. Hier wird mit genauso vielen Tricks wie oben beschrieben sogar mal was Sinnvolles gemacht.

Es gibt ein paar wiederkehrende und typische Elemente, die einen Erfolg versprechen. Nachfolgend habe ich diese mal aufgeführt und in Klammern ein reales Beispiel aufgeführt.
- Ranglisten und Highscores (Bestenliste im Lehrgang, Beförderungsranglisten)
- Fortschrittsanzeigen und Status (Dienstgradabzeichen – vor allem in der FF)
- Erfahrungspunkte (Übungsnachweishefte)
- Rückmeldungen (Erwähnungen in der Jahresbroschüre bei vielen Lehrgängen)
- Belohnungen (Orden und Medaillen)

3.8.6 Lernen am Modell

Ähnlich der vorher beschriebenen Lernform des Nachmachens zielt das »Lernen am Modell« auf eine Kombination durch Beobachtung und Nachahmung ab, hauptsächlich von Personen. Diese sollten idealerweise ein Vorbild sein, deren Verhaltensweisen einen Vorteil für die Lernenden erzeugen können. Das ist die erste mögliche Variante dieser Lernform, die eben sehr nahe an der Nachahmung orientiert ist. Darüber hinaus beschreibt die zweite Version eine Möglichkeit, die wir bei der Feuerwehr mehrfach schon als Planspiel oder Variante davon kennengelernt haben. Planspiele haben also einen Modellcharakter, bei dem wir durch aktive eigene Erfahrung oder durch das Zuschauen und Nachmachen lernen. Hier können beliebig komplexe Szenarien an einem Modell oder in einer vereinfachten Umgebung dargestellt, gelöst und beübt werden. Auch wenn man es kaum glauben kann, ist eine Übung oder sogar ein realer Einsatz ein Modell im Sinne des Lernens am Modell. Gelernt wird anhand von Vorbildern, durch Beobachtung und Nachahmung.

> Verhaltensweisen werden besonders gut übernommen, wenn eine positive emotionale Beziehung besteht oder man sich einen Nutzen daraus verspricht!

3.8.7 Informelles Lernen

Diese Lernform setzt sich aus mehreren anderen Lernformen oder -varianten zusammen und beschreibt ein Lernen im normalen Lebens- oder Arbeitsraum. Die einzelnen Mechanismen können alle vorgenannten Lernformen in diesem Kapitel einzeln oder in Kombination sein. Informelles Lernen ist so ziemlich das Gegenteil des institutionellen Lernens (in Bildungseinrichtungen nach einem festen Ablauf).

> Als Beispiel bietet sich hier ein Urlaub in Peru an, bei dem man sich vorab ein paar Spanischkenntnisse (die üblichen 20 Wörter) angeeignet hat. Während dieses Urlaubs lernt man automatisch durch Nachahmung, Versuch und Irrtum oder Ausprobieren immer weitere Wörter hinzu. Dies macht so viel Spaß, dass man vor dem Schlafengehen jeden Abend noch mittels einer Sprachlernapp durch entsprechende Gamification-Elemente versucht, sich möglichst viele Wörter und Sätze anzueignen. Das ist ein mögliches Paradebeispiel für informelles Lernen!

3.8 Lernformen

3.8.8 Erklären, Vormachen, Nachmachen

In einem Buch über die britische Spezialeinheit SAS (Special Air Service) bin ich unter anderem auch auf deren Ausbildungsmethode gestoßen, die (wie in der Überschrift prägnant zusammengefasst) aus den drei Teilen »Erklären, Vormachen, Nachmachen« besteht. **Nachdem diese Einheit nach meiner unprofessionellen Einschätzung eine handlungsorientierte Ausbildung zum Erreichen ihrer Ziele ganz dringend anwenden sollte, ist deren Ausbildungsmethode zumindest mal einen näheren Blick wert.** An sich folgt diese Lehr- und Lernmethode dem klassischen Aufbau: Steigerung vom Groben ins Feine, Theorie vor Praxis und Verstehen vor Üben. Allerdings muss man auch die Konsequenz und die Zielsetzung der Ausbildung zur SAS-Fachkraft verstehen und dies in die Betrachtung der Methodik mit einbeziehen. Ebenfalls ist die Ausbildung zum SAS-Truppmann (falls das so heißt) immer noch ein Auswahlverfahren und zur Reduzierung auf die »Besten der Besten der Allerbesten und noch viel mehr« ausgelegt. Anders ausgedrückt könnte man auch sagen, wer schwer von Begriff ist und schon von Anfang an Schwierigkeiten beim Bauen gefährlicher Gegenstände hat, muss wieder zurück und nur noch normal Krieg führen – und nicht mehr weiter Spezialkrieg. Somit ist es wichtig, die Lernform nicht nur als reine Lernmethode, sondern auch noch als gleichzeitig integriertes Assessment Center zu verstehen. Eine Weiterentwicklung (und für unsere Zwecke besser geeignete Variante) ist hier die Vier-Stufenmethode (auch oftmals als Akronym VENÜ bezeichnet), die direkt im Anschluss näher vorgestellt wird.

3.8.9 Vormachen, Erklären, Nachmachen, Üben (VENÜ)

Was unterscheidet eine britische Spezialeinheit von (deutschen) Berufsausbildungen? Na?! ... Letztere machen erst alles vor und müssen noch ein bisschen üben! Wer den Gag nicht versteht, sollte sich den vorherigen Punkt kurz durchlesen! Bei inzwischen sehr vielen Berufsausbildungen, in deren Ausbildungsplänen es verstärkt um standardisierte Fertigkeiten geht, wird meist die sogenannte Vier-Stufen-Methode angewendet. Damit diese Lernform auch wirklich zielführend angewendet werden kann, wird zwischen der vorab erforderlichen Theorie und der Praxis im Anschluss unterschieden. Die erste Stufe die direkt nach der sinnstiftenden Theorie folgt, ist das Vormachen, bei dem die Teilnehmenden das erste Mal den gesamten Ablauf sehen und hier schon die ersten Zusammenhänge herstellen können. Weitere Verbindungen werden hoffentlich bei der Erklärung geschaffen, bevor es dann an das eigene Ausprobieren geht. Im Anschluss geht es noch darum, das Verstandene einzuüben. Je nach Komplexität der Ausbildung kann dies eine unterschiedliche Dauer und weitere Ausbildungsformen zur Vertiefung einnehmen. Da sie bei der Feuerwehr sehr gerne verwendet wird und aus vielen kleinen Methoden besteht, habe ich sie in ▶ Kapitel 7.7.1 »Vormachen, Erklären, Nachmachen, Üben« als eigene Feuerwehrmethode nochmal genauer vorgestellt.

Eine schöne Anwendungsmöglichkeit wäre z. B. bei der Atemschutzgrundeinweisung. Das Anlegen des Atemanschlusses und der PA-Flasche – das alles ist ein hervorragender »standardisierter« Vorgang, den man ganz gut mit dieser Methode eintrainieren kann.

3.8.10 AVIVA/+AVIVA Phasen

Ein weiteres Schema zum Aufbau einer Schulung oder Lerneinheit ist das aus der Schweizer Unterrichtsforschung stammende AVIVA Schema, das hier je nach Verwendung noch um das »+« erweitert wird. Es beschreibt zunächst, dass Lernen in Phasen stattfindet und lässt alle Methoden in diese Phasen einteilen. Es vereint die Ideen, mehrere Lernformen und Schemata, fördert selbstverantwortliches Lernen und ist somit lernpsychologisch ganz gut begründbar, da dieses Wundermodell auch noch Kompetenzen fördert.

So neu ist es jetzt allerdings auch wieder nicht, wie uns manche staatlichen Feuerwehrschulen glauben lassen möchten. Es bringt nur die wichtigsten Elemente für einen zielführenden und kompetenzorientierten »Unterricht« in einen klar strukturierten Ablauf. **Die Betonung auf »Unterricht« ist genau das für mich hier liegende größte Problemfeld – ich finde es nicht ausreichend allgemeingültig, da es mir aufgrund der Theorielastigkeit etwas zu einseitig ist.** Trotzdem möchte ich hier noch die Erklärung liefern, was die einzelnen Akronyme dieser trotzdem ganz guten Idee bedeuten. Das Plus vorneweg steht für die Schaffung einer guten Lernatmosphäre, die sowohl direkt durch die Lehrenden als auch indirekt durch den Austausch der Lernenden gefördert wird. Beim anschließenden Ankommen oder Ausrichten werden die Lernziele und der Ablauf (der rote Faden) vorgestellt. Dann soll das Vorwissen aktiviert werden, bevor es zur gemeinsamen Entwicklung der Ressourcen durch Informieren weitergeht. Dies muss alles in der Verarbeitungsphase angewendet und vertieft werden, bevor es an die Auswertung dieser geht.

3.8 Lernformen

- + Lernatmosphäre schaffen
- A Ankommen/Ausrichten
- V Vorwissen aktivieren
- I Informieren
- V Verarbeiten
- A Auswerten

Letztendlich ist dieses Modell nur ein Ablauf zur vereinfachten Darstellung und Planung – genauso wie meine empfohlenen Abläufe im ▶Kapitel 5 oder im ▶Kapitel 6. Vielleicht fällt dir nachher in ▶Kapitel 7 die Zuordnung der von mir vorgestellten Methoden in dieses Schema auf. **In der Kategorisierung von Methoden macht es für mich persönlich wesentlich mehr Sinn als in der Planung – denn wir fangen niemals mit der Methode an! Hier noch der Hinweis für die Spezialisten (oder Philosophen) der Methode: ja ich weiß, es steckt noch mehr dahinter – mir gefällt sie trotzdem nicht besonders gut!**

3.8.11 Didaktisches/Berliner Modell

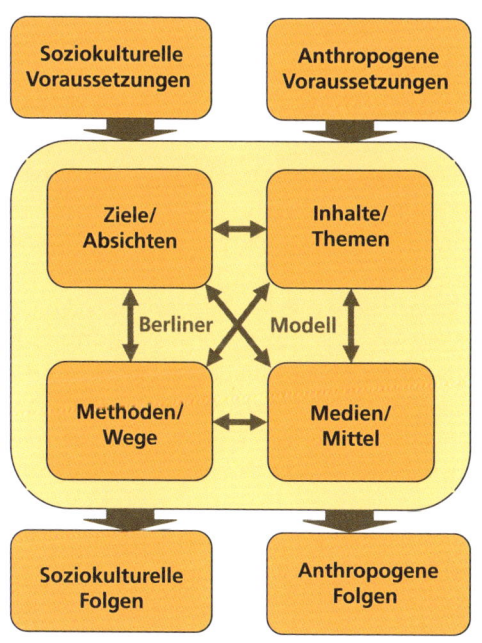

Bild 55: *Berliner Modell – eine Erklärung des Unterrichts mit seinen Bedingungen*

3 Lerntheoretische Überlegungen

Nachdem das Berliner Modell als »das« hauptsächlich verwendete Modell im deutschsprachigen Raum bezeichnet wird, darf es hier natürlich auch nicht fehlen. Es wird wohl deshalb so gerne verwendet, weil es mittels empirischer Unterrichtsanalysen erstellt wurde und eine gute Grundrichtung für die Planungen vorgibt. Wie man in der Abbildung oben gut erkennen kann, gibt es dabei sechs formale Kategorien, die in jedem Unterricht oder Training vorkommen und bei der Vorbereitung einzeln und in Abhängigkeit zueinander betrachtet werden können. Diese werden aufgeteilt in Bedingungs- und Entscheidungsfaktoren.

Bereits im ▶ Kapitel 3.4 haben wir schon von den individuellen Voraussetzungen der Zielgruppe gesprochen, diese sind die anthropogenen Voraussetzungen. Die vorhandenen Rahmenbedingungen, siehe ▶ Kapitel 5.4.1, zur Schulung sind die sozio-kulturellen Voraussetzungen. Die Entscheidungsfaktoren setzen sich aus vier Kategorien (Ziele/Absichten, Inhalte/Themen, Methoden/Wege, Medien/Mittel) zusammen, die alle in Abhängigkeit zueinander stehen. Daraus lassen sich wichtige Fragen für die Planungen ableiten. Diese werden in ▶ Kapitel 5 genauer vorgestellt. Übrigens, es gibt noch eine Weiterentwicklung daraus – das Hamburger Modell, das alle (!) Planungsebenen des Unterrichts beschreibt. Es ist somit sehr genau, aber eben noch umfangreicher, so dass ich es hier nicht beschreiben, aber zumindest für den einen oder anderen Blick empfehlen möchte.

3.8.12 Lernen durch Lehren (LdL)

Eine sehr stark konstruktivistisch angehauchte Lernform ist das Lernen durch Lehren. Sie erfreut sich in Deutschland großer Beliebtheit und wird daher gerne oft in fortgeschrittenen Unterrichtsformen angewendet. Bei dieser handlungsorientierten Unterrichtsmethode lernen die Lernenden **(und ja auch Lehrenden)**, indem sie sich den Stoff gegenseitig vermitteln. Hierbei wird der Unterricht so strukturiert, dass sich das Wissen kollektiv durch die Vorträge aller in Summe konstruiert. Neben dem reinen Wissenserwerb werden durch diese Lernform auch die Empathie und das Miteinander und vor allem die Kommunikationsfähigkeiten gestärkt. Das heißt jetzt aber nicht, dass man als dozierende Person gar nichts mehr machen muss. Ganz im Gegenteil, zuerst müssen die Grundlagen des Themas, dann die Vermittlungstechniken und nicht zuletzt auch Teile der didaktischen Reduktion genau erläutert werden.

Bei den Vorträgen selbst muss dann auf zwei Sachen parallel gut aufgepasst werden: einmal auf die Art der Vermittlung und natürlich auch den Inhalt. Beides muss im Anschluss ausgewertet, bewertet und ggf. auch korrigiert werden. Ein guter

3.9 Motivation

Kompromiss ist es, diese Lernform immer wieder im Rahmen der Ergebnissicherung bei kleineren und auch größeren Gruppenarbeiten zu nutzen. Wichtig ist nur, dass alle Teilnehmenden zu gleichen Teilen drankommen und der zeitliche Umfang, der für die Vorbereitung beträchtlich werden kann, entsprechend einkalkuliert wird. **Diese Methode kann ich persönlich wärmstens empfehlen! Erst wenn ich als Lehrperson alles so verstanden habe, dass ich die wichtigsten Inhalte kurz zusammengefasst wiedergeben kann und zusätzlich so vorbereitet bin, dass ich im Anschluss auch noch kritische Fragen beantworten kann – dann habe ich den Stoff auch wirklich verstanden.**

3.8.13 Lernformen – die zehn Lernregeln

Aus den bisher vorgestellten Lernformen lassen sich schon mal ein paar Regeln für selbstbestimmtes Lernen und Lehren ableiten. Diese werden im Zusammenhang mit schulischem Lernen und Empfehlungen für das Selbstlernen immer wieder genannt.

- Lernen sollte geplant werden
- Vorgehen vom Leichten zum Schweren
- Themen nicht überfrachten und Teilnehmende nicht überfordern
- Regelmäßigkeit in den Methoden
- Abwechslung in den Inhalten
- Viele Lernkanäle nutzen
- Praxis und Theorie im Wechsel
- Zusammenhänge herstellen
- Wiederholungen
- Pausen machen

3.9 Motivation

Lass uns ein bisschen über Motivation reden, denn diese ist, egal in welcher Form, immer der Antrieb, der uns zum Lernen bringt. Aber nicht nur beim Lernen, sondern immer dann, wenn eigene Ziele oder auch angestrebte Sachen erreicht werden wollen, wird für dieses zielgerichtete Verhalten der Begriff der Motivation verwendet. Im speziellen Hinblick auf Schulungen beschreibt Motivation die Aktivität des Lehrenden, das Interesse und die Lernbereitschaft zu wecken. Würde es um das Lernen allein gehen, beschreibt Motivation das Bestreben des Lernenden, sich

3 Lerntheoretische Überlegungen

weiterzuentwickeln – aufgrund welcher dahintersteckenden Motive auch immer. Es gibt unterschiedlichste Einteilungen von verschiedenen Motivationsarten und fast unzählige Beratende, die diese unters Volk bringen. **Man könnte fast vermuten, dass man hiermit viel Geld verdienen könnte.**

Wichtig ist zu verstehen, dass es nicht auf die »richtige« Philosophie der Motivationslehre ankommt, sondern dass jeder Mensch unterschiedliche Motivationen hat, die ihn antreiben. Diese zu erkennen und herauszukitzeln, ist eine wahre Kunst, die jede Führungskraft gerne hätte. Ein möglicher Weg ist es, die richtigen Motivationen über bestehende Bedürfnisse zu finden und zuzuordnen. Natürlich lassen sich auch Wünsche und persönliche Ziele mit einbinden. Bei den Führungskräften wären wir hier beim typischen Mitarbeitergespräch.

Du wirst sicher schon einmal von der Maslowschen Bedürfnispyramide gehört haben und vielleicht sogar schon von so genannten Hygienefaktoren. Die Philosophie dahinter ist, dass man immer nur die nächste Stufe erreichen kann, wenn alle Bedürfnisse der vorherigen Stufe ausreichend erfüllt sind. Bei den Hygienefaktoren nach Herzberg geht es um eine Unterscheidung der Bedürfnisse zwischen »störend, wenn nicht erfüllt« und »verbessernd, wenn vorhanden«. Für jemanden, der in der Aus-, Fort- und Weiterbildung tätig ist, sollte das Ziel der Motivationsermittlung hauptsächlich beim Interesse der Lernenden am Thema sein und der Frage, warum dieses Interesse vorhanden ist.

3.9.1 Die großen Drei (Big Three)

Die wahrscheinlich aussagekräftigste Theorie zum Thema Motivation kommt hier von einem Psychologen und Arzt namens McClelland und beschreibt »drei große« Motivationen. In seinen Studien konnten bei den nachfolgend erklärten jeweils unterschiedliche Ausschüttungen von Botenstoffen nachgewiesen werden. Damit kann die Existenz dieser ganz gut belegt werden. Alle weiteren Theorien basieren mehr oder weniger auf den dort nachgewiesenen Erkenntnissen. Deshalb werden sie oftmals auch die Grundmotive genannt und wie nachfolgend kategorisiert.

Leistungsmotiv
Unter der motivierenden Leistung wir hier Abwechslung, Erfolg, Fantasie, Fortschritt, Kreativität und Neugier verstanden. Werden sie erfüllt, haben wir Hoffnung auf Erfolg, falls nicht, kann daraus eine Versagensangst entstehen.

3.9 Motivation

> Motiviere durch die Anerkennung der Leistungen und mache Hoffnungen, das Ziel zu erreichen!

Machtmotiv

Bedeutung, Dominanz, Einfluss, Kampf, Kontrolle, Status und Wettbewerb fallen hier in die Kategorie der Motivation durch Macht. Meistens geht es um den Einfluss auf andere Menschen. Die Hoffnung ist hier Kontrolle über eine Situation oder Personen zu haben. Mögliche Ängste bei Nichterfüllung sind Ohnmacht und Kontrollverlust.

> Motiviere durch Einbinden in Entscheidungen und biete Statussymbole an!

Zugehörigkeitsmotiv

Für eine motivierende Zugehörigkeit sind Freundschaft, Geborgenheit, Sicherheit und Zuwendung notwendig. Soziale Beziehungen sind hier die Hoffnung bei diesem Motiv, die größte Angst ist das Gefühl der Einsamkeit, Wertlosigkeit und Ersetzbarkeit.

> Motiviere durch die Beachtung von Beiträgen und integriere diese (wenn möglich) in die Lehre. Fördere soziale Kontakte und den informellen Austausch!

3.9.2 Intrinsische Motivation

Die intrinsische Motivation wird meistens als die erstrebenswerteste Art der Motivation in der Bildung angesehen. Sie wird auch als von innen herauskommend oder aus sich selbst erzeugend beschrieben. Wenn es um das Thema Arbeit geht, wäre jemand z. B. gut motiviert, wenn die Arbeit interessant ist, die Verantwortung stimmt oder ausreichend Entscheidungsfreiheit vorhanden ist. Sie wird über Neugier, Faszination und Lust auf die Sache selbst erzeugt. So gesehen betrachtet, klingt das ja auch irgendwie richtig gut: der Lernende hat von sich aus Spaß am Lernen und Interesse am Thema und der ihm gestellten Aufgaben. Er kann sich selbst sowie seine persönlichen Werte und Ziele verwirklichen und damit werden die Aufgaben allein um ihrer selbst willen durchgeführt. Das ist doch die einzig wahre Art, wie Motivation sein sollte! **Hier wäre mein persönliches Beispiel mein derzeitiger Beruf, ich bin Fachbereichsleiter an der Feuerwehr- und Rettungsdienstschule bei der Berufsfeuerwehr München. Ich mache genau das, was ich schon immer gerne wollte und (hoffentlich) gar nicht schlecht kann. Ich habe eine gute Portion Verantwortung und ein großartiges heterogenes Team aus Mitarbeitenden, darf nebenbei noch als Einsatzführungsdienst Einsätze fahren und verdiene für mein Gefühl ganz gut! Somit habe ich ausreichend intrinsische Motivation, gerne in die Arbeit zu gehen!**

Die Begründung über die intrinsische Motivation ist mit einer der Gründe, warum Gamification gerade so auf dem Vormarsch ist. Spaß, Interesse und regelmäßige Zielerreichungen (z. B. Belohnungen, Ränge, …) spielen hier eine große Rolle.

Motive der intrinsischen Motivation:
- Erkennen des eigenen Nutzens
- Steigerung des Selbstwertgefühls
- Interesse am Thema (Arbeit, Lernstoff)
- Leistung zu Ende zu bringen
- Materielles Interesse
- Ansehen
- Humanitäre Gründe

Manchmal ist aber gerade ein gewisser Druck von außen (extrinsisch) größer oder stärker als eben die Selbstverwirklichung oder persönlichen Befriedigung – siehe nächster Abschnitt. In der Realität wird es fast immer eine Mischung aus intrinsischen und extrinsischen Motivatoren geben.

3.9.3 Extrinsische Motivation

Wie vorher schon angesprochen, gibt es Einflussfaktoren, die von außen auf jemanden einwirken und die Motivation beeinflussen. Diese heißt dann extrinsische Motivation und wird auch als fremdbestimmte Motivation bezeichnet. So schlecht der Ruf der extrinsischen Motivation auch ist, sie wird es immer geben und sie wird uns auch immer davon abhalten, nur mehr auf der Couch zu sitzen. Seien es beispielsweise Existenzängste durch Jobverlust oder gerade im schulischen Kontext die drohenden Prüfungen, sie alle treiben uns auf eine bestimmte Art an. **So bleibt mir hier der Drittversuch in Werkstofftechnik während meines Studiums in lebhafter Erinnerung. Die extrinsische Motivation durch Exmatrikulation**

3.9 Motivation

(Wortwitz nicht beabsichtigt!) hat hier die intrinsische Motivation im Streben nach höheren Wissensformen sehr deutlich verdrängt! Aber meine intrinsische Motivation das (teilweise auch sehr trockene) Ingenieurstudium zu schaffen, war mit dem Ziel meines Traumberufes vor Augen auf einmal sehr groß – und das ist jetzt die Kunst von Lernbegleitern, diese Wünsche mit dem Weg dahin zu verknüpfen. Selbst wenn man sich alle Mühe gibt, richtig zu motivieren, wird es immer eine Vermischung der beiden Varianten geben und sich die extrinsische Motivation nie ganz abstellen lassen.

Was man zumindest auch noch wissen sollte ist, dass gerade wenn kurzfristige Erfolge erzielt werden sollen und immer dann, wenn die intrinsische Variante so gar nicht greift, hier die extrinsische Motivation einen wirkungsvollen Hebel bietet. Jetzt kommt aber genau das damit verbundene Problem – langfristig und auch nachhaltig funktioniert Motivation immer nur aus dem inneren Antrieb heraus. Der Grund dafür ist, dass alle externen Antriebe immer wieder erneuert und verbessert werden. Hier tritt ein sogenannter Sättigungseffekt auf. Das macht somit das aktive Motivieren auf Dauer immer anstrengender und irgendwann fast unmöglich, da auch bei dauerhaften Steigerungen immer ein gewisser Gewöhnungseffekt auftritt. **Wer jedes Jahr immer steigende Prämien erhalten hat und plötzlich nur die gleiche (beliebig hohe) Auszahlung erhalten hat, weiß wovon ich rede. Das sind dann auf einmal nur Peanuts.**

Motive der extrinsischen Motivation:
- Leistungsdruck
- Prüfungsdruck
- Sozialer Zwang
- Zwang durch Anweisung oder Befehl
- Gesetzlicher Zwang

Selbst wenn hier kurzfristige Erfolge ersichtlich sind, sollte auch das Ziel für alle Lehrenden relativ klar sein, indem sie immer die intrinsische Motivation über die extrinsische stellen sollten.

3.9.4 Fünf Quellen der Motivation

Das Nachfolgende klingt schon fast wieder wie eine komplett eigene Theorie, aber letztendlich bauen die fünf Quellen der Motivation auf den Untersuchungen der »Big Three« auf. Sie lassen sich, wie in nachfolgender Tabelle dargestellt, in zwei intrinsische und drei extrinsische Quellen aufteilen. **Ja, das ist der Nachteil von ungeraden Zahlen und der Symmetrie.**

Tabelle 14: *Quellen der Motivation, intrinsisch/extrinsisch*

Intrinsisch:	
Intrinsische Prozessmotivation	Die Aufgabe selbst ist ausreichend, weil sie genügend Spaß und Freude durch die Tätigkeit an sich bietet. > Freude am Ausführen > *Spaß an der Bedienung des hydraulischen Rettungssatzes*
Internes Selbstverständnis	Innere gesetzte Standards dienen als Idealvorstellungen, die erreicht werden wollen. > Neue Kompetenzen erlernen > *Die Bedienung muss bei jedem Einsatz sitzen*
Extrinsisch:	
Instrumentelle Motivation	Hier geht es um konkrete Belohnungen oder einen materiellen Vorteil. > Direkter Nutzen > *Mit diesem Lehrgang darf endlich der GF-Lehrgang gemacht werden*
Externes Selbstverständnis	Man möchte den Erwartungen oder Anforderungen einer Gruppe entsprechen. > Teil eines Ganzen werden > *Ausrücken als Rüstwagenbesatzung und dort gute Arbeit leisten*
Internalisierung von Zielen	Überzeugung eines größeren Zwecks, das durch eigenen Teil unterstützt werden soll > Selbst einen Beitrag zum großen Ganzen leisten > *Wertvolles Mitglied der Einsatzmannschaft*

Wie man gut erkennen kann, gibt es zu diesen fünf Punkten sehr gute und griffige Beispiele, was dieses Konzept ganz gut stützt. Auch hier haben zahlreiche empirische Versuche und die Messung von Botenstoffausschüttungen diese Einteilung bestätigt. Somit ist dieses Konzept seit Maslow mit das Beste, was die Motivationswelt zu bieten hat, auch wenn kritische Stimmen die beiden letzten extrinsischen Punkte aktuell gerne zusammenfassen. Somit würde es extrinsisch nur den materiellen Vorteil und das beeinflussende Umfeld durch Wertschätzung geben.

3.9 Motivation

3.9.5 Kombinationen der Motivationsmodelle für das Lernen

Wie eingangs der Motivationsthematik bereits erwähnt, ist die Motivation von innen heraus immer als die wirkungsvollere anzusehen. Trotzdem werden in der Realität immer auch Gründe von außen Einfluss auf den Lernwillen der Teilnehmenden nehmen. Deshalb wäre es doch schön, wenn man es schaffen würde, dass die Zwänge, die einen bei der Bildungsmaßnahme anwesend halten, bereits nach wenigen Minuten vergessen werden können und nur noch intrinsische Gründe überwiegen. Genau hier sehe ich die größte Aufgabe der Lernbegleitung, die durch geschickte Heraushebung der Vorteile einen Nutzen, Interesse und Freude erzeugen sollte.

Jetzt fallen mir, wahrscheinlich dir auch, diese (meistens) amerikanischen Tschakka-Menschen ein, die in überteuerten Seminaren irgendwelchen ausgebrannten Leuten im Management versuchen Motivation beizubringen. Genau das meine ich damit aber nicht! Erstens, weil wir ja im Gegensatz zu diesen »Motivatoren« einen langfristigen Erfolg und nicht nur ein kurzfristiges Aha-Erlebnis erzielen wollen. Zweitens steht ja bei uns der Lernprozess und nicht die Motivation allein im Vordergrund und drittens funktioniert dies nur, wenn man gleichzeitig den Leuten geschickt das Geld aus der Tasche zieht, so dass sie es gar nicht merken.

Die Kunst einer guten Lernbegleitung ist es, ein ausgewogenes Verhältnis zwischen Inhalt, Motivation und Spaß am Lernen zu erzeugen. Deshalb schließt sich auch hier wieder der Kreis der Herleitung der Motivation, wenn man sieht, was mit Begeisterung und Überzeugung alles möglich ist. Weitere Überlegungen aus der Neurologie lassen andeuten, dass die Neugier allein auch schon eine Motivationsquelle ist, zumindest erklärt das auch die Motivation des Lernens von Babys und kleinen Kindern. Diese Gedanken lassen sich alle für das Lernen nutzen. **Reiß deine Teilnehmenden mit ins Thema und entfache ein kleines Feuer der Begeisterung, das du im folgenden Unterricht oder Training stetig nährst, so dass es sich zu einem Flächenbrand des Lernens und einem Großfeuer des Interesses und Weiterlernens ausbreitet – muahahaha … Ok, versprochen – ab sofort verwende ich weniger Feuer-Metaphern. Nicht nur meinem Bewährungshelfer gefällt das!**

Motivation ist das, was du daraus machst! Du schaffst das schon. Übertreibe nicht, überlege dir immer wieder den Nutzen und versetz dich in die Lage der Lernenden! Das bekommst du hin – ich habe da vertrauen in dich!

3.10 Quintessenz der Lerntheorie

Bild 56: *Quintessenz – das Wesentliche der Lerntheorie*

Wie auch im vorherigen Kapitel soll zum Ende hin hier alles Wesentliche zusammengefasst werden. Dass dies gerade bei der Lerntheorie oder der Didaktik, die normalerweise mehrere Bücher füllt, nicht ganz einfach ist, dürfte jedem klar sein. **Aber hey – wir sind die Feuerwehr ... da gilt doch – wir finden immer eine Lösung!**

Somit folgt hier mein Versuch, alles Relevante in genau 20 Erkenntnisse zusammenzufassen. Genauso wie ich den Begriff »Versuch« gewählt habe, ist es mir wichtig dabei zu erwähnen, dass es sich nur um meine persönlichen Empfehlungen, anhand meiner didaktischen Reduktion, handelt und nicht nur um komplett allgemeingültige Erkenntnisse. Diese Empfehlungen sind meine über die Jahre gemachten Erfahrungen – das muss natürlich nicht heißen, dass sie deshalb komplett richtig oder größtenteils falsch sind. Aber vielleicht hast du schon ganz andere Erfahrungen gemacht oder auch andere Erkenntnisse gewonnen, die für dich funktionieren?! **Also warum jetzt genau das Rumgedrucke und die vorherige komische Erklärung?! Wir müssen uns spätestens an dieser Stelle von ein paar liebgewonnenen Gewohnheiten befreien, da wir jetzt im Bereich der Sozialwissenschaften sind. Diese haben ja immer was mit Menschen zu tun und alles, was eben mit Menschen zu tun hat, kann immer wieder durch kleinste Veränderungen komplett verschieden sein oder sich anders entwickeln. Gerade als Techniker und meistes als Feuerwehrwehrangehöriger ist man eben klare, wenn-dann-Abhängigkeiten oder Entscheidungen ge-**

3.10 Quintessenz der Lerntheorie

wohnt. Diese gibt es hier schon auch noch, aber eben noch ganz viele Zwischenschritte und auch mal mehrere gültige Ansichten und Lösungen.

Solltest du noch relativ neu auf dem Gebiet der Erwachsenenbildung sein, dann bieten dir meine Erkenntnisse hoffentlich ein paar ganz gute Einstiegsempfehlungen. Je länger du in diesem Bereich tätig sein oder je tiefer du in die Thematik eintauchen wirst, desto eher stimmts du mir in manchen Punkten zu. Manche werden sich dann eher als zweitrangig herauskristallisieren und (hoffentlich) wirst du einige neue Ideen und Anregungen finden, die du dir am besten gleich noch mit dazuschreiben solltest.

Erkenntnisse für eine erwachsenengerechte Schulungsgestaltung

1. Der Lernende steht im Mittelpunkt des Lernens.
2. Behandle alle gleich und auf Augenhöhe.
3. Erzeuge Interesse für das Thema.
4. Stelle den Nutzen für jeden Einzelnen heraus.
5. Gehe vom Groben ins Feine.
6. Erkläre Struktur und Aufbau der Lerneinheit.
7. Erkläre zuerst die Zusammenhänge, dann die Begriffe.
8. Sprich so viele Eingangs- oder Lernkanäle wie möglich an.
9. Stelle immer einen konkreten Praxisbezug her.
10. Vermittle die Inhalte vom Einfachen zum Schwierigen.
11. Verwende möglichst viele praxisnahe Beispiele (aus dem eigenen Erlebten).
12. Stelle bei neuen Inhalten Verknüpfungen zu Bekanntem her.
13. Verwende aktivierende Methoden (so dass alle gefordert sind).
14. Wiederhole regelmäßig und stelle einen Bezug zu vorherigen Inhalten her.
15. Plane regelmäßige Pausen ein.
16. Wechsle die Schwerpunkte regelmäßig vom Lehrenden zum Lernenden.
17. Wechsle die Methode alle 20 Minuten zur Abwechslung.
18. Hab selber Spaß und Freude am Lehren und vermittle diesen weiter.
19. Übertreibe es nicht mit dem Spaß – er ist nie nur Selbstzweck, sondern dient dem Lernen.
20. Reflektiere dich ständig selbst – nur dann wirst du stetig besser werden.

3 Lerntheoretische Überlegungen

3.11 Quintessenz der Quintessenz der Lerntheorie

Bild 57: *Quintessenz hoch 2*

Vermittle den richtigen Inhalt, der richtigen Zielgruppe, mit der richtigen Methode (und wechsle diese alle 20 min von aktiv zu passiv)!

Stell dir regelmäßig folgende Fragen bei der Planung und Gestaltung einer Schulung:

WAS möchte ich vermitteln?	Inhalt
WEM vermittle ich den Inhalt?	Zielgruppe
WIE vermittle ich den Inhalt meiner Zielgruppe?	Methode

Darüber hinaus achte auf folgende Punkte bei der Anwendung der Methoden:
- Bediene möglichst viele Lernkanäle
- Nutze viele Bilder und Videos
- Bette die Informationen in Geschichten ein
- Zeige Ziele auf
- Lass viel üben und Erfahrungen sammeln

3.12 Weiterlernen, Quellen und weiterführende Literatur

Bild 58: *Zusammenfassung der Lerntheorie*

3.12 Weiterlernen, Quellen und weiterführende Literatur

Aufgaben zur Umsetzung und Anwendung
- ☐ Überlege dir, wie du selbst in einer Schulung behandelt werden willst!
- ☐ Überlege dir, was dich in deiner Funktion am Thema interessiert!
- ☐ Bestimme, welche der drei Autoritäten bei dir am stärksten ausgeprägt ist und welche du noch weiter ausbauen solltest!
- ☐ Definiere ein Richtziel beispielhaft für einen Gruppenführerlehrgang!
- ☐ Definiere mindestens je drei Lernziele (Grob- und Feinziele) beispielhaft für einen Gruppenführerlehrgang!
- ☐ Überlege dir drei konkrete Möglichkeiten, um Inhalte didaktisch zu reduzieren!
- ☐ Überlege dir, was dich konkret motiviert und antreibt! Versuche daraus einen Bezug zu deiner »Feuerwehrkarriere« zu finden!
- ☐ Schreibe dir die Quintessenz des Lernens auf und hänge diese aufs Klo – und nimm ab und zu das Handy nicht mit!

3 Lerntheoretische Überlegungen

Begriffe für Suchmaschinen und Recherche
»Lerntheorie«, »Neuronales Lernen«, »Lernen Gehirn«, »Gedächtnis«, »Gedächtnisebenen«,
»Gedächtnis Wissen«, »Ultrakurzzeitgedächtnis«, »Kurzzeitgedächtnis«, »Langzeitgedächtnis«,
»sensorisches Gedächtnis«, »Arbeitsgedächtnis«,
»episodisch«, »semantisch«, »prozedural«, »perzeptuell«, »Konditionierung«, »Priming«,
»Lerntypen gibt es nicht«, »Lernkanäle«, »Sinne«, »Informationsaufnahme«, »Sinnzusammenhang«, »Lernen kontextuell«, »Empathie«, »emotionale Intelligenz«,
»Augenhöhe«, »Amtsautorität«, »persönliche Autorität«, »Fachautorität«,
»Lernziele«, »Lernzielkategorisierung«, »Lernzielhierarchie«, »Taxonomiestufen«, »Lernzielstufen«, »Bloom«, »kognitiv werte normen Fertigkeiten«, »Krathwahl«,
»Inhaltsanalyse«, »richtig recherchieren«, »Analysemethoden«, »Analyse Mayring«, »Analyserichtung«, »Kategorien bilden«, »Hauptkategorien Nebenkategorien«, »induktiv deduktiv«, »didaktische Reduktion«,
»Darstellungsreduktion«, »Inhaltsreduktion«, »Schwierigkeitsreduktion«, »Umfangsreduktion«, »Qualitative didaktische Reduktion«, »Quantitative didaktische Reduktion«,
»3-Z-Formel«, »In-Out-Technik«, »Siebe der Reduktion«, »Prioritäten-Check«, »Extremreduktion«, »Substanzcheck«, »Fachlandkarte«, »Lernlandkarte«,
»Behaviorismus«, »Skinner Box«, »Pawlow«, »Pawlowscher Hund«, »Reiz Reaktions Modell«,
»Kognitivismus«, »Konstruktivismus«, »Systemischer Konstruktivismus«, »Erwachsenenbildung Konstruktivismus«, »Vexierbild«, »Konnektivismus«, »Prinzipien Siemens Downes«, »Ermöglichungsdidaktik«, »S. P. A. S.S.«, »LENA Modell«, »selbstbestimmtes Lernen«, »Lernfelder«, »Berufsbild Werkfeuerwehrmann«, »Kompetenz Entwicklung Förderung«, »Berliner Modell«, »Hamburger Modell«, »Versuch Irrtum«, »Trial Error«, »Einsicht lernen«, »vormachen nachmachen«, »Gamification«, »Konditionierung«, »Lernen am Modell«, »Lernen Planspiel«, »Lernen durch Lehren«, »LdL«,
»Motivation Arten«, »Big Three Motivation«, »intrinsisch«, »extrinsisch«, »fünf Quellen Motivation«.

3.12 Weiterlernen, Quellen und weiterführende Literatur

Quellen und weiterführende Literatur

Abraham Maslow – Bedürfnispyramide. Online verfügbar unter http://www.abraham-maslow.de/beduerfnispyramide.shtml, letzter Zugriff: 02.07.2024.

Arnold, Rolf: Systemische Erwachsenenbildung, Schneider Verlag Hohengehren, 2021.

Arnold, Rolf: Lebenslang lernen. Hirnforschung, Didaktik und Lernen. TU Kaiserlautern, Kaiserslautern, 2011. (Sicherheitsreport). Online verfügbar unter https://www.yumpu.com/de/document/read/12522168/hirnforschung-didaktik-und-lernen-lebenslang-lernen, letzter Zugriff: 02.07.2024.

Arnold, Rolf. Wie man lehrt, ohne zu belehren. 29 Regeln für eine kluge Lehre. Das LENA-Modell. Carl-Auer, Heidelberg, 2012.

Arnold: Wie man wird, wer man sein kann: 29 Regeln zur Persönlichkeitsbildung: Carl-Auer Verlag, 2016. Online verfügbar unter https://books.google.de/books?id=QA4kDwAAQBAJ, letzter Zugriff: 02.07.2024.

Beck, Henning: Hirnrissig. Die 20,5 größten Neuromythen – und wie unser Gehirn wirklich tickt. Taschenbuchausgabe, 1. Aufl., Goldmann, München, 2016.

Becker, Manfred: Systematische Personalentwicklung. Planung, Steuerung und Kontrolle im Funktionszyklus. 2., überarb. und erw. Aufl., Schäffer-Poeschel, Stuttgart, 2011.

Beck-Bornholdt, Hans-Peter; Dubben, Hans-Hermann: Der Schein der Weisen. Irrtümer und Fehlurteile im täglichen Denken. 3. Aufl., Hoffmann und Campe, Hamburg, 2002.

Behringer, Schönfeld: Lebenslanges Lernen in Deutschland – Welche Lernformen nutzen die Erwerbstätigen, BiBB, 2014. Online verfügbar unter https://www.bibb.de/veroeffentlichungen/de/publication/download/7420, letzter Zugriff: 02.07.2024.

Behringer, F.; Schönfeld, G.: Lernen Erwachsener in Deutschland im europäischen Vergleich. In: BIBB (Hrsg.): Datenreport zum Berufsbildungsbericht 2014. Informationen und Analysen zur Entwicklung der beruflichen Bildung, Bielefeld, 2014.

Beltz: Lernarrangements gestalten. Online verfügbar unter https://www.beltz.de/fachmedien/paedagogik/zeitschriften/paedagogik/themenschwerpunkte/lernarrangements_gestalten.html, letzter Zugriff: 02.07.2024.

Bilger, F.; Behringer, F.; Kuper, H.: Einführung. In: Bilger, F. u. a.: Weiterbildungsverhalten in Deutschland. Resultate des Adult Education Survey 2012, Bielefeld, 2013.

Birkenbihl, Michael: Train the trainer. Arbeitshandbuch für Ausbilder und Dozenten ; mit 21 Rollenspielen und Fallstudien. 17. Aufl., Redline Wirtschaft bei Verl. Moderne Industrie, München, 2002.

Birkholz, Waldemar; Dobler, Günter: Der Weg zum erfolgreichen Ausbilder. 6., überarb. und erw. Aufl., Edewecht, Stumpf und Kossendey, Wien, 2001.

Bloom, B.: Taxonomy of Educational Objectives. New York, 1956.

Blaschke, L. M.: Heutagogy and Lifelong Learning: A Review of Heutagogical Practice and Self-Determined Learning. Abgerufen von www.irrodl.org/index.php/irrodl/article/view/1076/2087, letzter Zugriff: 02.07.2024.

Boedeker, Sandra: Arbeit in interkulturellen Teams. Erfolgsfaktoren mexikanischdeutscher Konstellationen, VS Verlag für Sozialwissenschaften/Springer Fachmedien Wiesbaden GmbH (Research), Wiesbaden, 2012.

Böhle, Fritz: Erfahrungswissen hilft bei der Bewältigung des Unplanbaren. Förderung und Transfer von Erfahrungswissen. Hg. v. BiBB. BWP, 2005. Online verfügbar unter https://www.bibb.de/veroeffentlichungen/de/publication/download/1042, letzter Zugriff: 02.07.2024.

Böhle, Fritz: Erfahrungswissen. Erfahren durch objektivierendes und subjektivierendes Handeln. In: Axel Bolder und Rolf Dobischat (Hg.): Eigen-Sinn und Widerstand. Kritische Beiträge zum Kompetenzentwicklungsdiskurs. 1. Aufl., VS Verlag für Sozialwissenschaften/GWV Fachverlage GmbH Wiesbaden (Bildung und Arbeit, 1), S. 70–88, Wiesbaden, 2009.

3 Lerntheoretische Überlegungen

Born: Was soll und kann es bedeuten von »Wissen« zu reden? Vom NACH-Denken über WISSEN zum Vor-(AUS-)Denken von WISSEN, Born, Linz. Online verfügbar unter http://www.iwp.jku.at/born/mpwfst/06/WM280700.pdf, letzter Zugriff: 02.07.2024.

Bundesministerium für Bildung und Forschung: Deutscher Qualifikationsrahmen – DQR-Niveaus, 2014. Online verfügbar unter https://www.dqr.de/content/2315.php, letzter Zugriff: 02.07.2024.

Bundesministerium für Unterricht, Kunst und Kultur: Voneinander lernen auf Augenhöhe: Nachrichten: Aktuelles: erwachsenenbildung.at. Online verfügbar unter https://erwachsenenbildung.at/aktuell/nachrichten_details.php?nid=11852, letzter Zugriff: 02.07.2024.

Bundesministerium für Unterricht, Kunst und Kultur: Soziale und Personale Kompetenzen. Bildungsstandards in der Berufsbildung, 2011. Online verfügbar unter https://www.bmbwf.gv.at/Themen/schule/schulpraxis/uek/sozial.html, letzter Zugriff: 03.07.2024.

DIE: Grenzenlos lernen – Preis für Innovation in der Erwachsenenbildung 2011. Online verfügbar unter https://www.die-bonn.de/institut/innovationspreis/innovationspreis_2011_teilnahmebedingungen.aspx, letzter Zugriff: 02.07.2024.

DJI: Liste möglicher Kompetenzen und was darunter zu verstehen ist. Online verfügbar unter http://www.dji.de/fileadmin/user_upload/5_kompetenznachweis/KB_Kompetenzliste_281206.pdf, letzter Zugriff: 02.07.2024.

Döring, Klaus W.: Handbuch Lehren und Trainieren in der Weiterbildung, Bael, Beltz Verlag, Weinheim Basel, 2008.

Dr. Wieselhuber & Partner: Handbuch Lernende Organisation. Unternehmens- und Mitarbeiterpotentiale erfolgreich erschließen. Wiesbaden, s. l.: Gabler Verlag, Wiesbaden, 1997.

Dresing, Thorsten; Pehl, Thorsten: Praxisbuch Interview, Transkription & Analyse. Anleitungen und Regelsysteme für qualitativ Forschende, 2015. Online verfügbar unter https://www.audiotranskription.de/Praxisbuch-Transkription.pdf, letzter Zugriff: 02.07.2024.

Eggenberger, Daniel: Ausbildungsmethoden – Methodik und Didaktik für Lehrbetriebe. Taxonomiestufen nach Bloom, S. 1., 2014. Online verfügbar unter https://paeda-logics.ch/methoden-zur-ausbildung-von-lernenden, letzter Zugriff: 03.07.2024.

EQR/DQR. Online verfügbar unter https://www.kmk.org/themen/internationales/eqr-dqr.html, letzter Zugriff: 02.07.2024.

Faulstich: Lesarten des erwachsenenpädagogischen Grundgedankens. Studienbrief Porträts und Konzeptionen in der Erwachsenenbildung. Interview mit Faulstich. Hochschulschrift.

Faulstich, P.: Menschliches Lernen: Eine kritisch-pragmatistische Lerntheorie: transcript Verlag, 2014. Online verfügbar unter https://books.google.de/books?id=qLjWBQAAQBAJ, letzter Zugriff: 02.07.2024.

Feyrer, Johannes: Vom Feuer enttäuscht? Hg. v. Kohlhammer Verlag. Stuttgart (BrandSchutz Editorial, 10), 2018. Online verfügbar unter https://s3-eu-central-1.amazonaws.com/de-hrzg-khl/kh-ffe/public/2018_10_editorial.pdf, letzter Zugriff: 02.07.2024.

Fiedler, Siegfried: Wie viel Aus- und Fortbildung für Profis? Hg. v. Kohlhammer Verlag. Stuttgart (BrandSchutz Editorial, 12), 2018. Online verfügbar unter https://s3-eu-central-1.amazonaws.com/de-hrzg-khl/kh-ffe/public/bs12_18_editorial.pdf, letzter Zugriff: 02.07.2024.

Fischer, Martin; Rauner, Felix; Zhao, Zhiqun (Hg.): Kompetenzdiagnostik in der beruflichen Bildung. Methoden zum Erfassen und Entwickeln beruflicher Kompetenz: COMET auf dem Prüfstand. Berlin, Münster: LIT (Bildung und Arbeitswelt, 30), 2015.

Freudenthal, Tom; Rosomm, Dirk: Lernlust. Die kindliche Neugier und Freude am Lernen wieder wachküssen. 1. Aufl., eLearning Manufaktur GmbH, Düsseldorf, 2019.

Fromm: Einführung in didaktisches Denken, Waxmann Verlag, Münster, 2012.

Fromm: Einführung in die Pädagogik – Grundfragen, Zugänge Leistungsmöglichkeiten, utb Verlag, 2015.

Gattinger, Andreas: Praxisnahe Strategien und Umgang mit Problemen aus der VUCA-Welt von Einsatzleitern am Beispiel von Feuerwehreinsätzen – was kann man von Feuerwehr-Einsatzleitern lernen?! In: Jutta Heller (Hg.): Resilienz für die VUCA-Welt: Individuelle und organisationale Resilienz. Springer, S. 251–267, 2018.

3.12 Weiterlernen, Quellen und weiterführende Literatur

Gaum: Auswertungsverfahren, Goethe Universität, Frankfurt a. M., 2017. Online verfügbar unter https://www.uni-frankfurt.de/66795212/Methode.pdf, letzter Zugriff: 02.07.2024.

Gerner, Rölz, Tissut: Humor in Training und Organisationsentwicklung, 2016. Online verfügbar unter http://www.pexperts.de/wp-content/uploads/2016/06/Humor-PersonalEntwickeln-1.pdf, letzter Zugriff: 02.07.2024.

Grotlüschen, Pätzold: Lerntheorien in der Erwachsenen- und Weiterbildung, wbv media, Bielefeld, 2020.

Hauptmeier, G.: Didaktische Reduktion bzw. Pädagogische Transformation. In F.-J. Kaiser, 1999.

Heller, Jutta (Hg.): Resilienz für die VUCA-Welt. Individuelle und organisationale Resilienz entwickeln. 1. Aufl., Springer Fachmedien Wiesbaden GmbH, Wiesbaden, 2018.

Hildebrandt, Achim; Jäckle, Sebastian; Wolf, Frieder; Heindl, Andreas: Methodologie, Methoden, Forschungsdesign. Ein Lehrbuch für fortgeschrittene Studierende der Politikwissenschaft. Wiesbaden: Springer VS, 2015.

Jütte, Rohs (Hg.): Handbuch Wissenschaftliche Weiterbildung, Springer Verlag, Wiesbaden, 2020.

Kahneman, Daniel: Schnelles Denken, langsames Denken. 25. Aufl., München: Siedler, 2019.

Kath, F. M.: Ein Modell zur Unterrichtsvorbereitung. Alsbach: Leuchtturm-Verlag, 1978.

Karsten, Gunther: Erfolgsgedächtnis. Wie Sie sich Zahlen, Namen, Fakten, Vokabeln einfach besser merken können; [vom Gedächtnis-Weltrekordler. 4. Aufl., München: Mosaik bei Goldmann (Mosaik bei Goldmann), 2002.

Langer, Wolfgang: Die Inhaltsanalyse als Datenerhebungsverfahren. Skript. Universität Halle, Halle. Soziologie, 2000. Online verfügbar unter https://silo.tips/download/die-inhaltsanalyse-als-datenerhebungsverfahren, letzter Zugriff: 20.06.2025.

Lasogga, Frank; Gasch, Bernd: Notfallpsychologie. Lehrbuch für die Praxis. 1. Aufl., Springer-Verlag, 2008.

Lutzland: Was ist Lernkultur? 2014. Abgerufen von www.youtube.com/watch?v=-J50uSYnDDI, letzter Zugriff: 02.07.2024.

Mayring, Philipp: Forum Qualitative Sozialforschung/Forum: Qualitative Social Research. Qualitative Inhaltsanalyse. Volume 1, No. 2, Art. 20, 2000. Online verfügbar unter https://www.qualitative-research.net/index.php/fqs/article/download/1089/2384, letzter Zugriff: 02.07.2024.

Mayring, Philipp: Qualitative Inhaltsanalyse. Grundlagen und Techniken. 12., überarb. Aufl., Weinheim: Beltz (Beltz Pädagogik), 2015.

Arnold: Meueler: Lesarten des erwachsenenpädagogischen Grundgedankens. Studienbrief Porträts und Konzeptionen in der Erwachsenenbildung. Interview mit Meueler. Hochschulschrift.

Meyer, Antosch-Bardohn: Der Münchner Methodenkasten, Sprachraum eG, München, 2018. Online verfügbar unter: https://www.profil.uni-muenchen.de/profil/publikationen/muenchner-methodenkasten/muenchner-methodenkasten.pdf, letzter Zugriff: 02.07.2024.

Arnold: Nuissl: Lesarten des erwachsenenpädagogischen Grundgedankens. Studienbrief Porträts und Konzeptionen in der Erwachsenenbildung. Interview mit Nuissl. Hochschulschrift.

Nuissl: 50 Jahre für die Erwachsenenbildung – Das DIE – Werden und Wirken eines wissenschaftlichen Service-Instituts. Bielefeld: Bertelsmann, 2008. Online verfügbar unter http://www.pedocs.de/volltexte/2010/2519/pdf/Siebert_Aus_positivistischen_Fesseln_befreit_2008_D_A.pdf, letzter Zugriff: 02.07.2024.

Nuissl: Vom Lernen zum Lehren: Lern- und Lehrforschung für die Weiterbildung, wbv, Bielefeld, 2006. Online verfügbar unter https://www.die-bonn.de/doks/2006-lehr-lernforschung-01.pdf, letzter Zugriff: 02.07.2024.

Oberhummer, Heinz; Puntigam, Martin; Gruber, Werner (2015): Das Universum ist eine Scheißgegend. München: Hanser.

Pahl, J.-P., Ruppel, A.: Bausteine beruflichen Lernens im Bereich Technik. Teil 1: Unterrichtsplanung und didaktische Elemente (2. überarb. und geänderte Auflage). Alsbach: Leuchtturm-Verlag, 2001.

3 Lerntheoretische Überlegungen

Puntigam, Martin; Freistetter, Florian; Jungwirth, Helmuth; Jungwirth, Helmut: Warum landen Asteroiden immer in Kratern? 33 Spitzenantworten auf die 33 wichtigsten Fragen der Menschheit. München: Hanser, 2017.

Puntigam, Martin; Gruber, Werner: Gedankenlesen durch Schneckenstreicheln. Was wir von Tieren über Physik lernen können. Ungekürzte Ausg. München: Dt. Taschenbuch-Verl, 2014.

Quilling, Eike; Nicolini, Hans J: Erfolgreiche Seminargestaltung. Strategien und Methoden in der Erwachsenenbildung. 2., erw. Aufl., Wiesbaden: VS Verl. für Sozialwiss., 2009.

Pöggeler, Franz; Raapke, Hans-Dietrich (Hg.): Handbuch der Erwachsenenbildung, o. A. (Handbuch der Erwachsenenbildung), 1985.

Reiter (Hg.): Handbuch Hirnforschung und Weiterbildung, Beltz Verlag, Weinheim Basel, 2017.

Rothfuss: Hochleistungsteams im abwehrenden Brandschutz. Die Feuerwehr als Hochrisikoorganisation. In: Fachzeitschrift des Bundesverbandes Betrieblicher Brandschutz Werkfeuerwehrverband Deutschland e. V. IV/2017 (IV), S. 11–14, 2017. Online verfügbar unter https://www.yumpu.com/de/document/read/59995295/wfvd-info, letzter Zugriff: 03.07.2024.

Sollberger: Das Modell der 8 Wissensbausteine von Probst, Raub und Romhardt. Online verfügbar unter https://www.decidea.com/api/docs/1, letzter Zugriff: 03.07.2024.

Schrader: Lehren und Lernen: in der Erwachsenen- und Weiterbildung, wbv Publikation, Bielefeld, 2018.

Schneider, Reto U.: Das Buch der verrückten Experimente. 7. Aufl., München, Bertelsmann, 2004.

Schneider, Reto U.: Das neue Buch der verrückten Experimente. Taschenbuchausgabe, 1. Aufl., München: Goldmann, 2011.

Siebert: Methoden für die Bildungsarbeit: Leitfaden für aktivierendes Lehren, wbv Bielefeld, 2008.

Städeli, Christoph: Die fünf Säulen der guten Unterrichtsvorbereitung, 2010. Online verfügbar unter https://edudoc.ch/record/87665/files/0610_staedeli_d.pdf, letzter Zugriff: 02.07.2024.

Tippelt, Rudolf; Hippel, Aiga von (Hg.): Handbuch Erwachsenenbildung/Weiterbildung. 5. Aufl., Wiesbaden: VS Verl. für Sozialwiss, 2011.

Tittmann; Gerth; Halgasch: Formulierung von Lernzielen. Didaktische Handreichung. In: Sächsisches E-Competence Zertifikat, 2010. Online verfügbar unter https://tu-dresden.de/mz/ressourcen/dateien/services/e_learning/didaktische-handreichung-formulierung-von-lernzielen-aus-dem-projekt-seco?lang=de/, letzter Zugriff: 02.07.2024.

Vogt, Stefanie; Werner, Melanie: Forschen mit Leitfadeninterviews und qualitativer Inhaltsanalyse. Skript. FH Köln, Köln. Fakultät für angewandte Sozialwissenschaften, 2014. Online verfügbar unter https://www.th-koeln.de/mam/bilder/hochschule/fakultaeten/f01/skript_interviewsqualinhaltsanalyse-fertig-05-08-2014.pdf, letzter Zugriff: 02.07.2024.

Weidemann: Handbuch Active Training, 3. Aufl., Beltz Verlag, Weinheim Basel, 2015.

WIFI Salzburg. Lernmodell LENA, 2010 abgerufen von: www.youtube.com/watch?v=YixLRq0dY-U, letzter Zugriff: 02.07.2024.

Wissensmanagement, Bausteinmodell des – Enzyklopädie der Wirtschaftsinformatik. Online verfügbar unter https://wi-lex.de/index.php/lexikon/informations-daten-und-wissensmanagement/wissensmanagement/wissensmanagement-modelle-des/wissensmanagement-bausteinmodell-des/, letzter Zugriff: 02.07.2024.

Wollny, Anja; Marx, Gabriella: Qualitative Sozialforschung. Ausgangspunkte und Ansätze für eine forschende Allgemeinmedizin. Hg. v. Deutscher Ärzte-Verlag (85), 2009. Online verfügbar unter https://link.springer.com/article/10.3238/zfa.2009.0467, zuletzt aktualisiert am 23.01.2019.

Zentrum für Lehrerbildung, TU Kaiserslautern, Didaktische Reduktion, 2018. https://service.zfl.uni-kl.de/wp/wp-content/uploads/2018/02/Didaktische_Reduktion.pdf, letzter Zugriff: 02.07.2024.

4 Die eigene Rolle

Bild 59: *Die eigene Rolle*

Nutzen:
✓ Du weißt was du für deine Rolle als Lehrkraft und in der Ausbildung tätige Person können solltest.
✓ Du kannst dich selbst besser einschätzen, wie gut du dafür (schon) geeignet bist.
✓ Du kannst dich selbst mit dem vorgegebenen Kompetenzprofil vergleichen.
✓ Du weißt, welche deiner Kompetenzen du speziell für den Bildungsbereich noch ausbauen musst.
✓ Dein Auftreten verbessert sich auch in anderen Bereichen, da du die hier beschriebenen Kompetenzprofile übertragen und übernehmen kannst.

Lernziel:
Am Ende des Kapitels solltest du …
- … die wichtigsten Funktionen und Aufgaben deiner Rolle beschreiben können.
- … die Kompetenzanforderungen kennen und erläutern können.
- … die notwendigen Kompetenzen für den Bildungsbereich auf deine eigenen Fähigkeiten und Kenntnisse umsetzen und interpretieren können.
- … die Rolle als verantwortungsvolle Führungskraft in Schulungen übernehmen können.
- … als Vorbild mit gutem Beispiel in Lehr- und Lernsituationen vorangehen können.

4 Die eigene Rolle

- ... die Bedeutung der Kenntnisse von fachlichen Inhalten in deiner Rolle einschätzen können.
- ... die Nützlichkeit als interessantes Gegenüber differenzieren können.
- ... die Rolle einer kooperativen Lernbegleitung in Schulungen aktiv gestalten können.
- ... die Notwendigkeit des Organisierens für die Planung von Schulungen darstellen können.

Fragen:
- ? Wie wirst du ein Vorbild?
- ? Was muss man als Fachkraft alles Können und Wissen?
- ? Warum ist es so wertvoll ein interessantes Gegenüber zu sein?
- ? Was muss man als kooperative Lernbegleitung alles beachten?
- ? Wieso muss man viel organisieren?

Herzlichen Glückwunsch, du wurdest ausgewählt oder hast dich selbst dazu aufgerafft, eine Schulung durchzuführen. Höchstwahrscheinlich wird es beim ersten Mal oder zumindest noch am Anfang ein Unterricht oder eine kleine Übung sein. Aber auch ein Lehrgang ist mit der nötigen Hilfestellung (durch jemand erfahrenes oder auch durch dieses kleine Buch) kein wirkliches Problem. Solltest du tatsächlich das erste Mal vor dieser Herausforderung stehen, wirst du dich irgendwann selbst mal fragen: Kann ich das überhaupt und was sollte ich dafür eigentlich können oder mitbringen? Diese Voraussetzungen, ob man die oder der Richtige dafür ist, werden handlungs-, einstellungs- und persönlichkeitsspezifische Rollen von Lehrkräften, Dozentinnen/Dozenten oder Trainerinnen/Trainern genannt. **Keine Angst! Ja – du kannst das und ja das ist kein Hexenwerk** ... Natürlich fällt es manchen Menschen einfacher als anderen und wiederum andere haben sogar Angst vor großen Gruppen aufzutreten und zu sprechen. Diese Unterschiede sind prinzipiell auch gut so – es gibt bei allen Menschen verschiedene Talente, Kompetenzen oder eben variierende Ausprägungen. Das soll heißen, dass auch du bestimmte Fähigkeiten hast und manche dafür eben nicht so gut. Trotzdem kann man vieles auch erlernen und mit den nötigen Erfahrungen oder guten Beispielen irgendwann sehr gut bewältigen. Damit du dich aber auch entsprechend weiterentwickeln kannst, hätte ich hier noch folgende Vorschläge in welchen Bereichen du so halbwegs fit sein solltest. **Alles, was du in diesem Kapitel dazu liest, ist quasi ein Kompetenzprofil, das du selbst mit deinen eigenen Kompetenzen vergleichen kannst und anschließend die noch Fehlenden weiter entwickeln kannst.**

4.1 Verantwortungsvolle Führungskraft und Vorbild

Bild 60: *Vorbild, Führungskraft, Superheld*

Also, was braucht es, um gut unterrichten oder ausbilden zu können und ein gutes Vorbild zu sein? Das kommt gleich im Nachgang – vorher möchte ich dir erstmal zeigen, warum du fast automatisch auch immer als Vorbild angesehen wirst und was dir das bringt.

Leider kann man sich das nicht aussuchen, denn alle Teilnehmenden suchen ein menschliches und fachliches Modell, an dem sie sich orientieren können. Das ist so ähnlich wie in Filmen, bei denen man sich fast immer versucht mit einem der Hauptdarstellenden zu identifizieren. **Deswegen war übrigens Game of Thrones für viele eine so bemerkenswerte Serie, weil hier die eine oder andere Konvention mit Vorbildern (oder Hauptdarstellern) gebrochen wurde.** Man sucht sich also immer eine menschliche Komponente, an der man sich orientieren kann. Diese muss in keinster **(sic! :-)** Weise immer perfekt und unfehlbar sein. Es geht vielmehr darum, einen Verbündeten zu finden, der sowohl menschlich, verständlich und fachlich auf Augenhöhe ist. Somit muss auch nicht immer alles gewusst werden und es dürfen auch Fehler gemacht werden.

 Sic! steht übrigens für »so« oder »so geschrieben« und steht dafür, dass es im Original oder bewusst so falsch steht. Hier zur Kennzeichnung des kleinen Wortspiels »keinster« gedacht …

Was ist also ein gutes Vorbild? Hier könnte jetzt wieder eine von zahlreichen Definitionen stehen, aber ich versuche das mal auf unser doch etwas spezielles Aufgabengebiet zu übertragen, das dürfte etwas spannender sein. Zunächst könntest du dir selbst aber mal ganz kurz überlegen, was denn ein gutes Vorbild bei der

4 Die eigene Rolle

Feuerwehr so ausmacht! Höchstwahrscheinlich ist es der berühmte alte Haudegen mit Schnauzer, der schon alles erlebt hat, den nichts mehr aus der Ruhe bringt, der immer eine Antwort oder Lösung parat hat und die Feuerwehraxt noch mit den Zähnen fängt ... Die nun folgenden Kompetenzfelder habe ich für dieses doch sehr spezielle Vorbild herausgefunden: Soziale Kompetenz, Führungskompetenz, fachliche Kompetenz, handwerkliches Geschick, Selbstreflexionskompetenz, körperliche Fitness, praktische Intelligenz, Flexibilität, Entscheidungsfähigkeit und Verantwortungsbewusstsein. Zusätzlich gibt es noch ein paar Eigenschaften, die nur schwer über Kompetenzen beschrieben werden können, wie z. B. Besonnenheit, ruhige und souveräne Ausstrahlung und Stressresilienz.

In Summe lässt sich ein Vorbild entweder in Teilbereichen oder im Ganzen auf eine einfache Überlegung herunterbrechen. Es geht um Verhalten, Handlungen oder Kompetenzen, die zielführend sind und von anderen als positiv empfunden werden und somit als erstrebenswert gelten.

Sei dir somit bewusst, dass du von deinen Teilnehmenden immer wieder beobachtet, eingeschätzt und als potenzielles Vorbild herhalten musst. Dabei wird man mit der von ihnen selbst kreierten Idealvorstellung verglichen. Wie gesagt, das muss nicht immer schlecht sein, sondern kann mit einer notwendigen positiven Grundeinstellung eine sehr große Chance sein, eine einfache Verbindung zu den Lehrenden herzustellen. Ganz bewusst zähle ich die Rolle als Führungskraft in die Kategorie eines Vorbilds mit hinein.

> Die Rolle einer Führungskraft bei der Lernbegleitung heißt bitte nicht, dass jede Schulung immer eine straffe Führung und eine harte Hand benötigt.

Eine gute Lernbegleitung soll durch die Schulung mit einem konkreten Ziel und einem spannenden Verlauf führen können. Also Führung mehr im Sinne einer Stadtführung mit dem Entdecken von neuen sehenswerten Lerninhalten. Aber auch im Sinne eines effektiven Klassenraummanagements kann manchmal eine gewisse Führung notwendig sein, aber das kannst du im ▶ Kapitel 5.9.2 genauer nachlesen.

4.2 Spezialisierte Fachkraft

Am besten funktioniert übrigens die fachliche Vorbereitung, wenn man sich – mal wieder – in die Rolle der Teilnehmenden hineinversetzt und sich entweder Anwendungsszenarien mit realen Problemstellungen oder möglichen Fragestellungen überlegt. Man kann gedanklich bereits bestimmte Gegenargumente sammeln und sich darauf wieder passende Erklärungen oder Gegenbeispiele überlegen. Gerade weil man sich auf viele Eventualitäten vorbereitet, die nicht immer alle eintreten können, schafft man mehr Wissen in dem Bereich und zusätzliche Souveränität durch genau diesen Wissensvorsprung. Allein das Wissen, dass man gut vorbereitet ist und einen nichts mehr überraschen kann, schafft eine gute Grundlage für eventuelle Diskussionen. Dabei souverän aufzutreten und auch gleich eine Antwort parat zu haben, lässt einen als fachlich gut vorbereiteten Spezialisten erkennen (oder zumindest erahnen). Aber auch der souveräne Umgang mit Nichtwissen steigert das Ansehen. **Eine meiner größten Überzeugungstechniken, um neue Teammitglieder für die Ausbildung an die Schule zu bringen, sind genau die beiden letzten Argumente. Es geht mir hier nicht um gute Stellen und mögliche Versprechungen, sondern um die persönliche fachliche Weiterentwicklung und das damit verbundene steigende Selbstbewusstsein, das einen zwar nicht kurzfristig aber dafür langfristig und persönlich bei der Entwicklung hilft.**

4.3 Interessantes Gegenüber

Wer kennt sie nicht - die Kommunikationsgenies, die nach einem Übungsabend meistens in der Mitte sitzen und unterhaltsame und lustige Geschichten erzählen? Alle anderen sitzen andächtig im Kreis herum und lauschen ergriffen den Ausführungen. Dazu braucht man leider ein gewisses Talent, das manche einfach haben und manche leider nicht. Trotzdem setzt sich, wie vieles im Leben, egal in welchem Bereich, aus Startvoraussetzungen und Übung zusammen. Folglich kann man auch den größten Teil davon lernen. Es geht hier um die allgemeine Ausprägung und Entwicklung von Kommunikationsfähigkeit, Vielseitigkeit, Humor, Präsentationsfähigkeit und didaktischer Kompetenz. Damit funktioniert das Geschichtenerzählen fast von allein. Meistens muss man sich nur trauen und auch bei anderen, bereits vorhandenen Erzählenden mal durchsetzen. Dauerhaft interessant wird man für jemanden nicht durch geheimnisvoll Wirken oder gar krampfhaftes Verstellen. Viel besser ist es, einfach die Bereiche in denen man einzigartig und authentisch ist sowie etwas Interessantes beitragen kann, weiter auszubauen und hier fachlich und persönlich zu überzeugen.

Interessant wirkt man am besten im Gespräch – nicht im dauerhaften Monolog.

4.4 Kooperative Lernbegleitung

Beim kooperativen Lernen soll die Lernbegleitung sowohl die formalen Lernprozesse wie z. B. Unterrichte, als auch die informalen Lernprozesse (das Erfahrungslernen) unterstützen. Hier gilt es eine Reihe von Aufgaben zu übernehmen, um eine zufriedenstellende Zusammenarbeit mit einem effektiven Lernprozess zu fördern. In erster Linie geht es um die Entwicklung des individuellen Lernfortschritts und die persönliche Förderung aller Lernenden.

Aufgaben einer Lernbegleitung:
- Bildungsziele definieren
- Bildungspläne aufstellen
- Lernverhalten evaluieren
- Lernpläne und Lernwege entwickeln
- (Haus-)Aufgaben vorgeben
- Aufgaben begleiten
- Fragen beantworten
- Zwischengespräche führen
- Zwischenbewertungen geben
- Feedbackgespräche führen
- Lernhindernisse wahrnehmen
- Hilfestellungen für Probleme geben
- Weiterlernen anregen
- Motivation schaffen
- Lerngruppen moderieren
- Konflikte begleiten
- Mediation durchführen

Für diese Menge an abzudeckenden Themen bedarf es auch eines breiten Spektrums an entsprechenden Kompetenzen, hauptsächlich aus dem sozialen Bereich, z. B. Konfliktlösungskompetenz, Kooperationsfähigkeit, Heterarchiefähigkeit, Stressresistenz, Geduld, Leidensfähigkeit etc. Wichtig dabei ist noch zu erwähnen, dass es nicht darum geht Aufgabenstellungen, Projekte oder Ähnliches möglichst schnell lösen zu lassen, sondern bei der Entwicklung von eigenen Lösungsstrategien und dem Verstehen von Schemas und Mustern möglichst aktiv zu unterstützen. **An dieser Stelle mal wieder die Hoffnung, dass ich das in diesem Buch auch ein bisschen schaffe?! Auch wenn es natürlich nur in eine Richtung möglich ist.**

4.5 Hervorragendes Organisationstalent

Sei es bei den Planungen oder der Durchführung einer Schulung oder auch bei der Verwaltung und Begleitung von Lernenden, du wirst immer ein gewisses Maß an Organisationskompetenz und Problemlösekompetenz benötigen. Bei den vorbereitenden Maßnahmen kann man sich das Ganze noch ganz gut vorstellen, aber auch die großen Mengen an Lernmöglichkeiten, Aufgaben, Lernzielen, Entwicklungsmöglichkeiten und noch viele weitere bedürfen einer Mindestmenge an Koordination. Hier kann man sich bei vielen Werkzeugen aus der Selbst- oder Arbeitsplatzorganisation bedienen und diese, meistens ohne große Anpassung, übernehmen.

Ein paar persönliche Organisationstipps möchte ich trotz vielfältigster Internetrecherchemöglichkeiten trotzdem noch anbieten:
- Führe Checklisten.
- Priorisiere alle (Tages-)Aufgaben (Prio 1 gibt es nur 1 x).
- Fange mit den unangenehmsten Aufgaben an.
- Nutze eindeutige Farbzuordnungen.
- Verwende immer wieder die gleichen Namensfestlegungen.
- Überlege dir vorher alle Möglichkeiten und passe das System darauf an.
- Versuche eine immer wiederkehrende (digitale) Ordnerstruktur beizubehalten.
- Nutze die Eisenhower-Matrix.
- Verwende das gleiche System in allen unterschiedlichen Medien und Kommunikationsmitteln.
- Führe immer einen Notizblock und einen Stift mit dir.

4.6 Die Summe aller Anforderungen

In diesem Kapitel haben wir die vielfältigen Kompetenzanforderungen und Aufgabenstellungen kennengelernt. Auch wenn es auf den ersten Blick erschreckend umfangreich sowie in der Menge und Komplexität überfordernd scheint, kannst du dich auf ein paar wichtige Punkte konzentrieren. Diese sollen dir bei der Planung, Durchführung und Nachbereitung einer beliebigen Schulung helfen.

4 Die eigene Rolle

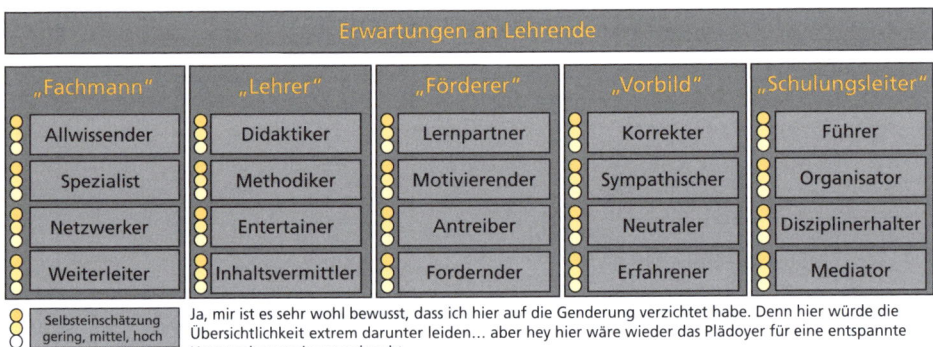

Bild 61: *Anforderungskatalog und alle möglichen Erwartungen*

Das solltest du in deiner lehrenden Rolle idealerweise alles sein:

- Verantwortungsvolle Führungskraft und Vorbild
- Spezialisierte Person
- Interessantes Gegenüber
- Kooperative Lernbegleitung
- Hervorragendes Organisationstalent

Darüber hinaus schadet es schon mal nicht, eine gewisse Persönlichkeit zu sein, die sich sowohl in einer gesunden Grundeinstellung zum Leben als auch in einer sozialen und verantwortungsvollen Führungsrolle wiederfindet. Zusätzlich solltest du dich als fachkundige, organisierte und planende Person auszeichnen. Zu guter Letzt folgt noch eine gewisse Kenntnis im Bereich der Methodik und Didaktik, um die Lerninhalte entsprechend aufzubereiten und zu vermitteln. Wenn es um spezielle fachliche Themen geht, empfiehlt es sich natürlich, in diesem Bereich ebenfalls ausreichend sicher zu sein.

4.7 Weiterlernen, Quellen und weiterführende Literatur

Aufgaben zur Umsetzung und Anwendung
- ☐ Überlege dir für jede der fünf genannten Rollen zu wie viel Prozent du diese bereits erfüllst!
- ☐ Überlege dir, was eine gute Führungskraft und ein gutes Vorbild ausmacht!
- ☐ Überlege dir, was eine Fachkraft für Kompetenzen benötigt!
- ☐ Überlege dir, was eine interessante Person für Eigenschaften braucht!
- ☐ Stelle dir vor, wie du dir eine ideale Lernbegleitung wünschen würdest!
- ☐ Überlege dir alle Fähigkeiten, die ein Organisationstalent haben sollte!

Begriffe für Suchmaschinen und Recherche

»Vorbild«, »Lernen Vorbild«, »Vorbildfunktion«,

»Interesse wecken«, »wie werde ich interessant«, »interessanter Unterricht«, »interessante Person«, »interessanter Lehrer«,

»Fachspezialist«, »Lernspezialist«, »Fachlehrer«,

»Lernbegleiter«, »Lernpartner«, »Kooperatives Lernen«,

»Selbstorganisation«, »Organisationstipps«, »Organisation lernen«, »Organisation Lehrer«.

Quellen und weiterführende Literatur

Arnold, Rolf: Systemische Erwachsenenbildung, Schneider Verlag Hohengehren, 2021.

Becker, Manfred: Systematische Personalentwicklung. Planung, Steuerung und Kontrolle im Funktionszyklus. 2., überarb. und erw. Aufl., Stuttgart: Schäffer-Poeschel, 2011.

Boedeker, Sandra: Arbeit in interkulturellen Teams. Erfolgsfaktoren mexikanischdeutscher Konstellationen. Zugl.: Paderborn, Univ., Diss., 2011. Wiesbaden: VS Verlag für Sozialwissenschaften/Springer Fachmedien Wiesbaden GmbH (Research).

Bundesministerium für Unterricht, Kunst und Kultur: Voneinander lernen auf Augenhöhe – Nachrichten – Aktuelles – erwachsenenbildung.at. Online verfügbar unter https://erwachsenenbildung.at/aktuell/nachrichten_details.php?nid=11852, letzter Zugriff: 02.07.2024.

Bundesministerium für Unterricht, Kunst und Kultur: Soziale und Personale Kompetenzen. Bildungsstandards in der Berufsbildung, 2011. Online verfügbar unter https://www.bmbwf.gv.at/Themen/schule/schulpraxis/uek/sozial.html, letzter Zugriff: 03.07.2024.

DJI: Liste möglicher Kompetenzen und was darunter zu verstehen ist. Online verfügbar unter http://www.dji.de/fileadmin/user_upload/5_kompetenznachweis/KB_Kompetenzliste_281206.pdf, letzter Zugriff: 02.07.2024.

Döring, Klaus W.: Handbuch Lehren und Trainieren in der Weiterbildung, Bael, Beltz Verlag, Weinheim Basel, 2008.

4   Die eigene Rolle

Fiedler, Siegfried: Wie viel Aus- und Fortbildung für Profis? Hg. v. Kohlhammer Verlag. Stuttgart (BrandSchutz Editorial, 12), 2018. Online verfügbar unter https://s3-eu-central-1.amazonaws.com/de-hrzg-khl/kh-ffe/public/bs12_18_editorial.pdf, letzter Zugriff: 02.07.2024.

Lutzland. Was ist Lernkultur? 2014. Abgerufen von www.youtube.com/watch?v=-J50uSYnDDI, letzter Zugriff: 02.07.2024.

Arnold: Meueler: Lesarten des erwachsenenpädagogischen Grundgedankens. Studienbrief Porträts und Konzeptionen in der Erwachsenenbildung. Interview mit Meueler. Hochschulschrift.

Arnold; Nuissl: Lesarten des erwachsenenpädagogischen Grundgedankens. Studienbrief Porträts und Konzeptionen in der Erwachsenenbildung. Interview mit Nuissl. Hochschulschrift.

Quilling, Eike; Nicolini, Hans J.: Erfolgreiche Seminargestaltung. Strategien und Methoden in der Erwachsenenbildung. 2., erw. Aufl., Wiesbaden: VS Verl. für Sozialwiss., 2009.

Pöggeler, Franz; Raapke, Hans-Dietrich (Hg.): Handbuch der Erwachsenenbildung, o. A., 1985.

Tippelt, Rudolf; Hippel, Aiga von (Hg.): Handbuch Erwachsenenbildung/Weiterbildung. 5. Aufl., VS Verl. für Sozialwiss, Wiesbaden, 2011.

Bild 62: *LGBTQIA+ Geschlechter, Geschlechterrollen und sexuelle Orientierung – Vielfalt bereichert!*

 Ist dir eigentlich aufgefallen, dass ich in diesem Kapitel ganz besonders auf eine gendergerechte Sprache geachtet habe? Jetzt wahrscheinlich schon, aber vorher ... Kurioserweise wurde die Lesbarkeit dadurch kein bisschen geschmälert – man muss nur etwas Übung im Schreiben haben und sich einfach an eine nur ganz leicht geänderte Lesart gewöhnen – mir ging es am Anfang genauso. Also geben wir dem Ganzen doch eine faire Chance!

5 Planung einer kurzen Schulung oder eines Trainings

Bild 63: *Trainings sollten kurz und effektiv sein*

Nutzen:
- ✓ Du kannst eine kurze Schulung (oder eben ein Training) passend zum Thema planen, strukturieren und aufbauen.
- ✓ Du kannst bessere Lernerfolge bei deinen Teilnehmenden erzielen.
- ✓ Du kannst ein Training einfacher und schneller, zur Not auch mal so gut wie ohne Vorbereitung, erfolgreich abhalten.
- ✓ Wenn du schon öfter kurze Schulungen abgehalten hast, erfährst du, wie du mit wenigen zu beachtenden Punkten ein noch besseres Ergebnis erzielen kannst.
- ✓ Du erkennst, worauf es bei der Planung wirklich ankommt, und sparst dir dadurch viel Zeit bei der Trainingsplanung und Ausgestaltung.

Lernziel:

Am Ende des Kapitels solltest du ...
- ... ein Training theoretisch erfolgreich planen können.
- ... das selbst erstellte Training, nach der Durchführung bezüglich der Planungsschritte, kritisch hinterfragen und aktiv verbessern können.
- ... die wichtigsten Fachbegriffe im Zusammenhang mit Bildungsmaßnahmen richtig anwenden können.

Fragen:
- ? Wie kann eine schnelle Checkliste für ein Training aussehen?
- ? Welche Fehler werden am meisten bei kurzen Schulungen gemacht?

5 Planung einer kurzen Schulung oder eines Trainings

> ? Was sollte bei der Vorbereitung alles beachtet werden?
> ? Wie recherchiert man richtig?
> ? Wie können Lernziele formuliert werden?
> ? Wie kann eine didaktische Reduktion angewendet werden?
> ? Gibt es die perfekte Methode?
> ? Wie erfolgt eine effektive Zeitplanung?
> ? Wie wird der Arbeitsplatz zielführend eingerichtet?
> ? Wie wird eine Schulung inklusive Einleitung und Ende durchgeführt?
> ? Wie gelingt ein guter Themenausstieg?
> ? Wie wird eine Schulung effektiv nachbereitet?

Nach den vorhergehenden Definitionen, der grauen Lerntheorie und dem eigenen Rollenverständnis sollen hier (endlich!) möglichst schnell ein paar Hinweise zur Planung einer kurzen Schulung oder eines Trainings vorgestellt werden. Damit sofort begonnen werden kann, habe ich gleich an erster Stelle meine persönliche Zauberformel für Unterrichte gestellt. Mit dieser sollten sofort weit mehr als 80 % der Schwierigkeiten und Probleme bei der Planung von Unterrichten oder kleineren Übungen Geschichte sein. Diese Zauberformel zur Planung lässt sich auf ein paar wenige kurze Punkte zusammenfassen und in jeder Phase einer kurzen Schulung immer wieder als Grundlage hervorholen und nutzen.

Selbst wenn es bei der ersten Planung gar nicht so einfach scheinen mag, möchte ich dir die Angst davor mit einer Art Kochrezept oder Handlungsempfehlung für die Planung nehmen. Mit etwas Erfahrung oder regelmäßigen Planungen geht das Ganze natürlich etwas leichter von der Hand. Trotzdem oder vielleicht genau mit viel Erfahrung erkennt man, dass leider – wie fast immer – etwas mehr dahintersteckt und das versuche ich im nachfolgenden Kapitel möglichst effektiv und zielführend zu erklären.

5.1 Klartext – das ist die Zauberformel für ein Training!

Wie wir bei der Lerntheorie und speziell bei der didaktischen Reduktion gesehen haben, ist es meist zielführend, eine konkrete Zusammenfassung der umfangreichen Informationen zu einem Thema anzubieten. Genau das ist hier mein Plan, mit der nachfolgenden Zusammenfassung für eine kurze Schulung. Diese ist direkt weiterentwickelt aus der Quintessenz der Lerntheorie und deshalb am Beginn des Kapitels, um möglichst schnell einen sichtbaren Erfolg vor Augen zu haben. Dabei ist es mir hier nochmal ganz wichtig zu erwähnen, dass die Methode erst zum Schluss ausgewählt wird – also auch die grundsätzliche Art des Trainings – Praxis oder Theorie.

5.2 Klartext – das sind die häufigsten Fehler eines Trainings!

Bild 64: *Nutze meine Zauberformel*

Den ersten Leitsatz solltest du dir immer wieder vor Augen führen und bei allen Schulungsmaßnahmen anwenden. Auch lohnt es sich, diesen immer bei der Einführung neuer Methoden in Einklang mit den eigenen Zielen und Absichten zu bringen. Ein weiterer wichtiger Grundsatz, auch in der Erwachsenenbildung, ist es alle – wirklich alle – auf Augenhöhe zu behandeln. Nicht vergessen werden sollte dabei, dass man selbst natürlich auch immer miteingeschlossen ist. Die drei folgenden Fragen sind die konkreten Empfehlungen, um selbst die geeignetsten Lehrmethoden für die geplante Schulungsmaßnahme auszuwählen. Am besten lässt sich dies beschreiben, wie man selbst in der Rolle der Lernenden mit welchen Inhalten, welchem genauen Anwendungszweck und welcher Lehrmethoden am besten lernen würde.

Die Lernenden stehen immer im Mittelpunkt der Aus-, Fort- und Weiterbildung	
Auf Augenhöhe!	Alle sollten sich immer gegenseitig auf Augenhöhe begegnen und behandeln!
WAS?	Das möchte ich vermitteln!
WEM?	Das interessiert die Teilnehmenden!
WIE?	So lernen die Teilnehmenden am besten mit dem größten Spaß!

5.2 Klartext – das sind die häufigsten Fehler eines Trainings!

Fehler wird es immer geben und sie sind auch notwendig, um eigene Entwicklungsschritte machen und daraus etwas Lernen zu können. Nur ein paar gravierende Probleme, die den Lernerfolg massiv stören, solltest du zumindest nicht gleich zu Beginn eines Trainings oder bei den ersten Versuchen direkt machen. Damit dir das nicht passiert, hier ein paar Empfehlungen aus unterschiedlichsten Quellen und

Bild 65: *Aus Fehlern wird man kluk – K L U K*

meiner persönlichen Erfahrung. Mit diesen fünf häufigsten Fehlern verlierst du die Aufmerksamkeit, die Lust und letztendlich auch die Lernbereitschaft deiner Teilnehmenden. Beginnen wir mit den meiner Meinung nach am häufigsten vorkommenden Fehlern im Zusammenhang mit Aus-, Fort- und Weiterbildungen. **Bitte nicht falsch verstehen, Fehler und negative Erfahrungen sollen gemacht werden und gehören sowohl zum Leben als auch in der Aus-/Fort- und Weiterbildung einfach dazu. Sie sind vor allem zur Weiterentwicklung notwendig und wertvoll. Ziel ist ja immer, Fehler in zukünftigen und wichtigen Situationen zu vermeiden. Hier wäre das Beispiel mit der berühmten Herdplatte angebracht. Aber muss sich jedes Kind gleich komplett die Hand verbrennen?! Nein, wir werden langsam darauf hingeführt: Wir werden gewarnt, wir dürfen die Hitze mit mäßiger Temperatur mal austesten … Und genau diese Art der Fehlervermeidung versuche ich hier ebenso darzustellen – in der Hoffnung, dass du dir nicht auch die Finger verbrennst!**

Teilnehmende werden nicht beachtet
Schon bei der Vorbereitung ist es wichtig, die Inhalte und die Methoden auf die Zielgruppe abzustimmen. Genauso wichtig ist es aber auch beim Vortrag selbst, die Zuhörenden mit einzubeziehen. Bleiben Fragen offen oder werden gar nicht erst zugelassen, führt dies zur Resignation bei den Teilnehmenden und einem verminderten Lernerfolg.

Teilnehmende werden überfordert
Schon bei der didaktischen Reduktion haben wir festgestellt, dass meistens mehr Inhalt als Zeit vorhanden ist. Diese Kunst der Reduzierung auf die wesentlichen Inhalte ist nicht leicht und erfordert Übung und vor allem viel Empathie. Damit die

5.2 Klartext – das sind die häufigsten Fehler eines Trainings!

Teilnehmenden nicht überfordert werden, empfiehlt es sich, die wichtigsten Aussagen des Themas darzustellen und unnötige Inhalte wegzulassen. Zusätzlich ergänzen logische Zusammenhänge, schrittweiser Aufbau und steigernde Schwierigkeiten die Klarheit der Darstellung. Werden die vorhandenen Informationen nicht gefiltert und aufbereitet, kann dies schnell zur Überforderung der Teilnehmenden führen.

Darstellungsarten sind zu überladen
Präsentationssoftware, wie PowerPoint, ist das Mittel der Wahl bei vielen Unterrichten, wenn auch mit allen Vor- und Nachteilen. Ich will dies aber gar nicht zu sehr verteufeln, einerseits weil ich um die Schwierigkeiten in der Realität weiß und es andererseits mit etwas Disziplin und ein paar Grundregeln ein sehr wertvolles Werkzeug sein kann. Grundsätzlich ist es aber egal, ob es sich um eine digitale Präsentation oder (vermeintlich) einfache Flipcharts handelt – wichtig ist immer eine einfache Klarheit in der Darstellung mit wenig Text und idealerweise vielen Bildern. Im erweiterten Sinne gehört es auch zur Darstellungsart, ob man den geschriebenen Text noch vorliest – hier besteht besonders die Gefahr, dass sich alle langweilen und nicht mehr zuhören. Meistens reicht nur ein einfaches Bild oder eine Skizze, die den gesagten Inhalt verdeutlicht. Jetzt noch eine kurze Erklärung der Thematik und ein passendes Beispiel oder eine lebhafte Geschichte und die Darstellung wird nicht überladen.

Die Vorbereitung ist mangelhaft
Nicht funktionierende Technik, falsches Zeitmanagement und unvorhergesehene Probleme lenken vom Lernen nur ab. Deshalb ist es wichtig, sich vorab Gedanken über mögliche Eventualitäten, zu kurze oder zu lange dauernde Gruppenarbeiten und noch viele weitere mögliche Schwierigkeiten zu machen. Plane immer Pufferzeiten nach oben und unten ein, damit du auch mal ganz entspannt schneller reden oder abschweifen kannst. Eine persönliche Empfehlung möchte ich dir auch noch mitgeben: sei immer ausreichend vorab da, um alles zu testen oder bei einem Komplettausfall der Technik noch eine Alternative aufzubauen – es lohnt sich!

Die Sprache passt nicht zu den Teilnehmenden
Fachbegriffe und Perturbation (!) können zeigen, dass man sich als Lehrender in der Thematik auskennt und entsprechend gebildet und redegewandt ist. Aber das sollte nicht das Ziel sein, sondern dass deine Zuhörenden den größtmöglichen Lernerfolg haben. Meistens sind wir aufgrund der fachlichen Recherche vorab so gesättigt mit Wissen und Fachbegriffen, dass es uns gar nicht mehr auffällt, wenn wir mit diesen

nur so um uns werfen. Bei einem entsprechenden Fachpublikum sollte man darauf achten, die richtigen Begriffe zu nutzen und nicht nur alles irgendwie zu umschreiben. Eine gute Methode hierfür ist es, beide Varianten zu kombinieren und zunächst alles fachgerecht darzustellen und im Anschluss die Vereinfachung als Zusammenfassung zu nutzen. So wird man auch heterogenen (also eher unterschiedlichen) Gruppen gerecht. **Ich hoffe, dass du die letzte von mir beschriebene Methode auch bisher und im gesamten Buch wiedererkennst?!**

5.3 Der Ablauf – so wird ein Training oder eine kurze Schulung ein Erfolg

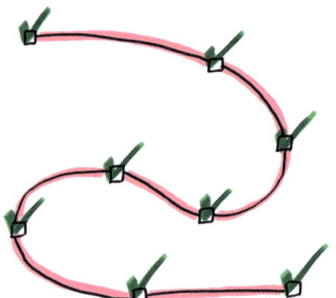

Bild 66: *Zwischen Checkliste und Algorithmus – der Erfolgsablauf*

Vollmundig gleich einen Erfolg versprechen – kann man schon mal machen. Schließlich gebe ich ja hier nur die Tipps und muss mit den Auswirkungen nicht leben ... Leider falsch! Gerne möchte ich deine Erfahrungen auch als Weiterentwicklung nutzen. Bisher habe ich den nachfolgenden »Algorithmus« sehr oft selbst angewendet und aufgrund dessen immer weiterentwickelt. Wer meine »Führungshilfen für Feuerwehr-Einsatzleiter« schon mal gesehen hat, weiß vermutlich, dass ich sehr gerne komplexe Zusammenhänge in möglichst kurzer und prägnanter Form zusammenfasse und so etwas wie »Standard-Einsatz-Ratschläge« ganz gut finde. Deshalb habe ich nachfolgend den Ablauf einer kurzen Schulung mit zwei unterschiedlich tief gehenden Unterpunkten entwickelt. So hast du, je nach Wissensstand und Erfahrung, eine kurze Checkliste, eine umfangreiche Checkliste und eine mittelmäßige Erklärung (natürlich nur im Umfang) zur Verfügung. **Eine vollständige Erklärung, musst du dir dann selbst – ganz im Sinne der Erwachsenenbildung – aus den Weiterlernangeboten zusammensuchen.** Die meisten Schulungen sind vermutlich eher kurzer Natur und fallen somit eher in die Kategorie Training und werden wahrscheinlich häufiger durchgeführt als Lehrgänge. Wenn du

5.3 Der Ablauf – so wird ein Training oder eine kurze Schulung ein Erfolg

dich anhand von diesen Einzelpunkten durcharbeitest, kannst du zumindest das Wichtigste nicht mehr vergessen.

Kurze Checkliste:

1. Vorbereitung
2. Methodenplanung
3. Zeitplanung
4. Arbeitsplatzeinrichtung
5. Schulungsbeginn
6. Schulungsdurchführung
7. Schulungsende
8. Nachbereitung

Umfangreiche Checkliste (mit zusätzlichen Unterpunkten):

1. Vorbereitung
   - ☐ Rahmenbedingungen klären
   - ☐ Inhaltsrecherche durchführen
   - ☐ Lernziele formulieren
   - ☐ Zielgruppe festlegen
   - ☐ Didaktische Reduktion durchführen
2. Methodenplanung
   - ☐ Methode auswählen
   - ☐ Abwechslung und Freude bieten
3. Zeitplanung
   - ☐ Lernzeiten planen
   - ☐ Pausen planen
   - ☐ Aktiv- und Passivphasen planen
4. Arbeitsplatzeinrichtung
5. Schulungsbeginn
   - ☐ Teilnehmer:innen begrüßen
   - ☐ Nutzen der Schulung
   - ☐ Einstieg ins Thema
   - ☐ Lernziele vorstellen
   - ☐ Roten Faden/Ablauf erläutern
6. Schulungsdurchführung
   - ☐ Erwachsenengerechtes Training
   - ☐ Klassenraummanagement
   - ☐ Raumordnung

7. Schulungsende
   ☐ Themenausstieg
   ☐ Weiterlernen aktivieren
   ☐ Lernziele sichern
   ☐ Feedback
8. Nachbereitung
   ☐ Evaluation durchführen
   ☐ Erkenntnisse sichern
   ☐ Alles in den Urzustand zurückversetzen
   ☐ Trainingsmaterialien verstauen

5.4 Vorbereitung

Bild 67: *Gute Vorbereitung erspart viel Nacharbeit*

Allen, die sich mit dem Thema der Inhaltsvermittlung auch nur ein bisschen beschäftigt haben, sollte ziemlich schnell klar sein, dass es immer einer gewissen Vorbereitung bedarf. Dabei kann man sich ganz gut als Faustregel merken: Je besser die Vorbereitung, desto einfacher und reibungsloser funktioniert im Anschluss das geplante Training. Zu einer guten Vorbereitung gehört es zunächst, alle notwendigen Rahmenbedingungen zu klären, alle erforderlichen Inhalte zu recherchieren, Lernziele zu formulieren, die Zielgruppe festzulegen und den Inhalt didaktisch auf das Relevante zu reduzieren.

5.4 Vorbereitung

5.4.1 Rahmenbedingungen klären

In den meisten Fällen wird es vorab in etwa so ablaufen, dass man zur Erstellung und zum Halten eines Unterrichts oder Übungsabends gebeten oder aufgefordert wurde. Dabei werden oftmals die Rahmenbedingungen als bereits bekannt oder als selbstverständlich vorausgesetzt. Diese sind aber gerade vor der Planung eines Trainings besonders wichtig und können dieses auch sehr stark beeinflussen. Je genauer die Bedarfs- und Zielgruppenanalyse ausfällt, desto zielorientierter kann im Anschluss die Planung erfolgen und je genauer die Planungen erfolgt sind, desto größer ist die Erfolgswahrscheinlichkeit für ein gelungenes Lernen. Das ist hauptsächlich für zufriedene Teilnehmende.

Wer sich noch an die ▶ Einleitung und ▶ Kapitel 1.8 erinnern kann, dem fällt vielleicht auf, dass auch hier schon von Rahmenbedingungen die Rede war. Dabei ging es allerdings mehr um die Rahmenbedingungen für die nun folgende gemeinsame Zeit mit den Teilnehmenden. Auch wenn es etwas verwirrend klingen mag, dass zwei Mal der gleiche Begriff verwendet wird, so macht es doch einen gewissen Sinn. Die abzufragenden Rahmenbedingungen der beauftragenden Verantwortlichen überschneiden sich zu einem großen Teil mit den Rahmenbedingungen, die man an die Teilnehmenden weitergibt.

Damit man hier nichts Wichtiges vergisst, lohnt es sich eine (kleine) Bedarfsanalyse mittels entsprechender Fragen durchzuführen. Dabei geht es in erster Linie um das Ermitteln aller wichtigen Rahmenbedingungen, die zur Planung notwendig sind. In der Praxis wird dies meist bei einem lockeren Gespräch im Rahmen der Auftragserteilung zusammen mit den Kunden, dem Kollegium oder auch weiteren Mithelfenden stattfinden. Die erwarteten Lernziele der Kunden sollten gleich zu Beginn formuliert werden. Meist sind dies Erwartungen, was die Lernenden nach der Lerneinheit denn können und wissen sollen. Es ist aber auch möglich, diese z. B. im freiberuflichen Bereich in einem Vertrag schriftlich zu fixieren und aufgrund dieser Basis ein entsprechendes Schulungskonzept zu entwickeln.

> **Mögliche Fragestellungen, um die Erwartungen abzufragen und zu erzeugen:**
> Was sollen die Lernenden danach wissen/können/anwenden/begründen/bewerten können?
> Was ist der konkrete Nutzen oder Mehrwehrt der Veranstaltung?
> Was sollen die Teilnehmenden im Anschluss besser können als vorher?

Ergänzend kannst du auch die unten aufgeführten W-Fragen nutzen, um die notwendigen Festlegungen oder fehlenden Informationen abzufragen.

Was?	– soll erreicht oder gekonnt werden?
Wem?	– Zielgruppe und Anzahl der Teilnehmenden
Welche?	– Themen und Inhalte
Wo?	– Örtlichkeit, Raumgröße, Sitzordnung
Wann?	– Uhrzeit und Tag, Gesamtzeit und Pausen
Wie lange?	– Dauer
Warum?	– Konkreter Anlass oder allgemeine Ausbildung
Wer?	– Zusätzliche Unterstützung
Wie	– Gewünschte Methode
Wie	– Praxis oder Theorie

Die beiden letzten Punkte (»Wie«) sind bewusst nicht hervorgehoben dargestellt, da diese immer vom Thema und der Zielgruppe abhängig sein sollten. Manchmal macht es aber durchaus Sinn nachzufragen, was hier gewünscht wird oder welche Erfahrungen es schon mit bestimmten Methoden gibt.

Zum Abschluss sei auch noch erwähnt, dass es manchmal vorkommen kann, dass es keine Ansprechpersonen gibt oder es sich um ein komplett offenes und frei zu gestaltendes Seminar handeln kann, bei dem ganz bewusst nur sehr wenige Rahmenbedingungen vorgegeben werden. Mit diesen fehlenden Vorgaben ist es natürlich ungleich schwerer geeignete Antworten zu finden oder sich diese selbst zu erarbeiten. Aber auch hier hilft es, sich in die Teilnehmenden hineinzuversetzen und aus deren Sicht sich selbst alle Fragen nochmal zu stellen und diese zu beantworten. Bei vielen regelmäßigen Engagements oder immer neuen Unterrichten und Trainings macht es durchaus Sinn, ein entsprechendes Formblatt mit den wichtigsten Punkten zu entwerfen. Bei offiziellen Aufträgen oder größeren Engagements kann es zusätzlich noch sehr hilfreich sein, eine Art strukturiertes Interview und dazu ein kurzes Protokoll zu führen, bei dem alle wichtigen Aspekte fixiert werden – dies kann man auch als festgeschriebene Kundenanforderungen bezeichnen. **Auch wenn manche Kunden erst durch die beratende Lehrfachkraft erfahren, was sie alles bräuchten … und vorab definieren sollten … Aber das gehört nun mal auch zu den Aufgaben von guten Erwachsenenbildnern!**

Kundenanforderungen

Kunden? Bei der Feuerwehr?! Der Begriff ist vorher schon ein paar Mal gefallen. Gemeint sind damit diesmal nicht die, die uns anrufen und Hilfe benötigen! Kunden

5.4 Vorbereitung

im Sinne eines Dienstleistungsgedanken sind die, die ein begründetes Interesse an der angebotenen Dienstleistung – hier der Schulung – haben. Etwas weniger abstrakt dargestellt gibt es auftraggebende Personen, die meistens an dich herantreten und eine entsprechende Leistung haben möchten. Wenn ich selbst z. B. als Referent gebucht werde, dann sind meine Kunden diejenigen, die mich einladen und meinen Vortrag z. B. als wertsteigernde Maßnahme für die eigenen Führungskräfte haben möchten. Wenn ich dafür entsprechend noch bezahlt werde, lässt sich das Verhältnis noch ein bisschen besser beschreiben und verstehen. Denn wie heißt es so schön in meinem Heimatbundesland: Wer zahlt, schafft an! **Nur weil jemand anschafft, muss ich damit nicht einverstanden sein und das auch genauso umsetzen – wir sind hier ja schließlich nicht im Einsatz, oder schlimmer – in der freien Marktwirtschaft!**

Am einfachsten ist hier eine gemeinsame Entwicklung der Anforderungen, Lernziele, Umsetzung und Methoden anzustoßen und auch anzuleiten – sieh dich hier einfach als Fachberatung, die pädagogischen Laien versucht, die Möglichkeiten aufzuzeigen und auch begründen kann, was nicht funktioniert und zusätzlich noch alternative Lösungen vorschlägt. Also ganz im Sinne einer Lernbegleitung, die perfekten Dienstleistenden mit eigenem Willen!

Frag einfach deine »Kunden« die unter der Bedarfsanalyse genannten »W-Fragen« um alle offenen Punkte zu klären. **Auch bei diesem Buch habe ich als Autor einen »Kunden«, der mich beauftragt hat. Der Kohlhammer Verlag ist wohl der Meinung, dass ich dieses Thema für Sie in der entsprechenden Qualität darstellen kann, so dass dabei ein entsprechender Erfolg möglich ist. Bevor ich mit dem Schreiben begonnen habe, wurden Gespräche geführt, was denn das Ziel ist, welche Zielgruppe dieses Buch lesen würde und vieles mehr. Meine beratende Leistung bezog sich hier auch auf den zu schreibenden Inhalt, den geschätzten Umfang und die Methode, wie ich die geplante Zielgruppe erreichen kann. Offensichtlich konnten wir uns einigen und so dieses Buch fertigstellen. Aber eines kannst du mir glauben – hätte ich keinen Nutzen hinter diesem Projekt gesehen … würdest du jetzt was anderes lesen** :-) Also, keine Angst, auch hier bereits zu sagen, dass der Wunsch aus den folgenden Gründen so nicht funktionieren wird. Nichts ist schlechter für gute Lehrkräfte, als etwas vermitteln zu wollen hinter dem man nicht steht!

Ein Vorteil für unsere Rolle innerhalb der Feuerwehr dürfte die fehlende finanzielle Notwendigkeit sein, Kompromisse einzugehen. Die wenigsten dürften auf jeden Vortrag angewiesen sein, um damit ihren Lebensunterhalt zu finanzieren. Falls doch – auch dann solltest du dir überlegen, ob du hinter dem Thema stehst und dieses auch so verkaufen willst. Würdest du dir selbst freiwillig einen zweitägigen Frontalvortrag ohne Methodenwechsel über die Historie der Feuerwehrpumpen antun wollen – auf beiden Seiten? **Nein?! Gut – »Deine Wahl war weise!«**

Gibt es kein vernünftiges Lernziel und auch keinen Mehrwert oder Nutzen für die Lernenden – dann gibt es auch keinen guten Grund für eine Schulung oder ein Training.

Mir ist natürlich klar, dass es gesetzliche Vorgaben, Ausbildungs- oder Lehrpläne und natürlich auch schwierige Vorgesetzte gibt, die genau dies in bestimmten (Teil-)Bereichen aber vorsehen oder fordern. Auch wenn das natürlich schwierig ist, kann ich an dieser Stelle nur appellieren, sich im Rahmen der eigenen Möglichkeiten bei den Verantwortlichen einzusetzen, dass diese Vorgaben entsprechend geändert (oder zumindest etwas zurechtgebogen) werden. Eine gute Argumentationshilfe ist hier sicherlich eine effektivere Ausbildung (sei es durch Kosteneffizienz oder gerade im Bereich des Ehrenamts auch die Zeiteffizienz). Ein geplanter Unterrichtsabend ohne Lernziel oder Nutzen kann gerade im Feuerwehrbereich ganz leicht alternativ mit praxisnaher Ausbildung und einem konkreten Übungsziel gut kompensiert werden! Denn nicht vergessen: du hast die Oberhand über die Methode. Vielleicht ist genau das die Möglichkeit, das Beste daraus zu machen und entsprechend sensibel den Gestaltungsspielraum ausnutzen und durch gute Argumente zu erweitern.

Zielgruppenanalyse
Zur Klärung aller Rahmenbedingungen gehört vor allem auch eine vernünftige Zielgruppenanalyse. Idealerweise kann man dabei bestimmte Gruppen identifizieren, die entsprechend ihren Merkmalen bei der Planung berücksichtigt werden können. Je mehr Teilnehmende dieselben Merkmale aufweisen, desto homogener kann die Gruppe bezeichnet werden. Typischerweise spielen Persönlichkeitsmerkmale wie Alter und Geschlecht ebenso eine Rolle wie der Bildungsstand der Personen. Am wichtigsten für die Planung kurzer Schulungen sind aber die Kenntnisse, die sich üblicherweise aus Fachkenntnissen, themenspezifischen Vorkenntnissen und Berufserfahrung zusammensetzen.

Die aktuelle Tätigkeit oder Aufgabe oder auch die angestrebte Funktion ist bei der Feuerwehr nicht zu vernachlässigen, da wir ja meistens mit klaren Aufgaben, Funktionen und auch Hierarchien arbeiten.

5.4 Vorbereitung

Ebenso sollte man die bereits vorhandenen Erfahrungen im Bereich der Aus-, Fort- und Weiterbildung genauso mit einbeziehen. Diese Methodenkompetenz kann sich ebenso wie die Art der Motivation (intrinsisch oder extrinsisch) sehr auf die Ausprägung der Zielgruppe auswirken. Wichtig zu erwähnen ist hier, dass sich eine Zielgruppenanalyse aus dem Bildungsbereich in der Durchführung erstmal nicht wesentlich von einer Analyse aus dem Werbebereich unterscheidet, was natürlich die Recherche im Internet um einiges erleichtert. Bei der Detailabstimmung wird im Werbebereich aber wesentlich feiner aufgegliedert und meistens auch noch zwischen Alter, Lebensabschnitt, Beziehungsstatus und vielem mehr unterschieden.

Typische Merkmale zur Beschreibung von Zielgruppen im Bildungsbereich:

Persönliche oder demografische Merkmale
- Alter
- Werte und Meinungen
- (allgemeine) Lebenserfahrung
- Persönliche Einschränkungen und Behinderungen
- Befindlichkeiten und Ängste
- Bereitschaft zur Mitarbeit und Zusammenarbeit
- Sprachkenntnisse und Fachbegriffe
- Kulturelle Unterschiede

Methodische Merkmale
- Bildungshintergrund
- Lernerfahrung
- Lerngewohnheiten
- Mobilität

Fachliche oder Berufsspezifische (sozioökonomische) Merkmale
- Funktion/Aufgabe
- Fachliches Vorwissen zum Thema
- Fachliche Erfahrung in der entsprechenden Funktion
- Arbeitssituation

Lernpsychologische (psychografische) Merkmale
- Meinung, Werte und Einstellung
- Motivation und Lernbereitschaft
- Interessen und Hobbys

Thema

Das Mindeste, was die Anforderung einer kurzen Schulung immer beinhalten sollte, ist ganz klar das Thema. Klingt einfach und logisch, da man ja sonst nicht wirklich weiß, was man überhaupt machen soll. Dieses (nennen wir es einmal) Hauptthema lässt sich durch die Anforderungen, Zielgruppe und Lernziele noch ganz gut ergänzen und genauer beschreiben. So kann zusammen mit den abgefragten Rahmenbedingungen und einer Inhaltsrecherche das Ganze noch ein bisschen besser feinjustiert und abgestimmt werden. Somit ist auch die Frage nach dem (genauen) Thema oder der genauen Bezeichnung der Schulung in Abhängigkeit mit den anderen Rahmenbedingungen bei einer Schulungsanforderung durchaus legitim. Sei es nur, um die grobe Richtung zu fixieren, die Menge etwas einzuschränken oder schon auf die Ziele hinzuwirken.

5.4.2 Inhaltsrecherche durchführen

Ein möchtegern-weiser Mann der dieses Buch geschrieben hat, sagte so oder so ähnlich einmal: »wer nichts weiß, sollte auch nichts zu sagen haben«. Da es schwierig ist ein Training abzuhalten, ohne irgendetwas zu sagen, solltest du also folglich was vom Thema verstehen und damit auch etwas mehr als die meisten Lernenden zu sagen haben.

Damit kommen wir zur Inhaltsrecherche, die die Grundlage für deine Ausführungen und dein Training bieten soll. Selbst wenn du eine Schulung zu einem kurzen, altbekannten und vermeintlich einfachen Thema durchführen willst, solltest du zumindest eine kurze Recherche durchführen, ob sich irgendwelche Neuerungen ergeben haben. Oftmals gibt es Gesetzesänderungen oder zumindest minimale Anpassungen. Das ist so das Mindeste, was man dem Thema schuldig sein sollte. Zusätzlich hält man sich auch auf dem aktuellen Stand, bildet sich selbst automatisch fort und erlangt zusätzliches Wissen, was meiner Meinung nach für professionelle, in der Erwachsenenbildung tätige Personen, selbstverständlich sein sollte. Nichts ist peinlicher als die Klarsichtfolien des Vorgängers zu kopieren und dann während des Vortrags ein Datum von 1979 wiederzuentdecken. Oder die Teilnehmenden wundern sich, warum sie diese Schutzkleidung zuletzt im Museum gesehen haben, weil sie inzwischen schon viermal erneuert wurde. **Du denkst, diese Geschichten sind frei erfunden ... da muss ich dich leider enttäuschen ... Ich sage nur nicht genau wer und wo – und zur Ehrenrettung: Ich bin zum Glück viel herumgekommen.** Damit dir selbst so etwas nicht passiert, möchte ich nachfolgend auf die typischen Fragen, die an dieser Stelle so fallen, eingehen und hoffentlich auch die Bedenken für eine vermeintlich aufwendige oder komplizierte Recherche zerstreuen. Zusätzlich empfehle ich dir, vorher noch die Suchrichtung möglichst genau festzulegen. Denn je genauer du weißt, was du willst, desto einfacher fällt es, sich zu überlegen, wo man am besten die passenden Informationen herbekommt. Generell

5.4 Vorbereitung

gilt es ja, seriöse, aktuelle und allgemeingültige Quellen herauszufinden. So haben viele Bibliotheken unterschiedliche Kataloge und Systeme und auch das vermeintlich allwissende Internet muss vernünftig durchsucht werden. Damit kommt dann der letzte und fast entscheidende Punkt, die Bewertung der Ergebnisse auf Qualität, Relevanz und Verwendbarkeit.

Wo und wie soll ich anfangen?
Klassischerweise beginnt man mit einer ersten ungeordneten und sehr oberflächlichen Recherche, bei der man sich zunächst mal einen Überblick verschafft, um die Breite des Themas kennen zu lernen und herauszufinden, was es überhaupt für Bereiche gibt. Realistisch findet man hier immer den einen oder anderen Punkt, an den man selbst gar nicht gedacht hat. **Ich kann es selbst kaum glauben, dass ich das jetzt empfehle … Hierfür ist Wikipedia (oder auch jede andere halbwegs aktuelle Enzyklopädie) sehr gut geeignet! Aber Achtung – nur als Überblick, alles andere wird schnell unseriös!**

Jetzt beginnt die eigentliche Arbeit – man muss sich überlegen, wo die wirklich wertvollen Informationen sein könnten und diese dann dort auch noch finden. An dieser Stelle muss jetzt leider wieder die FF Hinterhugelhapfing herhalten. Auch wenn diese genau den für den eigenen Vortrag benötigten Unterricht schon auf ihre Homepage gestellt hat, muss das nicht zwingend eine gute Präsentation sein. Natürlich kann man sich dadurch etliche Arbeit und viel Zeit sparen, aber vielleicht ist das nicht ganz die richtige Quelle und der ein oder andere Fehler vorhanden. Natürlich kann jemand in Hinterhugelhapfing auch eine wahre Perle der Didaktik erzeugt haben. In jedem Fall hast du zumindest schon mal was gefunden, das sich weiterverwenden lässt, denn das ist nämlich die erste Hürde bei der Recherche. Du benötigst einen Anfang für die Erweiterung der ersten eigenen Gedanken.

Hier hätte ich im ▶ Anhang 1 – Informationsbeschaffung eine gute Idee für eine Sammlung, die du ganz im Sinne der Erwachsenenbildung selbst weiter ausfüllen und kontinuierlich fortführen darfst.

Einstieg in die Recherche:
1. Führe ein erstes eigenes Brainstorming oder Brainwriting durch ▶ Kapitel 5.
2. Nutze Wikipedia (nur!) als ersten Überblick zum Thema.
3. Stelle dir eine Liste deiner persönlichen und funktionierenden Quellen zusammen, siehe digitaler Content, Anhang 2 »Informationsbeschaffung«
4. Führe eine zweite Ideensammlung zum gesamten Thema durch.
5. Erstelle dir eine Mindmap zum Thema mit den gefundenen Teilbegriffen.
6. Diese Teilbegriffe kannst du gleichzeitig als Ankerpunkte nutzen.

Wie finde ich gute Quellen und was ist überhaupt brauchbar?

Eine weitere Hürde wird es immer wieder sein, die Qualität der Quellen einzuschätzen. Die Interpretation der gefundenen Ergebnisse und die Einschätzung auf Relevanz und Gültigkeit ist eine der schwierigsten Aufgaben in wissenschaftlichen Arbeiten. Deshalb ist es eher schwer an dieser Stelle umfassende Tipps dazu zu geben. In ▶Kapitel 3.5 mache ich zumindest schon mal einen ersten Versuch. Bleiben wir gedanklich nochmal ganz kurz in Hinterhugelhapfing. Selbst wenn der Unterricht hervorragend aufbereitet ist, muss er ja nicht zwingend richtig oder zumindest auf dem neuesten Stand der aktuellen vfdb-Richtlinien sein und genau das ist das Problem der Qualität von Quellen, die nicht einem sogenannten Peer-Review-Verfahren unterliegen und keine Datumsangabe enthalten.

Eine Peer-Review ist die Bewertung und Überprüfung einer (wissenschaftlichen) Arbeit durch Spezialisten, Fachleute oder Sachverständige vor einer Veröffentlichung. Eine »ge-peer-reviewte« Arbeit hat somit immer einen Mindestqualitätsstandard.

Zumindest gibt es ein paar gute Grundregeln, um ein Gefühl für eine Recherche mit ganz akzeptablen Ergebnissen zu bekommen. Du wirst auch im Laufe der Zeit feststellen, wie sich gute Quellen anfühlen. Daraus kannst du dir einen immer größer werdenden Pool an schnell auffindbaren Sammlungen zulegen, das erleichtert die zukünftigen Suchen von Mal zu Mal. Deswegen – nutze unbedingt die Liste im ▶Anhang 1 und erweitere diese! Dafür gebe ich dir noch ein paar direkte Tipps zum Eintragen für den Bereich der Feuerwehr: »vfdb«, »DFV«, Landesfeuerwehrverbände, (Landes-)Feuerwehrschulen, DGUV, Ministerien, Fachtagungen, Symposien, …

Tipps und Regeln für eine gute Recherche:
1. Mehrere unterschiedliche Quellen (mindestens zwei) für eine schwierige Aussage
2. Bibliothek vor Internet
3. Fachbuch vor anderen Medien
4. Studie vor Webseite
5. Vom Allgemeinen zum Speziellen vorgehen
6. Wer hat die Studie bezahlt oder in Auftrag gegeben?
7. Gibt es ein (schlüssiges) Impressum?
8. Wie aktuell sind die Informationen?
9. Wikipedia ist nur als erste Übersicht gut, besser sind hier die aufgeführten Verweise

5.4 Vorbereitung

> 10. Vergiss Informationen, die selbst ohne Quellen oder Urheber erscheinen
> 11. Überprüfbare Zahlen, Daten und Fakten unterstützen die Seriosität
> 12. Kommen Meinungen vor, müssen diese als solche gekennzeichnet sein
> 13. Universitätsserver (von bekannten Universitäten und Hochschulen) sind meistens vertrauenswürdig
> 14. Je bekannter die herausgebende Stelle und je größer das erreichte Zielpublikum sind (sogenannter Impact Score) desto seriöser ist auch die Quelle
> 15. Nutze unterschiedliche Suchmaschinen
> 16. Mehrere Suchwörter konkretisieren die Ergebnisse
> 17. Gibt es bei den Informationen Werbung zu den Themen?

Wie kann und soll ich das Gefundene verwenden?
Jetzt haben wir etwas gefunden und glauben zumindest, dass die Qualität auch ganz in Ordnung ist. Sehr gut – aber was machen wir jetzt mit den Ergebnissen und wie sollen sie weiterverwendet werden? Wie bereits erwähnt, hilft es zunächst selbst ein erstes Brainstorming (▶ Kapitel 7.4.1) oder ein Brainwriting (▶ Kapitel 7.4.2) durchzuführen. Persönlich nutze ich sehr gerne dazu eine Mindmap (▶ Kapitel 7.4.4) in digitaler Version, die ich dann noch beliebig fortführen und erweitern kann. Das Ganze hat dann zwei **(natürlich, es sind immer zwei)** Vorteile: Einmal lässt sich daraus sehr schnell erkennen, in welchem Bereich man noch Wissensdefizite hat und sich somit eine Recherche auch wirklich lohnt. Zusätzlich bekommt man relativ einfach eine schnelle Übersicht und Struktur über die einzelnen Hauptpunkte des Themas. Genau auf diese erste Grundstruktur wollte ich hinaus – jetzt kann man die vorhandenen Punkte oder Knoten der Mindmap nutzen, um daraus eine zeitliche, inhaltliche und spannende Struktur oder Abfolge aufzubauen.

Anhand des nachfolgenden Beispiels eines meiner Lieblingsvorträge kann man sehr schön sehen, wie schnell man mittels einer Mindmap eine gute Struktur erkennen kann. Damit hast du auch für die weitere Recherche einen ganz guten Ansatzpunkt, was im Detail noch gesucht werden sollte. Zusätzlich kann es noch hilfreich sein, sich Fragen zur Thematik zu stellen.

> Überlege dir, was du genau suchst.
> Überlege dir, wo du die besten Ergebnisse erwartest.
> Überlege dir, wie du am zielführenden suchst.
> Überlege dir, wie gut das Ergebnis zu deinen Fragen passt.

5 Planung einer kurzen Schulung oder eines Trainings

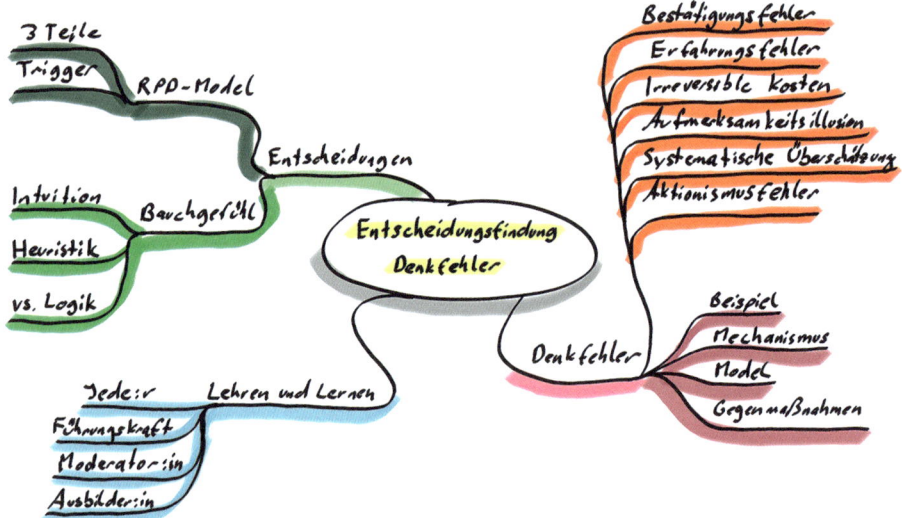

Bild 68: *Mindmap »Entscheidungsfindung und Denkfehler«*

5.4.3 Lernziele formulieren

Wenn ich als Lernbegleitung selbst gar nicht weiß was meine Lernenden am Ende können müssen, dann werde ich keine vernünftige Ausbildung durchführen können (frei formuliert nach R. F. Mager). Zum Glück sind bei manchen Themen und Lehrgängen Lernziele schon in den Lehrplänen (richtig) vorgegeben. Dann ist es eigentlich ganz einfach, müssen doch hier nur noch diese entsprechend umgesetzt und angewendet werden. Leider fängt die Problematik aber noch viel früher an – nur die wenigsten (meist typischen) Feuerwehrlehrgänge sind genauso exakt spezifiziert und mit Vorgaben bestimmt. Noch schlimmer wird es natürlich, wenn man gar keine Lehrpläne, sondern nur sehr allgemeine Vorgaben zu den Inhalten hat – oder nicht mal diese. Auch das kann ab und zu schon mal vorkommen.

Als es zuvor um die Definition der Rahmenbedingungen ging, habe ich eine Frage nach dem »Warum« vorgeschlagen – diese soll klären, ob es gerade einen aktuellen Anlass für das Training gibt (z. B. ein aktueller Einsatz mit aufgetretenen Defiziten), ob dies z. B. die Auftaktveranstaltung für eine Übungsreihe zu diesem Thema, etwas Ähnlichem oder doch ganz was anderes sein soll. Daraus lässt sich schonmal ein Richtziel definieren, wie das geplante Training in den Gesamtkontext eingebunden

5.4 Vorbereitung

werden kann und soll. Das Grobziel definiert das Ziel des kompletten Trainings (also meist des Übungs- oder Unterrichtsabends).

Wenn du das Training in weitere Themenblöcke einteilst, empfiehlt es sich auch für diese, klare Ziele zu definieren. Dies sind dann die Feinziele, mit denen du konkret arbeiten kannst. Je nach Anzahl und Umfang dieser können daraus sogar zeitliche Abschnitte gewonnen werden.

Richtziel = Einbindung in den Gesamtkontext
Grobziel = Ziel der Schulung
Feinziel = Ziel der einzelnen Themenblöcke/-felder

Für die Formulierung von Lernzielen muss sichergestellt sein, dass die jeweils angestrebte Qualifikation in verschiedene Verhaltensbeschreibungen oder Handlungsweisen unterteilt wird und diese jeweils eindeutig beschrieben werden. Somit beinhalten Lernziele das Thema, die Tätigkeit und die Qualität dieses Verhaltens.

Noch etwas exakter formuliert benötigt ein gut formuliertes Lernziel:
- Inhalt oder Thema der Schulung
- Verhalten oder Tätigkeit das/die gezeigt werden soll
- Bedingungen, bei denen das gewünschte Verhalten gezeigt werden soll
- Bewertungskriterien, wann das gewünschte Verhalten ausreicht

Dieser Prozess wird auch Operationalisierung genannt und taucht am plakativsten bei den sogenannten Operatoren (= Schlüsselwörtern) zur Feinabstimmung des Könnens auf (▶ Kapitel 3.4. und ▶ Anhang 2).

Nur so viel nochmal als Wiederholung: Es ist ein großer Unterschied, ob die/der Lernende etwas nur Wissen und wiedergeben soll oder ob sie/er dies mit veränderten Rahmenbedingungen anwenden oder gar selbstreflektiert und kritisch beurteilen muss. **Wenn du jetzt im Kopf kurz eine deiner vergangenen Schulaufgaben hervorgekramt hast, wird dir vermutlich auch bei der letzten Formulierung ein kalter Schauer über den Rücken gelaufen sein? Mir geht es ähnlich – mir ist sofort klar, dass beim kritischen Beurteilen immer eine lange Schreibpassage mit Vor- und Nachteilen sowie einer eigenen Einschätzung folgen muss. Passt aber wieder ins System, da es hier immer die meisten Punkte gibt.**

Idealerweise sind die Anforderungen bei Prüfungen aber nicht durch diese Schlüsselwörter kodiert, sondern in relativ verständlicher Sprache klar beschrieben. Die Schlüsselwörter dienen als Entwurf im Hintergrund. Dies hat auch bei der

Erstellung von Prüfungen oder Lernzielkontrollen den Vorteil, dass sich das Ganze wiederum viel einfacher gestalten lässt. Zusätzlich lohnt sich hier die Arbeit für eindeutige Formulierungen. Je genauer die Lernziele formuliert sind, desto besser können diese auch überprüft werden.

- Die Beschreibung des Lernziels beginnt mit einer kurzen Beschreibung des Lernenden.
- Lernziele beschreiben immer nur beobachtbares Verhalten.
- Zur Beschreibung, was der Lernende mit dem Lernziel erreichen soll, wird immer ein aktives Verb als Schlüsselwort verwendet.
- Dieses möglichst aussagekräftige Verb steht am Satzende.
- Da Lernzielsätze handlungsorientiert beschrieben werden, sollten so wenig Adjektive (»Wie-Wörter«) wie möglich vorkommen.

Outcome
Im Bildungsbereich wird im Zusammenhang mit Lernzielen immer wieder ganz gerne auf den Begriff Outcome hingewiesen. Dieser soll sich im Gegensatz zum Input- und Output-gesteuerten Lernen auf das (langfristige) Ergebnis konzentrieren. Als Erklärung und als Gegensatz dazu: Beim Input im Bildungskontext geht es um die »Eingabe« durch die Lehrenden, Lehrpläne und vielen weiteren Vorgaben, die die Steuerung des Lernens übernehmen. Beim Output geht es zumindest schonmal um das Ergebnis, das heißt auch, dass hier die Lernenden wieder in den Mittelpunkt rücken. Dabei werden Standards und viele Evaluationen verwendet, um das gewünschte Ergebnis möglichst schnell zu erreichen. Dies kann sich sehr auf die Leistungen oder noch exakter auf das reine Bestehen beziehen. **Diese I/O-Logik kommt übrigens aus dem Kognitivismus.**

Der Outcome als »neumodischer« Begriff aus der Wirtschaft, der jetzt eben auch in den Bildungsbereich Einzug hält, beschreibt die langfristige Wirkung des erreichten Ergebnisses – also die langfristige Anwendung des Outputs. Somit hängen beide Begriffe fest zusammen und sind quasi voneinander abhängig. Der Output kann gut beschrieben werden, der Outcome dagegen nur eher schwer.

Vielleicht verstehst du, warum ich jetzt also im Bereich der Lernziele den Begriff »Outcome« noch mit einführe. Mir ist es einfach enorm wichtig, bei der Lernzielformulierung nochmal darauf hinzuweisen, dass es nicht immer nur um konkrete überprüfbare Ziele gehen kann – was es für Prüfungen zwar sollte. Sondern es sollten diese zusätzlich so formuliert werden, dass eine langfristige Anwendbarkeit im (Arbeits-)Alltag oder eben im Einsatz funktioniert. Dabei geht es nicht immer nur um die Effektivität der Leistungen, sondern eben auch um die innere Haltung und die übergeordnete Anwendung – die Kompetenzen.

5.4 Vorbereitung

Übergeordnete Kompetenzen sind leider nur sehr schwer messbar und sollten deshalb bei den Lernzielformulierungen aufgrund dessen nur einen kleinen Teil ausmachen. Dies ist in etwa so wie bei einer guten Führungskraft: Viele konkrete Ziele können gut beschrieben werden, aber eben nicht alle – wie z. B. den Begriff der Respektsperson, Netzwerker oder Vorbilder.

Konkrete Beispiele von Lernzielen

An dieser Stelle sollen jetzt ein paar konkrete Lernziele aufgeführt werden, so dass man sich das Ganze ein bisschen besser vorstellen kann. Natürlich ist es nicht ganz leicht und leider meist mit viel Aufwand verbunden, entsprechende Beispiele für die eigene Schulung zu finden. Mein Ansinnen ist es, durch die nachfolgenden Beispiele die Anschaulichkeit zu erhöhen und durch ein paar unterschiedliche Varianten eine Idee zu erzeugen, wie Lernziele aussehen könnten:

Die Teilnehmenden des Feuerwehr-Grundlehrgangs können nach Ende des Themenfeldes Leitern ...

- ... die Längen und Einsatzhöhen der am Standort verwendeten Leitern benennen.
- ... die Gefahrensituationen beim Einsatz (der Vornahme, dem Aufstellen, dem Besteigen, der Durchführung der Rettung) von tragbaren Leitern erkennen, richtig einschätzen und Schutzmaßnahmen zur Vermeidung benennen und anwenden.
- ... die richtige Einsatzhöhe einer hilfesuchenden Person richtig einschätzen und die im Einsatzbefehl benannte Leiter entsprechend so anpassen, vornehmen, aufbauen und aufstellen, dass die Person sicher gerettet werden kann.

Wie du siehst, kann das Ganze ziemlich umfangreich und aufwendig werden – aber spätestens bei einer Lernzielkontrolle zahlt sich die zu Beginn gemachte Arbeit wieder aus. Versuche doch selbst mal, ganz schnell im Kopf, jeweils eine mögliche »Prüfungssituation« aus den oben genannten Lernzielen zu erstellen. Das dürfte doch gleich viel besser und schneller gehen als »machen wir mal irgendwas mit Leitern«. **Solltest du noch andere Lernzielformulierungen als Beispiel benötigen, schaue dir doch mal gleich den Anfang eines jeden Kapitels an – dort habe ich die Lernziele für jedes einzelne Kapitel aufgeführt.**

5.4.4 Zielgruppe festlegen

Nach der Festlegung der Lernziele ist der zweitwichtigste Punkt eines Trainings immer auch die richtige Zielgruppe zu erkennen und den Inhalt darauf abzustimmen. Eine fehlende Zielgruppendefinition oder noch schlimmer, eine falsch geschulte Zielgruppe, ist durch so gut wie nichts mehr zu retten. Gerade bei der Feuerwehr lässt es sich sehr anschaulich anhand unserer unterschiedlichen Funktionen (oder Hierarchien) beschreiben.

Inhalte aus dem Grundlehrgang im Verbandsführerlehrgang werden ziemlich sicher langweilen und Inhalte aus dem Verbandsführerlehrgang in der Grundausbildung werden vermutlich sehr schnell überfordern. Deshalb sind sowohl die Festlegung als auch die Einhaltung des Themas für die Zielgruppe so wichtig.

Natürlich gibt es noch weitere Möglichkeiten, zusätzlich zu den klassischen Einsatzführungsstufen noch Zielgruppen zu bilden. Typischerweise sind hier aufgabenbezogene oder auch berufsbezogene Adressaten für die Lehrinhalte zielführend. Auch wenn es, wie in der Abschnittsbildung im Einsatz, noch mehrere Möglichkeiten gibt, werden sich die meisten Überlegungen genau auf diese Bereiche beziehen. Letztendlich geht es immer um die Bedürfnisse, Wünsche oder Probleme einer bestimmten Personengruppe, dies sich sehr unterschiedlich zusammensetzen können. Typischerweise gibt es immer wieder auch Situationen, in denen nicht nur eine Zielgruppe, sondern gleich mehrere auf einmal zusammengefasst geschult werden sollen.

Tabelle 15: *Zielgruppenaufteilung – Einsatz-, Aufgaben-, Berufsbezogen*

Einsatzbezogen	Aufgabenbezogen	Berufsbezogen
Truppmann/-frau	Maschinist:in Löschfahrzeuge	Sachbearbeiter:in VB
Truppführer:in	Maschinist:in Hubrettungsfahrzeuge	Ausbilder:in
Gruppenführer:in	Rettungssanitäter:in	Wachabteilungsführer:in
Zugführer:in	»alle Funktionen am GW-G«	Disponent:in
Verbandsführer:in	Messtechniker:in	Sachgebietsleiter:in
Einsatzführungsdienst	S2 Funktionen im Stab	Gerätewart/-wärtin
...	...	...

5.4 Vorbereitung

Eine der häufigsten Rückmeldungen meiner betreuten Auszubildenden, wenn Sie von Lehrgängen und Ausbildungsveranstaltungen zurückkamen, war immer, dass sie dieselben oder ähnlichen Unterrichte mit einer großen Überschneidung in anderen Lehrgängen schon gehört hatten. Auf gezielte Nachfrage konnte so ermittelt werden, dass die eigentliche Problematik eine zu große Überschneidung und fehlende Abgrenzungen zwischen den Zielgruppen war – und leider auch bei manchen Lehrgängen oder Themenfelder immer noch ist. Damit genau dies nicht passiert ist eben wichtig, sich einen gesamten Überblick über die anderen möglichen Zielgruppen zu verschaffen und den eigenen Bereich dazu abzugrenzen. Am besten funktioniert die Abgrenzung im Feuerwehrbereich zwischen den einsatzbezogenen Funktionen, die genauso wie im Einsatz streng hierarchisch und getrennt bedient werden sollten. Es gibt aber noch ein paar weitere Möglichkeiten, die Zielgruppen im Bildungsbereich aufzuteilen.

- Größe (Anzahl)
- Zusammensetzung (heterogen oder homogen)
- Personentypen und Beziehungen (Hierarchie und Abhängigkeiten)
- Altersdurchmischung (heterogen oder homogen)
- Bildungsstand (Schulbildung)
- Vorwissen (zum Thema)
- Medien- und Methodenkompetenz (Hard-, Software und Lernmethoden)
- Lernort und Rahmenbedingungen (Orte, Größe, Ausstattung und Medien)
- Motivation (Art und Menge)
- Besonderheiten (Interessen, Behinderungen, …)

5.4.5 Didaktische Reduktion anwenden

Die genaue Beschreibung der didaktischen Reduktion mit ihren unterschiedlichen Arten ist in ▶ Kapitel 3.6 näher aufgeführt. Dort ist dieses sehr umfangreiche Thema zumindest zu einem kleinen Teil erklärt. Hier soll es jetzt mehr um eine Art Handlungsanweisung gehen, wie wir bei dieser komplexen Angelegenheit der Reihe nach vorgehen sollten. Die Vorgehensweise ist grundsätzlich immer die gleiche, zuerst müssen die Inhalte reduziert, dann aufbereitet und zuletzt verarbeitet werden. Für jeden dieser drei Teilschritte gibt es mehrere unterschiedliche Methoden. Die schnellste Methode wäre hier die 3-Z-Formel, mit der man festlegt, was alles vom Thema dazu passen sollte:

3-Z-Formel zur didaktischen Reduktion:
- Zielgruppe
- Ziel
- Zeitbudget

Hoffentlich fügt sich spätestens jetzt alles wieder für dich zusammen! Zumindest dürfte nun offensichtlich sein, warum ich immer wieder auf der Zielgruppe, dem (Lern-)Ziel und den vorhergehenden Rahmenbedingungen (in Vertretung für die vorhandene Zeit) herumreite. In der Didaktik gilt die didaktische Reduktion als das Herzstück der Unterrichtsgestaltung. Somit sind diese drei leicht zu beeinflussenden Themenfelder die Stellregler, die über das Gelingen eines Trainings entscheiden. Damit es noch etwas konkreter wird habe ich nachfolgend vier Möglichkeiten herausgesucht, die eine relativ einfache didaktische Reduzierung ermöglichen.

Möglichkeit 1 – Reduzierung durch Fragen
Fragen für die Ermittlung geeigneter Themengebiete
1. Sachanalyse:
   Welche Begriffe und Elemente bestimmen den gesamten Inhalt?
2. Didaktische Strukturierung:
   Welche Teile sind notwendig, um das gesamte Thema zu verstehen und welche nicht?
3. Restriktionsanalyse:
   Welche Teile können von der Zielgruppe verstanden werden und welche nicht?
4. Horizontale didaktische Reduktion:
   Welche Beispiel, Modelle und Erläuterungen steigern die Verständlichkeit?
5. Vertikale didaktische Reduktion I:
   Welche Teile können weggelassen werden, ohne die Aussagen zu verändern?
6. Vertikale didaktische Reduktion II:
   Welche Inhalte können darüber hinaus noch weggelassen werden und sind im Gesamtzusammenhang noch akzeptabel, ohne das Verständnis zu gefährden?

5.4 Vorbereitung

Nehmen wir das Beispiel zur Vorgehensweise für den Unterricht »Gefahren der Einsatzstelle« nochmal auf. Gefühlte 40 Stunden vorhandenes Material und Wissen sollen hier in 6 h für den Führungslehrgang (theoretischer Gruppenführerlehrgang in Bayern) zielführend reduziert werden. Zunächst orientiere ich mich an den Lernzielen für den Lehrgang (»… eine erweiterte Gruppe theoretisch in unterschiedlichen Einsatzszenarien anleiten …«) und denen speziell für die Unterrichtseinheit (u. a. »… die Gefahren … erkennen und taktische Maßnahmen in der Theorie anleiten …«). Somit streiche ich schonmal die Inhalte, die im Grundlehrgang als Grundlagen vermittelt werden und überlege mir konkrete Beispiele, wie angehende Gruppenführer:innen Gefahren bei der Erkundung erkennen können. Als zweiten Teil bieten sich Überlegungen an, welchen taktischen Möglichkeiten zu den entsprechenden Gefahren passen.

Möglichkeit 2 – Reduzierung durch Ankerbegriffe und Themeninseln
Ankerbegriffe sind ein paar wenige Wörter, die stellvertretend für das Hauptthema stehen können. Sie dienen eben als fester Ankerpunkt, von dem man die Umgebung erkunden und erweitern kann. So sollen idealerweise ein paar, das Thema beschreibende Ankerbegriffe gefunden werden, von denen man den Inhalt in alle Richtungen entwickeln kann. Vorstellen kann man sich das wie bei einer Landkarte mit den eingerammten Fahnen auf neu entdeckten (Themen-)Inseln, die stellvertretend für diese Begriffe stehen. Das Wasser dazwischen stellt die nicht relevanten Themen in den Untiefen des Wissens dar.

Somit ergibt sich für den Bereich der didaktischen Reduktion folgendes Ablaufschema

1. Dauer der Lerneinheit festlegen
2. Lernziele für die Lerneinheit bestimmen
3. Alle Inhalte, die nicht zu den Lernzielen passen, weglassen
4. Zielgruppe bestimmen
5. Alle Inhalte, die nicht für die Zielgruppe relevant sind, weglassen
6. Ankerbegriffe (wichtige und relevante Begriffe zum Thema) finden
7. Themeninseln um die Ankerbegriffe finden und ausbilden

Möglichkeit 3 – Reduzierung durch Verwendung von Kernaussagen
Kernaussagen fassen den vermittelten Inhalt nochmal mit wenigen knackigen und treffenden Worten oder Phrasen zusammen. Eine gute Möglichkeit, diese schnell zu finden, ist sich selbst zu fragen, was denn die Lernenden in einem Jahr noch von dieser Schulung wissen sollten. Welchen einen oder welche drei, fünf, … Punkte

sollten in einer bestimmten Zeiteinheit im Gedächtnis bleiben. Das ist die Kernaussage für die Verwendung von Kernaussagen.

Möglichkeit 4 – verschiedenste Methoden anhand eines Fallbeispiels
Ein typisches und repräsentatives Fallbeispiel wird als Muster behandelt und der Lerninhalt daran aufgebaut und entwickelt. Das Ganze funktioniert ähnlich wie die Ankerbegriffe, nur dass diesmal Fallbeispiele verwendet werden. Anhand dieser wird der wesentliche Inhalt, bestimmte Muster und Überlegungen herausgearbeitet. Zusätzlich können die Fallbeispiele in Relation gesetzt und miteinander verglichen werden. Es bietet sich auch an, Zusammenhänge von passenden Themen zu bilden und diese entweder zu Beginn als roten Faden oder am Ende als letztes verbindendes Puzzlestück vorzustellen.

Eine Aus-, Fort- und Weiterbildung ist meistens erfolgreicher, wenn das Thema übersichtlich und gut strukturiert angeboten wird. Dabei ist weniger oft mehr – dafür gibt es die didaktische Reduktion!

5.5 Methodenplanung

Bild 69: *Plane und wähle Methoden erst zum Schluss aus*

Die Planung einer Methode kann erst dann beginnen, wenn alle (Lern-)Ziele definiert sind, die Zeit vernünftig geplant wurde, die Zielgruppe bekannt ist und die didaktische Reduktion durchgeführt wurde. Es müssen also alle notwendigen Rahmenbedingungen und Zusammenfassungen erledigt sind, so dass jetzt dazu erst die passende Methode ausgewählt werden kann.

5.5 Methodenplanung

5.5.1 Theorie oder Praxis?

Diese Frage in der Überschrift habe ich bewusst so formuliert und in der Überlegung absichtlich zur Methodenplanung zugeordnet. Wenn man so will, sind diese beiden Begriffe Überkategorien von Methoden und leiten in der Planung häufig leider in die Irre. So entsteht dabei oftmals ein Fixierungsfehler, wenn von einem Unterricht oder einer Übung/einem Praxistraining gesprochen wird. An was denkst du z. B. beim Begriff »Unterricht«? An einen Lehrsaal, Mannschafts- oder sonstigen Raum, bei dem Lehrende einen Monolog halten. Richtig? Wenn du jetzt auch dem Fixierungsfehler aufgesessen bist – ist das gar nicht schlimm, das ist genau das, worauf wir seit unserer Schulzeit geprimt wurden (▶ Kapitel 3.1.1). Deshalb möchte ich an dieser Stelle eine Lanze brechen und die in der Überschrift gestellte Frage eindeutig mit NEIN! beantworten! Wo steht geschrieben, dass ein »Unterrichtsabend« nicht aus lauter kleinen Übungseinheiten und einer anschließenden Einsatzübung bestehen kann? Wer sagt, dass ein VB-Unterricht nicht im Rahmen einer Objektbegehung draußen am Schulgebäude durchgeführt werden kann? Genau diese Begrenzung von Kreativität und Denkschemata ist in der Erwachsenenbildung verpönt. Sie schränkt uns nur in unserer Methodenvielfalt ein und lässt viele didaktische Möglichkeiten ungenutzt.

Deshalb nochmal meine eindringliche Bitte: Löse dich von der grundsätzlichen Unterscheidung zwischen Theorie und Praxis (oder Unterricht und Übung) und konzentriere dich vielmehr auf die einzelnen Methoden, deren Kombinationen miteinander und auf eine kreative Auslegung von bekannten Systemen, um etwas Neues, Überraschendes und Begeisterndes zu erschaffen!

> **Lass dich nicht durch Theorie und Praxis oder Unterricht und Übung beeinflussen, nutze stattdessen immer die am besten passenden Methoden zum Thema!**

5.5.2 Methodenauswahl

Nachdem wir jetzt ja alle wissen, dass es besser ist, keine Einteilung in theoretische und praktische Methoden durchzuführen – **ansonsten bitte das Kapitel direkt davor (nochmal) lesen** – möchte ich dafür ein anderes Einteilungssystem vorschlagen. Da die Auswahl der richtigen Methode die eigentliche Kunst von Lehrenden, direkt nach der didaktischen Reduktion ist, gibt es, keine eindeutigen und klaren Vorgaben für die Auswahl. Zumindest kann man aber anhand von bestimmten

Kriterien eine Einschätzung für eine erste Eignung der Methoden treffen oder diese auch ganz ausschließen.

Die Lerngruppe (Größe, Zusammensetzung, Vorwissen, Erfahrungen) ist eine der ersten Abhängigkeiten, die überprüft werden soll, wenn es um die Methodenauswahl geht. Als nächstes geht es um die Kontrolle der Eignung der fachlichen Inhalte (Lerninhalte, Umfang, Schwierigkeit, Abhängigkeiten zu anderen Themen). Zusätzlich spielen die Rahmenbedingungen (Flächenbedarf, Dauer, technische Voraussetzungen, Lehrmittel, Störeinflüsse) eine weitere große Rolle. Zum Schluss geht es um das Zusammenspiel zwischen Lehrenden und Lernenden (Aufmerksamkeitssteuerung, Aufwand bei der Vorbereitung, Durchführung und Nachbereitung, vorhandene Erfahrungen, Stärke der Aktivierung).

Methoden können abhängig ausgewählt werden ...
- ... von der Zielgruppe
- ... von der Größe der Gruppe
- ... von der Dauer
- ... von der Rhythmisierung/Zentrierung der Aufmerksamkeit
- ... vom Aufwand bei der Vorbereitung, Durchführung und Nachbereitung
- ... von der notwendigen Erfahrung der Lehrenden
- ... vom Grad der Aktivierung

Letztendlich können Tabellenwerke, Methodenfibeln oder Werkzeugkisten hier immer nur eine Möglichkeit zur Vorauswahl von Methoden sein. Am besten hilft es aber auf die eigene Erfahrung und, nicht zu unterschätzen, die von anderen Personen in der Erwachsenenbildung zu vertrauen. Die schon vorhandenen Erkenntnisse von bereits durchführten Methoden in unterschiedlichen Lerngruppen, fachlichen Themen, Rahmenbedingungen und dem Zusammenspiel aller Faktoren sind hier richtig wertvoll. Nutze vorhandene Planungstabellen und -übersichten wie im ▶ Kapitel 7 und gerne auch andere, die es haufenweise im Internet gibt. Frage alle, die vor dir schon die verschiedensten Arten von Schulungen durchgeführt haben, und traue dich selbst neue Methoden auszuprobieren, um möglichst viele Erfahrungen zu sammeln. Je mehr Erkenntnisse, gute wie schlechte, du daraus gewinnen kannst, desto besser und leichter wird dir die Methodenauswahl von der Hand gehen.

Nachfolgend habe ich im ▶ Kapitel 7.2 einige Kriterien und Bewertungsmöglichkeiten aufgeführt. Diese haben einen besonderen Vorteil, sie können entweder direkt als Ausschlusskriterium oder zumindest als relativ sichere Entscheidungsoption verwendet werden.

5.5 Methodenplanung

Manchmal wird auch eine Aufteilung in die drei Stufen der Methodik vorgestellt:

Stufe 1 – Makro-Methodik
Methodische Grundformen (Projektarbeit, vollständige Handlungen, Seminare, ...)
Stufe 2 – Meso-Methodik
Methodischen Dimensionen (Sozialformen, Handlungsmuster, Verlaufsformen)
Stufe 3 – Mikro-Methodik
Inszenierungstechniken (Zeigen, Vormachen, Verfremden, Provozieren, ...)

5.5.3 Abwechslung und Freude bieten

Im ▶ Kapitel 2.8 habe ich schonmal den Vergleich zur Taktik gezogen. Die richtige Methode zur richtigen Zeit mit der richtigen Zielgruppe sollte es sein. Das ist eine gute Planungsgrundlage und ein anschauliches Beispiel für die Erstauswahl der Methode. Das Problem ist nur, dass irgendwann selbst die perfekt passende Methode langweilig wird. Somit bietet sich ein regelmäßiger Wechsel der Methoden nach einer bestimmten Zeit an. Gleich im Anschluss im ▶ Kapitel 5.6 geht es unter anderem um die Rhythmisierung bei der Zeitplanung. Das heißt, dass ein regelmäßiger Wechsel (ideal alle 20 min) zwischen aktiven (lernendenzentriert) und passiven (lehrendenzentriert) Methoden stattfinden sollte. Dieser Zeitraum bietet sich für alle weiteren Möglichkeiten ebenfalls an. Hier gibt es eine ganze Reihe an Möglichkeiten, zwischen zwei Varianten zu wechseln.

- Aktivierende oder nicht aktivierende Methoden
- Einzelarbeit oder Gruppenarbeit
- Im Sitzen oder in Bewegung
- Denken oder Machen
- Zuhören oder Schreiben
- ...

Ein regelmäßiger Wechsel freut unser Gehirn, stärkt die Aufmerksamkeit und ist notwendig, um uns eine Abwechslung zu bieten und damit die lernfördernde Umgebung zu erhalten.

Eine besondere Möglichkeit, Überraschung und Freude mittels Methoden zu erzeugen, ist die Teilnehmenden selbst die Wahl der Methode zu überlassen. Alternativ können hier auch bestimmte Methoden zur Auswahl schon vorgegeben werden.

5.5.4 Das ist die perfekte Methode!

 Die perfekte Methode wird es leider niemals geben!

Egal, welches Thema du behandelst und in welcher Konstellation du unterrichten oder ausbilden sollst, es sind einfach viel zu viele Parameter, um hier Vorhersagen machen zu können. In der Physik würde man jetzt von einem chaosträchtigen System sprechen, das bei kleinsten Veränderungen, egal an welcher Stelle, massive Auswirkungen an ganz anderen Orten erzeugen würde. Verändere z. B. nur die Raumgröße zur Hälfte, bei ansonst gleichen Bedingungen und vieles wird ganz anders werden – versprochen! **Also, hier mein Rat – verabschiede dich davon, eine perfekte Methode für alle Gelegenheiten zu finden, im Kopf zu haben und immer wieder anwenden zu können. Überlege dir vor jeder Schulung nochmal neu: Welche Methode passt heute, an diesem Ort, mit dieser Zielgruppe, mit diesen Rahmenbedingungen, am besten? Damit wirst du immer den größten Erfolg haben.**

5.6 Zeitplanung

Eine effektive Zeitplanung bei der Erstellung einer kurzen Schulung ist aus mehreren Gründen wichtig und zielführend. Es schont das Nervengerüst des Lehrenden während der Durchführung. Zusätzlich entspannt es auch ungemein, da man nicht zu schnell fertig ist oder zu lange referiert. Zudem erleichtert es bei der richtigen Aufteilung der Stoffmengen und der Schwerpunktsetzung. So können die Zeiten, in denen der Lernstoff vermittelt werden soll, auch richtig geplant und eingeschätzt werden.

5.6.1 Lehr- und Lernzeiten planen

Vorneweg sollte man grundsätzlich unterscheiden, ob man (unfreiwillig) lernen will oder ob man (ggf. auch unfreiwillig) Lehrzeit planen soll. Bei ersterem ist es eher einfach – man kann sich an seinem eigenen Rhythmus orientieren oder, falls man diesen noch nicht hat, mit den klassischen Aufteilungen im Lern-Pausen-Rhythmus anfangen und diesen zunehmend auf einen selbst anpassen. Hier werden folgende

5.6 Zeitplanung

Varianten immer wieder empfohlen. Mit 50-10 (Lernminuten zu Pausenminuten) ist man in der Regel ganz gut beraten. Dies wird auch beim Fernsehen, Computerspielen, Lesen oder konzentriert arbeiten immer wieder empfohlen. Mir persönlich gefällt auch die 20-5 Empfehlung für richtiges Büffeln und schwierige oder komplexe Konzentrationsaufgaben ganz gut. Ziel dabei ist es immer nach einer längeren Anstrengungsphase eine Entlastung (idealerweise für Körper und Geist) zu schaffen, in denen die neu geschaffenen Verbindungen sich auch kurz sortieren können. Die meisten und besten Verbindungen entstehen, laut Neurologie, aber erst nach einer längeren Schlafphase.

Für die Planung der Lehrzeiten sollte man die Rahmenbedingungen (Lehrplan, zeitlichen Vorgaben der Auftraggebenden etc.) kennen, bevor es an die Planung der notwendigen Zeiten für das Vermitteln des Inhalts geht. Dabei muss immer die Gesamtzeit im Auge behalten werden. Auch sollte noch nicht jeder freie Slot komplett gefüllt werden. Es empfiehlt sich, zu Beginn die vorhandenen Themenblöcke auf die vorgegebene Zeit grob umzulegen. Hier empfehle ich der Einfachheit halber immer einen DIN A4 Zettel zu verwenden, bei dem man schonmal gleich zu Beginn der Überlegungen eine grobe Unterrichtsskizze anfertigen kann. Weitere Überlegungen beziehen sich auf feinere Abstimmungen innerhalb des gesamten Trainings. Dort kann dann in der Unterrichtsskizze gut ergänzt werden, welche Themen mehr oder weniger Zeit benötigen.

An dieser Stelle bietet sich auch die erste komplette Überprüfung der Planung an. Dabei sollte man sich gleich fragen, ob inhaltliche Abstriche gemacht werden müssen oder ob etwas vom Inhalt angepasst werden muss. Dieses vorhandene Grundgerüst ist aber immer noch unabhängig von der später auszuwählenden Methodik! Diese muss danach dann zusätzlich mit einkalkuliert werden. Ein weiterer wichtiger Aspekt bei der Planung sind die Zeiten, die das Lernverhalten im Tagesverlauf beeinflussen. Es gibt immer Hoch- und Tiefphasen, die auf die Leistungsfähigkeit wirken.

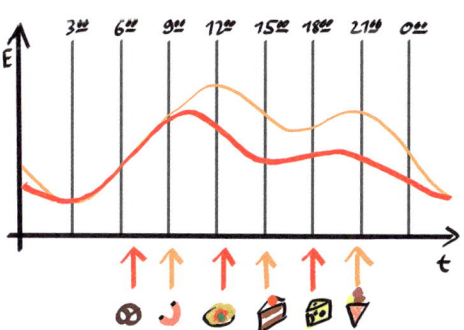

Bild 70: *Verteilung der Leistungsfähigkeit über den Tag*

Dabei sind noch nicht einmal die Essenszeiten und die anschließende Verdauung mit eingeplant, die ebenfalls einen nicht unwesentlichen Anteil an Konzentrationseinbußen mit sich bringen. Plane folglich die postprandiale Parasympathikus Hyperaktivität (= Suppenkoma) sowie die aufkeimende Ungeduld in Verbindung mit Ausfallerscheinungen bei fehlenden Essenspausen mit ein!

 Gerade wenn man sagt, dass man direkt nach dem Essen besser nicht lernen soll – wäre das bei der Feuerwehr fast fatal … Nie wieder wäre lernen möglich. Wo es doch spätestens alle zwei Stunden eine Pause oder zumindest was zu essen geben muss.

5.6.2 Aktiv- und Passivphasen planen (Rhythmisierung)

Eine weitere wichtige Überlegung, die bei der Zeitplanung berücksichtig werden muss, ist die Rhythmisierung der Aktiv- und Passivphasen. Diese beschreiben, bei wem der Schwerpunkt oder auch die Zentrierung liegt. Zur Auswahl stehen hier zwei Möglichkeiten – bei den Lernenden oder beim Lehrenden. Idealerweise sollte alle 20 Minuten eine Verschiebung der aktiven Phase oder der Wechsel der Zentrierung stattfinden. Demnach sollte immer für dieses Zeitfenster der Lehrende im Mittelpunkt stehen und danach ebenfalls so lange die Lernenden und so weiter – entsprechende Erholungspausen müssen natürlich zusätzlich mit eingeplant werden. Diesen Phasenwechsel findet man auch unter den Synonymen »einatmen und ausatmen«. Dies steht für eine Aufnahme des Inhalts durch die Teilnehmenden und in der anderen Phase dafür, sich den Inhalt selbst aktiv zu erarbeiten.

5.6.3 Pausen planen

Wie ich vorher kurz erwähnt habe, kann es sich störend auswirken, wenn nicht regelmäßig Pausen gemacht werden. Zunächst einmal kann eine gut getimte Pause ein zielführender Übergang zwischen der Rhythmisierung sein. Zusätzlich muss der Inhalt auch verarbeitet werden. Nicht zu vergessen ist der informelle Austausch, der erfahrungsgemäß zu einem großen Teil ebenfalls über das Thema stattfindet.

Hier gibt es jetzt einen kleinen Widerspruch: Einerseits ist es sehr empfehlenswert, mit klaren Vorgaben und Erwartungen an die Teilnehmenden heranzutreten. Dabei empfiehlt es sich, die genauen Pausenzeiten vorab anzugeben und dann auch einzuhalten. Andererseits kann es sehr hinderlich sein, den Lernfluss zu unterbrechen, wenn gerade eine Pause ansteht und alle gerade voll im Thema sind. Auch hier ist frühzeitige Kommunikation der Schlüssel zum Erfolg.

Gib Änderungen der vorab definierten Pausenzeiten, kurz vor den zu erwartenden Pausenzeiten bekannt und begründe diese kurz und eher nur beiläufig.

5.7 Arbeitsplatzeinrichtung

Der Arbeitsplatz von Lehrenden ist vereinfacht gesagt die Stelle, an der die Schulung stattfinden soll. Somit ist es für ein professionelles Auftreten und einen entspannteren Einstieg äußerst empfehlenswert, sich vorab alles Notwendige herzurichten und einen kleinen Test mit allen notwendigen Medien durchzuführen.

Funktioniert der Ton, sind alle notwendigen Stifte auch nicht ausgetrocknet? Liegt am Übungsplatz nicht noch der Schrott vom Vorabend herum? Sehr gut, das kann dir so manche peinliche oder auch hektische Situation ersparen. Der Teufel steckt hier nur allzu oft im Detail. Das soll heißen, dass auch kleinste Probleme im schlimmsten Fall zu einem möglichen Scheitern der Schulung führen können. Zumindest verursachen eben auch nicht funktionierende Kleinigkeiten eine gehörige Portion Stress bei dir selbst oder stören in irgendeiner Weise die Schulung und somit den Lernerfolg. Daher empfiehlt es sich, vor dem Training seinen Arbeitsplatz so gut wie möglich herzurichten und alle möglichen Schwachstellen kurz auszutesten. Das erspart so manche peinliche oder unbefriedigende Situation. Alternativ kann man auch immer eine Ausweichmöglichkeit bzw. anderen Ort parat haben.

Ich hatte auch mal im Rahmen eines ganztägigen Workshops einen Vortrag vor über 120 Leuten; toller Hotelsaal, mit drei unterschiedlichen Beamern, so dass alle Teilnehmenden einen perfekten Blick auf die Präsentationen gehabt hätten. Aufgrund der Möglichkeiten wollte ich zu Beginn eine aktivierende Methode zum Einstieg anwenden, indem auf jedem Beamer andere Bilder für eine bestimmte Zeit zu sehen wären – Sinn wäre etwas Bewegung und eine Gruppensortierung gewesen. Hätte – wäre – sollte – von wegen! Auch die zwei Leute der Haustechnik konnten über den ganzen Tag nicht mehr als einen Beamer zu seinem Hauptjob bewegen! Gut, dass ich schon eine Stunde vor Beginn der Veranstaltung in dem Raum war, um mich zu akklimatisieren und alles vorzubereiten. Dabei habe ich alles vorab getestet und den Fehler sehr früh entdeckt. Ich hatte somit noch etwas Zeit, mir was anderes auszudenken und durch vermehrten Flipchart-Einsatz

zu punkten. So ersparte ich mir und den Teilnehmenden ein Rumgedrucke als Entschuldigung. Die Rückmeldungen zu mir waren um Längen besser als bei den anderen Referenten, da ich der Einzige war, der auf die fehlerhafte Technik eingegangen ist, schnell improvisierte und nicht mein »Standardprogramm« mit den oben genannten Ausreden abspulte.

Das Leid mit dem Raum und der Raumtechnik
Passt ...
- ... die Größe und Form?
- ... die Beleuchtung?
- ... der Sonnenschutz?
- ... die Temperatur?
- ... die Sitzplatzgestaltung?
- ... die Tischanordnung?
- ... die Akustik?
- ... der Abstand zu benachbarten Kettensägenschulungen?

Aus aktuellem Anlass möchte ich darauf hinweisen, dass es auch bestimmte Vorgaben geben kann, um z. B. pandemiebedingt bestimmte Mindestabstände einzuhalten ... So kann eine neue Sitzordnung aufgrund solcher Vorgaben notwendig werden – persönlich kann ich bei mehreren Lehrsälen empfehlen, dass es immer eine festgelegte Maximalzahl gibt. So ist eine einfachere Planung möglich.

Das Leid mit der Medientechnik
Funktioniert ...
- ... die Stromversorgung?
- ... die Verbindung zwischen PC und Beamer?
- ... die Anschlussmöglichkeit für den eigenen Laptop?
- ... die Zugangsberechtigung mit dem USB-Stick?
- ... die Anschlussmöglichkeit des Presenters?
- ... das Mikrofon und der Lautsprecher?
- ... die eigene Präsentation mit der vorhandenen Software?

Das Leid mit den Ressourcen
Sind alle ...
- ... Fahrzeuge vorhanden?
- ... Flächen und Räume frei und nutzbar?
- ... Präsentationsmöglichkeiten funktionsfähig und vorhanden?

5.8 Schulungsbeginn

- … Modelle an Ort und Stelle?
- … Stifte und Schreibutensilien vorhanden?
- … Stühle und Tische da, wo sie sein sollen?
- … Geräte nicht verliehen?

5.8 Schulungsbeginn

Bild 71: *Alles beginnt ganz am Anfang*

Im ▶ Kapitel 1 habe ich Beispielhaft mal meine eigene Vorstellung gleichzeitig auch als Einstieg in dieses Buch genutzt. Mir ist natürlich klar, dass eine Einleitung für ein Buch etwas anders aussieht als in ein Training. Trotzdem sollten die gleichen Grundelemente bei beiden Varianten entsprechend vorkommen. Der gesamte Einstieg besteht aus mehreren einzelnen Punkten, die meistens, aber nicht immer zwingend, vollständig nacheinander durchgeführt werden.

5.8.1 Teilnehmende begrüßen

Die Begrüßung am Anfang ist mir persönlich immer sehr wichtig. Diese markiert einerseits den Start der Lerneinheit und schafft gleichzeitig einen besseren Einstieg mit einer besseren persönlichen Verbindung – wenn man es natürlich auch ehrlich meint und das dann noch so rüberbringt. Es muss nicht immer eine vollumfängliche Begrüßung bei der hundertsten Schulung mit den immer gleichen Personen sein. Manchmal reicht auch ein kurzes »Willkommen zurück …« z. B. nach einer Mittagspause.

5.8.2 Nutzen vorstellen

Auch wenn der Nutzen gleich nochmal als Einstieg ins Thema vorgestellt wird, gehört dieser für mich persönlich, unabhängig vom eigentlichen Einstieg, immer gleich an den Anfang. Das habe ich zwar schon mehrfach erwähnt, aber am umfassendsten ist die Thematik in ▶ Kapitel 1.5 beschrieben.

5.8.3 Lernziele vorstellen

Keine Angst – ich möchte nicht schon wieder darauf eingehen, wie wichtig Lernziele für eine erfolgreiche Schulung sind, **auch wenn Sie natürlich superwichtig sind!** Hier geht es nur darum, nochmal zu verdeutlichen, dass die Lernziele auch den Lernenden möglichst früh vorgestellt werden sollten. Zum einen lernt es sich eben viel effektiver, wenn man genau weiß, was man wissen und können soll. Es schafft aber auch einfach mehr Transparenz, und damit auch mehr Vertrauen, für das gemeinsame Lernen und eine eventuell existierende Prüfung. Die spannende Frage müsste jetzt lauten: Warum schafft so etwas Kleines, wie ein paar Lernziele vorstellen, jetzt mehr Vertrauen? Ganz einfach – der Lernprozess wird entmystifiziert. Das heißt, dass von Anfang an mit offenen Karten gespielt wird und keine Fallen, versteckten Machtdemonstrationen oder unklare Vorgaben zur Zielerreichung im Raum stehen.

 Vielleicht hast du selbst schonmal eine Übung auf der Seite der Teilnehmenden erlebt, bei der du nicht so genau wusstest, was die ausbildende Person von dir überhaupt wollte und du dir nicht sicher warst, ob du nicht einfach vorgeführt werden sollst, wenn auf einmal noch das russische Atom-U-Boot im Kanaldeckel auftaucht, was du natürlich übersehen hast? Genau dieses Gefühl wird durch eine offene Kommunikation der Lernziele eliminiert und schafft Vertrauen!

Wichtig dabei ist, zu verstehen, dass es hier um (nicht immer rationale) Gefühle und Ängste geht. Lernen und unter Beobachtung stehen, kann für viele allein schon Stress genug sein – und alles, was Vertrauen schafft und hilft Ängste abzubauen, schafft eine angenehme Lernumgebung und unterstützt so den Lernprozess.

5.8.4 Roten Faden/Ablauf erläutern

Das Wissen um den weiteren Ablauf der Unterrichtseinheit gibt die nötige Sicherheit für das Lernen eines neuen Themas. Auch dieses Thema gehört für mich immer zum Schulungsbeginn (▶ Kapitel 1.7) und gilt zusätzlich als Variante für den Einstieg.

5.8.5 Ins Thema einsteigen

Der Einstieg in ein neues Thema wird immer über zwei Prinzipien angestoßen. Zunächst soll die Vorstellung der Lernziele und des weiteren Ablaufs eine zu erreichende Situation oder ein vorhandenes Problem aufzeigen. Das zweite Prinzip soll das Vorwissen der Teilnehmenden aktivieren und so den Übergang zwischen Problem und eigenen Erfahrungen herstellen. Für beide Prinzipien gibt es acht Varianten, die nachfolgend näher betrachtet werden.

Variante 1: Nutzen
Der ganz konkrete Vorteil für den Lernenden wird direkt vorangestellt und so ein Bezug zur Thematik auf die Zielgruppen hergestellt. Durch den angebotenen Nutzen wird eine freudige Erwartung erzeugt, die u. a. auch Glückhormone ausschütten lässt. Natürlich kann unser Gehirn, so schlau ist das selbstverständlich schon, diese Arbeit auch selbst erledigen. Nur freut es sich ganz besonders, wenn es mal nicht so schwer nachdenken muss, sondern entspannt auf der Couch sitzen kann und häppchenweise den Nutzen leicht verdaulich dargereicht bekommt. Das erzeugt dann noch mehr Glückhormone, was natürlich noch besser ist.

Beispielhaft könnte hier das Thema Rückenschule stehen, mit dem konkreten Nutzen, dass man sich ab einem Alter von über 45 jede Menge Arztkosten spart und sich noch halbwegs vernünftig bewegen kann. Vielleicht zieht ja hier der Hinweis auf das Sparpotential besonders gut mit einer reellen Rechnung für Privatpatienten.

Variante 2: Roter Faden
Die Vorstellung der Struktur des Unterrichts ist für mich genauso wie der Nutzen persönlich sehr wichtig und wird von mir auch gerne verwendet – sie kommt bei mir direkt nach dem Nutzen und den Lernzielen. Man spricht hier auch von der zeitlichen und sachlichen Gliederung der Lerneinheit und zeigt den Lernenden, was in der nächsten Zeit zu erwarten ist.

| 5 | Planung einer kurzen Schulung oder eines Trainings |

Konkret werden beim Einstieg mittels des roten Fadens die einzelnen Themenpunkte der folgenden Lerneinheit aufgezählt. Ein bisschen in dem Stil: »Wir beginnen mit … dann weiter mit … und zum Schluss …« Und das Ganze am besten jetzt natürlich noch mit etwas mehr Begeisterung und vielleicht an einem Beispiel – fertig!

Variante 3: Aufhänger

Meist ist als Aufhänger ein aktuelles Ereignis oder eine Schlagzeile am besten geeignet, die in direktem Bezug zum Thema steht und so ein Bewusstsein für den kommenden Inhalt aufzeigt. Idealerweise führt es nicht nur in die Thematik ein, sondern macht auch noch neugierig und Lust auf mehr. Versuche dabei möglichst seltene Themen und Fachbegriffe, die nur wenige kennen, zu vermeiden.

Ein aktueller Aufhänger für einen Gefahrstoffunterricht könnte die rein zufällige hohe Sterberate russischer Spione in Verbindung mit komischen seltenen Substanzen aus dem ABC-Bereich sein. (Leider ist dieses Thema seit 1978 immer noch sehr aktuell – »Regenschirmattentat« »Nowitschok«!)

Variante 4: Beispiel

Bild 72: *Beispiel als Einstieg*

Das ist wahrscheinlich die für die Feuerwehraus-, -fort- und -weiterbildung beliebteste und am häufigsten angewendete Methode und beginnt meistens mit den Worten: »… aus aktuellem Anlass vom letzten Einsatz …«. Sie ist dem Aufhänger recht ähnlich, hat aber im Gegenzug dazu schon einen direkten Praxisbezug. Ganz wichtig ist dabei zu beachten, wie man mit dem Thema »Fehler« umgeht. Hier ist die Gradwanderung zwischen einem Bloßstellen und einer notwendigen anlassbezogenen Nachschulung gar nicht so einfach.

Je größer und besser eine Fehlermanagementkultur in der eigenen Feuerwehr etabliert ist, umso eher kann diese Methode als Einstieg genutzt werden. Natürlich kann man die ganze Thematik einfach umgehen, indem man nur den Einsatz als Anlass verwendet, um vergleichbare Bilder oder Videos zu zeigen. Wichtig ist dabei

5.8 Schulungsbeginn

sowohl der zeitnahe Hinweis, dass dies keine Einsatznachbesprechung oder Wertung der Geschehnisse sein soll und dass das oberste Ziel der heutigen Veranstaltung der Umgang mit ähnlichen, aber nicht vergleichbaren Situationen sein soll.

Variante 5: Wiederholung
Wenn man an vorangegangene Themenfelder (idealerweise im nahen zeitlichen Bezug von ein paar Stunden oder maximal ein paar Tagen) anknüpfen kann, bietet sich auch eine kleine Wiederholung eines Themengebiets an. Wenn mehrere Themenfelder zusammenpassen, dann können diese auch zusammengefasst wiederholt werden. Ziel ist es, die Transferleistung der Lernenden anzuregen und ein großes gesamtes (= systemisches) Themenbild zu vermitteln.

Gestern wurde bereits das Thema »allgemeine Pumpenbedienung« behandelt, heute befassen wir uns mit dem Schaumbetrieb. Da das nur eine kleine Weiterführung von gestern ist, nochmal zur Wiederholung die wichtigsten Schritte …

Variante 6: Modell

Bild 73: *Modell als Einstieg*

Gerade bei sehr komplexen Themen kann zu Beginn ein einfaches Modell vorgestellt werden, das dann im Verlauf immer weiter ausgebaut und mit Hintergrundwissen gefüllt wird. Als Modell versteht man im Allgemeinen eine Reduzierung der zu umfangreichen Wirklichkeit auf ein einfacher verständliches – nun ja, Modell eben –, das immer noch ausreichend identisch zur Realität ist. Diese Reduzierung auf das Wesentliche findet auch bei der didaktischen Reduktion ▶ Kapitel 3.6 Anwendung.

5 Planung einer kurzen Schulung oder eines Trainings

Wieder ein konkretes Beispiel wäre hier z. B. die GAMS-Regel für den Gefahrguteinsatz gleich zu Beginn vorstellen und daraus einen gesamten Gefahrgutunterricht zu entwickeln.

G	Gefahr erkennen	> ausbauen zu Stoffrecherche und Messgeräte
A	Absperren	> Abstände und Sicherungsmaßnahmen
M	Menschenrettung	> Taktische Vorgehensweisen und Dekontamination
S	Spezialkräfte	> TUIS und ATF vorstellen

Variante 7: Einbindung

Fortbildungen haben meistens einen großen Vorteil: Die Teilnehmenden verfügen über viel Vorwissen und Praxiserfahrung. Dies lässt sich, mit der nötigen Vorbereitung, prima als Einstieg nutzen und gibt allen das Gefühl vom Start weg mit eingebunden zu sein. Aber auch bei einer Ausbildung lassen sich i. d. R. immer Beispiele oder Vorwissen finden, das eingebunden werden kann. Hier gibt es ein paar Möglichkeiten, dies durchzuführen. Die bekannteste Methode, und wahrscheinlich leider auch die unpopulärste, ist es Reihum alle nach ihrem Wissen zu befragen. Je kreativer hier die Abfrage erfolgt und, das ist immer ganz wichtig, im Anschluss in den weiteren Ablauf mit eingebunden wird, umso besser kommt diese Art von Einstieg an.

Bei meiner Fortbildung zum Konzept von Amok und Terror war meine erste Frage, welcher der anwesenden Teilnehmenden welche Funktion und welche Aufgaben bei dem Münchner Amoklauf selbst innehatte. Diese unterschiedlichen Rollen und kurzen Meldungen habe ich in eine (schon mit bestimmten Schlagworten vorbereitete) Mindmap übertragen. Diese Art von Einstieg hatte für die Fortbildung viele Vorteile, die hier sehr plakativ darstellbar sind.
Sofort waren alle Teilnehmenden im Thema und alle wurden in ihrer Funktion abgeholt. Sie konnten damit allen anderen die unterschiedlichsten Erlebnisse aus der eigenen Sichtweise schildern. Zusätzlich war der Redebedarf bei diesem hoch emotionalen Thema sehr stark ausgeprägt. Indem ich jedem bereits am Anfang schon die Möglichkeit gab, das eigenen Erlebte zu erzählen, war die folgende Inhaltsvermittlung viel entspannter und von weniger Unterbrechungen geprägt. Zusätzlich wusste ich sofort, bei welchen Schwerpunkten ich wen mit einbinden konnte.

5.8 Schulungsbeginn

Variante 8: Lernlandkarte

Bild 74: *Lernlandkarte als Einstieg*

Die Lernlandkarte ist dem Modell gar nicht so unähnlich und wird auch vornehmlich bei großen und schwierigen Themenfeldern, starken Zusammenhängen oder Abhängigkeiten verwendet. Wichtige und relevante Inhalte sollen so mittels einer schönen Visualisierung leicht verständlich und konzentriert dargestellt werden. So wie eine Landkarte eine grobe Orientierung im unwegsamen Gelände gibt, so gibt die Lernlandkarte einen schnellen Überblick zu Beginn und schafft eine Struktur für das kommende Thema. **Müsste ich z. B. den Bereich Algebra in dem weiten Feld der Mathematik einordnen, würde ich zu einer Lernlandkarte greifen.**

Wenn z. B. schon viel grundlegendes Vorwissen vorhanden ist, könnte diese Methode bei einer Weiterbildung auch als aktiver Einstieg für die Lernenden genutzt werden. So könnte man z. B. bei einem sechswöchigem Führungslehrgang alle Themenfelder und Unterrichtseinheiten, die im Stundenplan vorhanden sind, aufzeichnen (lassen), um so die Abhängigkeiten und Beziehungen zwischen den Themen besser zu verstehen.

Auswahl des richtigen Einstiegs

Wie bereits am Anfang erwähnt, kannst du die Variante für den Einstieg anhand der Situation auswählen. Realistisch betrachtet wirst du vermutlich einen Favoriten haben, den du meistens anwenden wirst. Es wird aber immer wieder Situationen geben, bei denen eine der Varianten besser als dein »Standardeinstieg« passt. Diesen richtigen Einstieg zu finden ist aber keine allzu große Kunst. Es bietet sich nur an, sich vorab zu überlegen, welche Stärken und Schwächen welche Variante hat und welche davon am besten zur Zielgruppe passt. In der nachfolgenden ▶ Tabelle 16 – Einstiegsvarianten habe ich aus meiner Erfahrung versucht eine kleine Wertung mit den Abstufungen – gering – mittel – hoch – sehr hoch für alle Varianten in fünf ausgewählten Kategorien darzustellen. Gerne kannst du sie als Hilfe für deine zukünftige Auswahl des Einstiegs verwenden. Als Kategorien habe ich die Zielorientierung, Praxisnähe, Aktivierung, Einbindung der Teilnehmenden und Systemisch als wichtigste Kriterien ausgewählt. Systemisch heißt übrigens ganzheitlich und dient als Ergänzung, um aufzuzeigen, wie umfänglich damit das Thema schon während des Einstiegs behandelt wird.

Tabelle 16: *Einstiegsvarianten*

	Zielorientierung	Praxisnähe	Aktivierung	Einbindung	Systemisch
Nutzen	Sehr hoch	Hoch	Mittel	Gering	Hoch
Aufhänger	Mittel	Hoch	Hoch	Gering	Gering
Beispiel	Mittel	Sehr hoch	Hoch	Mittel	Gering
Roter Faden	Hoch	Gering	Gering	Gering	Sehr hoch
Wiederholung	Gering	Mittel	Hoch	Hoch	Hoch
Modell	Hoch	Mittel	Mittel	Mittel	Hoch
Einbindung	Gering	Sehr hoch	Sehr hoch	Sehr hoch	Gering
Lernlandkarte	Mittel	Gering	Mittel	Gering	Sehr hoch

Egal welchen Einstieg du planst: Vergiss nicht, in der Erwachsenenbildung sollte immer ein sinnbezogenes Lernen stattfinden. Das heißt, du musst dir immer vorab Gedanken machen, welcher Zweck damit verfolgt werden soll. Wenn du dabei die folgenden Fragen schon im Einstieg beantworten kannst, wird die Lernbereitschaft dadurch noch weiter gefördert: Was, Warum, Wozu, Womit?

Damit bietest du den Lernenden für jede einzelne Frage einen Sinn an. Damit es diesen aber auch geben kann, sollte vorab ein Nutzen definiert sein. Dieser unterstützt bei der Zusammenfassung der einzelnen Fragestellungen. Idealerweise sollte hier ein konkreter Nutzen (oder auch Mehrwert) als Ergebnis herauskommen. Wenn nicht – schau dir noch mal das Vorvorwort im ▶ Kapitel 1.5 an! Das sind meistens nicht mehr als ein oder zwei Sätze und dauert nicht mal eine halbe Minute.

Danach lässt sich immer noch ein Einstieg mit einer der anderen, oben vorgestellten Varianten, sinnvoll und zielführend anwenden.

5.9 Schulungsdurchführung

Wenn der Einstieg gelungen ist, geht es an die Schulungsdurchführung. Darunter versteht man typischerweise die Vermittlung und die Erarbeitung des Lerninhalts. Hierfür braucht man eine gute Didaktik, Methodik und Vermittlungskompetenz. Dazu müsste man das gesamte ▶ Kapitel 3 – Lerntheoretische Überlegungen auf die entsprechende Schulung anwenden. Damit ich hier meinem typischen Stil auch treu bleibe, müsste ich jetzt alle oder zumindest die häufigsten 80 % aller Schulungsvarianten aufführen und mittels SER genau beschreiben. **Genauso wie man die gesamte erlernte Taktik eines Zugführers auf alle möglichen Einsätze runterbrechen müsste, ist das auch bei der Schulungsgestaltung fast unmöglich. Den trotzdem von mir gewagten Versuch, zumindest für den Bereich der Einsätze, habe ich in meinem Buch »Führungshilfen für Feuerwehr-Einsatzleiter« als Standard-Einsatz-Ratschläge zusammengefasst. Dort hat es für viele Bereiche ganz gut geklappt. Aber genug der Schleichwerbung, mit Ausnahme der noch folgenden kleinen Buchempfehlung. Die Umsetzung war übrigens für die Einsätze wesentlich einfacher als für die Schulungsgestaltung – weshalb ich letzteres lieber gelassen haben.**

Erste Buchempfehlung

Gattinger: Führungshilfen für Feuerwehr-Einsatzleiter, Verlag W. Kohlhammer, Stuttgart, 2022.

Da diese Einzelfallbeschreibungen zu aufwendig und auch nur wenig zielführend sind, möchte ich zumindest ein paar Empfehlungen für die Schulungsdurchführung weitergeben. Einfach nur auf die Quintessenz (▶ Kapitel 3.10) oder auch die Quintessenz der Quintessenz der Lerntheorie (▶ Kapitel 3.11) zu verweisen, ist mir dann doch etwas zu einfach. Deswegen möchte ich noch ein paar Tipps für unsere spezielle Zielgruppe anbieten. Außerdem fühle ich mich dabei ganz nostalgisch an Studienzeiten zurückerinnert. Es geht um die Erwachsenenbildung, die Ausgestaltung von erwachsenengerechtem Training und das Klassenraummanagement.

5.9.1 Erwachsenengerechtes Training

Lehren und Lernen sollte für Erwachsene immer erwachsenengerecht stattfinden, das ist die Forderung einer zeitgemäßen Aus-, Fort- und Weiterbildung auf Augenhöhe. Gemeint ist damit im Wesentlichen die Selbststeuerung des Lernens und eine Relevanz des Lerninhalts, ▶ Kapitel 2.9. Dafür gibt es mehr als ausreichend Prinzipien, Forderungen und Hinweise.

Prinzipien für ein erwachsenengerechtes Lehren und Lernen:

- Prinzip der Teilnehmendenorientierung
  Die Interessen der Teilnehmenden müssen berücksichtig werden und es geht immer wieder um die Thematik einer konkreten Bedeutung der Lerninhalte für die Lernenden.
- Prinzip der Erfahrungsorientierung
  Die beruflichen und privaten Vorerfahrungen sollen mit eingebunden und genutzt werden und der Lerninhalt daran anknüpfen.
- Prinzip der Lebensweltorientierung
  Die vorhandenen sozialen Gruppen sollen zusammen mit der aktuellen Lebens- und Arbeitsumgebung berücksichtig werden und die Lerninhalte daran anknüpfen.
- Prinzip der Verwendungsorientierung
  Der vermittelte Inhalt muss einen direkten Bezug zu den zukünftigen Aufgaben der Teilnehmenden haben und zeigen, wie sie dies in die Praxis umsetzen können.
- Prinzip der Kompetenzorientierung
  Es sollten nicht nur Inhalte vermittelt, sondern Kompetenzen in der Verbindung aus Wissen, Können und Wollen ausgebildet werden.

Forderungen an ein erwachsenengerechtes Training:

- Stelle die Lernenden in den Mittelpunkt
- Wecke Interesse und Neugier bei allen Beteiligten
- Schaffe eine positive Lernatmosphäre
- Biete möglichst viele Eingangskanäle an
- Knüpfe an Bekanntem an
- Verwende praxisnahe Beispiele

5.9 Schulungsdurchführung

- Gehe in kleinen Lernschritten vor
- Verwende aktivierende Methoden
- Erläutere erst den Sinn und dann die Begriffe
- Erkläre zuerst die Übersicht und dann die Details
- Wiederhole viel
- Biete Übungen zur Festigung an
- Verknüpfe so viel wie möglich mit der Realität
- Nutze Erklärungen vor Begriffen
- Begrenze die Menge der Informationsaufnahme
- Versuche die richtige Methode zur richtigen Zeit zu verwenden

5.9.2 Klassenraum-Management (Classroom-Management)

Bild 75: *Klassenraummanagement schafft eine lernfördernde Umgebung*

Für ein effektives Klassenraummanagement braucht man viel Disziplin, Führungswille und zusätzlich macht es leider noch viel Arbeit. Man muss immer wieder alle Teilnehmenden aktivieren und stetig Interesse wecken. Man sollte dafür sorgen, dass alle mit Spaß dabei sind und effektiv lernen und zu guter Letzt sollte man auch noch souverän mit Störungen umgehen können. **Na bravo – wäre ich doch lieber Maschinist statt Ausbilder geworden.**

Klassenraummanagement steht für die Klassenführung oder Klassenorganisation durch die Lehrenden, die ein harmonisches, kommunikatives und lernzielorientiertes Miteinander ermöglichen und Störungen reduzieren. Ebenfalls sind eine lernförderliche Umgebung und ein funktionierendes Zeitmanagement erforderlich.

Einen wichtigen und nicht zu vergessenden Anteil am Klassenraummanagement hat die klare Strukturierung des Trainings, die auf einer guten Planung basiert – **deshalb dieses ganze Kapitel 5 »Planung einer kurzen Schulung oder eines Trainings« hier als Erklärung**!

Wohlfühlatmosphäre/Lernfördernde Umgebung

Eine Wohlfühlatmosphäre klingt zunächst mal etwas hochtrabend und vielleicht auch nach etwas Zuviel. Wenn man sich aber vor Augen führt, wie viel Zeit man in institutionellen Bildungseinrichtungen (alle Arten von Schulen) oder auch mit informellem Lernen (z. B. Übungsabende) verbringt, steigt das Verständnis, sich dort auch mal wohlzufühlen. Zusätzlich fördert eine schöne Umgebung in einem angenehmen Umfeld das Lernen.

Obwohl sich das angenehme Umfeld auch auf die Inneneinrichtung bezieht, gibt es ein paar Grundregeln im sozialen Bereich, die eingehalten werden sollen und entweder vorab bestimmt sind oder durch die Gruppe selbst aufgestellt werden. Bei letzterem spricht man gerne von einem Lehr-Lern-Vertrag, dessen Aufwand sich eigentlich erst ab einem Lehrgang lohnt.

Ein Lehr-Lern-Vertrag besteht meistens aus den gemeinsam erarbeiteten Regeln (i. d. R. 5–20 Festlegungen) für das zukünftige gemeinsame Miteinander und wird auf einem großen Blatt Papier fest im Raum aufgehängt und meistens noch symbolisch von allen Teilnehmenden und Ausbildenden unterschrieben.

Denn klare Regeln und wenig Unklarheiten bei den Rahmenbedingungen fördern den gemeinsamen Lernerfolg. Je mehr du im Voraus so gestaltest, dass Störungen erst gar nicht auftreten, umso effektiver kann die Lernzeit genutzt werden.

Die Grundregeln des Miteinanders kann man immer sehr schön auf das Mindestmaß des kategorischen Imperativs nach Kant herunterbrechen: Verhalte dich beim Lernen selbst so, wie du möchtest, dass sich auch alle anderen verhalten.

Für dich als Lernbegleitung gilt es dafür zu sorgen, dass die Grundregeln auch eingehalten werden und damit eine erkennbare Fairness sowie Gleichbehandlung herrschen. Sorge zusätzlich immer für Offenheit und Transparenz, nimm Anteil an den Problemen der Teilnehmenden, sei partnerschaftlich, fair, anerkennend und humorvoll – dann erfüllst du schon mal deine Seite der Wohlfühlatmosphäre. Jetzt musst du nur noch die nötige Distanz im richtigen Moment für eine professionelle Klassenführung halten.

Klassenführung

Eine gute Klassenführung setzt sich aus drei Kategorien zusammen, Beziehung, Kontrolle und dem Training. Für die Führung oder besser das Management der Klasse ist es wichtig ein paar Techniken zu beherrschen, damit soziale Beziehungen gefördert werden und eine Kontrolle des Verhaltens der Teilnehmenden stattfindet.

- Sei präsent:
  Registriere schnell Störungen, Fehlverhalten sowie lernhinderliche Vorgänge und steuere hier frühzeitig und kleinteilig nach.
- Sei clever:
  Versuche parallel das Training durchzuführen, den weiteren Ablauf zu planen und zusätzlich die Gruppe zu beobachten, diese zu steuern und einzubinden.
- Sei kontinuierlich:
  Vermeide Sprünge, Lücken und Brüche, so dass du einem roten Faden folgst und idealerweise den zu Beginn Vorgestellten auch einhältst.
- Sei in Bewegung:
  Vermeide Verzögerungen und Überreagieren bei Fehlverhalten, so dass immer die Lernatmosphäre erhalten bleibt.
- Sei zusammenhaltend:
  Sorge für eine Aktivierung der gesamten Lerngruppe und die Einbindung aller in das Lerngeschehen.

Unter einer Führungsrolle versteht wahrscheinlich jeder in den Details etwas anderes. Die Führungsrolle im Bildungsbereich sollte bitte nicht als klassischer »Feldherr« oder Einheitsführer im Einsatz verstanden werden. Auch wenn eine gewisse Ruhe, Professionalität und Souveränität hier genauso notwendig sind. Die Klassenführung – oder eben Schulungsleitung – übernimmt mehr eine (an-)leitende Funktion auf kooperativer Basis. Trotz aller Softskills bedarf es einer klaren Linie und einer guten Führung, je schwieriger die Rahmenbedingungen oder auch die Teilnehmenden sind.

Aktivierung

Wir haben an mehreren Stellen bereits von der Aktivierung der Teilnehmenden gehört. Die spannende Frage dabei ist jetzt nur noch – wie soll man das in der Praxis machen?

Es gibt vier unterschiedliche Ansätze wie eine Aktivierung durchgeführt werden kann. Durch energiegeladene Lehrende und dem daraus resultierendem Mitreißen, meist durch Enthusiasmus, kann eine mögliche Form der Aktivierung entstehen. Genauso effektiv können Streitgespräche aktivieren, wichtig ist dabei nur zu beachten, dass diese im Rahmen bleiben und auf Dauer sehr anstrengend sind. Ebenfalls sind dadurch nicht alle Teilnehmenden gleich gut zu aktivieren. Genau das gleiche Problem gibt es bei der geistreichen Aktivierung, bei der über Hintergründe und Theorien philosophiert wird. Einen guten Lernerfolg bei nahezu allen Teilnehmenden erzielt aber immer der Wechsel zwischen Kontrolle und Freiraum bei der Ausführung von Gruppenarbeiten oder Selbstlernaufgaben. Hier wird zwischen extrinsischer und intrinsischer Motivation (▶ Kapitel 3.9) gewechselt.

Raumordnung und Sitzordnung
Ein gut vorbereiteter Raum zum Lernen und Zeit verbringen unterstützt durch die vorbereitete Ordnung, Bestimmung, Strukturierung und Beschriftung. Diese vier Punkte stellen sicher, dass alles schnell und einfach zu finden ist und durch die Einfachheit keine unnützen Gegenstände die Lernentwicklung behindern. Alle vorhandenen Flächen können für die Methoden schnell genutzt werden und vordefinierte Funktionsbereiche sind klar ersichtlich. Bereits von Beginn an wirkt alles vertraut, mindert die Unsicherheiten und das angenehme Lernklima ermöglichen ein effektives Lernen. Gerade unsichere, neue oder besonders zu fördernde Teilnehmende profitieren von einer entsprechend vorbereiteten Lernumgebung.

Eine feste Sitzordnung ist bis auf wenige Ausnahmen nicht zu bevorzugen. Bei der eigenen Wahl des Platzes entsteht bereits die erste Möglichkeit des selbstbestimmten Lernens. Erste soziale Kontakte finden und gruppieren sich. Zusätzlich gibt die freie Platzwahl für intro- und extrovertierte Teilnehmende eine weitere Sicherheit oder Möglichkeit, dem inneren Drang nachzukommen sich nach vorne oder hinten zu setzen. Selbst wenn es den meisten nicht bewusst ist, alle haben ein dominantes Auge, das einen großen Einfluss auf die Aufmerksamkeitssteuerung hat. Unterbewusst suchen wir uns die beste Position hierfür automatisch aus.

Bei bestimmten Veranstaltungen weiß man manchmal schon im Voraus, wer genau kommt und was einen da so erwartet. Vor allem in Kombination einer Gruppe können so manche Einzelpersonen zu einer explosiven Mischung werden. Manchmal gibt es aber auch komische Zufälle, dass genau diese liebgewonnenen Bande durch getrennte Termine oder eine vorgegebene Sitzordnung leider im Vorhinein schon getrennt wurden – hoppala ...

(Aus-)Bildung macht Spaß – auch bei der Motivation!
Vermittle die Inhalte an deine Teilnehmenden mit Spaß. Motivation durch Zug, nicht durch Druck ist hier die einfache Zauberformel. Dass Spaß oder eben Humor ein wichtiger Bestandteil der erwachsenengerechten Didaktik ist, haben wir bereits im ▶ Kapitel 3.1.4 gehört. Auch welche Arten von Motivation es gibt wurde im ▶ Kapitel 3.9 genau erklärt. Jetzt geht es aber um die konkreten Varianten der Motivation und wie diese umgesetzt werden – das zeigt die nachfolgende Tabelle.

5.9 Schulungsdurchführung

Tabelle 17: *Varianten der Motivation*

Extrinsisch motivieren	Intrinsisch motivieren
Leistungsdruck	Interesse
Prüfungsdruck	Nutzen
Gesetzliche Zwänge	Ansehen/Status
Soziale Zwänge	Selbstwertgefühl
Anweisung, Befehl	Leistungsmotivation
Unmittelbarer Zwang	Materielles Interesse
	Humanitäre Gründe

Motivation wird meistens in intrinsisch und extrinsisch unterschieden. Bei der intrinsischen Motivation, die von »innen heraus« erzeugt wird, steht das Wollen der Lernenden mit persönlichen Zielen im Mittelpunkt des Lernens. Bei der extrinsischen Motivation wirken Einflüsse »von außen« auf die Lernenden ein. Meist können diese durch »wenn – dann«-Abhängigkeiten beschrieben werden.

Störungen und Umgang damit

Grundsätzlich lassen sich alle Störungen des Lernerfolgs in drei Bereiche einteilen. Diese sind Störungen von außen, durch die Lehrenden und von den Lernenden selbst ausgehend. Mögliche Einflussfaktoren, die außen auf die Lernenden einwirken können, sind z. B. schlechte Beleuchtung, Lärm, die Größe der Räumlichkeiten, extreme Temperaturen oder durch weitere ähnliche Probleme. Störungen durch die Lehrenden sind meistens auf Verständigungsprobleme und didaktische Fehler zurückzuführen. Sie können aber auch zwischenmenschliche Ursachen haben.

An dieser Stelle, bei der es hauptsächlich um das Klassenraummanagement geht, sollen die Störungen, die von den Lernenden selbst ausgehen, genauer betrachtet werden. Ein guter grundsätzlich Tipp, um auf mögliche Unterbrechungen eingehen zu können, ist es, möglichst auf bestimmte Situationen vorbereitet zu sein. Wenn man jetzt dafür schon ein paar aufsteigend eskalierende Lösungsstrategien parat hat, dann ist das natürlich noch besser. Das soll heißen, dass man nicht gleich zu Beginn den Holzhammer oder einen Schulungsausschluss auspacken muss. Die nachfolgende Tabelle zeigt einige typische Störungen und ein paar (non-)verbale Möglichkeiten, Erziehungs- und Ordnungsmaßnahmen für den Umgang mit diesen.

5 Planung einer kurzen Schulung oder eines Trainings

Tabelle 18: *Typische Störungen und möglicher Umgang damit*

Typische Störungen (nicht abschließende Liste)	Möglicher Umgang (nicht abschließende Liste)
Fremdbeschäftigung mit Handy, Buch, ... Unterhaltungen mit Sitznachbarn Zu spät kommen Häufiges Hinausgehen und Wiederkommen Dazwischenreden und Unterbrechen Beleidigungen Sehr häufiges Nachfragen Wissen der Lehrenden abfragen Bloßstellen Überengagement Grenzen austesten ...	**Non-verbale Möglichkeiten** Blickkontakt herstellen Verärgerung über Mimik ausdrücken Symbolhaftes deuten auf Lerninhalte Durch Gestenzeigen ansprechen Auf die störende Person zugehen
	Verbale Möglichkeiten Sprechpausen einsetzen Lautstärke der Stimme verändern Namen nennen Zur Mitarbeit auffordern Zur Unterlassung auffordern
!Hoffentlich niemals – aber auch zur Vorbereitung! Sachbeschädigung Diebstahl Diskriminierende Äußerungen Rassistische Äußerungen Handgreiflichkeiten (Sexuelle) Übergriffe oder Belästigung ...	**Mögliche Erziehungsmaßnahmen** Wegnehmen der Störung An anderen Platz setzen Zusatzarbeiten aufgeben Nacharbeiten aufgeben Persönliches Gespräch Gespräch mit Führungskraft Gespräch mit Personalabteilung Gespräch mit Personalrat
	Mögliche Ordnungsmaßnahmen Verweis Verschärfter Verweis Versetzung Zeitweiliger Ausschluss Kompletter Ausschluss Personalrechtliche Maßnahmen Strafrechtliche Maßnahmen

Hoffentlich kannst du dich noch an die unterschiedlichen Autoritäten von ▶ Kapitel 3.3 erinnern, diese sind für das Verständnis im Umgang mit Störungen ganz praktisch. Jede Störung ist in erster Linie eine kleine Botschaft der Lernenden. Diese gilt es zu entschlüsseln und damit umzugehen. Dieser Umgang wird immer auch als Test deiner Führungsqualitäten verstanden. Das heißt, dass deine Einstellung und

5.9 Schulungsdurchführung

deine unterschiedlichen Autoritäten damit ausgelotet werden. Folglich musst du dir den Folgen deines Interagierens bei Störungen klar bewusst sein.

Meine persönliche Empfehlung ist hier dreistufig, zuerst reagiere ich nur relativ niederschwellig, dafür möglichst frühzeitig auf die Entwicklung einer Störung, indem ich signalisiere diese als solche wahrgenommen zu haben. Bei einer steigenden Eskalation versuche ich möglichst wertschätzend und ohne Bloßstellung die Hintergründe zu erfragen. Meine dritte Stufe ist die Anwendung der typischen Feedbackschiene (Fakten beschreiben, persönliches Empfinden und Wunsch mitgeben).
Manchmal ist es auch notwendig von 0 auf 100 zu springen, und zwar immer dann, wenn für mich klare Grenzen überschritten werden. Mein persönliches Beispiel: Mich schreit niemand an, der nicht den gleichen Nachnamen wie ich trage! Dort steige ich sehr hoch in den Konsequenzen ein und eskaliere noch schneller!

… und alles ganz anders

Das spannende an der Zusammenarbeit mit Menschen ist ja immer, dass es keine hundertprozentigen Patentrezepte gibt. Hier zeigt sich einerseits Erfahrung, Kenntnisse der Theorien und zusätzlich die vorhandene Menschenkenntnis. Trotzdem können wir ein paar Ideen und Empfehlungen nutzen, auch wenn nicht immer alle gleich gut passen. Finde es einfach durch Ausprobieren heraus!

- Bereite den Lernort vor
- Plane Regeln und Verfahrensweisen
- Stelle die Regeln und Verfahrensweise früh vor
- Lege bestimmte Konsequenzen vorab fest
- Reagiere sofort auf nicht angemessenes Verhalten mit einem kurzen Signal
- Unterbinde möglichst früh störendes Verhalten
- Fördere einen Gemeinschaftssinn
- Plane für erwartbare Störungen voraus
- Kontrolliere die Selbstlerntätigkeiten
- Fördere Eigenständigkeit und Eigenverantwortung
- Bereite das Training gut vor
- Führe ein klar strukturiertes Training durch

5.10 Schulungsende

Jeder schöne (Lern-)Moment findet mal ein Ende – folglich auch die Schulung. Idealerweise sollte das geplant und nicht durch einen Stundenwechselgong, die nachfolgende Lehrkraft oder einen Hinweis aus den Reihen der Teilnehmenden erfolgen. Damit dies auch frühzeitig und professionell funktionieren kann, benötigt man eine gute Zeitplanung und ein paar immer wiederkehrende Einzelpunkte.

5.10.1 Themenausstieg

Der Themenausstieg sollte den Teilnehmenden idealerweise eigentlich gar nicht auffallen. Denn wenn die didaktische Reduktion und die Zeitplanung vernünftig durchgeführt wurden, ist das Thema genau zur richtigen Zeit zu Ende. Alle wichtigen Aspekte, alle notwendigen Informationen und alle relevanten Inhalte wurden vermittelt.

Sollte man während der Schulung feststellen, dass die Zeit nicht reichen sollte, muss man sich einen guten Ausstieg oder Übergang zur Zusammenfassung überlegen. Besonders hilfreich ist es, wenn dies nicht nur auf den letzten Drücker festgestellt wird, sondern noch ein bisschen Spielraum und Zeit zum Improvisieren vorhanden ist. Dann sollte man nochmal kurz überlegen, welche der noch fehlenden Inhalte zwingend durchgeführt werden müssen und welche eben nicht. **An dieser Stelle merkst du hoffentlich noch einmal, wie wichtig eine realistische Zeitplanung und wie wichtig es zusätzlich ist, noch ein paar Pufferthemen in der Hinterhand zu haben, falls man zu schnell ist.**

5.10.2 Zusammenfassung

Die Zusammenfassung eines Trainings könnte man fast schon als weitere didaktische Reduktion verstehen. Ich hoffe, du hast das ▶ Kapitel 3.6 aufmerksam gelesen – dann kann ich mir jetzt die weiteren umfangreicheren Erklärungen sparen. **Falls nicht, gehe direkt dahin, gehe nicht über Los und ziehe keine 4 000 DM ein!** Für den unwahrscheinlichen Fall, dass du nicht dahin blättern willst, hier die ganz kurze Zusammenfassung der didaktischen Reduktion für die Zusammenfassung:

5.10 Schulungsende

Was ist die vereinfachte Quintessenz der vergangenen Zeit?
Was sollte am nächsten Tag, in einer Woche und in einem Jahr noch gewusst werden?
Soll sich an viel breites Wissen, dafür aber nur oberflächlich, oder wenig, dafür tiefgreifendes Wissen erinnert werden?

5.10.3 Weiterlernen anregen

Dein Hauptaugenmerk sollte auf konkreten Weiterlernangeboten und Methoden liegen und darauf, noch weitere spannende Angebote, die zum Thema passen, vorzustellen. Es geht dabei um zusätzliche Vertiefungsmöglichkeiten des vermittelten Lernstoffs. Anschließend bieten sich daran anknüpfende und darauf aufbauende Schulungsmöglichkeiten als Ergänzung an. Klassischerweise gehören hier auch Literaturempfehlungen und Quellenangaben dazu.

- Frage nach dem selbst eingeschätzten Nutzen.
- Lass die Kernaussagen selbst zusammenfassen.
- Motiviere das Erlernte anzuwenden.
- Räume Zeiträume zum aktiven Üben ein.
- Nutze Fachquellen während des Trainings als Erarbeitungsmöglichkeit.
- Gib Empfehlungen, bestimmten Experten zu folgen.
- Biete weiterführende Literatur an.
- Weise frühzeitig und immer wieder darauf hin, Notizen zu machen.

5.10.4 Lernziele sichern

Bei einer kurzen Schulung oder bei einem Training ist es normalerweise unüblich eine Lernzielbilanzierung im Stile einer Prüfung durchzuführen (▶ Kapitel 8.3). Eine kurze Lernzielkontrolle bietet sich hier hingegen ganz gut an. Dabei sollen die vorab definierten Lernziele (▶ Kapitel 5.4.3) am besten in einer real auftretenden Situation überprüft werden. Typischerweise werden Verständnisfragen aus dem gesamten Stoffinhalt abgefragt. Eine gute Alternative ist die Selbstkontrolle zur Überprüfung mittels anregender Fragen.

5 Planung einer kurzen Schulung oder eines Trainings

Bild 76: *Lernziele müssen gesichert werden*

Welche drei Punkte werde ich mir ganz bewusst merken?
Was werde ich konkret bis nächste Woche ausprobieren?
Was werde ich erzählen, wenn ich über den Inhalt hier gefragt werde?
Was kann ich mehr wie vorher?
Was weiß ich mehr wie vorher?
Was kann ich besser einschätzen als vorher?

5.10.5 Feedback geben

Feedback sollte immer in zwei Richtungen stattfinden, um zielführende Verbesserungen (auf beiden Seiten) anzuregen. Das Feedback zur Schulung oder den Lehrenden durch die Teilnehmenden wird auch Evaluation (▶ Kapitel 8.4.2) genannt. Das andere Feedback, bei dem die Lehrenden den Lernenden eine Rückmeldung zur Lernzielerreichung geben ist ein wichtiger Teil in der Lernentwicklung. **Dies sollte ein bisschen über das berühmte »nicht geschimpft, ist ausreichend gelobt« hinausgehen.** Dafür gibt es ein paar fixe Regeln, die das Miteinander erleichtern und ein paar Empfehlungen für dich als Lehrkraft, die im ▶ Kapitel 8.5 zu finden sind.

5.11 Nachbereitung

Wenn man grundsätzlich an Qualität und Verbesserungen interessiert ist und zusätzlich auch bei nachfolgenden Trainings viel Zeit sparen will, kann man bei der Nachbereitung wertvolle Informationen gewinnen. Eine Nachbereitung wird immer zum Teil selbst und teils durch andere durchgeführt. Diese anderen können sowohl die Teilnehmenden als auch die Auftraggebenden sein. Nicht zu unterschätzen sind hier auch andere in der Ausbildung tätige Personen, die dir spezielle Rückmeldungen zur Didaktik, Methodik und zum Vortragsstil geben können.

Evaluation durchführen

Als erstes empfehle ich, direkt im Anschluss eine erste Selbstevaluation durchzuführen. Solange die Gedanken noch bei der Schulung sind und das Thema noch heiß ist, lohnt es sich, sich selbst zu fragen, ob die eigenen gesteckten Ziele erreicht wurden. Diese Bestätigung bei einem Erreichen oder eben diese wichtigen Erkenntnisse bei Nichterreichen helfen zunächst, das große Ganze in einen vernünftigen Bezugsrahmen einzuordnen, bevor man sich danach in Kleinigkeiten verliert. Aber es lohnt sich auch diese selbst aufgefallenen Kleinigkeiten direkt danach zu notieren und bei Gelegenheit anzugehen. Eine Evaluation durch die Teilnehmenden ist die ideale Möglichkeit, weitere hilfreiche Rückmeldungen zur durchgeführten Schulungsmaßnahme oder zu sich selbst zu erhalten, ▶ Kapitel 8.4.2. Zusätzlich lohnt es sich, nach einer bestimmten Zeit bei den Auftraggebenden nachzufragen, ob aus ihrer Sicht die Ziele erreicht wurden.

5.12 Zusammenfassung zur Planung eines Trainings

Zwar habe ich im ▶ Kapitel 5.2 schon eine Zauberformel im kurzen Klartext angeboten. Trotzdem möchte ich auch am Ende des Kapitels zusätzlich noch eine kurze Zusammenfassung der doch inzwischen ziemlich groß gewordenen Empfehlung einer kurzen Schulung anbieten. Wenn du dir die nachfolgenden 14 Überlegungen bei der Planung nochmal vor Augen führst, wird die eigentliche Schulung relativ sicher ein Erfolg:

1. Kläre vorab die benötigten Rahmenbedingungen!
2. Mache dir vorher klar – was das Lernziel ist, das erreicht werden soll!
3. Informiere dich, welche Zielgruppe mit welchem Vorwissen du ausbilden darfst!
4. Reduziere das gesammelte Wissen auf die Zielgruppe, das Lernziel und die vorhandene Zeit!
5. Begrüße die Teilnehmenden und stelle dich kurz vor!
6. Definiere, gleich zu Beginn, was der Nutzen für den Teilnehmerkreis sein soll!
7. Erläutere kurz die Lernziele und den roten Faden der Schulung!
8. Finde einen passenden Einstieg ins Thema!
9. Passe die Methoden an die Zielgruppe an und wechsle diese regelmäßig!

10. Biete möglichst viele Lernkanäle bei der Stoffvermittlung an!
11. Lass alle Teilnehmenden mit Spaß teilhaben!
12. Fasse das Thema mit den wichtigsten Punkten am Ende nochmal kurz zusammen!
13. Biete Möglichkeiten zum Weiterlernen an!
14. Notiere dir Verbesserungsmöglichkeiten im Anschluss!

Wichtige Punkte zum Klassenraummanagement
- Persönliches und gegenseitiges Kennenlernen
- Willkommensrituale nutzen
- Gemeinsame Regeln festlegen
- Auftragstaktik und Eigenverantwortung fördern
- Verantwortlichkeiten auslagern und delegieren
- Soziale Beziehungen fördern
- Arbeitsplätze vorbereiten
- Individuelles Feedback geben
- Niemals Gruppenbestrafungen
- Regeln und Konsequenzen einhalten
- Wissen und Hilfe anfordern
- Gemeinsam Spaß haben

5.13 Weiterlernen

Einfaches Weiterlernen
Wenn du selbst zu diesem Thema noch mehr wissen willst, dann bedarf es nicht viel Aufwand. Nimm selbst an möglichst vielen Unterrichten, Übungen und kurzen Schulungen teil. Setze dabei den Fokus aber nicht mehr nur auf die Inhalte, sondern auch auf die Vermittlung dieser. So kannst du unglaublich einfach dein eigenes Repertoire an Methoden erweitern und ein Gespür dafür entwickeln, was gut war und was eher weniger. Genau aus diesen Erkenntnissen kannst du dir selbst für die Planungen deiner eigenen kurzen Schulungen schon Ideen »klauen«, übernehmen, herleiten oder anpassen. Überlege dir dazu bei jeder eigenen Teilnahme zu folgenden drei Punkten jeweils einen oder auch bis zu maximal drei Ideen:
- Was war so richtig gut, das sollte ich selbst unbedingt übernehmen und ausprobieren?
- Was lief gar nicht gut, das versuche ich in jedem Fall zu vermeiden?

5.13 Weiterlernen

- Welche interessanten Erkenntnisse, Methoden und Formulierungen sind mir aufgefallen, die ich mir merken sollte?

Genau für diese Anwendung wurden übrigens so kleine schwarze Notizbücher erfunden, die inzwischen mit viel Marketing und für noch mehr Geld in jedem Schreibwarenladen angepriesen werden. Aber hier ist es mal eine wirklich gute Investition! Einfach eine Seite pro Schulung verwenden, kurz was zu den drei Punkten notieren und dann wieder auf den eigentlichen Inhalt konzentrieren – funktioniert hervorragend.

Aufgaben zur Umsetzung und Anwendung
- ☐ Plane anhand der Zauberformel dein nächstes Training!
- ☐ Dokumentiere alle lohnenden Erfahrungen!
- ☐ Dokumentiere alle auftretenden Probleme oder Schwierigkeiten in einem Blackbook!
- ☐ Dokumentiere alle zukünftigen positiven und negativen Erfahrungen mit deinen Teilnehmenden!

Begriffe für Suchmaschinen und Recherche

»Tipps«, »Trick«, »Fehler«, »Schulung«, »Unterricht«, »Training«, »Ablauf«, »erfolgreich«,
»Vorbereitung«, »Planung«, »Zeit«, »Methoden«, »Zielgruppe«, »Lernziele«, »Theorie«, »Praxis«,
»Abwechslung«, »Pausen«, »Zeiten«, »Rhythmisierung«, »aktiv«, »passiv«, »Phasen«,
»Methoden«, »Kartei«, »Sammlung«, »Kiste«, »Planung«, »Gestaltung«,
»Arbeitsplatz«, »Lehrsaal«, »Schulraum«, »herrichten«, »Medien«, »Technik«, »Probleme«,
»Klassenraum«, »Classroom«, »Management«, »Klassenführung«, »Wohlfühlen«, »Lernfördernd«, »Führungsrolle«, »Lernumgebung«, »Lehr-Lern-Vertrag«.

5 Planung einer kurzen Schulung oder eines Trainings

Quellen und weiterführende Literatur

Arnold, Rolf: Systemische Erwachsenenbildung, Schneider Verlag Hohengehren, 2021.

Baumgart/Bücheler: Lexikon, Wissenswertes zur Erwachsenenbildung, Luchterhand, 1998.

Borchard, Inga; Calmbach, Marc; Thomas, Peter Martin: Neue Medien in der Weiterbildung: eine Zielgruppenanalyse, 2011.

Bremer: Zielgruppen in der Praxis. Erwachsenenbildung im Gefüge sozialer Milieus, Magazin erwachsenenbildung.at, 2011.

Döring, Klaus W.: Handbuch Lehren und Trainieren in der Weiterbildung, Bael, Beltz Verlag, Weinheim Basel, 2008.

Eichhorn Ch., Suchodeletz, A. von: Chaos im Klassenzimmer: Classroom Management: Damit guter Unterricht noch besser wird. Stuttgart, 2013.

Eichhorn, Ch.: Classroom-Management: Wie Lehrer, Eltern und Schüler guten Unterricht gestalten. 6. Aufl., Stuttgart 2012.

Evertson, C. M., Weinstein, C. S.: Handbook of Classroom Management: Research, Practice and Contemporary Issues. Lawrence Erlbaum Assoc Inc. Routledge, 2006.

Göhnermeier, Lutz: Praxishandbuch Präsentation und Veranstaltungsmoderation. Wie Sie mit Persönlichkeit überzeugen. Wiesbaden: Springer VS, 2015.

Grass, Brigitte; Ant, Marc; Chamberlain, James R.; Rörig, Horst: Schritt für Schritt zur erfolgreichen Präsentation. Berlin, Heidelberg: Springer-Verlag Berlin Heidelberg, 2008.

Grotlüschen, Pätzold: Lerntheorien in der Erwachsenen- und Weiterbildung, wbv media, Bielefeld, 2020.

Janßen, Daniela: Handreichung Lehr- und Lernarrangements, o. A.

Jütte, Rohs (Hg.): Handbuch Wissenschaftliche Weiterbildung, Springer Verlag, Wiesbaden, 2020.

Klauser, Fritz; Kim, Hye-On: Zielgruppenanalyse – Grundlage für die effektive Entwicklung und Implementation netzbasierter Lernumgebungen, Zeitschrift für Berufs- und Wirtschaftspädagogik, 99, S. 26–41, 2003.

Kounin, J. S.: Techniken der Klassenführung. Reprint: 2006 Münster: Waxmann; Orig. 1970: Classroom Management.

Nuissl: Vom Lernen zum Lehren: Lern- und Lehrforschung für die Weiterbildung, wbv, Bielefeld, 2006. Online verfügbar unter https://www.die-bonn.de/doks/2006-lehr-lernforschung-01.pdf, letzter Zugriff: 02.07.2024.

o. A.: Classroom Management, Staatsinstitut für Schulqualität und Bildungsforschung München, 2019. Online verfügbar unter: https://www.inklusion.schule.bayern.de/fileadmin/user_upload/inklusion/Inklusiver_Unterricht/classroom_management.pdf; letzter Zugriff: 03.07.2024.

o. A.: Referenzkarte Vorbereitung des Klassenraums; Qualitäts- und Unterstützungsagentur – Landesinstitut für Schule NRW. Online verfügbar unter: https://www.schulentwicklung.nrw.de/q/upload/Inklusion/2019neu/LEP_CM_01_-_Referenzkarte_Vorbereitung_des_Klassenraums.pdf, letzter Zugriff: 02.07.2024.

o. A.: Unterrichtsstörungen – ein bekanntes Problem. Online verfügbar unter: https://www.lehrerwelt.de/referendare/fachbeitraege/unterrichtsstoerungen-ein-bekanntes-problem, letzter Zugriff: 02.07.2024.

o. A.: Unterrichtsstörungen: Sofortmaßnahmen und Tipps. Online verfügbar unter: https://www.cornelsen.de/magazin/beitraege/unterrichtsstoerungen-sofortmassnahmen-tipps, letzter Zugriff: 02.07.2024.

Reiter (Hg.): Handbuch Hirnforschung und Weiterbildung, Beltz Verlag, Weinheim Basel, 2017.

Schrader: Lehren und Lernen: in der Erwachsenen- und Weiterbildung, wbv Publikation, Bielefeld, 2018.

Schwikal, Riemer: Kriterien zur Identifikation und Beschreibung von Zielgruppen Die Zielgruppe als Planungsdimension für eine evidenzbasierte Angebotsentwicklung im Projekt EB, 2015. Online

5.13 Weiterlernen

verfügbar unter: https://kluedo.ub.uni-kl.de/frontdoor/deliver/index/docId/4201/file/Schwikal_Riemer_Konzept_zur_Beschreibung_von_Zielgruppen.pdf, letzter Zugriff: 02.07.2024.
Seethaler, Giger: Leitfaden zu den Pädagogisch-Praktischen Studien (Arbeitsversion), Schwerpunkt Classroom Management, Pädagogische Hochschule Salzburg, Salzburg, 2016.
Siebert: Methoden für die Bildungsarbeit: Leitfaden für aktivierendes Lehren, wbv, Bielefeld, 2008.
Tippelt, Rudolf; Hippel, Aiga von (Hg.): Handbuch Erwachsenenbildung/Weiterbildung. 6., überarb. und aktual. Aufl., Wiesbaden: Springer VS (Springer Reference Sozialwissenschaften), 2018.
Weidemann: Handbuch Active Training, 3. Aufl., Beltz Verlag, Weinheim Basel, 2015.

6 Planung einer längeren Schulung oder eines Lehrgangs

Bild 77:   *Ein Lehrgang steigert Kompetenzen*

Nutzen:
- ✓ Du kannst eine lange Schulung (oder eben einen Lehrgang) passend zum Thema planen, strukturieren und aufbauen.
- ✓ Du kannst bessere Lernerfolge bei deinen Teilnehmenden erzielen.
- ✓ Du kannst einen Lehrgang einfacher und schneller planen.
- ✓ Wenn du schon öfter längere Schulungen abgehalten hast, erfährst du, wie du mit wenigen zu beachtenden Punkten ein noch besseres Ergebnis erzielen kannst.
- ✓ Du erkennst, worauf es bei der Planung wirklich ankommt und sparst dir dadurch viel Zeit bei der Trainingsplanung und Ausgestaltung.

Lernziel:
Am Ende des Kapitels solltest du …
- … einen Lehrgang theoretisch erfolgreich planen können.
- … einen selbst erstellten Lehrgang, nach der Durchführung bezüglich der Planungsschritte, kritisch hinterfragen und aktiv verbessern können.

6 Planung einer längeren Schulung oder eines Lehrgangs

Fragen:
- ? Wie sieht eine schnelle Checkliste für einen Lehrgang aus?
- ? Welche Fehler werden am meisten bei kurzen Schulungen gemacht?
- ? Was sollte bei der Vorbereitung alles beachtet werden?
- ? Wie recherchiert man richtig?
- ? Wie können Lernziele formuliert werden?
- ? Wie kann eine didaktische Reduktion angewendet werden?
- ? Gibt es die perfekte Methode?
- ? Wie erfolgt eine effektive Zeitplanung?
- ? Wie wird der Arbeitsplatz zielführend eingerichtet?
- ? Wie wird eine Schulung inklusive Einleitung und Ende durchgeführt?
- ? Wie gelingt ein guter Themenausstieg?
- ? Wie wird eine Schulung effektiv nachbereitet?

Nachdem wir uns im vorherigen Kapitel mit kurzen Schulungen beschäftigt haben, könnte man jetzt ja sagen, dass ein Lehrgang auch nur eine etwas länger dauernde Variante eines Trainings ist und somit fast alles genauso geplant werden sollte. Das stimmt zwar im Grundgedanken, nur gibt es dann doch ein paar kleine Unterschiede, die hier nachfolgend aufgezeigt werden. Speziell die Anwendung der Lernziele bei einem Lehrgang hat eine noch größere Bedeutung auf den Gesamterfolg. So ist das Richtziel oder auch das Gesamtlernziel nicht mehr nur auf eine wenige Stunden dauernde Schulung und die Einbindung dieser in den Gesamtkontext ausgelegt, sondern auf einen langfristigen Lehrgang und den damit verbundenen Kompetenzerwerb. Das Groblernziel definiert jetzt, je nach Dauer des Lehrgangs, entweder ein ganzes Lernfeld oder die einzelne Trainingseinheit. Das Feinlernziel hingegen beschäftigt sich hier mit einem kompletten Thema und nicht mit einzelnen Themenblöcken. Zusätzlich muss natürlich ein Stundenplan festgelegt werden und noch wichtiger: Wie soll der didaktische Ablauf – letztendlich die Reihenfolge der einzelnen Stunden – erfolgen? Darüber hinaus kann es notwendig werden, systematische Erkenntnisse für einen nachfolgenden, identischen Lehrgang zu sammeln, um diesen weiter kontinuierlich zu verbessern.

Richtlernziel	> Gesamter Lehrgang
Groblernziel	> Lernfeld oder Trainingseinheit
Feinlernziel	> Thema

6 Planung einer längeren Schulung oder eines Lehrgangs

6.1 Klartext – das ist die »Zauberformel« für einen Lehrgang!

Schon wieder eine »Zauberformel«? **Na klar – das Marketing muss stimmen!**
Das Wichtigste bei der Planung einer langen Schulung oder eines Lehrgangs ist die stufenweise Vorgehensweise von den zu absolvierenden Stunden hin zum Stundenplan. Diese vier Stufen finden sich in der Makro- und Mikrodidaktik wieder, die das Herzstück der Planung einer längeren Schulung ausmacht:

1. Erstelle den didaktischen Ablauf, der eine sinnvolle (grobe) Reihung der Einzelstunden beinhaltet,
2. lege zu jeder einzelnen Stunde die benötigen Ressourcen fest,
3. rolle den didaktischen Ablauf auf den »Schul-Kalender« aus, so dass alle nicht nutzbaren Lernzeiten berücksichtig werden,
4. verschiebe die einzelnen Stunden so lange innerhalb des didaktischen Ablaufs, bis es keine Ressourcenüberschneidungen mehr gibt.

6.2 Klartext – das sind die häufigsten Fehler bei der Planung eines Lehrgangs!

Auch in diesem Kapitel möchte ich dir wieder ein bisschen Leid und Lehrgeld ersparen und präsentiere dir die, meiner Meinung nach, häufigsten Fehler bei der Lehrgangsplanung. Nur diesmal zeige ich dir gleich die möglichen Konsequenzen mit auf.

Die eigenen und strategischen Ziele werden nicht berücksichtigt
Die angestrebten Qualifikationen können nicht effektiv ausgebildet werden und das geplante Ergebnis kann nicht erreicht werden.

Die Ressourcen werden nicht korrekt geplant und überschneiden sich in der Planung
Wenn es zu Ressourcenengpässen kommt, werden deine vorgeplanten Lehrkräfte ziemlich unzufrieden sein.

Es existiert kein methodisch-didaktischer Ablauf
Eine sinnvolle Reihenfolge der Themenblöcke ist dann nicht erkennbar und so werden viele unnötige Wiederholungen anfallen. Ebenso werden, durch diese Wiederholungen, wertvolle Übungsstunden wegfallen. Dies frustriert sowohl die Lehrenden als auch die Lernenden.

Der Stundenplan wird nicht anhand eines methodisch-didaktischen Ablaufs erstellt

Ähnliches Problem wie gerade eben. Es fehlt eine sinnvolle Reihenfolge und ein aufeinander Aufbauen von Themen und Schwierigkeitsstufen. Dadurch können schwierige Inhalte ohne vorherige Grundlagen vermittelt werden.

Es sind nicht alle notwendigen Ressourcen den jeweiligen Lerneinheiten zugeordnet
Eingeplante, aber nicht gebuchte Ressourcen stehen nicht zur Verfügung oder können aufgrund von Überschneidungen nicht genutzt werden. So geht entweder wertvolle Zeit beim Improvisieren oder komplett fehlende Trainingszeit verloren.

Die Teilnehmenden werden vorab nicht informiert
Niemand weiß Bescheid, so dass ein Teil gar nicht erst erscheint, ein anderer Teil zwar anwesend ist, aber sich nicht vorbereitet hat und nicht die benötigen Lehrmaterialien mitbringt. Der letzte Teil wird dir viel Arbeit machen, da sie versuchen werden, sich an unterschiedlichsten Stellen zu informieren und du diese Bemühungen wieder Einfangen musst.

Keine Lernzielkontrolle
Nicht immer ist eine Lernerfolgskontrolle vorgesehen, aber eine kleine Lernzielkontrolle sollte zumindest immer versucht werden, da ansonsten die Rückkopplung fehlt, ob der zu vermittelnde Lernstoff auch wirklich bei den Teilnehmenden angekommen ist.

Keine Evaluation
Bei einer fehlenden Evaluation fehlt auch hier eine wertvolle Rückkopplung, wie die Schulungen angekommen ist und was es zu verändern oder beizubehalten gilt.

6.3 Der Ablauf – so wird ein Lehrgang oder eine lange Schulung ein Erfolg!

An dieser Stelle gibt es wieder die Checklisten in Form von Standard-Einsatz-Ratschlägen, bei denen die wichtigsten Punkte aufgeführt sind und immer wieder bei den Planungen herangezogen werden können.

Kurze Checkliste:
1. Strategische Ziele der Bildungseinrichtung bestimmen
2. Richtziel des Lehrgangs bestimmen
3. Kundenanforderungen klären
4. Grobziele/Makrodidaktik festlegen
5. Feinziele/Mikrodidaktik festlegen
6. Lehrgang vorbereiten

6 Planung einer längeren Schulung oder eines Lehrgangs

7. Lehrgang durchführen
8. Lehrgang Nachbereiten
9. Kennzahlen auswerten
10. Ergebnisse an den Kunden Rückspiegeln

Umfangreiche Checkliste:

1. Anforderungen klären
   - ☐ Kundenanforderungen
   - ☐ Gesetzliche Vorgaben
   - ☐ Interne Vorgaben und strategische Ziele bestimmen
2. Grobziele/Makrodidaktik festlegen
   - ☐ Rahmenbedingungen fixieren
   - ☐ Didaktischen Ablauf festlegen
   - ☐ Ressourcen planen
   - ☐ Kosten planen
   - ☐ Machbarkeitsanalyse durchführen
   - ☐ Freigabe durch Kunden einholen
3. Feinziele/Mikrodidaktik festlegen
   - ☐ Didaktischen Ablauf ausrollen
   - ☐ Fachthemen den Fachkundigen überlassen
   - ☐ Stundenplan erstellen
   - ☐ Skripte erstellen
   - ☐ Lernzielkontrolle erstellen
   - ☐ Freigabe durch Kunden einholen
4. Lehrgang vorbereiten
   - ☐ Teilnehmende informieren und zum Lehrgang bringen
   - ☐ Organisation des Lehrgangs
   - ☐ Vorbereitung der Ressourcen
5. Lehrgang durchführen
   - ☐ Aufgaben in der jeweiligen Funktion wahrnehmen
   - ☐ Lernzielkontrolle(n) durchführen
   - ☐ Evaluation durchführen
6. Lehrgang nachbereiten
   - ☐ Ressourcen warten und zurückgeben
   - ☐ Kennzahlen erfassen
7. Kennzahlen auswerten und Maßnahmen ableiten
   - ☐ Kennzahlen auswerten
   - ☐ Maßnahmen ableiten
8. Rückspiegelung an den Kunden
   - ☐ An Kunden rückspiegeln

6.4 Anforderungen klären

Bild 78: *Anforderungen an einen Lehrgang*

Was soll ich überhaupt machen, wenn ich nicht weiß, was man von mir will? Dieses Prinzip zieht sich hier durch alle möglichen Kapitel. Vielleicht kommt die nachfolgende Empfehlung für eine Herangehensweise ja von meiner ingenieursmäßigen Prägung. Es ist immer gut zu wissen, woher man kommt und wohin man soll oder will. An der Stelle dazwischen beginnt der Kreativprozess, indem man sich den Weg vom Anfang zum Ende ausgestaltet. Als Ingenieur habe ich versucht diese Blackbox durch irgendein technisches Spielzeug zu füllen – in der Erwachsenenbildung bietet sich auch eine ähnliche Vorgehensweise an. Dies Blackbox wird hier nur durch entsprechende Abläufe, Schemata und Prinzipien gefüllt – **also den Spielzeugen der Pädagogen**. So lässt sich durch die bekannten Anforderungen und das zu erreichende Ziel erst vernünftig ein Lehrgang planen.

6.4.1 Kundenanforderungen

Hier wären wir wieder bei den Anforderungen, die bei einem Lehrgang ein bisschen aufwendiger aussehen durften als bei einem kurzen Training. Der Grund dafür liegt in der ebenfalls etwas umfangreicheren Planung und Durchführung der Schulung. Im einfachsten Fall wird der gleiche Lehrgang jedes Jahr um die gleiche Zeit immer wieder benötigt und durchgeführt. Einzig die Anzahl der Teilnehmenden variiert von Mal zu Mal etwas. Damit ist die Schulung im Portfolio oder Lehrgangsangebot oder Schulungskatalog der Bildungseinrichtung und der anfordernde Bereich meldet rechtzeitig nur die benötigte Anzahl der Teilnehmenden.

Ansonsten gestaltet sich die Anforderung einer langen Schulung in der Form und Methode relativ ähnlich wie bei der kurzen Variante. Es können entweder Gespräche geführt und diese protokolliert werden oder die Kunden können eine (standardisierte) Schulungsanfrage mit ihren Anforderungen stellen. Für die standardisierte Anfrage sprechen gleich mehrere Überlegungen. Manchmal ist es ziemlich wertvoll, bestimmte Sachen gleich von Beginn an zu dokumentieren und hier nichts zu vergessen. Auch ist es ganz gut, wenn sich die Anfordernden mittels einer entsprechenden Hilfestellung mit dem Thema beschäftigen und die Arbeit durch etwas Eigenleistung im Vorgriff erst zu schätzen wissen. Zusätzlich kann man dadurch sowohl die Kunden als auch das Lehrpersonal an die immer gleichen Fragestellungen und Antworten in der gleichen Reihenfolge gewöhnen, was bei vielen »neuen« Lehrgängen ein wahrer Segen sein kann.

Bevor ich zu etlichen Punkten in Form eines Praxistipps komme, möchte ich aber nochmal die wichtigsten Fragestellungen aufzeigen, die die Schulungsleitung interessieren sollten. Wie immer kommt hier als allererstes die Frage nach dem Ziel oder, hier noch besser passend, nach den Zielen. Es geht einmal um das strategische Ziel der Bildungseinrichtung, dem Ausbildungsziel des Lehrgangs, und natürlich den Lernzielen für die Teilnehmenden was Wissen und Können betrifft. Des Weiteren bietet sich die Fragestellung an, wo es einen Aus-, Fort- oder Weiterbildungsbedarf überhaupt gibt – gerade hier sollte auf die Fachexpertise und Beratung durch erfahrenes Schulpersonal Wert gelegt werden.

Die Anzahl der Teilnehmenden ist ebenso ein wichtiger Punkt wie die genaue Zielgruppe. Das Vorwissen, die angestrebten Funktionen, die individuellen Motivationen, vorhandene Ängste und Schwierigkeiten müssen auch schon vorab abgefragt werden. Ebenfalls lohnt es sich nach den Hintergründen für die Entscheidung der Anfrage und die vorhandene Schulungserfahrungen der Teilnehmenden hingehend zu prüfen. Diese Überlegungen sollten einen ganzheitlichen Blick auf die Zielsetzung sowie Art und Weise eines Lehrgangs bieten, so dass ausreichend Informationen zur Planung und Durchführung vorhanden sind. Manchmal geht es eben auch ein bisschen um die Hintergründe und Absichten und nicht nur um die reinen Fakten und Zahlen.

Möglicher Inhalt einer Schulungsanfrage:
- Absenderdaten mit Kontaktmöglichkeiten
- Prüfung, dass die Schulung nicht selbst durchgeführt werden kann
- Name und Thema der Schulung
- Zielgruppe der Schulung
- Lernziele (Wissen und Können, das erreicht werden soll)
- Themen/Inhalte/Schwerpunkte
- Priorität der Schulung (bei Überschneidungen oder vielen Anforderungen)

6.4 Anforderungen klären

- Zeitlicher Umfang, Zeitraum und sonstige Vorgaben
- Anzahl der Teilnehmenden/Staffelung/max. Gruppengröße
- Inhaltliche Vorgaben
- Örtliche Vorgaben
- Geräte- und Fahrzeugbezogene Vorgaben
- Ist eine Leistungsüberprüfung/Abschlussprüfung notwendig?
- Sonstige Hinweise/Vorgaben/Wünsche

6.4.2 (Gesetzliche) Vorgaben

Unter den gesetzlichen Vorgaben soll bitte nicht verstanden werden, dass vor Beginn haufenweise Gesetzestexte gewälzt und verstanden werden **müssen – auch wenn es manchmal als Teil der Recherche dazugehört und manche Hintergründe zu einem Thema ganz interessant macht.** Hier geht es vielmehr um das Vorhandensein gesetzlich festgeschriebener (Mindest-)Vorgaben für Fortbildungen die z. B. vor allem im Rettungsdienst notwendig sind, um die Qualifikation für den Einsatzdienst zu erhalten. Im Feuerwehrbereich gibt es hier zwar deutlich weniger gesetzliche Vorschriften **(FwDV 7 nicht vergessen!)**, aber vielleicht existieren dafür interne Vorgaben, Dienstvorschriften oder zielführende Überlegungen was für die entsprechenden Einsatzfunktionen notwendig ist. Es geht aber auch um das Vorhandensein von Lehrplänen oder Curricula, die sowohl den Inhalt als auch die Lernziele und manchmal sogar die Kompetenzen von Lehrgängen oder langen Schulungen beschreiben.

Möglichkeit 1 – Curriculum/Lernfelder vorhanden
Für den (statistisch eher unwahrscheinlichen) Fall, dass du dich um eine Berufsausbildung kümmern darfst – Glückwunsch – dann hast du zumindest für die Gestaltung eines Lehrgangs oder hier besser der Ausbildungsform den planungstechnischen Jackpot gezogen. **Gerade als didaktische (und meist gesetzlich fixierte) Fachperson würde mich dann dein Interesse für dieses Buch und dein ehrliches Feedback wirklich sehr interessieren!**

Das Curriculum orientiert sich sehr stark an Lernzielen, Lerninhalten, den Rahmenbedingungen und vor allem am gesamten Lehr-Lern-Prozess. Leider wird dies auch oft dann doch wieder Lehrplan genannt, was eine trennscharfe Unterscheidung nahezu unmöglich macht. Trotzdem, es ist nicht dasselbe gemeint und dies kann damit wesentlich genauer und besser auf die Anforderungen einer handlungsorientierten Ausbildung zugeschnitten werden als ein – **Achtung, jetzt wirklich gemeinter** – Lehrplan.

Curricula sind auch gerne mal situationsorientiert ausgestaltet, so dass man nicht von Inhalten, sondern von konkreten Berufs- oder Lebenssituationen ausgeht. Diese werden dann in Sequenzen und Einzelthemen aufteilt. Die darin erzeugten Situationen werden Lernfelder genannt, oder wahrscheinlich am bekanntesten – die schon mehrfach zitierten Lernsituationen – übrigens im ▶ Kapitel 2.11 noch etwas näher beschrieben.

In einem Curriculum versucht man idealerweise ca. zehn Lernfelder abzubilden, die dann schwerpunktmäßig auf die gesamte Ausbildungszeit verteilt werden.

Möglichkeit 2 – Lehrplan vorhanden

Ein Lehrplan ist eine bunte Stoffsammlung, die vorgibt, welche Lerninhalte in Summe in einer langen Schulungsmaßnahme vorhanden sein sollten. Er enthält je nach Qualität auch noch die Lehrziele, Art und Anzahl von Lernerfolgskontrollen, den Anteil an Theorie und Praxis – **och nö!** die zu nutzenden Lehrbücher oder Grundlagenliteratur und manchmal auch noch die Methode – **och wirklich nööööö!** Das wird ziemlich sicher und auch leider mit eine der häufigsten Varianten sein, die du so im Feuerwehrumfeld zur Ausgestaltung von Lehrgängen finden wirst.

Für diese Möglichkeit ist der nachfolgende Ablauf idealerweise von mir geschrieben worden. Der große Knackpunkt ist hier die Erstellung des didaktischen Ablaufs aller vorgeschriebenen Themen. Hier müssen die einzelnen Unterrichtseinheiten (egal ob theoretisch oder praktisch) in eine sinnvolle (didaktische) Reihenfolge gebracht werden.

Möglichkeit 3 – gar nichts vorhanden

Nun ja, auch, dass mal gar kein Lehrplan vorhanden ist, kann ab und zu mal im Leben eines Erwachsenenbildenden vorkommen. Meistens immer dann, wenn eine komplett neue (etwas längere) Schulung am eigenen Standort durchgeführt werden soll, bei der es keine verwendbaren Alternativen auf Landkreisebene oder an länderorganisierten Feuerwehrschulen gibt.

Spontan fallen mir zwei Varianten ein, die sich ganz gut in einem Beispiel kombinieren lassen.
Variante eins könnte z. B. eine Schulung für ein neues Fahrzeug (das neue SDÜ-TLF – Superduperüber-TLF) speziell für Maschinisten sein. Hier gibt es weit und breit kein

6.4 Anforderungen klären

vergleichbares Fahrzeug und du darfst dich um eine einwöchige Maschinistenschulung kümmern. Hier könnte ein möglicher Ansatz sein, sich an anderen vorhandenen Maschinistenschulungen zu orientieren und den Lehrplan anhand dieser zu formulieren. Damit steht dann erstmal das Grundgerüst.

Bei der zweiten Variante gibt es dann gar nichts mehr Vergleichbares zu finden, wie z. B. bei einer Schulung von Führungsassistenten für Zugführer, der noch nie in der bekannten Feuerwehrwelt so durchgeführt wurde. Hier muss man sich den Lehrplan komplett von null erarbeiten und neu zusammenstellen.

Bei beiden Varianten ist die Vorgehensweise zunächst wieder sehr ähnlich zu einer kurzen Schulungsmaßnahme – man fragt nach den Lernzielen, dem Nutzen und der Zielgruppe. Danach teilt man diese in die drei Abstufungen (grob, mittel, fein) ein und überlegt sich, welche Lerneinheiten, mit welchen Inhalten, zu den entsprechenden Zielen passen und in welcher Reihenfolge stattfinden sollten. Schon hat man ein Zwischending zwischen Lehrplan und Curriculum und kann diesen in den nachfolgenden Ablauf einbauen und anwenden.

6.4.3 Interne Vorgaben und strategische Ziele der eigenen Bildungseinrichtung

Bild 79: *Strategie ist wichtig für die Ausrichtung der Bildung*

Solltest du an einer Bildungseinrichtung (z. B. Feuerwehrschule, einer Akademie oder sogar an einem Institut **oder noch etwas Schlimmerem**) tätig sein, wäre spätestens hier ein guter Zeitpunkt, dich mal nach den Bestrebungen und strategischen Zielen dieser Einrichtung zu erkundigen, falls du sie nicht eh schon auswendig aufsagen kannst! Warum? Nun ja, einerseits fördert es generell das Verständnis für das große Ganze und lässt so sich selbst und das eigene Wirken auch in dem vorhandenem Gesamtzusammenhang besser einordnen. Zusätzlich ist es immer einfacher, bei Zweifeln eine klare Grundrichtung und das Ziel der übergeordneten Führung zu kennen. So kann man seine eigenen Entscheidungen daran ausrichten. Oftmals ist schon ein Slogan, ein paar markante Wörter oder sogar ein Leitbild sehr gut geeignet, um die übergeordneten Ziele für alle einfach, klar, verständlich und gut einsehbar zu beschreiben. »**Aus der Praxis, für irgendeine Praxis**« klingt leider nach ein bisschen zu oft verwendet und erinnert mich persönlich immer an den letzten Arztbesuch.

Für Feuerwehrschulen könnte ich mir sehr gut folgenden Slogan als Beispiel vorstellen:
»**Praxisnah, modern und kompetent**«
Aber analysieren wir doch mal beispielhaft diese drei Wörter und spielen anschließend noch ein kleines Gedankenspiel dazu durch, um den Bezug zwischen Leitbild und Praxis herzustellen:
Praxisnah – gar nicht so schwer, die Bedeutung zu zuordnen, oder?! So sollte damit klar sein, dass man bei der Wahl der Unterrichtsmethode im Zweifel immer die Praxis der Theorie den Vorzug geben sollte und wenn dies nicht möglich ist – ganz viel mit Praxisbeispielen arbeiten sollte.
Modern – das soll jetzt nicht heißen, dass man jetzt sofort all die »fancy« digitalen Methoden aus den letzten Google-Suchen auf einmal in einem Training anwenden sollte. Man sollte vielmehr moderne selbstbestimmte und kooperative Lehr- und Lernmethoden sinnvoll einsetzen.
Bei mehr Interesse einfach mal im ▶ Kapitel 3 schmökern.
Kompetent – das wäre jetzt jemand der etwas kann und auch will. Das heißt, bei der Auswahl der Dozentinnen und Dozenten sollte genauso viel Wert auf die Motivation wie das fachliche Können gelegt werden. Das schafft man mit ... (▶ Kapitel 3.9) guter Bezahlung, Eigenverantwortung und vielen eigenen Fortbildungsmöglichkeiten. Aber hauptsächlich geht es ja um die Lernenden und die sollen entsprechend einem Kompetenzprofil möglichst ganzheitlich und nicht nur fachlich aus-, fort- und weitergebildet werden.

Ich hoffe, dass ich dir mit diesem kleinen Gedankenexperiment die Bedeutung eines Leitbilds oder eines Slogans besser näherbringen konnte. Es spart letztendlich oftmals viele kleine Nachfragen über die detaillierte Ausgestaltung von Lehrformaten und Einzelstunden.

Es gibt aber noch mehr Punkte, die das didaktische Profil einer Bildungseinrichtung ausmachen können. So wie das oben angesprochene Leitbild werden oftmals auch das Bildungsverständnis, bevorzugte Zielgruppen, Schwerpunktthemen, ggf. auch Kooperationen und auch Methodenausprägungen definiert. Gehen wir mal von den internen Ausrichtungen zu den strategischen Zielen über – diese sollte idealerweise jeder kennen und umsetzen können - **auch du, mein Sohn Brutus! Also kümmere dich sofort darum!** Du bist aber gar nicht an einer Bildungseinrichtung tätig? Das spielt keine Rolle, denn auch du solltest die strate-

6.4 Anforderungen klären

gischen Ziele kennen, die in deiner Organisationseinheit mit der Aus-, Fort- und Weiterbildung verfolgt werden. **Schließlich bist du ein wertvoller Teil davon!**

Strategisch bedeutet hier langfristig oder auch langjährig, damit eine gewisse Kontinuität über einen längeren Zeitraum sichergestellt wird. Bemerkbar macht sich sowas z. B. bei jährlichen Fortbildungen, wenn z. B. über fünf Jahre hinweg eine ähnliche Richtung verfolgt und nicht jedes Jahr etwas komplett Neues zusammengeschustert wird. Das Ganze soll sich dann für die Teilnehmenden nicht wie ein Flickwerk, sondern vielmehr wie ein professionell ausgerichteter Bildungsplan einer professionellen Bildungseinrichtung anfühlen.

In einer Jahresplanung wird meistens versucht alle angeforderten Schulungsformate, Schulferien, eigene Fortbildungen und sonstige zeitlich aufwendigeren Intervalle ohne große Überschneidungen abzubilden. Zusätzlich kann man die Jahresplanung auch ein bisschen wie ein kleines strategisches Ziel ansehen und so die Marschrichtung für das kommende Jahr festlegen. Echte Strategie (nicht Strategen) beschäftigt sich übrigens mit dem, was mindestens in drei Jahren passieren soll. So könnte man unterschiedliche Zielrichtungen für die kommenden Jahre festlegen. Damit der hohe Bedarf des Kunden in einem speziellen Bereich gedeckt wird, könnte man z. B. möglichst viele Lehrgangsplätze in bestimmten Lehrgängen anbieten, um so dort eine Entlastung für die kommenden Jahre zu schaffen. Man könnte sich auch überlegen, möglichst viele Schulungen durchzuführen, um durch die vielen Einnahmen weitere Stellen zu generieren. Im Gegensatz dazu könnte man das Jahr auch nutzen, um allgemein Überstunden abzubauen oder die Digitalisierung voranzutreiben oder noch vieles mehr. Diese Vorgaben der Ausrichtung für einen bestimmten Zeitraum obliegen ganz klar der Schulungsleitung oder den politisch-administrativen Entscheidungstragenden in der Hierarchie darüber.

Persönlich muss man ja nicht immer mit allem komplett einverstanden sein, doch ist es immer viel besser zu wissen in welche Richtung es denn gehen soll. **Das sollte uns von dem einen oder anderen Einsatz schon irgendwie bekannt vorkommen und trotzdem funktionieren.**

Ein großer Teil der (strategischen) Jahresplanung ist immer auch eine vernünftige Ressourcenplanung. Gerade im Bereich von privaten Bildungsanbietern und Volkshochschulen ist sie eines der wichtigsten Werkzeuge, um eine kontinuierliche Belegung von Räumen und eine sinnvolle Buchung von Lehrkräften zu erreichen. Auslastungsgrade zeigen hier ganz schnell und deutlich, was noch optimiert werden kann. Weitere Einzelpunkte für die Planung einer optimalen Ressourcenauslastung können im nachfolgenden ▶ Abschnitt 6.5.3 gefunden werden.

6 Planung einer längeren Schulung oder eines Lehrgangs

6.5 Grobkonzept/Makrodidaktik erstellen

Bild 80: *Im Grobkonzept wird hauptsächlich die richtige Reihenfolge der Lerneinheiten festgelegt*

Einfach gesagt ist das Grobkonzept die grobe Planung aller wichtigen Rahmenbedingungen und Ressourcen, die Einfluss von außerhalb oder nach außen auf den Lehrgang selbst haben. Die so genannte Makrodidaktik umfasst alle Planungen, die die vorhandenen und abgefragten Rahmenbedingungen, Zielsetzungen und vordefinierten Ergebnisse mit einbeziehen, um den Lehrgang komplett in eine funktionierende Reihenfolge und wirtschaftliche Durchführungsoption bringen. **So weit so gut zur etwas sperrigen Definition.**

Wir kommen ja chronologisch gerade von der Erklärung des Lehrplans oder des Curriculums. Die Erzeugung einer dieser beiden, falls nicht schon vorhanden, ist der wichtigste Teil der Makrodidaktik. Sie ist deshalb so wertvoll, weil damit alle weiteren identischen Lehrgänge leichter zu planen und reproduzierbar, also nachvollziehbar, sind. Der zweite Teil ist sozusagen die Kür der Makrodidaktik und umfasst das genaue Anpassen der vorhandenen Struktur auf die tatsächlichen Gegebenheiten, so dass am Ende ein fertiger und auf die realen Tage fixierter Ablauf entsteht. Hier ist auch die Zeit der großen Analysen: Ganz generell wird eine Machbarkeitsanalyse und – etwas detaillierter – eine Kostenanalyse durchgeführt.

6.5.1 Rahmenbedingungen fixieren

Es mag zwar etwas pedantisch klingen, aber es lohnt sich, einmal für sich selbst und auch für nachfolgende Schulungsplanungen, alle bekannten und Einflussnehmenden Rahmenbedingungen schriftlich zu fixieren. Dies erleichtert alles Nachfolgende

6.5 Grobkonzept/Makrodidaktik erstellen

und auch die Nachvollziehbarkeit bestimmter Entscheidungen für später. Manchmal ändern sich aber auch vermeintlich unveränderliche Größen und dies hat meistens entweder Ärger oder Mehrkosten, aber in jedem Fall Mehraufwand, zur Folge. So kann man, wie im Handwerk auch, einen begründeten Nachtrag stellen oder aufwendige Diskussionen vermeiden. Hier noch ein Hinweis aus meiner Erfahrung, nicht jeder Lehrgang wird auch direkt im Anschluss an die Planungen durchgeführt. Da sich so manches dann doch im Laufe der Zeit ändert oder man sich nicht mehr erinnern kann, müsste man dann ohne Aufzeichnungen wieder ganz von vorne anfangen.

6.5.2 Didaktischen Ablauf festlegen

Nochmal zur Verdeutlichung, bevor wir zum didaktischen Ablauf kommen: Ein Lehrplan sagt nur aus, welche Lerneinheiten generell in einem Lehrgang vorhanden sein müssen und maximal noch ein bisschen genauer, in welchem Lernfeld diese zu finden sind. Hier ist noch nirgends eine (didaktisch) sinnvolle Reihenfolge oder ein konkreter Ablauf dieser Stunden festgelegt. Wenn man so will, ist der didaktische Ablauf der Zwischenschritt zwischen Lehrplan und Stundenplan.

Er ist ein angepasster Strukturplan, um den sinnvollen Ablauf vieler einzelner Themen zielführend aufeinander aufbauend zu gestalten und nachvollziehbar zu machen. Gerade bei einer Neugestaltung eines Lehrgangs, der dann regelmäßig wiederholt werden soll, lohnt sich der meist einmalige relativ hohe Aufwand. Aber nicht nur bei jedem weiteren Lehrgang spart dir dies viel Zeit und Energie, auch lässt sich so eine vernünftige Planungsbasis für die noch folgende Ressourcenplanung schaffen.

Ein Curriculum ist dagegen etwas umfangreicher. Es enthält ebenfalls den didaktischen Ablauf, der hier aber in Lernsituationen gegliedert ist. Zusätzlich sind noch die Lernziele und eine Referentenübersicht und Hinweise zur Planung und Umsetzung enthalten.

Lehrplan	= alle Lerneinheiten, die im Lehrgang stattfinden müssen
Didaktischer Ablauf	= die Reihenfolge, der einzelnen Themenfelder und Lerneinheiten
Stundenplan	= die komplette Fixierung aller Lerneinheiten in den Tages- und Wochenablauf unter Berücksichtigung aller zusätzlichen Rahmenbedingungen (z. B. Urlaub, Weltmeisterschaften, …)

6 Planung einer längeren Schulung oder eines Lehrgangs

Je komplizierter oder umfangreicher ein Lehrgang wird, desto komplexer und aufwendiger wird der didaktische Ablauf – **leider, das zeigt hier nicht nur meine eigene Erfahrung!** Zusätzlich müssen hier schon die ersten Rahmenbedingungen, Teile der Kundenanforderungen, die internen Vorgaben und strategischen Ziele mitberücksichtigt werden. Im nächsten Schritt geht es dann um die Einbindung der übergeordneten Ziele und Rahmenbedingungen von Lehr- und Lernsituationen und bildungspolitischen Entscheidungen. Dies geschieht dann erst beim so genannten Ausrollen des Lehrplans auf den vorhandenen Jahresablauf der Bildungseinrichtung oder den schon bestehenden Jahresübungsplan. Nehmen wir mal ein ganz simples Beispiel, wie man für die Erstellung eines didaktischen Ablaufs vorgehen könnte.

 Zunächst sollten alle einzelnen Lernstunden, die in einem Lehrplan enthalten sind, untereinander am besten in einer Tabellenübersicht aufgeführt werden. Anschließend kommen jede Menge Einzelentscheidungen und Überlegungen dazu, was in welcher Reihenfolge durchgeführt werden sollte. Dabei wird für jedes Thema in dieser Tabelle dann eingetragen, welche anderen Themen zwingend vor oder danach stattfinden müssen. Aufgrund dessen kann dann eine neue Tabelle, oder die Alte mit einer entsprechenden Sortierfunktion, erstellt werden, die dann die endgültige Reihenfolge festlegt. Jetzt hat man einen didaktischen Ablauf, der eine sinnvolle Reihenfolge für die Planung von Unterrichtseinheiten in den Jahresablauf vorgibt.

Tabelle 19: *Beispielhafte Anordnung einzelner Lehrstunden*

Nr.	Themen	Vor Nr.	Nach Nr.
1	Begrüßung	2 – 5	-
2	Thema 1	4, 5	1
3	Thema 2	5	1, 2
4	Thema 3	5	2, 3
5	Prüfung	6	1 – 4
6	Verabschiedung	-	1 – 5

Eine praxistaugliche Alternative ist die grafische Möglichkeit, die ich persönlich sehr gerne mag. Sie ist zwar aber etwas ungenauer und erfordert etwas mehr Erfahrung und Hintergrundwissen bei den Inhalten des Lehrgangs, ist dafür aber wesentlich übersichtlicher und schneller. Auch hier werden wieder alle einzelnen Themen aus dem Lehrplan untereinander in eine Tabelle übertragen. Auf der x-Achse werden die

6.5 Grobkonzept/Makrodidaktik erstellen

für den Lehrgang am besten passenden Zeiteinheiten (Tage, Woche, Monate – empfehlenswert sind hier aber meistens Wochen) aufgetragen und zu jedem Thema mittels Farbcodierung festgelegt, wann der ideale und der noch mögliche Zeitpunkt wäre oder wann nicht. Die nachfolgende Tabelle zeigt dieses Prinzip mithilfe einer Farbdarstellung entsprechend einem Ampelsystem. Daraus lässt sich dann der wochenweise Stundenplan erstellen. Allerdings müssen die Themen dann innerhalb der Zeiteinheit nochmal einzeln abgestimmt werden.

Tabelle 20: *Stundenplan wochenweise - Ampelsystem*

6.5.3 Ressourcen planen

Bild 81: *Die meisten Probleme bei der Schulungsplanung gibt es bei der Planung der Ressourcen*

Gleich vorneweg – mir widerstrebt es wirklich Menschen, Kolleginnen, Kollegen, Kameradinnen oder Kameraden als Ressourcen zu betrachten. Das hat etwas von einer komischen Distanz, die ich persönlich im Bereich der Feuerwehr und vor allem in der Erwachsenenbildung für gänzlich fehl am Platz erachte. Trotzdem bietet sich dieses Wort als Überbegriff für alle möglichen Engstellen bei der Planung in

Bildungseinrichtungen an. Aber auch bei kleineren Feuerwehren oder standortübergreifenden Schulungsmaßnahmen sollte hier ein entsprechendes Augenmerk auf die vernünftige Planung von wenig vorhandenen Ressourcen gelegt werden. Sonst kann es passieren, dass an einem Abend im selben Mannschaftsraum die Jugendfeuerwehr für die Leistungsspange lernt, die Kommandantenbesprechung angesetzt ist und du selbst noch eine kleine Fortbildung für Atemschutzbeauftragte abhalten willst. Im schlimmsten Fall gibt es zusätzlich zur Raumproblematik noch Überschneidungen bei den Lehrenden und Teilnehmenden, die bei der Themenanfrage nicht genau hingehört haben.

Räumlichkeiten
Fangen wir mal mit den Räumlichkeiten an, die in den wenigsten Fällen eine Vielzahl von identischen Lehrsälen sind, was die Planungen massiv vereinfachen würde. Wichtig zu erwähnen ist hier, dass es sich nicht nur um Unterrichtsräume handelt, sondern um jegliche Art von Örtlichkeit, die für Aus-, Fort- und Weiterbildung genutzt werden kann.

Bei der Planung von Räumlichkeiten geht es eigentlich immer um drei wichtige Faktoren. An erster Stelle ist die Größe (Fläche, Sitzplätze, …) zu erwähnen, bevor es zweitens um die individuellen Besonderheiten der Räume geht. Damit sind viele Einzelheiten gemeint, die diese Fläche oder den Raum für genau diese Schulungen so interessant machen, z. B. Präsentationsflächen, Sicherungsmöglichkeiten für Absturzsicherung, Abgasabsaugung, Rauchabzug, Pumpenkreislauf, Hydranten, Atemschutzkriechstrecke, Leiteraufstellmöglichkeiten, und noch unendlich viele mehr. Hier hat jede Feuerwehr an ihrem Standort über meist Jahrzehnte individuelle Übungs- und Unterrichtsmöglichkeiten geschaffen, weiterentwickelt und verbessert, die viele aus der Erfahrung heraus kennen – aber eben nicht alle. Beim dritten Kriterium ist es z. B. bei einer Gruppenaufteilung notwendig, eine Abgrenzung zwischen den unterschiedlichen Bereichen zu definieren und zu beplanen. Wichtig sind hier entsprechende gegenseitige Beeinflussungen in jeglicher Form zu berücksichtigen.

 Wer möchte schon direkt neben dem Kettensägenübungsplatz einer größeren Gruppe Rauchgasphänomene an einer Flashover-Box erklären?

Deshalb empfiehlt es sich, hier bestimmte Abhängigkeiten vorzudefinieren. So könnte man z. B. bestimmte Teil-Räumlichkeiten auf einem größeren Gelände speziell für alle Prüfungen zusammenlegen, so dass diese gegenseitig nicht einsehbar

6.5 Grobkonzept/Makrodidaktik erstellen

sind. Der Vorteil dabei wäre, dass jedes Mal, wenn eine Prüfung geplant wird, automatisch alle Bereiche mit geplant werden und so nicht vergessen werden können. Dies lässt sich auch auf viele andere Parallelen anwenden.

Relevante Kenngrößen von Räumlichkeiten:
1. Größe (Fläche, Sitzplätze, ...)
2. Besondere Nutzungsmöglichkeiten
3. Gegenseitige Beeinflussung

Referentinnen/Referenten/Ausbilder:innen
Die zweit schwierigste, zu planende Ressource ist der »Human factor« – wieder nur ganz unpersönlich gesehen. Liegt es etwa daran, dass wir alle so besonders ausgeprägte Individualisten mit besonderen Ansprüchen sind? Nein, zum Glück nicht – **nicht immer.** In erster Linie ist der erschwerende Faktor hier die hohe Anzahl an Abhängigkeiten, die nun mal alle Menschen einfach tagtäglich haben. Angefangen bei schlichtweg noch anderen Aufgaben, Schulungen in anderen Lehrgängen, Wachdiensten und den damit verbundenen freien Zeiten bis hin zu Urlauben und allen möglichen (un-)planbaren Abwesenheiten oder Krankheiten.

Eine weitere, gern vergessene Problematik ist die Anhäufung von Unterrichten, Übungen und Besprechungen pro Zeiteinheit (also Tag, Woche oder Lehrgang), die so manche Lehrenden und noch viel wichtiger die Lernenden, erdulden müssen. Länger als fünf Unterrichtseinheiten am Stück sollten hier (idealerweise) mit der gleichen Person nicht angesetzt und eingeplant werden. Noch besser sind natürlich maximal zwei UE am Stück und entsprechender Abstand zu (schon vorgeplanten) Besprechungen einzuhalten. **Die Kollegschaft und alle Teilnehmenden werden es dir danken!**

Material/Fahrzeuge/Geräte/besondere Medien
Es gibt natürlich noch weitere Einzelressourcen, die abseits von Örtlichkeiten und Personen vorgeplant werden müssen. Die Überschrift lässt schon erahnen, dass es hier wieder viele einzelne Möglichkeiten für die Ausgestaltung des Lerninhalts gibt. Oftmals wird eben mit bestimmten Fahrzeugen und Geräten geübt, auf die auch andere interessierte Parteien zur gleichen Zeit ein Auge geworfen haben könnten. Ich denke hier hat jeder die eigenen Möglichkeiten (und potenziellen Engpässe) am eigenen Standort und auf Landkreisebene relativ schnell vor Augen. Ebenso gehören auch bestimmte und seltene Präsentationsmedien wie Planspielplatten, der eine mobile Beamer für die Halle etc. dazu.

Es lohnt sich, diese potenziellen Problemfelder alle vorab kurz zu sammeln, an der ausgebenden Stelle über deren Verfügbarkeit zu informieren und auch zu reservieren. Bei einigen Bildungseinrichtungen gibt es wiederum unterstützende Software, bei der die entsprechenden Ressourcen zu einzelnen Stunden oder Themenfeldern gleich dazu gebucht werden können. Aber auch hier muss man wieder aufpassen, nicht immer sind alle – wirklich alle – benötigen Möglichkeiten vorhanden und müssen gesondert bedacht und angefordert werden.

6.5.4 Kosten planen

Kostenkalkulationen, -planungen und Budgetübersichten sind in jedem Unternehmen inzwischen nahezu eine Selbstverständlichkeit. Nicht nur die Feuerwehren, vielmehr der gesamte öffentliche Dienst und damit auch die BOS tun sich in diesem Punkt immer etwas schwerer. Klar – die Diskussionen um Qualität im Einsatz, der Gegenwert von geretteten Menschenleben und ähnlichem ist immer sehr emotional behaftet und – zugegebenermaßen – auch sehr schwer zu führen und zu beziffern. Trotzdem möchte ich hier eine Lanze für eine vernünftige Kostenplanung, gerade als professionelle Bildungsanbietende, brechen. Zum Glück ist diese in unserem Bereich der Schulungen auch gar nicht so kompliziert, wenn man sie in ein paar Bereiche einteilt und vernünftig kalkuliert.

Personalkosten
Keine Angst, an dieser Stelle werde ich keine genauen Preise in einer Tabelle analog zu den Besoldungsstufen aufführen. Ich will nur darauf hinweisen, dass gerade externe Lehrkräfte auch mal etwas kosten können und auch vorhandene Ausbilder:innen nicht immer umsonst **(natürlich nur im Sinne von kostenlos!)** arbeiten. Selbst bei einer Berufsfeuerwehr mit verbeamteten Fachlehrerinnen und -lehrern sind – bei einer anständigen Kostenkalkulation – die Personalkosten nicht gleich den Ehda-Kosten **(von Eh da …) auch wenn mir das ein nicht ganz so befreundeter Verwaltungsrat mehrfach versucht hat aus seiner Welt zu erklären.** Eigentlich dürfte diese Vorstellung gar nicht so schwer sein – wenn z. B. ein Lehrgang im Auftrag der AGBF für die Werkfeuerwehren durchgeführt werden soll und logischerweise verrechnet werden muss. Zwar wird hier eher immer etwas unpersönlich mit Stellen, Personalfaktoren oder dem Buchstaben »P« für Vollzeitäquivalente oder ähnlichem hantiert, aber drei Lehrende für ein halbes Jahr abzukommandieren ist finanziell, gerade für kleinere Feuerwehren, schon eine Hausnummer und bedarf einer vernünftigen Kalkulation.

6.5 Grobkonzept/Makrodidaktik erstellen

An dieser Stelle möchte ich aber auch die Freiwilligen Feuerwehren explizit aus zweierlei Hinsicht erwähnen. Erstens wird es immer mehr gang und gäbe, dass hier sogenannte Übungsleiterpauschalen gezahlt werden und auch mal externe Referentinnen und Referenten auf Honorarbasis eingeladen werden **(hust, hust, öhem, hätte auch super Themen, hust, hust)**. Beides muss man natürlich entsprechend berücksichtigen und auch finanzieren können.

Noch viel mehr Wert möchte ich auch der Überlegung hinter dem Spruch mit dem wahren Kern – Zeit ist Geld – zukommen lassen. Gerade neben einer Vollbeschäftigung noch, meist hochmovierte, in der Ausbildung tätige Personen zusätzlich in ihrer Freizeit zu »verpflichten« oder anzufragen, bedarf einer vernünftigen Nutzen-Aufwand-Betrachtung und Zeitkostenplanung. Ich empfehle hier, auch gerne zum Schutz dieser, eine Art Zeitkonto zu führen, um so Überbelastungen oder auch gerne mal Ausbildungsspitzen in einer bestimmten Jahreszeit zu vermeiden.

Verbrauchsmaterialkosten
Na klar, wenn ich jedes Wochenende übungsmäßig fünf Türen mit dem Halligan-Tool eindresche(n lasse), freut sich zwar die Türindustrie, aber nicht die Feuerwehrkasse oder Kostenstelle. Damit sollte schnell klar sein, dass auch die Kosten für Verbrauchsmittel mit berücksichtigt werden müssen. Generell gilt es, einfach eine gute Übersicht über alle benötigten und auch wirklich verbrauchten Verbrauchsmittel zu führen. Wichtig ist dabei auch, an nicht ganz offensichtliche Mittel z. B. auf der Werkzeugseite zu denken. So dürfte ein kurzer Übungsabend mit der Kettensäge eher wenig ausmachen – ein ganzer Forstarbeiterlehrgang produziert wahrscheinlich etwas mehr Alteisen und Feilenbedarf.

Leihgebühren
Gerade wenn man selbst nicht alle für einen Lehrgang benötigen Ressourcen zur Verfügung hat, kann es notwendig werden, sich diese irgendwo zu leihen. Sei es, weil das eigentlich für die Ausbildung vorgesehene Fahrzeug in der Einsatzabteilung dauerhaft »aushelfen« muss oder auch mal einen Unfall oder Schaden hat. Gründe für das nicht zur Verfügung Stehen gibt es leider sehr viele und meistens erst kurz vor dem Beginn. Wenn jetzt noch entsprechende Verpflichtungen im Raum stehen, so dass der Lehrgang aufgrund dieser fehlenden Ressourcen nicht abgesagt werden kann, bleibt eigentlich nur noch eine letzte Möglichkeit – ausleihen.

Meistens helfen hier benachbarte Feuerwehren oder gerade im dörflichen Umfeld die ortsansässigen Firmen schon mal kostenlos aus. Davon ist aber leider nicht immer auszugehen, so dass man im schlimmsten Fall auch entsprechende Leihgebühren mitberücksichtigen muss. Dies frühzeitig mit einzuplanen, rechtzeitig in den Budgetanmeldungen vorzusehen und für den Fall der Fälle schon mal mögliche Kontakte vorzubereiten, machen den meisten Aufwand im Vorhinein ganz erträglich.

> Beim Leihen gilt die einfache Grundregel: Je kurzfristiger und je exklusiver oder seltener das benötigte Objekt, desto teurer wird die Leihgebühr.

Kosten für Gerätschaften (Absetzung für Abnutzung)
An dieser Stelle möchte ich doch noch ein bisschen tiefer in das Kostenwesen einsteigen, denn ein weiterer Punkt für eine vernünftige Kalkulation sollte hier ebenfalls mit bedacht werden. Für alle mehr oder minder genutzten Gegenstände, die ein bisschen wertvoller sind und alle paar Jahre ersetzt werden müssen, gibt es die sogenannte Abschreibung. Damit dies auch zielführend monetär umgerechnet werden kann, nutzen viele Firmen und auch Bildungseinrichtungen die Absetzung für Abnutzung (AfA) mit einer konstanten Abschreibung nach entsprechend genutzten Jahren.

Diese Jahreskosten können dann wiederum auf die Dauer des Lehrgangs umgelegt werden. Das klingt im Einzelnen vielleicht nach relativ wenig und ein bisschen kleinteilig, trägt aber zu einer realen Kostenbestimmung einer längeren Schulung bei. Gerade bei mehreren Monaten und hohen Teilnehmendenzahlen kann das schnell ein größerer Posten werden.

Was hier noch nicht aufgeführt ist, aber manchmal bei der AfA mit dazu gerechnet wird, sind die Reparaturkosten. Auch wenn es wieder zahlreiche unterschiedliche Systeme gibt, ist es am einfachsten bereits bestehende Erfahrungswerte zu nutzen und die Summe aller Reparatur- und Wartungskosten auf den Anschaffungspreis mit aufzurechnen. Alternativ können z. B. für EDV und digitale Lehrmittel 50 % der Anschaffungskosten und bei komplexeren Geräten (z. B. medizinischen Simulationspuppen) bis zu 100 % des ursprünglichen Kaufwertes angenommen werden.

6.5.5 Machbarkeitsanalyse durchführen

Sollte eine Machbarkeit eigentlich nicht gleich zu Beginn durchgeführt werden?! Zumindest wäre es schon hilfreich, den Anfordernden vom Start weg sagen zu können, was Sache ist. Richtig – nur sollte eine vernünftige Aussage erst nach einer professionellen und zielgerichteten Planung und weniger nach dem ersten Bauchgefühl getätigt werden. Natürlich gibt es absolute Ausschlusskriterien, die gleich vom

6.5 Grobkonzept/Makrodidaktik erstellen

Start weg kommuniziert werden müssen. Für viele aufwendigere Lehrgänge und deren Machbarkeiten spielen alle vorher aufgezeigten Themenbereiche der Anforderungen und des Grobkonzepts eine große Bedeutung. Erst danach lässt sich eine – begründbare – Aussage über die Durchführbarkeit nach einer Analyse aller Einzelpunkte treffen. **Analyse klingt dabei etwas hochtrabend – gemeint ist damit, dass es bestimmte Gründe gibt, die eine Durchführung ausschließen. Also geht nicht, weil … – und dieses »weil« zielführend begründen zu können, ist der wichtigste Teil der Analyse.**

Deshalb hier mal ein paar mögliche Gründe zum Ausschluss, ohne detaillierte Begründung.

Ein Lehrgang sollte dann nicht durchgeführt werden, wenn …

- … die Rahmenbedingungen so ungenau sind, dass es einfach keinen Sinn macht.
- … die Rahmenbedingungen sich gegenseitig ausschließen.
- … die Rahmenbedingungen die Lernziele nicht zulassen.
- … die Kosten den Nutzen übersteigen.
- … die Kosten nicht mehr wirtschaftlich aufgefangen werden können.
- … die Kosten für die einzelnen Teilnehmenden zu unattraktiv werden.
- … die notwendigen Ressourcen nicht zur Verfügung stehen.
- … der Aufwand für die Bereitstellung der Ressourcen zu hoch wird.
- … die Personalplanung auf keine durchführbare Lösung kommt.
- … keine passenden Fachleute gefunden werden können.
- … der didaktische Ablauf nicht auf den eigenen Schulungsablauf ausrollbar ist.
- … der didaktische Ablauf bei den vorhandenen Ressourcen nicht umsetzbar ist.

6.5.6 Freigabe durch Kunden einholen

Irgendwann kommt man an den Punkt in der Planung, an dem man wieder Kontakt mit den Auftraggebenden aufnimmt und gemeinsam den bisherigen Fortschritt bespricht. Das Ende der Planungen für das Grobkonzept ist der ideale Zeitpunkt, um den eigenen Fortschritt zu dokumentieren, vorzustellen und eine Freigabe zu erwirken. Hier geht es darum, sich viel Arbeit bei den weiteren Planungen zu ersparen. Dabei werden die relevanten Rahmenbedingungen überprüft und ggf. ein letztes Mal mit den Auftraggebenden abgesprochen und angepasst. Manchmal schadet es auch gar nicht, ganz bewusst die bisherige Dokumentation offiziell zu übergeben und sich unterzeichnen zu lassen. Das schafft eine gewisse Verbindlichkeit – auf beiden Seiten. Somit kann man dem berühmten »aber das war doch ganz anders gemeint« im Nachhinein aus dem Weg gehen. Nicht, dass dies immer notwendig wäre – **nun ja, aber eben – nicht immer.**

6.6 Feinkonzept/Mikrodidaktik erstellen

Bild 82: *Im Feinkonzept erfolgt die Ressourcenplanung*

Die Mikrodidaktik wird in der Welt der Pädagogen gerne auch als Seminar-, Kurs- oder Lehrgangsplanung bezeichnet und beschäftigt sich mit der Feinplanung von Schulungen. Diese umfasst das Anpassen des didaktischen Ablaufs auf die vorhandenen Gegebenheiten und das Einfügen der einzelnen Lerneinheiten in der vorgeplanten Reihenfolge in den realen Kalender und Jahresablauf. Zusätzlich werden diese Lerneinheiten mit den jeweils benötigten Ressourcen und entsprechenden Lehrkräften beplant. Dies kann bei wenigen Ressourcen und nur einem Lehrenden bei einem kurzen Lehrgang relativ schnell und einfach werden. Bei vielen möglichen Abhängigkeiten und einer großen Spannbreite möglicher Ressourcen über Monate hinweg sieht das Ganze leider wieder viel komplexer aus.

6.6.1 Didaktischen Ablauf ausrollen

In ▶ Kapitel 2.5.4 und ▶ Kapitel 6.5 wurde der didaktische Ablauf und der Begriff des Lehrplans schon mal vorgestellt. Dort ging es nur um die Erstellung einer Übersicht, wann und in welcher Reihenfolge alle notwendigen Lern- oder Themenfelder oder auch Einzelstunden im gesamten Lehrgang stattfinden sollen. Jetzt, in der Mikrodidaktik, folgt der zweite und meist schwierigere Teil auf dem Weg zur

6.6 Feinkonzept/Mikrodidaktik erstellen

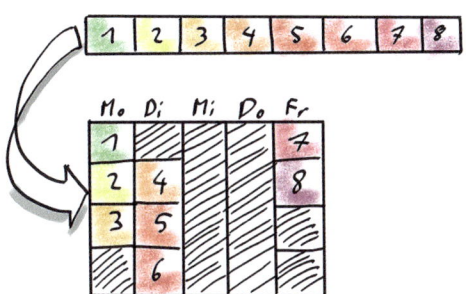

Bild 83: **Didaktischen Ablauf ausrollen**

Erstellung eines Stundenplans. Eine bereits vorhandene grobe Übersicht wird auf die entsprechenden Gegebenheiten und Abhängigkeiten ausgerichtet. Dabei wird diese bildlich gesprochen auf die vorhandenen Freiräume und über die Problemfelder im Kalender ausgerollt und angepasst. Darunter sind z. B. Feiertage, Brückentage, Urlaube oder auch schon bekannte Ressourcenengpässe durch andere Schulungsformate zu verstehen. Man kann sich das wie eine lange Aneinanderreihung aller Stunden oder eine Abhängigkeitskette vorstellen, die in vorhandene Lücken gelegt wird. Diese wird bildlich in einzelne Blöcke und Stunden zerschnitten und dann in einen vorbereiteten Kalender eingefügt. Daraus entsteht der klassische und altbekannte Stundenplan – zumindest die allererste Version, die noch ohne Überprüfung der Ressourcen erfolgt ist.

 Deutlicher kann man sich die möglichen Verschiebungen im Gesamtsystem vorstellen, wenn man die gesamte Anzahl an Lerneinheiten an bestimmten Tagen um eine vordefinierte Anzahl reduzieren muss.

Speziell für die didaktische Lehrgangsplanung gibt es einige unterstützende Programme – meistens reicht aber die Verwendung eines einfachen Tabellenprogramms für das Grundprinzip zum Glück aus. Der Vorteil einer entsprechenden Software liegt auf der Hand, regelmäßig wiederkehrende Lehrgänge können so vereinfacht immer wieder über den Jahresablauf ausgerollt werden. Das heißt, dass entsprechend leicht über alle Unwägbarkeiten herum und sehr leicht wiederholend geplant werden kann. Dabei hat dies effektiv nur sehr geringe Auswirkungen auf den Lehrgangsablauf. Sie erfordern allerdings leider, wie so viele Softwareprogramme, ein gewisses Maß an Anwendungswissen.

6.6.2 Fachthemen den Fachkundigen überlassen

Eine gute Ressourcen- und Personalplanung eines Lehrgangs ist eine aufwendige Aufgabe und braucht folglich viel Zeit. Als Minimum sollten je nach Umfang zwischen 20–50 % der tatsächlichen Lehrgangsdauer einkalkuliert werden. Der Zeitansatz beschränkt sich auch nicht nur auf die Planung vor einem Lehrgang. Diese muss auch währenddessen immer wieder durchgeführt werden und kann somit realistisch betrachtet inklusive Vorplanung bis zu ca. 100 % der gesamten Lehrgangsdauer zusätzlich ausmachen!

Vielleicht fragst du dich, warum wir nach der Beschreibung der Ressourcenplanung im Grobkonzept jetzt nochmal auf die Personalplanung zu sprechen kommen. Dies hat zwei Gründe, erstens steht nicht immer eine Planungssoftware und ein relativ leicht verfügbarer Pool an Fachkräften zur Verfügung und zweitens wird es immer noch zusätzlich Themen geben, die nicht im eigenen Umfeld abbildbar sind. Hierfür werden manchmal (externe) Fachleute benötigt, die auch entsprechend eingeplant werden müssen. Die nachfolgende Planungsmethode kann nicht nur für Personen außerhalb der Feuerwehr, sondern auch für alle ausbildenden Personen in einem Lehrgang verwendet werden, unabhängig einer möglicherweise schon vorhandenen Planungsunterstützungssoftware. Idealerweise sollte am Ende des Feinkonzepts eine Tabelle erstellt worden sein, in der alle Lehrkräfte mit Vertretungen und Erreichbarkeiten aufgeführt sind. Am besten werden diese den Themen- oder Lernfeldern zugeordnet.

Der eigentliche Aufwand ist es, jetzt herauszufinden, wann alle Zeit haben oder auch nicht. Auf dieser Basis kann dann noch ein Feintuning des vorab grob erstellten Stundenplans erfolgen, denn Änderungswünsche wird es leider immer geben. Deshalb hier die Warnung für dich als angehende Schulungsleitung – diese Tabelle wird dir, für die anstehenden Umplanungen, während des Lehrgangs noch verdammt gute Dienste leisten.

Je weiter im Voraus die Termine für alle am Lehrgang beteiligten Personen geplant und fixiert werden, desto weniger Abweichungen und Verschiebungen gibt es vom erstmalig erstellten Stundenplan. Auch eine entsprechende Vertretung sofort in petto zu haben, spart viel Planungsaufwand!
Ergänze die Liste zusätzlich noch um ein paar »Spontanthemen« wie z. B. BMA-Bedienung, Einsatzschlüsselbund, rechtliche Fragestellungen und die dazugehörigen Lehrkräfte im nahen Umfeld und du kannst auch Spontanausfälle und kleinere Verschiebungen ad hoc kompensieren!

6.6 Feinkonzept/Mikrodidaktik erstellen

An dieser Stelle lässt sich hoffentlich verstehen, warum die (vernünftige) Planung eines Lehrgangs ein mehrdimensionales Problem ist, das eben nicht mal schnell so nebenbei erledigt werden kann.

6.6.3 Stundenplan erstellen

Nach dem Ausrollen des didaktischen Ablaufs auf den Kalender, kommt die Erstellung des Stundenplans. Dieser ist das, was du wahrscheinlich selbst in der Rolle als einer der Teilnehmenden ohne Vorkenntnisse am Ehesten mit einer Lehrgangsplanung in Verbindung bringen würdest. Der Stundenplan sagt in erster Linie: Wer soll wann wohin und dort was machen?

Meistens gibt dieser einen bestimmten Zeitraum, i. d. R. eine Woche oder die gesamte Dauer des Lehrgangs vor. Die Kunst ist es hier, alle im Hintergrund einer einzelnen Lerneinheit bestehenden Abhängigkeiten und Ressourcen zu berücksichtigen. Dabei werden meistens die Stunden so lange hin und her geschoben, bis alles passt. Wichtig bei der Verschiebung ist es, den didaktischen Ablauf nicht zu verändern. Das kann manchmal ganz schön knifflig werden, wie bei einem Sudoku. Es kann auch viel Umplanung oder auch Überzeugungsarbeit kosten. Im Stundenplan selbst sollen sich sowohl die Teilnehmenden als auch die Lehrenden mit allen relevanten Informationen zurechtfinden können.

Typische Angaben im Stundenplan zu den einzelnen Lerneinheiten sind:
- Thema/Lerninhalt
- Zeitraum (Beginn und Ende)
- Referent:in/Trainer:in
- Ort
- Einheit x von y
- ggf. Besonderheiten (wie z. B. Schutzausrüstung, Verpflegung selbst mitbringen, …)

Ab und zu gibt es, speziell in großen Bildungseinrichtungen mit vielen Einzelklassen, einen sogenannten »Lehrerplan« der für alle Lehrenden einen (meist regelmäßigen) Wochenablauf darstellt. Dieser erspart den Lehrenden das Blättern in vielen Stundenplänen.

6.6.4 Skripte erstellen

Gibt es ein übergeordnetes Dokument als Zusammenfassung oder nur viele einzelne Skripten in den jeweiligen Themenfeldern oder sogar in den Einzelthemen? Macht es vielleicht sogar Sinn eine Zusammenfassung für den gesamten Lehrgang zu erstellen und so ein Handbuch als Weiterlernhilfe oder Nachschlagewerk zu erstellen?!

Bitte beachte, dass hier weniger meist mehr ist – denn je umfangreicher dieses Skript, zusätzlich zur bereits vorhandenen Lernliteratur und anderen Skripten ist, desto weniger wird es auch gelesen. Eine gute Zusammenfassung ist immer kurz, prägnant, übersichtlich und soll auch Lust auf das Weiterlernen machen. Wenn dir das Prinzip dahinter nicht ganz klar sein sollte, empfehle ich das ▶ Kapitel 3.6 mit der didaktischen Reduktion. Dasselbe Prinzip gilt auch für die Skripte zu einzelnen Themenbereichen. Ob du aber für den Lehrgang ein übergeordnetes Skript erstellst oder für jedes Thema ein eigenes Skript forderst, musst du selbst in Abhängigkeit von der vorhandenen Zeit entscheiden.

> Ein Ausdruck aller Präsentationsfolien ist niemals ein Skript! Es fehlt das wertvollste – das, was zwischen den Folien und zusätzlich vermittelt wurde.

6.6.5 Lernzielkontrolle erstellen

Du hast vorbildlicher Weise vorneweg brauchbare Lernziele definiert?! Sehr gut dann ist es jetzt ja ein Leichtes, zusammen mit den Empfehlungen aus ▶ Kapitel 8 eine zielführende Lernzielkontrolle zu erstellen. Denn dort sollten alle dafür notwendigen Aspekte aus ▶ Kapitel 3.4 schon enthalten sein. Einzig die Überlegung, ob vorab noch zusätzliche Leistungsnachweise für eine Art Zulassung zur Hauptlernzielkontrolle/Prüfung oder als Hilfestellung und Selbstkontrolle für die Lernenden durchgeführt werden sollen, habe ich in diesem Zusammenhang noch nicht erwähnt.

> Eine gute Lernzielbeschreibung zu Beginn der Planungen erspart sehr viel Aufwand bei der Erstellung der Lernzielkontrolle.

6.6.6 Freigabe durch Kunden einholen

Zufall, dass der Auftraggeber gerade die Kapitelnummer 6.6.6 hat? Nun ja, wenn jetzt an dieser Stelle noch gravierende Änderungswünsche auftreten und eine Freigabe der bisherigen Arbeit nicht erfolgt, könnte es schon passieren, dass man die Person irgendwie unterbewusst an den der Zahl zugehörigen Ort wünscht oder in Verbindung damit bringt. Deshalb ist es meiner Ansicht nach so wichtig, die Anforderungen zu Beginn schriftlich zu fixieren und einen stetigen und engen Kontakt mit denjenigen zu pflegen, die letztendlich über die Durchführungsentscheidung bestimmen. Darüber hinaus lässt sich auch immer wieder feststellen: Je enger der Kontakt ist, desto besser ist das gegenseitige Verständnis und die Beeinflussungsrichtung hin zu einem pädagogisch wertvollen Konzept. Vermeintlich ist es nur eine kleine unnütze Formalie, in der Praxis kann eine schriftliche Freigabe jedoch viele Streitereien und Scherereien im Nachhinein vermeiden. **Hol sie dir – Tiger! Denn wer schreibt, der bleibt.**

6.7 Lehrgang vorbereiten

Die Vorbereitung eines Lehrgangs sollte dir nach der umfangreichen Planung vermeintlich recht einfach fallen. Du hast selbst die wichtigsten vorbereitenden Maßnahmen geplant und koordiniert. Du weißt über die Lernenden als Zielgruppe bestens Bescheid und weißt auch, wann welche Lehrende wohin kommen sollen. Trotzdem können viele mögliche Punkte mal schnell übersehen oder vergessen werden, die gravierenden Auswirkungen auf den Erfolg des Lehrgangs haben können. Deshalb habe ich die meiner Meinung nach kritischsten Problemfelder identifiziert, in ein paar Bereiche zusammengefasst und nachfolgend aufgeführt:

Teilnehmende zum Lehrgang bringen
Teilnehmende rechtzeitig einladen oder Anmeldemöglichkeiten dafür schaffen
- Teilnehmende rechtzeitig über Rahmenbedingungen informieren
- ggf. externe Teilnehmende dazu buchen und informieren
- ggf. Vorabauswahlverfahren durchführen
- ggf. über vorab vorzubereitende Sachen informieren
- Gruppen nach zielführenden Vorgaben einteilen

Lehrgangsorganisation
An- oder Abwesenheitslisten erstellen
- Klassenbuch vorbereiten
- Namensschilder erstellen
- Teilnahmebescheinigungen/Zeugnisse erstellen
- Anwesenheitsbestätigungen erstellen
- Vergütungsanträge für externe Lehrkräfte vorbereiten
- Schulungsunterlagen vorbereiten
- Prüfungskommission planen und einladen
- Evaluation vorbereiten
- Absprachen mit Wache/Kantine/Küche/sonstige interessierten Parteien
- Begrüßung vorbereiten
- Honoratioren zur Begrüßung einladen
- Zugänge, Laufwerke und Kommunikationsmöglichkeiten beantragen
- Lernplattformen einrichten
- Kommunikationswege vorbereiten

Ressourcenvorbereitung
Ressourcen nach entsprechender Ressourcenplanung bereitstellen (lassen)
- Spinde/PSA-Aufbewahrung
- Lehrsäle/Übungsflächen kontrollieren, anpassen, vorbereiten
- Sozialräume/Sanitärräume/Umkleiden vorbereiten
- Reinigung veranlassen
- Gästekarten/Bezahlsysteme
- Schlüssel/Zugangskarten
- Leihbücher vorbereiten
- Spezielle Medien, Hardware etc. bereitstellen

Diese Liste kann natürlich niemals vollständig und abschließend sein. Mit den beschriebenen Punkten lässt sich aber zumindest ein Lehrgang mal ganz vernünftig starten und durchführen und kann jederzeit noch von dir weiter ergänzt werden.

6.8 Lehrgang durchführen

Einen Lehrgang durchzuführen, bedeutet deutlich mehr als den Lehrsaal auf- und zuzusperren sowie den eingeteilten Lehrenden einfach ihren Job machen zu lassen. Im Großen und Ganzen geht es um die Ausführung der im vorherigen Unterkapitel beschriebenen Vorbereitungen. Darüber hinaus ist es die Aufgabe einer guten Schulungsleitung, dafür zu sorgen, dass der Lehrgang so unkompliziert und reibungslos wie möglich für alle Beteiligten abläuft. Dazu gehören besonders eine ständige Kontrolle auf mögliche Probleme und Schwierigkeiten sowie deren Lösung. Für die erfolgreiche Durchführung eines Lehrgangs benötigt es mehrere Rollen, die alle einen wichtigen Teil in ihrer jeweiligen Funktion erfüllen müssen. Selbstverständlich können bestimmte Aufgaben auch zusammengefasst werden oder sogar nur von einer einzelnen Person durchgeführt werden. Dies ist sehr stark vom Umfang, vor allem der Dauer und der Größe des Lehrgangs abhängig. Ich habe hier ein paar Funktionen identifizieren können und werde sie und ihre jeweiligen Aufgaben nachfolgend vorstellen.

Letztendlich ist es aber egal, wie genau die jeweilige Funktion zu anderen abgegrenzt wird. Wichtig ist, dass alle anfallenden Arbeiten kundenorientiert erledigt werden und dass sich alle Beteiligten immer wieder die fünf Prinzipien der Erwachsenendidaktik vor Augen führen und dementsprechend handeln.

Prinzipien der Erwachsenendidaktik:
- Teilnehmendenorientierung
- Erfahrungsorientierung
- Lebensweltbezug
- Verwendungsorientierung
- Kompetenzorientierung

6.8.1 Aufgaben der Schulleitung

Fangen wir mal mit der hierarchisch obersten Rolle im Bildungsprozess, der Schulleitung, an. **Wer bin ich schon, der hier langjährigen und erfahrenen Honoratioren, womöglich auch noch aus dem höheren Dienst, ihren Job erklärt? Schlimmer noch, sogar vorschreibt, was jeweils gemacht oder eben nicht gemacht werden sollte.** Trotzdem traue ich mir mit etwas Selbstbewusstsein und noch mehr Erfahrung aus der Erwachsenenbildung zu, die wichtigsten Thematiken

6 Planung einer längeren Schulung oder eines Lehrgangs

und ein paar idealisierte Wunschanforderungen grob zu beschreiben (die in der Realität nicht immer alle umsetzbar sein können – **so realistisch bin ich da schon**). Ganz exakt würde ich die Funktion sowieso nie beschreiben und fixieren, da es regional, bildungseinrichtungstechnisch, strukturabhängig oder aus vielen anderen Gründen noch viel mehr unterschiedliche Detailaufgaben gibt und geben kann. Zusätzlich sollen diese Aufgabenbeschreibungen bewusst dazu dienen, die Rolle der Schulleitung zu verstehen und somit auch bestmöglich unterstützen zu können.

Tabelle 21: *Übertragung allgemeiner Aufgaben auf einen Lehrgang*

Allgemeine Aufgaben	Schnittstelle zum Lehrgang
Strategie und Ziele der Organisation festlegen	> Rahmenbedingungen
Netzwerken und Beziehungen pflegen	> Unterstützung bei der Expertensuche
Planung und Koordination des Schulbetriebs	> Didaktischen Ablauf auf den Jahresplan ausrollen
Personalplanung und -management	> Rahmenbedingungen > Priorisierung bei Ressourcenengpässen
Aus-, Weiter- und Fortbildung (intern)	> Maßnahmen aufgrund der Evaluationen > im Gesamtzusammenhang einbinden
Mitarbeiterführung und Personalangelegenheiten	> Führungsrolle wahrnehmen > disziplinarische Maßnahmen
Verwaltung und Organisation	> Kostenplan und Ressourcenplan genehmigen > Kundenfreigaben abstimmen
Berichtswesen und Dokumentation	> Kennzahlen, Statistiken, besondere Ereignisse für Jahresbericht
Controlling der zugewiesenen Aufgaben	> Gesamtverantwortung für die Qualität, Kosten und Strategie
Mitarbeitermotivation und -entwicklung	> Aufgabenzuteilung, Begrüßung, Verabschiedung, Unterstützung

6.8.2 Aufgaben der Schulungsplanung

Die Schulungsplanung ist die zentrale Anlaufstelle für alle vorbereitenden Maßnahmen und bei Änderungen oder Verschiebungen während des Lehrgangs. Je kleiner der Lehrgang ist, desto mehr muss die Schulungsleitung diese Aufgaben selbst übernehmen. Typischerweise gibt es folgende Aufgaben:
- Rahmenbedingungen klären
- Didaktischen Ablauf festlegen
- Didaktischen Ablauf ausrollen und anpassen
- Information aller beteiligten Stellen über die Durchführung des Lehrgangs
- Fotos und Klassenspiegel erstellen
- Ausgabe der zusätzlichen Ausrüstung und notwendigen Gegenstände
- Weiterführung und Anpassung der Stundenpläne und Ausgabe dieser
- Einweisung externer Referentinnen/Referenten
- Evaluation der Schulung durchführen
- Rücknahme der ausgegebenen Gegenstände
- Benötigte Lehrmittel und Medien für die Referentinnen/Referenten bereitstellen

6.8.3 Aufgaben der Schulungsleitung

Die Schulungsleitung ist die verantwortliche Person, bei der alle Fäden in der Organisation vorab und während der Durchführung zusammenlaufen. Sie kann ein bisschen wie eine Projektleitung verstanden werden und ist die zentrale Stelle aller Informationen.
- Einweisung der Teilnehmenden
- Ausgabe der vorbereiteten Unterlagen
- Einteilung der Gruppen
- Zuweisung von Spinden
- Vorstellung der Räumlichkeiten
- Daten der Teilnehmenden überprüfen
- Rückmeldungen an die Referentinnen/Referenten
- Abwesenheitsdokumentation
- Teilnehmende beurteilen und Leistung einschätzen
- Feedback an die Teilnehmenden geben

6.8.4 Aufgaben der Moderation

Moderierende Personen werden in nur relativ wenigen Schulungsformaten eingesetzt. Meistens dann, wenn es um hochoffizielle und wichtige Veranstaltungen mit hochkarätigen Vortragenden geht. Solche Formate heißen dann Seminar, Symposium, Kongress, Begleitende Vorträge zu Fachmessen, Keynotes **oder noch viel spektakulärer**.

Also, was macht diese Arten von längeren Schulungen so anders, dass sie jemand der moderieren soll, benötigen? Nähern wir uns der eigentlichen Aufgabe, indem wir überlegen, was eine Moderation im eigentlichen Sinne macht, und transferieren diese Erkenntnis auf eine Schulung. Die Ursprungsdefinition stammt aus dem Lateinischen und bedeutet »mäßigen«. So ist die Hauptaufgabe dafür zu sorgen, dass alle Vortragenden und Teilnehmenden gleichmäßig und gerecht zu Wort kommen können und die Themen zielführend miteinander verbunden werden. Meistens ist es ein gewisser Luxus, bei der eine zentrale Person durch das Themenprogramm führt, die/den Referierende:n vorstellt und alle Inhalte zu einem gesamten roten Faden verbindet.

6.8.5 Aufgaben von Lehrkräften oder Trainerinnen/Trainern

Nehmen wir mal an, dass du bei einem Lehrgang weder für die Planung noch für die Durchführung zuständig bist. Du musst nur noch an dem gesetzten Termin vorbeikommen und dein Programm durchziehen. Eigentlich ganz einfach und relativ entspannt, wenn man sich vorher mal den ganzen Aufwand der Planungen angesehen hat. Trotzdem gibt es im Zusammenspiel mit der Durchführung eines gesamten Lehrgangs ein paar Besonderheiten, deren Beachtung sich erst in der gegenseitigen Wirkung zeigt und lohnt. Diese sollen einerseits einen reibungslosen Lehrgangsbetrieb ermöglichen und andererseits die Arbeit der anderen Akteure erleichtern – oder zumindest nicht unnötig erschweren. An erster Stelle steht, dass du deine Schulung so wie geplant durchführst. Erkundige dich hier vorab nach Schnittstellen, Überschneidungen oder Abgrenzungen, so dass alle Lerninhalte ohne Überschneidungen vermittelt werden. Nutze auch nur die (vorher angegebenen, benötigten und) eingeplanten Ressourcen. Also bitte keine Extrawürste und auch nicht »mal eben schnell nur« … – Zumindest nicht ohne die Rücksprache mit der Schulungsleitung – **diese wird es dir sehr danken!**

Eine gewisse Sorgfaltspflicht den bereitgestellten Ressourcen gegenüber und eine Rückmeldung über Beschädigungen, Defekte und Fehler wäre nicht nur schön und wünschenswert, sondern ist im weiteren Schulungsbetrieb äußerst wichtig! Hier bitte keine falsche Scheu, es darf immer mal was (natürlich nur unabsichtlich und im Eifer des Gefechts) kaputt gehen. Es gibt nichts Schlimmeres, als nichts zu sagen und jemand am nächsten Tag mit dem Problem allein zu lassen. Im schlimmsten Fall geht das nicht funktionierende Einsatzmittel danach scharf in den Alarmdienst – und das geht gar nicht! Deshalb organisiere rechtzeitig am Ende eine Reinigung, eine Wiederaufbereitung und eine Rückgabe der dir anvertrauten Sachen und gib' Beschädigungen und Verluste schnellstmöglich weiter. **Dies kann man übrigens auch sehr gut in eine Übung mit einbauen und diese Maßnahmen anleiten und überwachen.**

Stelle dich in deiner Rolle als Lehrkraft auch darauf ein, dass du ein Feedback über die Teilnehmenden an die Schulungsleitung weitergeben solltest. Zumindest was besonders erwähnenswert ist. Es dürfen nicht nur Schwächen oder Defizite sein, sondern auch gerne mal ein Lob!

6.8.6 Aufgaben von Coaches oder der Lernbegleitung

Prinzipiell sollte die Rolle einer guten und aktiven Lernbegleitung eigentlich jeder innerhalb einer Schulung zu jeder Zeit innehaben. Es gibt darüber hinaus aber auch noch weitere Personen, die in einem Lehrgang erstmal und offensichtlich nicht direkt beteiligt sind. Ein typisches Beispiel ist hier die Ausbildungsleitung, Ausbildungsmanager:innen oder die örtlichen Ausbilder:innen, die für den gesamten Ausbildungszeitraum verantwortlich sind und diesen einen Lehrgang nur als Abschnitt einer gesamten Ausbildung sehen. Diese organisieren im Hintergrund noch weitere Lehrgänge, Praktika, auswärtige Abschnitte und Hospitationen und haben idealerweise einen genauen Blick auf ihre Schützlinge und deren Lernentwicklung – auch während der Lehrgänge. Somit sollten hier gravierende Defizite, die ein Problem im gesamten Ausbildungsverlauf vermuten lassen, schon direkt durch die Lernbegleitung auffallen oder zeitnah kommuniziert werden. So können (auch langfristige) Entwicklungsmaßnahmen frühzeitig angestoßen werden.

6.9 Lernzielkontrolle durchführen

Prüfungen und Lernzielkontrollen, sofern sie gewünscht oder zielführend sind, werden tendenziell am Ende eines Lehrgangs durchgeführt. Nachdem ich diesem Bereich ein ganzes Kapitel gegönnt habe, brauche ich hier nicht noch extra zusätzliche Informationen aufführen. Außer dieser eine Hinweis: Für weitere Informationen zu diesem Thema bitte in ▶ Kapitel 8 nachschauen!

6.10 Evaluation durchführen

Für eine zielführende Aussage über die Qualität des Lehrgangs gibt es die Evaluation. Diese dient der Ermittlung der Zufriedenheit der Teilnehmenden, der beauftragenden Personen und der Vorgesetzten. So lässt sich am besten nachweisen, ob die Schulung effektiv, praxisnah und konkret für die spätere Aufgabe vorbereitet hat. Meistens werden diese gegen Ende oder kurz nach Abschluss des Lehrgangs durchgeführt – ▶ Kapitel 8.

Je länger ein Lehrgang dauert, desto eher bieten sich Zwischenevaluationen an. Diese können relativ einfach durch die Gruppe selbst oder über die Lehrgangssprecher:innen an die Schulungsleitung vermittelt werden. Alternativ kann hier auch eine vollumfängliche Evaluation durchgeführt werden. Dies hat den Vorteil, dass gerade bei schwierigen Gruppenkonstellationen oder verpflichtenden Schulungen gleich von Beginn an nachgesteuert werden kann und am Ende keine großen Überraschungen auftauchen.

> Mittels folgendem pragmatischem Ansatz lässt sich sehr schnell und einfach eine effektive Wochenevaluation z. B. am Freitag gleich in der Früh durchführen. Ein Flipchart mit drei Fragestellungen wird in den Raum gehängt und die Teilnehmenden können dieses nach Belieben selbst ausfüllen. (Was war in der vergangenen Woche besonders gut? Was darf so nicht wieder passieren? Was ist darüber hinaus noch besonders erwähnenswert?) Diese am Ende der Woche kurz gemeinsam als Wochenabschluss durchsprechen fördert die Selbstbestimmung.

6.11 Lehrgang nachbereiten

Nach Abschluss des Lehrgangs müssen noch eine paar Kleinigkeiten erledigt werden, um einen richtigen und zufriedenstellenden Abschluss zu erlangen. Es wäre schade, wenn ein hervorragender Lehrgang aufgrund einiger nicht erledigter Bagatellen schlecht in Erinnerung bleiben würde. Idealerweise hast du dir ohnehin von Anfang an eine Checkliste mit allen Aufgaben zusammengestellt, die jetzt nochmal durchgegangen werden sollte. Ein Lehrgang ist erst dann zielführend nachbereitet, wenn keine offenen Punkte mehr zu erledigen sind.

- ✓ Ermittlung der Zufriedenheit der Auftraggebenden
- ✓ Abrechnungen der anfallenden Kosten
- ✓ Rechnungen für Teilnehmende schreiben
- ✓ Dank an alle Mitwirkende
- ✓ Prüfungsergebnisse zusammenfassen, versenden, mitteilen
- ✓ Archivierung dafür vorgesehener Dokumente (Einheitsdokumentenplan!)
- ✓ ggf. Anpassung des didaktischen Ablaufs und Verbesserungen, Risiken oder Ideen dokumentieren

6.12 Kennzahlen auswerten

Die Kennzahlenauswertung gehört eigentlich klassisch zur Nachbereitung dazu. Sie ist meiner Meinung nach aber so wichtig, dass sie ein eigenes Unterkapitel verdient hat. Denn jeder Lehrgang erzeugt auswertbare Kennzahlen und die meisten können zielführend weiterverwendet werden. Da schlägt bestimmt so manches Controllerherz gleich deutlich höher. Hoffentlich nicht damit gleich mehr Quantität zu Lasten der Qualität oder gar Einsparungen umgesetzt werden. Es geht vielmehr darum, eine Vergleichbarkeit zwischen Lehrgängen und Bildungseinrichtungen zu schaffen und eine wissenschaftliche Nachvollziehbarkeit in die Auswertungen zu bringen. Sie zeigen Stärken und Schwächen der Schulung oder der eigenen Einrichtung auf und lassen diese relativ einfach darstellen und dokumentieren. **Hättest du als Schulungsleitung Zeit und Lust für jede der mehr als 100 durchgeführten Schulungen pro Jahr, alle Evaluationen und mehrseitigen Zusammenfassungen aller Schulungsleitungen zu lesen?! – Ich hoffe nicht – außer der Laden läuft von allein!**

6.12.1 Was sind Kennzahlen?

 Kennzahlen verdichten relevante und auswertbare Informationen so, dass sich daraus Maßnahmen und Verbesserungen ableiten lassen.

Wenn man aus dem Bereich der Wirtschaft kommt, wird man zwangsläufig mit dem Begriff der Kennzahlen schon in Berührung gekommen sein. Nicht nur dort ist es üblich, Werte von Prozessen oder Vorgängen zu erheben und diese für einen Vergleich, eine Verbesserung oder eine Analyse auszuwerten. Sie sollen helfen,

6 Planung einer längeren Schulung oder eines Lehrgangs

die festgelegten Ziele zu verfolgen, Entscheidungen daraus abzuleiten und zukünftige Entwicklungen vorherzusehen und zu meistern. Noch vereinfachter gesagt sind Kennzahlen einfache, aber leider nicht immer einfach zu erzeugende Werkzeuge, um ein Bildungscontrolling durchzuführen, Soll und Ziele zu vergleichen oder eigene Ziele durch Zahlen, Daten, Fakten zu untermauern.

In der nachfolgenden Tabelle sind typische Kennzahlen dargestellt und kurz erklärt, die im Bildungscontrolling oftmals verwendet werden. Natürlich muss jede Bildungseinrichtung und alle, die sich ernsthaft mit Qualitätsmanagement beschäftigen, die passenden Werte selbst definieren und entsprechend nutzen. Sonst ist der Aufwand niemals zu rechtfertigen!

Tabelle 22: *Typische Kennzahlen im Bildungscontrolling*

Kennzahl	Kurzbeschreibung
Anzahl Teilnahmen	Die häufigste Kennzahl, meist nach Laufbahngruppen, Funktionen, oder anderen sinnvollen Aufteilungen gruppiert
Anzahl Teilnehmertage/ Teilnehmerstunden	Hier wird die Anzahl der Teilnehmenden mit den anwesenden Tagen, Stunden oder anderen Zeiten multipliziert
Fortbildungstage pro Mitarbeitenden	Lässt Rückschlüsse auf die Teilnahme bei den Fortbildungen zu
Weiterbildungstage pro Mitarbeitenden	Lässt Rückschlüsse auf die Teilnahme bei den Weiterbildungen zu
Anzahl Ausbildungen/ Fortbildungen pro Jahr	Gibt die Menge der durchgeführten Schulungen der Bildungseinrichtung pro Zeiteinheit (meist ein Jahr) an
Schulungsquote	Verhältnis von allen Schulungen zu Mitarbeitenden
Auslastungsgrad	Verhältnis von genutzten zu vorhandenen Ressourcen
Deckungsgrad	Verhältnis von Teilnehmenden zu möglichen Teilnehmenden der Zielgruppe
Bedarfsdeckung	Verhältnis von geleisteten zu angefragten Lehrgangsplätzen
Rückmeldungsquote	Verhältnis von eingetroffenen zu abgefragten Rückmeldungen, meist von Bedarfsanfragen oder Evaluationen

6.12 Kennzahlen auswerten

Tabelle 22: *Typische Kennzahlen im Bildungscontrolling – Fortsetzung*

Kennzahl	Kurzbeschreibung
Zufriedenheitserfolg/ Evaluation	Meist in einer Form der Benotung, wiedergespiegelte Zufriedenheit der Teilnehmenden
Lernerfolgsquote/ Bestehungsquote	Verhältnis von bestandenen zu allen Teilnehmenden
Qualitätsniveau der Dozenten	Meist in Form eines Benotungssystems durch die Teilnehmenden
Schulungskosten	Meist ein Verhältnis von Kosten pro Teilnehmenden oder pro Lehrgang
Termintreue	Unterschiedlichste Zeitintervalle meist von Eingang der Schulungsanfrage bis Schulungsbeginn

6.12.2 Wofür sind Kennzahlen gut?

Hier könnte Ihre Werbung für Qualitätsmanagement stehen!

Ich versuche einfach mal den direkten Nutzen an einem Beispiel aufzuzeigen, statt hochtrabende Begriffe eines trotzdem wertvollen Qualitätsmanagements zu verwenden.

Nehmen wir mal wieder ein hypothetisches Beispiel zur Verdeutlichung: Angenommen, wir hätten eine beliebige Fortbildung, die für 150 Teilnehmende angefordert wurde und bei der es aus methodisch-didaktischer Sicht sinnvoll wäre, maximal 15 Teilnehmer pro Termin zuzulassen. Daraus würden sich 10 Termine mit jeweils diesen 15 Teilnehmenden ergeben, um alle (Kunden-)Forderungen zu erfüllen. Nehmen wir mal weiter an, dass rückblickend die Teilnehmendenzahlen etwas zu wünschen übrig lassen ... Sagen wir, dass im Schnitt nur 66 % (also 10 von 15) Teilnehmern zu diesen Terminen gekommen sind.
Aufgrund dieser Basis lässt sich für das kommende Jahr eine zielgerichtetere Planung der Einzeltermine erstellen – abgesehen davon, dass man die schlechte Moral an die entsprechenden Auftraggebenden weitergeben sollte. Somit könnte man die Planungen für das darauffolgende Fortbildungsjahr wie folgt aussehen lassen: 7 Termine mit maximal 22 Teilnehmern – somit werden wir der Forderung von 150 benötigten Plätzen mit 154 angebotenen Plätzen gerecht und haben bei einer zu erwartenden vergleichbaren Teilnahmemoral die geplante Stärke pro Termin mit 14,6 durchschnittlichen Teilnehmenden perfekt erreicht.

> Tadaa – und das haben wir mittels einfacher Rechnerei ganz gut begründet und ich als Lehrgangsleitung spare mir einerseits drei Termine, eine geringe Auslastung und die Diskussion mit den Auftraggebenden, warum denn nicht alle entsprechend den Wünschen geschult wurden.

Noch zielführender ist es natürlich, die wichtigsten Kennzahlen schon bereits während den Schulungen zu erheben, so dass man noch frühzeitig nach nachsteuern könnte. Aber hey – ist das nicht die ureigensten Aufgabe eines Controllers?! Eben! Aber das ist in der Feuerwehr ja fast undenkbar – deshalb nehmen wir hier einfach stattdessen das Bild eines Einsatzleiters der frühzeitig nachkorrigieren und den richtigen Weg einschlagen kann.

6.13 Maßnahmen ableiten

Überlege dir anhand der Kennzahlen, der Selbst- und Fremdevaluationen einfach nur drei folgende Fragestellungen.
- ✓ Was war gut?
- ✓ Was sollte nächstes Mal verbessert werden?
- ✓ Sonstige Anregungen, Ideen und Anmerkungen!

Daraus kannst du dir zusammen mit den Ergebnissen der Evaluation konkrete Maßnahmen überlegen. Idealerweise können diese in entsprechende Themenkomplexe zusammengefasst werden, so dass Maßnahmen nicht doppelt beplant werden müssen.

6.14 Rückspiegelung an den Kunden

Wenn es Auftraggebende für die Durchführung des Lehrgangs gibt, wollen diese entweder von selbst eine Rückmeldung über die angeforderte Schulung haben – manchmal muss man diese aber auch zu ihrem Glück zwingen. Bei einem Termin zur Nachbereitung sollten einmal die Kennzahlen und die Quintessenz der abzuleitenden Maßnahmen schön aufbereitet überreicht werden. Aus der Erfahrung heraus lohnt es sich, hier zusätzlich auch die Mitschriften der Anfrage zu den Rahmenbedingungen und der Zwischenbesprechungen parat zu haben.

Idealerweise kann so gemeinsam eine vernünftige Weiterentwicklung und Qualitätsverbesserung im Rahmen eines kontinuierlichen Verbesserungsprozesses stattfinden.

Persönlich empfehle ich die wichtigsten Kennzahlen auf eine Seite zusammen zu fassen und die drei Punkte aus dem vorherigen Unterkapitel auf maximal eine weitere Seite zu konzentrieren.

6.15 Weiterlernen, Quellen und weiterführende Literatur

Aufgaben zur Umsetzung und Anwendung
- ☐ Plane anhand der Zauberformel deinen nächsten Lehrgang!
- ☐ Dokumentiere alle lohnenden Erfahrungen!
- ☐ Dokumentiere alle auftretenden Probleme oder Schwierigkeiten in einem Blackbook!
- ☐ Dokumentiere alle zukünftigen positiven und negativen Erfahrungen mit deinen Teilnehmenden!

Begriffe für Suchmaschinen und Recherche
»Kundenanforderungen«, »Schulungsanfrage«, »Lehrgang«, »lange Schulung«, »strategische Ziele«,
»Grobkonzept«, »Makrodidaktik«, »Feinkonzept«, »Mikrodidaktik«, »Kundenanforderungen«,
»didaktischer Ablauf«, »Lehrplan«, »Curriculum«, »Rahmenlehrplan«, »Lernfelder«, »Ausbildungsberuf Werkfeuerwehrmann und Werkfeuerwehrfrau«, »Lehrplan KMK«, »Lehrplan Plus Bayern«, »Stundenplan«,
»Ressourcenplanung«, »Kostenplanung«, »Organisation«, »Machbarkeitsanalyse«, »Kundenfreigabe«, »Kundengespräch«, »Lehrgangsorganisation«, »Vorbereitung«,
»Skript«, »Lernskript«,
»Schulleitung«, »Schulleiter«, »Schulungsplaner«, »Moderator«, »Coach«, »Lehrgangsleiter«, »Lernbegleiter«, »Ausbildungsplaner«, »örtlicher Ausbilder«, »Lehrer«, »Lehrkraft«, »Trainer«,
»Kennzahlen«, »Balanced Score Card«, »Qualitätsmanagement«, »Auswertung«, »Quantifizierung«.

Quellen und weiterführende Literatur

Brauwer, Rumpel: Bildungscontrolling, Modelle und Kennzahlen, Band 3, Shaker Verlag, Aachen, 2008.

Bundesamt für öffentliche Verwaltung: Bildungscontrolling in der Bundesverwaltung, Version 2.0. Online verfügbar unter https://www.bakoev.bund.de/SharedDocs/Downloads/LG_1/PG_BC/Kennzahlen.pdf?__blob=publicationFile, letzter Zugriff: 02.07.2024.

Deutsches Institut für Normung e. V.: DIN EN ISO 9001_2015-11. Qualtitätsmanagementsysteme, 2015.

Döring, Klaus W.: Handbuch Lehren und Trainieren in der Weiterbildung, Bael, Beltz Verlag, Weinheim Basel, 2008.

Göhnermeier, Lutz: Praxishandbuch Präsentation und Veranstaltungsmoderation. Wie Sie mit Persönlichkeit überzeugen. Wiesbaden: Springer VS, 2015.

Grotlüschen, Pätzold: Lerntheorien in der Erwachsenen- und Weiterbildung, wbv media, Bielefeld, 2020.

Hötzel, Tobias: Schulungsprozess. Branddirektion München, München, 2017.

Jütte, Rohs (Hg.): Handbuch Wissenschaftliche Weiterbildung, Springer Verlag, Wiesbaden, 2020.

Käpplinger (Hg.): Weiterbildungsentscheidungen und Bildungscontrolling, Impulse aus der Bildungsforschung für die Bildungspraxis, Bundesinstitut für Berufsbildung, Bonn, 2010. Online verfügbar unter https://www.bibb.de/dienst/veroeffentlichungen/de/publication/download/6251, letzter Zugriff: 02.07.2024.

Nuissl: Vom Lernen zum Lehren: Lern- und Lehrforschung für die Weiterbildung, wbv, Bielefeld, 2006. Online verfügbar unter https://www.die-bonn.de/doks/2006-lehr-lernforschung-01.pdf, letzter Zugriff: 02.07.2024.

Reiter (Hg.): Handbuch Hirnforschung und Weiterbildung, Beltz Verlag, Weinheim Basel, 2017.

Schrader: Lehren und Lernen: in der Erwachsenen- und Weiterbildung, wbv Publikation, Bielefeld, 2018.

Siebert: Methoden für die Bildungsarbeit: Leitfaden für aktivierendes Lehren, wbv, Bielefeld, 2008.

Stanik Tim: Mikrodidaktische Planungen von Lehrenden in der Erwachsenenbildung, 2016. https://www.die-bonn.de/zfw/32016/stanik.pdf, letzter Zugriff: 02.07.2024.

Tippelt, Rudolf; Hippel, Aiga von (Hg.): Handbuch Erwachsenenbildung/Weiterbildung. 6., überarb. und aktual. Auflage. Wiesbaden: Springer VS (Springer Reference Sozialwissenschaften), 2018.

Weidemann: Handbuch Active Training, 3. Aufl., Beltz Verlag, Weinheim Basel, 2015.

7 Methodensammlung

Bild 84: *Es lohnt sich, immer noch eine Methode in der Schublade zu haben!*

Nutzen:
- ✓ Du lernst (hoffentlich) ein paar neue Methoden kennen.
- ✓ Du bekommst ein Nachschlagewerk mit Auswahlkriterien, Vorteilen und Nachteilen für die gängigsten Lehrmethoden an die Hand.
- ✓ Du sparst dir Zeit bei der Recherche nach passenden Methoden für deine nächste Schulung.

Lernziel:

Am Ende des Kapitels solltest du ...
- ... eine für dich, die vorhandenen Lernziele, die entsprechende Zielgruppe, die vorgegebenen Rahmenbedingungen und die richtige Situation passende Methode auswählen können.
- ... die Systematik der Auswahlkriterien verstanden haben und so anwenden können, dass du die nachfolgenden Seiten als Entscheidungshilfe und Nachschlagewerk verwenden kannst.
- ... weitere Methoden bei zukünftigen Recherchen auf eine Verwendbarkeit in deine Schulungen kritisch beurteilen können.

7 Methodensammlung

Fragen:
- ? Welche Gruppierungen von Methoden gibt es?
- ? Welche Kriterien zur Auswahl von Methoden existieren?
- ? Welche Methoden können zum Kennenlernen und gegenseitigen Einschätzen verwendet werden?
- ? Welche Methoden sind zur Ideenfindung zielführend?
- ? Welche Methoden können zur Inhaltsvermittlung genutzt werden?
- ? Was gibt es für offene Methoden?
- ? Welche Methoden passen besonders gut zur Feuerwehraus-, -fort- und -weiterbildung?
- ? Welche Methoden bieten sich speziell in der Führungsausbildung an?
- ? Welche Möglichkeiten zur Gruppenarbeit gibt es?
- ? Was muss bei Gruppenarbeiten alles beachtet werden?
- ? Welche Probleme gibt es bei Gruppenarbeiten?
- ? Welche aktivierenden Methoden gibt es?
- ? Welche Methoden ermöglichen eine Evaluation?

Interessanterweise erwarten viele bei einem Ratgeber oder Handbuch für die Aus-, Fort- und Weiterbildung nicht viel mehr als eine illustre Sammlung der besten Lehrmethoden. **Zumindest hat dies eine nichtrepräsentative Umfrage in meinem Feuerwehrbekanntenkreis ergeben.** Idealerweise sollte hier auch immer »die eine« perfekte Methode beschrieben werden, die noch keiner kennt, die leicht zu erlernen und sofort für jede Situation anwendbar ist. Nicht zu vergessen, dass sie wahre Begeisterungsstürme auslösen soll, ewig in Erinnerung bleibt und nie langweilig wird …

Mööööpp! Hinter dieser Wunschvorstellung steht leider der ganz große Zonk! Die »eine« perfekte Methode gibt es leider nicht und wird es auch nie geben – höchstens die ideale Methode für die aktuelle Situation und alle damit verbundenen Rahmenbedingungen. Diese passende Methode auszuwählen ist leider nicht immer ganz einfach und erfordert viel, wenn nicht sogar langjährige Erfahrung oder zumindest viel Planung im Vorhinein. Selbst dann wird man in einigen Schulungen noch plötzlich feststellen können, dass es sich gerade irgendwie komisch anfühlt und der Funke zu den Teilnehmenden nicht überspringt. Immerhin ist man damit wieder um eine Erfahrung reicher. Je größer dein Erfahrungsschatz und deine Methodenerfahrung inklusive deren Wirkung ist, umso leichter wird dir die Planung und die Umsetzung fallen. Wichtig ist dann nur noch ein »regelmäßiger« Methodenwechsel, um die Spannung aufrecht zu erhalten und eine Abwechslung in der Aktivierung zu erzeugen!

7 Methodensammlung

Ich selbst versuche immer, die Methodensammlung als methodisch-didaktischen Werkzeugkasten zu beschreiben, den man aufmacht und bei dem man immer das passende Werkzeug für die aktuellen Gegebenheiten auswählt und anwendet. Diese Gegebenheiten sind dabei das Lernziel und die Zielgruppe und das alles in Abhängigkeit zu den vorgegebenen Rahmenbedingungen. Für die Ausstattung dieses Werkzeugkastens gibt es mehr als ausreichend Bücher oder auch Webseiten, die mal mehr oder weniger umfangreich und übersichtlich beschreiben, welche Medien und Methoden es gibt. Meist fehlt aber die Erfahrung, was wann wie in welchen Situationen und bei welcher Zielgruppe gut ankommt.

An dieser Stelle kann ich nur eine ganz klare Empfehlung für den Austausch mit Gleichgesinnten zur Erweiterung des »eigenen Werkzeugkastens« aussprechen. Die hier bereits gemachten Erfahrungen sind Gold wert und helfen dir nicht nur bei der Planung, sondern auch bei der Umsetzung und Ausführung der Methoden. Da sich ein direkter Austausch in einem Buch eher schwierig darstellt, möchte ich trotzdem meine persönlichen Erkenntnisse in diesem Kapitel weitergeben. Auch wenn medienbedingt keine Rückfragen möglich sind, so hoffe ich dennoch, dass zunächst mal die wichtigsten Optionen beschrieben und die drängendsten Fragen beantwortet werden. Trotzdem, manche Erfahrungen, positiv wie negativ, muss man einfach selbst machen, um die Erkenntnisse in den folgenden Schulungen umsetzen zu können. Aber – selbst der Meister kanns' nicht glauben, auch mit dem Hammer kann man schrauben! Übertragen auf Lehrmethoden soll dies heißen, dass manchmal die – vermeintlich – unpassendsten Methoden gerade durch ihre Andersartigkeit wertvolle Lernwege und die Bereitschaft zum Unbekannten durch Perturbation **(das war diese Störung)** öffnet.

> Wer traut sich schon bei einer Führungskräftefortbildung einen Skill-Drill im Anziehen der Schutzkleidung durchzuführen …?! Trau dich und probiere es doch einfach beim nächsten Mal aus: »Schutzkleidung und alle Führungshilfsmittel« in kürzester Zeit, in einer dunklen Fahrzeughalle (Stromausfall!) anzulegen – verblüffte Gesichter sind dir schon mal sicher! Aber garantiert auch viele interessante Erkenntnisse!

Daraus ergibt sich noch eine weitere wichtige Erkenntnis, die sich ebenfalls durch einen weiteren Spruch passend dazu beschreiben lässt. »Jedes Werkzeug ist auch irgendwie ein Hammer!« Soll heißen, mit jeder Methode kann man was lernen – auch wenn es nicht immer hundertprozentig passt! Noch ein schlauer Spruch, der mir gerade als Feuerwehrler super gefällt: Jede Maschine ist eine Nebelmaschine, man muss sie nur falsch genug bedienen – **was auch immer das jetzt wieder heißen**

7 Methodensammlung

soll ... Vielleicht ja, dass die Auswahl der Methoden abhängig von der Zielgruppe, dem Thema und von den Rahmenbedingungen (hauptsächlich Ort, Zeit und vorhandene Medien) ist?!

7.1 Empfehlungen für Methoden bei der Feuerwehr

Bild 85: *Speziell für die Feuerwehr geeignete Methoden*

Einerseits habe ich zu Beginn des Kapitels lang und breit erklärt, dass es nicht die eine passende Methode gibt und trotzdem möchte ich nur kurze Zeit später ein paar Tipps geben, welche Methoden bei einer bestimmten Zielgruppe realistisch besser funktionieren und welche eher nicht. Leider ist das kein Widerspruch, bei dem ich mich einfach nur geirrt habe. Das Problem taucht immer wieder und regelmäßig im Bereich der Sozialwissenschaften auf und lässt sich meistens mit »es kommt halt drauf an« beantworten.

 Die Kompetenz zwei gegensätzliche, aber dennoch richtige Sachverhalte zu akzeptieren, nennt sich übrigens Ambiguitätstoleranz. Diese ist gerade bei sehr komplexen und schwierigen Problemstellungen häufig anzutreffen und macht sich nicht nur in Vorstellungsgesprächen sehr gut.

Natürlich ist meine Auswahl stark persönlich gefärbt und kann auch immer nur eine kleine Auslese an vorhandenen Methoden und vor allem auch Varianten abbilden. Es gibt übrigens so viele verschiedene Möglichkeiten, Inhalte zu vermitteln, dass manche Leute ganze Bücher darüber schreiben oder das Internet damit auffüllen. Mein Ansatz versucht zwei Richtungen abzudecken, indem ich die bekanntesten und häufigsten Methoden beschreibe und Empfehlungen für unsere doch etwas speziellere Zielgruppe aufzeige. Zusätzlich zeige ich dir etwas aus meinem Erfahrungsschatz und ergänze dies mit ein paar persönlichen Notizen. **Ganz viele Erfahrungen habe ich**

7.1 Empfehlungen für Methoden bei der Feuerwehr

übrigens auch nur von anderen Kolleginnen bzw. Kollegen in der Erwachsenenbildung erhalten – Diese zeitaufwendige Fragerei möchte ich dir nachfolgend ersparen.

Umgang mit Hierarchie und deren spezielle Bedürfnisse
Vor dem Gesetz und in der Erwachsenenbildung sind alle gleich! Genau das ist auch meine persönliche Meinung zu dem Thema. Nur weil jemand z. B. in A27 besoldet ist oder privat im Ferrari oder mit dem blaulichtberechtigten Dienstwagen zur Arbeit fährt, ist dies nicht automatisch ein besserer oder privilegierterer Mensch als alle anderen und sollte deswegen anderes behandelt werden! Wichtig ist mir dabei immer nur eines – man muss alle Menschen vom Start weg gleichbehandeln und ihnen den gleichen Respekt entgegenbringen. Sollten manche nicht die gleichen Möglichkeiten zu Beginn haben, muss man den Start ggf. auch etwas anpassen, um faire Anfangsbedingungen zu schaffen. **Egal welcher Ruf manchen vorauseilt, jeder hat (bei mir) eine zweite Chance und einen guten Neuanfang verdient!**

Manchen Funktionen, wie im Einsatz auch, gebührt ein gesundes Vertrauen gepaart mit dem nötigen Respekt, damit die jeweiligen Aufgaben auch vernünftig ausgeführt werden können. Leider leben wir aber nicht in einer idealen Welt und mir ist sehr bewusst, dass man auch so manche Abhängigkeiten, nicht optionale soziale Konventionen oder schlichtweg Zwänge hat, die eine besondere Rücksichtnahme auf bestimmte Funktionen erfordern können. Wie geht man also damit um? Letztendlich müssen alle ihre eigene Einstellung dazu finden und idealerweise dann den gerade noch zu akzeptierenden Kompromiss dulden. Trotzdem – Qualität, Ehrlichkeit und Geradlinigkeit werden sich immer durchsetzen.

> **Gehaltsstufe ist keine Kompetenz!**
> Eine ausführende Funktion ist nicht zwingend eine Qualifikation oder Leistung! Alle haben einen gewissen Grundrespekt, unabhängig von Aufgabe, Funktion, Gehaltsstufe, Erfahrung, Alter, Geschlecht, Hautfarbe, Behinderung, Herkunft oder der sexuellen Orientierung verdient!

Eine persönliche Empfehlung von mir wäre, zu versuchen immer die Person dahinter anzuschauen, was diese kann oder auch schon geleistet hat – nicht, was das eigentliche Amt vorgibt zu sein. Wenn das nicht möglich ist, leite ich mir aufgrund der Funktion die Mindestfähigkeiten (Können, Wissen, Erfahrung und auch Netzwerken) her. Das ist für mich der gebührende Respekt, den alle auf der entsprechenden Position verdient haben! Ich kann also nur allen für den konkreten Umgang mit unterschiedlichen Hierarchiestufen, besonders bei der Feuerwehr, empfehlen: Sei hier möglichst professionell, direkt, ehrlich und trotzdem immer auch ein bisschen unerschrocken!

- Schmeichle – (nur) ein bisschen
- Sei frech – (nur) ein bisschen
- Brich mit üblichen Konventionen – (nur) ein bisschen

Mit diesen drei kleinen Tipps, viel Fingerspitzengefühl und einem gesunden Gespür für die Situation bin ich bisher immer am besten gefahren – **obwohl ... Vielleicht werde ich ja deswegen nicht so schnell befördert?!** Besonders wichtig empfinde ich es auch, egal ob mit Hierarchie oder nicht, eine klare Linie zu fahren und sich bloß nicht wegen vermeintlicher Vor- oder Nachteile zu verbiegen!

Allgemeine Feuerwehrtipps

Dieser besondere und auch irgendwie besonders liebenswerte Menschenschlag hat gerade in Bezug auf das Lehren und Lernen ein paar besondere Bedürfnisse, die in die Methodenplanung miteinfließen sollten.

Die Zielgruppe ...
- ... ist immer sehr heterogen.
- ... hat immer Hunger und braucht viele Pausen.
- ... möchte und braucht viel Zeit, um sich zu begrüßen und auszutauschen.
- ... hat einen unglaublichen Erfahrungsschatz aus den anderen/richtigen Berufen.
- ... hat keine Zeit, wenn es um lange Erklärungen geht.
- ... mag keine langen Philosophien, Thesen, Theorien, Herleitungen oder Definitionen.
- ... mag gerne klare, wenn-dann-Entscheidungen.
- ... ist begeistert von kleinen »Taschenkarten« als Mitbringsel.
- ... mag immer ein paar gute Sprüche und guten Humor.
- ... kann über Selbstironie herzlich lachen.
- ... mag nicht allein vor der Gruppe stehen.
- ... hat eine unglaublich hohe Lösungsorientierung.
- ... hat wenig Verständnis für Entscheidungsschwäche.
- ... hat eine relativ kurze Aufmerksamkeitsspanne.
- ... mag keine Doppelungen.
- ... mag keine Wiederholungen.
- ... mag keine Synonyme.

- ... mag gerne neue Sachen ausprobieren und begreifen.
- ... macht immer irgendwas kaputt.
- ... mag gerne Aufzählungen.
- ... mag aber nicht zu viele Aufzählungspunkte.

Falls jemand behauptet, das wären doch nur Klischees und mir würde der nötige Respekt vor meinen Kolleginnen, Kollegen, Kameradinnen und Kameraden fehlen – dann stimmt das natürlich nicht – letztendlich habe ich mich nur selbst, ganz leicht – oder auch nicht – überzeichnet beschrieben! Aber für was wären all die Klischees gut, wenn man daraus nicht noch ein paar Empfehlungen ableiten könnte?

- ✓ Lerne deine Zielgruppe (richtig gut) kennen.
- ✓ Versuche Über- und Unterforderung zu vermeiden.
- ✓ Nutze bereits eher bewährte Methoden.
- ✓ Lass alle möglichst in ihren realen Funktionen üben.
- ✓ Tausche vereinzelt bewusst die Funktionen, um einen Perspektivenwechsel zu erzeugen.
- ✓ Aus-, Fort- und Weiterbildungszeiten müssen hoch effektiv sein.
- ✓ Schaffe genügend Austauschmöglichkeiten.
- ✓ Biete Getränke und ggf. Häppchen, aber in jedem Fall Raum zum Zusammenstehen an.
- ✓ Sorge für eine gute gelöste Stimmung, Humor und Spaß – der Job ist ernst genug.
- ✓ Nutze Wettkampfmöglichkeiten (achte dabei immer auf die Sicherheit).
- ✓ Mache eher kurze Trainings und dann ggf. mehr davon.
- ✓ Achte auf einen regelmäßigen Wechsel zwischen aktiv und passiv.
- ✓ Vermeide Redundanzen, Wiederholungen oder Doppelungen.

7.2 Legende und Wertung der einzelnen Methoden

Zur Erleichterung der Auswahl der nachfolgend beschriebenen Methoden habe ich bestimmte, eindeutige und **(hoffentlich)** treffend beschriebene Merkmale herausgesucht und entsprechend kategorisiert. Natürlich ist das jetzt nicht hochwissenschaftlich, sondern trägt dabei auch meine persönliche Einschätzung und Wertung. Trotzdem ist es vielleicht ganz hilfreich, wenn man auf einen Blick (bzw. auf einer Seite) erkennen kann, wofür sich welche Methode eignet. Damit es auch bei einem schnellen Blick bleibt, habe ich hierfür ein paar Infografiken verwendet, die nachfolgend zur Verdeutlichung kurz vorgestellt werden. Die Einordnung der Kategorien

7 Methodensammlung

wurde nach einer für mich realistischen Einteilung aus meiner Praxiserfahrung heraus ausgewählt.

7.2.1 Anzahl der Teilnehmenden

Als einfachstes und schnellstes Kriterium lässt sich die Anzahl der Teilnehmenden bestimmen. Hier reicht einfaches Abzählen. Natürlich ist das auch nicht allzu genau zu nehmen. Ob eine Methode mit 40 oder doch noch mit 41 Teilnehmenden funktioniert, dürfte eigentlich keine Rolle spielen, solange es keine teilbaren Zahlen für Gruppen sein sollen. Daher habe ich bewusst realistische Größenordnungen verwendet. Gute »Zahlen« für noch besser planbare Gruppenarbeiten sind logischerweise Mehrfache von 2, 3 und 4. Somit bieten sich 12, 24, 36, 48 als erste Wahl und 16, 20, 28, 30, 32, 40 als weitere Möglichkeiten mit zumindest zwei Teilern an.

12, 24, 36, 48 sind ideale Gruppengrößen
16, 20, 28, 30, 32, 40 sind aber auch ganz gut

Folgende Kategorien für die Größe der Gruppen werden im nachfolgenden Kapitel verwendet:

Tabelle 23: *Anzahl der Teilnehmenden, mögliche Gruppenzahl und -größen*

Symbol	Anzahl der Teilnehmenden	Mögliche Gruppenanzahl	Mögliche Gruppengrößen
1–10 TN Anzahl Teilnehmende	1–10 Teilnehmende	2–3 Gruppen	2–5 TN
1–20 TN Anzahl Teilnehmende	1–20 Teilnehmende	3–6 Gruppen	4–7 TN
1–30 TN Anzahl Teilnehmende	1–30 Teilnehmende	3–6 Gruppen	4–8 TN
1–40 TN Anzahl Teilnehmende	1–40 Teilnehmende	3–7 Gruppen	4–10 TN

7.2 Legende und Wertung der einzelnen Methoden

Tabelle 23: *Anzahl der Teilnehmenden, mögliche Gruppenzahl und -größen – Fortsetzung*

Symbol	Anzahl der Teilnehmenden	Mögliche Gruppenanzahl	Mögliche Gruppengrößen
11–20 TN	11–20 Teilnehmende	3–6 Gruppen	4–6 TN
11–30 TN	11–30 Teilnehmende	3–6 Gruppen	4–7 TN
11–40 TN	11–40 Teilnehmende	3–7 Gruppen	4–7 TN
21–30 TN	21–30 Teilnehmende	4–6 Gruppen	5–7 TN
21–40 TN	21–40 Teilnehmende	4–7 Gruppen	5–10 TN
31–40 TN	31–40 Teilnehmende	4–7 Gruppen	5–10 TN
> 11 TN	> 11 Teilnehmende	3–10 Gruppen	4–10 TN
> 21 TN	> 21 Teilnehmende	4–10 Gruppen	4–10 TN
> 31 TN	> 31 Teilnehmende	5–10 Gruppen	5–10 TN
> 41 TN	> 41 Teilnehmende	5–10 Gruppen	10–12 TN
beliebig	beliebige Anzahl	5–10 Gruppen	5–12 TN

7.2.2 Zielgruppeneignung

Über die genaue Zielgruppe habe ich ja schon im ▶ Kapitel 5.4.4 kurz philosophiert. Für eine schnelle Einschätzung habe ich hier unsere klassischen Führungsebenen abgebildet und die entsprechende Eignung darauf angewendet. Es werden die fünf, in der nachfolgenden Tabelle aufgeführten, Führungsfunktionen verwendet.

Tabelle 24: *Führungsfunktionen*

TF	= bis einschließlich Truppführer:in	technische Führungsebene
GF	= Gruppenführer:in	technisch-taktische Führungsebene
ZF	= Zugführer:in	
VF	= Verbandsführer:in	operativ-taktische Führungsebene
Stab	= TEL/ÖEL/Stab/GAL	

Unter dem Begriff Stab habe ich alle Angehörigen einer Technischen oder Örtlichen Einsatzleitung, in Gefahrenabwehrleitungen oder alle S-Funktionen eines Stabs zusammengefasst. Die Eignung habe ich in drei Unterscheidungsstufen ganz grob wie folgt eingeteilt.

Tabelle 25: *Zielgruppeneignung*

TF GF ZF VF Stab – Zielgruppe	niedrig	Gar nicht bis wenig geeignet
TF GF ZF VF Stab – Zielgruppe	mittel	Kann verwendet werden, ist aber nicht ideal
TF GF ZF VF Stab – Zielgruppe	hoch	Passt ideal zur Zielgruppe

7.2.3 Dauer

Ein weiteres wichtiges Auswahlkriterium ist die Dauer, die für eine bestimmte Methode zur Verfügung steht. Die vorgesehene Dauer für eine Methode ist in der gesamten Planung einer Schulung sehr hilfreich. Daraus lässt sich z. B. schließen, wie viele Methoden insgesamt in einer Lerneinheit oder einem Lernfeld noch

7.2 Legende und Wertung der einzelnen Methoden

verwendet werden können. Die vorgegebenen Zeitintervalle zum Auswählen orientieren sich an der Empfehlung, idealerweise alle 20 Minuten einen Methodenwechsel durchzuführen. Deshalb finden sich in der nachfolgenden Tabelle hauptsächlich Zeiträume mit einem Vielfachen dieser 20 Minuten.

Tabelle 26: *Zeitintervalle*

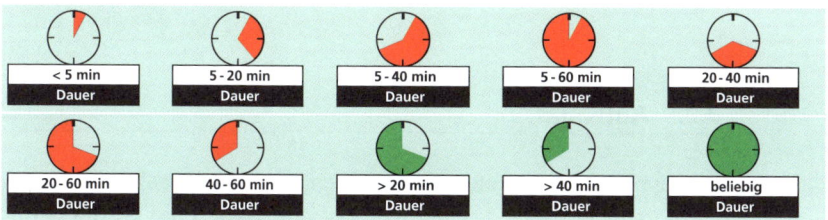

7.2.4 Zentrierung (Rhythmisierung)

Die Zentrierung der Lerneinheit gibt die Richtung vor, bei der die Fokussierung des Lernens liegt. Diese kann sowohl bei den Lernenden als auch bei den Lehrenden liegen. Der Überlegung liegt zugrunde, bei wem die meiste (Denk-)Arbeit im Moment der Durchführung der Methode liegt. Die Annahme, dass eine Schulung generell eine »Teilnehmerzentrierte« oder -orientierte Veranstaltung sein sollte, bleibt davon unbehelligt. Das sollte nämlich immer der Fall sein. An dieser Stelle erfolgt jetzt erstmal die Unterscheidung der identischen Begrifflichkeiten. Bei der einen geht es um die komplette Grundausrichtung der Schulung und umfasst methodische Prinzipien. Hier sollen idealerweise das vorhandene Vorwissen und die individuellen Vorerfahrungen mit einbezogen sowie die Interessen und Wünsche der Lernenden beachtet werden (▶ Kapitel 5.9.1).

Bei der hier behandelten Zentrierung, um die es eigentlich geht, heißt das Ganze auch Rhythmisierung der Methoden – ▶ Kapitel 5.6.2. Hier sollte alle 20 Minuten ein Wechsel der Methoden und auch ein Wechsel der Zentrierung stattfinden. Somit sollte 20 Minuten der Lehrende im Mittelpunkt stehen und danach 20 Minuten die Lernenden. Zusätzlich sollte die (Denk-)Arbeit passend dazu im gleichen Intervall wechseln – entsprechende Erholungspausen müssen natürlich mit eingeplant werden.

7 Methodensammlung

Tabelle 27: *Zentrierung (während der Durchführung)*

| Zentrierung bei den Teilnehmenden | Zentrierung bei der Trainingsleitung | Zentrierung auf beiden Seiten, meist auch im Wechsel |

7.2.5 Aufwand

Was ist schon der Aufwand einer Schulung im Verhältnis zu den glücklichen Gesichtern der Lernenden? **Nichts! Jawohl! Genau das ist die richtige Einstellung, die ich hier sehen möchte! Tschakka!** Nun ja, auch wenn das jetzt zwar sehr lobenswert klingt, so muss man das Ganze trotzdem noch von einer nüchternen und auch wirtschaftlichen Seite aus betrachten. In einer (beruflichen) Feuerwehrschule, bei einem Trainingsabend oder auch als Privatdozent muss man schon auf ein ausgewogenes Verhältnis zwischen Aufwand und Nutzen schauen. Zum einen wahrscheinlich aus Rechtfertigungsgründen vor einem Chef, beim anderen schlichtweg aus dem Zeit-gegen-Geld- oder Zeit-ist-wertvoll-Prinzip. Ein Aufwand für etwas Bestimmtes ist leider erstmal immer subjektiv. Zusätzlich verändert sich der Aufwand oftmals bei gewissen Regelmäßigkeiten oder erlangten Routinen. Häufig kann man sich allein durch den Wegfall vieler erster Überlegungen bei schon einer zweiten Durchführung viel Zeit sparen.

Genau vor dem gleichen Problem stand ich bei der Aufwandsbeschreibung hier. Deswegen habe ich diese auch nur entsprechend grob in Vorbereitung, Durchführung und Nachbereitung aufgeteilt.

Tabelle 28: *Aufwandsbeschreibung (Teil 1)*

Vorab	Vorbereitung	Alle Tätigkeiten vor einer Schulung
Durchf.	Durchführung	Alle Tätigkeiten während der Schulung
Nachher	Nachbereitung	Alle abschließenden Tätigkeiten nach einer Schulung

7.2 Legende und Wertung der einzelnen Methoden

Die passende Wertung dazu ist auch nur sehr grundlegend in niedrig, mittel und hoch gefasst. Mir persönlich wäre auch eine handfeste und genaue Zeitkalkulation deutlich lieber gewesen. Aber, auch das musste ich selbst erst einsehen, das war mir leider, **mit dem mir möglichen Aufwand,** nicht möglich.

Tabelle 29: *Aufwandsbeschreibung (Teil 2)*

	niedrig	Kein bis wenig Aufwand
	mittel	Vertretbarer Aufwand
	hoch	Sehr aufwändig

7.2.6 Notwendige Erfahrung der Trainer:innen

Damit eine Methode gut funktioniert und auch den gewünschten Lernerfolg erzielen kann, sind unterschiedliche Einarbeitungen und Erfahrungen notwendig. Je komplexer und i. d. R. je unbekannter die Methode bei den Teilnehmenden ist, desto wichtiger ist es, bereits Vorerfahrungen zu haben oder sich entsprechend vorher damit zu beschäftigen. Natürlich hilft es auch, je mehr unterschiedliche andere Methoden man vorher schon angewendet hat. Unter der Erfahrung verstehe ich in diesem Zusammenhang auch die bisherige Praxiserfahrung im Umgang mit Gruppen und deren Dynamiken. In der Praxis zeigt sich noch ein weiteres zusätzliches Problem: Manche Methoden, sind in der Durchführung nicht nur sehr aufwändig, sondern auch anstrengend und fordernd. Eine entsprechende Vorbereitung, Einarbeitung und Erfahrung können diese Anstrengungen etwas reduzieren und die Situation entspannen.

Tabelle 30: *Notwendige Erfahrung von Lehrenden*

	niedrig	Keine bis wenig Erfahrung notwendig
	mittel	Regelmäßige Erfahrung notwendig

Tabelle 30: *Notwendige Erfahrung von Lehrenden – Fortsetzung*

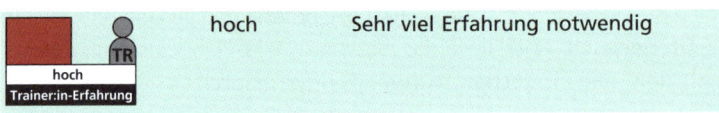

7.2.7 Aktivierungsgrad

Beim Lernen geht es um zwei aufeinanderfolgende Prozesse. Wissen wird zunächst aufgenommen und anschließend verarbeitet. Damit es besser im Gedächtnis gespeichert werden kann, sollte möglichst viel Wissen selbstständig erlangt werden. Je mehr wir also beim Lernen selbst mitdenken und mitmachen müssen, desto besser können wir uns Inhalte merken. Der Grad des Mitdenkens und Mitmachens (nicht nur bei praxisnahen Tätigkeiten) kann auch als Aktivierungsgrad deklariert werden. Je höher dieser ist, desto besser ist das Ganze für den Lernprozess. Wenn du dich an eine Schulung erinnern konntest, bei der du nach der Teilnahme richtig fertig, schlapp und müde warst, dann hat die damalige Lehrperson einen guten Job gemacht! Der Aktivierungsgrad der Schulung war somit sehr hoch **oder du warst einfach nur krank oder übernächtig**. In der nachfolgenden Tabelle sind fünf von mir definierte Stufen aufgeführt und mit einer Wertung zur besseren Einschätzung versehen.

Tabelle 31: *Aktivierungsgrad der Teilnehmenden*

sehr niedrig TN-Aktivierung	Fast keine Aktivität und Mitdenken erforderlich
niedrig TN-Aktivierung	Nur gelegentliches Mitmachen erforderlich
mittel TN-Aktivierung	Ungefähr die Hälfte der Zeit sind die TN aktiv gefordert
hoch TN-Aktivierung	Viel aktives Mitmachen notwendig
sehr hoch TN-Aktivierung	Durchgehend hohes Mitmachen und Mitdenken erforderlich

7.3 Kennenlernen und Einschätzen

Nicht immer kann man davon ausgehen, dass sich alle Teilnehmenden gegenseitig kennen und einschätzen können. Je umfangreicher die Gruppengrößen in den Schulungen sind, desto langwieriger wird die Findungsphase im Teamentwicklungsprozess. Damit man diesen für die späteren Produktivphasen etwas verkürzen kann und um einen guten gemeinsamen Einstieg in die gemeinsame Lernzeit zu finden, gibt es einige Methoden für das Kennenlernen und gegenseitige Einschätzen.

7.3.1 Vorstellungsrunde

Bild 86: *Methode Vorstellungsrunde*

Die gute alte Vorstellungsrunde, klassisch, bewährt, langweilig und trotzdem immer wieder gerne verwendet. Jeder stellt sich, meist mit Namen, Alter, Zugehörigkeitsdauer und ganz selten mit etwas Persönlichem vor. Wenn es mal schnell gehen muss.

7 Methodensammlung

Tabelle 32: *Vorstellungsrunde*

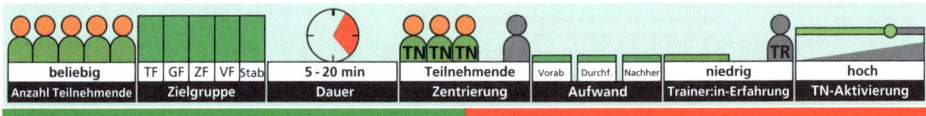

Vorteile	Nachteile
➤ Einfach ➤ Schnell ➤ Mit einer großen Spanne an Teilnehmenden möglich ➤ Keine zusätzlichen Hilfsmittel	➤ Immer die gleiche Leier ➤ Dauer der einzelnen Teilnehmenden ist schwierig zu steuern ➤ Konzentration nur auf eigene Vorstellung nicht auf die anderen

Tipps und Tricks

➤ Gebe genaue Durchführungshinweise mit den mindestens zu nennenden Einzelpunkten vor
➤ Stelle die (Mindest-)Punkte dauerhaft in den Raum, das spart viele Nachfragen
➤ Nutze eine weitere darstellende Methode (Flipchart, Bild auf DIN A4, ...) als kleine und schönere Erweiterung dieser Methode
➤ Bälle oder Gegenstände hin und herwerfen erhöhen die Dynamik und erhöhen die Aufmerksamkeit durch das Überraschungsmoment

7.3.2 Aufstellen im Raum/Lebende Statistik

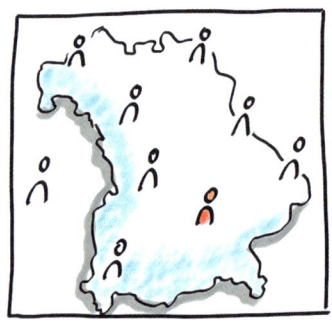

Bild 87: *Methode Aufstellen im Raum*

Sehr schöne und aktive Kennenlernvariante, bei dem die Teilnehmenden miteinander interagieren und sich gleichzeitig untereinander besser kennenlernen. Alle stellen sich im Raum nach entsprechenden Vorgaben entweder sortiert, geografisch verortet oder in ein Koordinatensystem zu bestimmten Themenbereichen auf. Dabei findet untereinander ein Austausch statt. Eine Auflösung der Ergebnisse im Anschluss aktiviert nochmal zusätzlich.

7.3 Kennenlernen und Einschätzen

Tabelle 33: *Aufstellen im Raum/Lebende Statistik*

Anzahl Teilnehmende	Zielgruppe	Dauer	Zentrierung	Aufwand	Trainer:in-Erfahrung	TN-Aktivierung
> 11 TN	TF GF ZF VF Stab	5 - 20 min	Teilnehmende	Vorab / Durchf. / Nachher	niedrig	sehr hoch

Vorteile	Nachteile
➢ Einfach ➢ Schnell ➢ Keine Hilfsmittel notwendig ➢ Beim ersten Mal ein richtiger Wow-Effekt ➢ Fördert direktes Kennenlernen und die Kontaktbereitschaft ➢ Kombiniert Bewegung, Vorstellung und Kennenlernen ➢ Schnelle einfache Zielgruppenanalyse ➢ Erster gemeinsamer Einstieg auf Augenhöhe leicht möglich	➢ Je öfter, desto weniger interessant ➢ Bei einem hohen gegenseitigen Bekanntheitsgrad wenig zielführend oder benötigt ausgefallenere Themen

Tipps und Tricks

➢ Stelle dich selbst mit in die Reihe und nutze dies zur eigenen Vorstellung
➢ Nutze auch bewusst themenfremde Fragestellungen, um etwas persönliches zu erfahren
➢ Nutze die gesamte Raumfläche eher am Anfang zum »Aufwärmen«
➢ Zum Ende hin verdichte die Fläche – das steigert das Kontaktverhältnis und den Austausch

Beispiele:
Sortieren/Reihung (z. B. von A nach Z, Zahlen auf- oder absteigend)
Vorname, Nachname, Alter, Dienstalter, Jahre in der Funktion, wichtigstes Hobby, Vorwissen zum Thema in Prozent, …
Geografische Verortung (z. B. der Raum wäre Deutschland, Bundesland, …)
Herkunft, Dienststelle, aktueller Wohnort, Wunschdienststelle, …
Zweiachsiges Koordinatensystem (z. B. zwei unabhängige Merkmale in vier Quadranten)
Motivation/Erwartungen, Vorbereitungen/Erwartungen, …

7.3.3 Aufstehen und Setzen/Sitzstatistik

Bild 88: *Methode Aufstehen und Setzen*

Das Aufstehen und Sitzen lässt zwei Antwortmöglichkeiten auf entsprechende Fragestellungen zu. Auch hier sind eine gewisse Aktivität und ein Mindestwille zum Mitmachen gefordert. Es lässt sich damit auch sehr schnell eine kleine Zielgruppenanalyse der Teilnehmenden durchführen.

Tabelle 34: *Aufstehen und Setzen/Sitzstatistik*

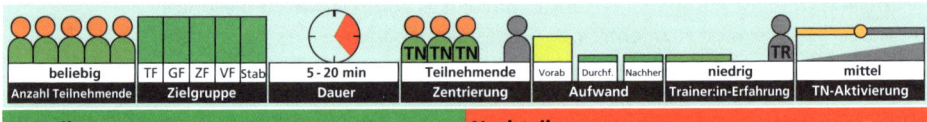

Anzahl Teilnehmende	Zielgruppe	Dauer	Zentrierung	Aufwand	Trainer:in-Erfahrung	TN-Aktivierung
beliebig	TF GF ZF VF Stab	5 - 20 min	Teilnehmende	Vorab Durchf. Nachher	niedrig	mittel

Vorteile	Nachteile
➢ Einfach ➢ Schnell ➢ Keine Hilfsmittel notwendig ➢ Kombiniert Bewegung, Vorstellung und Kennenlernen ➢ Schnelle und einfache Zielgruppenanalyse	➢ Je öfter, desto weniger interessant ➢ Bei einem hohen gegenseitigen Bekanntheitsgrad wenig zielführend ➢ Je höher die Abzeichen und je konservativer die Einstellung desto schwieriger in der Umsetzung

Tipps und Tricks

➢ Achte auf reine ja/nein Fragen
➢ Bei Antworten sollten immer mehr als ca. 1/10 der Gesamtteilnehmenden aufstehen müssen
➢ Nutze bewusst eine offene (nicht beantwortbare) Frage zur Auflockerung zwischendurch
➢ Einzelne Fragen, bei denen alle oder niemand reagieren muss, lockern das Ganze auf
➢ Je jünger die Teilnehmenden, desto häufiger sind diese bereit aufzustehen
➢ Je höherrangiger die Teilnehmenden, desto geringer die Bereitschaft mitzumachen
➢ Die Obergrenze sind erfahrungsgemäß zehnmal aufstehen

7.3 Kennenlernen und Einschätzen

7.3.4 Schlüsselbund

Bild 89: *Methode Schlüsselbund*

Anhand des privaten Schlüsselbunds werden die wichtigsten Aspekte (Haus, Auto, Arbeit, Hobby, …) des eigenen Lebens aufbereitet und erzählt. Hier werden sehr schnell, sehr persönliche Details in einer eher kleinen Runde vorgestellt, an die sich mit moderierten Fragestellungen ganz einfach anknüpfen lassen.

Tabelle 35: *Schlüsselbund*

Vorteile	Nachteile
➢ Schnell und einfach	➢ Je öfter, desto weniger interessant
➢ Keine Vorbereitung notwendig	➢ Vorsicht bei wenigen vorhandenen Schlüsseln
➢ Geht schnell auf die persönliche Ebene	➢ Sehr zeitaufwendig
➢ Sehr innovativ beim ersten Mal	➢ Zeitaufwand steigt exponentiell mit der Gruppengröße
➢ Bindet alle Teilnehmenden gut ein	

Tipps und Tricks

➢ Vorstellung der Methode: Eigenen Schlüssel als Beispiel und Einstieg vorstellen
➢ Hinweis ist notwendig, wenn jemand keinen Schlüsselbund hat, soll dieser seinen real vorhandenen oder einen idealen Bund vorstellen.
➢ Eine kurze Vorbereitungszeit von 2–3 Minuten ist notwendig
➢ Einzelgruppen von 3–6 Teilnehmenden sind ideal

7 Methodensammlung

Tabelle 35: *Schlüsselbund – Fortsetzung*

> - Mehrere Einzelgruppen sind möglich, verhindern allerdings eine komplette Durchmischung der Vorstellung
> - Eine zusammenfassende Vorstellung ist möglich, aber sehr zeitaufwendig
> - Bei einem Praxisabend mit Schutzausrüstung könnten keine privaten Schlüssel vorhanden sein
> - Ein Handschellenschlüssel am eigenen Beispiel ist immer ein guter Eisbrecher – Den braucht man halt ab und zu im Einsatz ...

7.3.5 Bilder auswählen/Bildkarten

Anhand von Bildern, die alle Teilnehmenden, passend zu ihrem Lebenslauf oder ihrer Persönlichkeit, auswählen müssen, wird der eigene Hintergrund und der persönliche Bezug zum Thema vorgestellt. Dies kann mittels eines einzelnen oder anhand mehrerer Bilder stattfinden.

Tabelle 36: *Bilder auswählen/Bildkarten*

Anzahl Teilnehmende	Zielgruppe	Dauer	Zentrierung	Aufwand	Trainer:in-Erfahrung	TN-Aktivierung
11–30 TN	TF GF ZF VF Stab	20–60 min	Teilnehmende	Vorab / Durchf. / Nachher	mittel	hoch

Vorteile	Nachteile
> Geht schnell auf die persönliche Ebene > Sehr innovativ beim ersten Mal > Bindet alle Teilnehmenden gut ein > Bietet sich als ungezwungenen Einstieg ins Gespräch an > Unterhaltsam und persönlich	> Je öfter, desto weniger interessant > Bilder müssen vorbereitet werden > Für manche Teilnehmenden zu abstrakt > Zeitaufwendig > Zeitaufwand steigt mit der Gruppengröße

Tipps und Tricks

> - Mehrere Bilder können auch mehrfach vorhanden sein und werden ggf. auch unterschiedlich interpretiert
> - Eine etwas längere Vorbereitungszeit von ca. 5–10 Minuten sollte eingeplant werden
> - Entweder ein eher komplexes und umfangreiches Bild oder ...
> - ... mehrere einfache Bilder
> - Lieber zu viele als zu wenig Bilder bereithalten
> - Bilder mit Bezug zum Lernthema sind ideal
> - Einsatz-, Fahrzeug, Geräte- und Ausrüstungsbilder in Kombination decken ein breites Spektrum ab

7.3 Kennenlernen und Einschätzen

7.3.6 Gegenstände auswählen

Bild 90: *Methode Gegenstände*

Anhand von (Feuerwehr-)Gerätschaften oder Gegenständen, die alle Teilnehmenden, passend zu ihrer Persönlichkeit, auswählen müssen, wird der eigene Hintergrund und der persönliche Bezug zum Thema vorgestellt. Dies kann mittels einzelner oder anhand mehrerer Gegenstände durchgeführt werden. Zusätzlich kann hier als weitere Aufgabe auch noch ein beschreibendes Wort mit dazu genommen werden.

Tabelle 37: *Gegenstände auswählen*

Anzahl Teilnehmende	Zielgruppe	Dauer	Zentrierung	Aufwand	Trainer:in-Erfahrung	TN-Aktivierung
11–30 TN	TF GF ZF VF Stab	20–60 min	Teilnehmende	Vorab Durchf. Nachher	mittel	sehr hoch

Vorteile	Nachteile
➢ Geht schnell auf die persönliche Ebene ➢ Praxisnah ➢ Gut in einer Fahrzeughalle durchführbar ➢ Sehr innovativ beim ersten Mal ➢ Bindet alle Teilnehmenden gut ein ➢ Fahrzeug ist meist in der Nähe	➢ Sehr aufwendig in der Vorbereitung ➢ Viel Platz für die Durchführung notwendig ➢ Je öfter, desto weniger interessant ➢ Gegenstände sollten vorab ausgewählt werden ➢ Zeitaufwendig ➢ Zeitaufwand steigt mit der Gruppengröße

Tipps und Tricks

➢ Mehrere Gegenstände können auch mehrfach vorhanden sein und werden ggf. auch unterschiedlich interpretiert
➢ Eine etwas längere Vorbereitungszeit von ca. 5–15 Minuten sollte eingeplant werden
➢ Lieber zu viele als zu wenig Gegenstände bereithalten
➢ Gegenstände mit Bezug zum Lernthema sind ideal
➢ Moderation ist notwendig, um auf die geplante Absicht der Vorstellung zu erreichen

Tabelle 37: *Gegenstände auswählen – Fortsetzung*

> Zusätzlich kann man ein beschreibendes Wort durch die Teilnehmenden selbst für sich suchen lassen – das erhöht die Kreativität (Halligantyp, Funkgerätequassler, ...)

7.3.7 Wachrallye

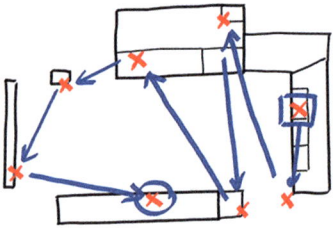

Bild 91: *Methode Wachrallye*

Die Ausbildungsstätte wird durch eine Art Schnitzeljagt erkundet. Dabei können an den wichtigsten und interessantesten Stellen kleine Aufgaben gemeinsam zum Finden eines neuen Hinweises genutzt werden. Idealerweise trifft man sich hier am Schluss im späteren Aufenthaltsraum, Lehrsaal oder in der Kantine auf ein gemeinsames Essen.

Tabelle 38: *Wachrallye*

Anzahl Teilnehmende	Zielgruppe	Dauer	Zentrierung	Aufwand	Trainer:in-Erfahrung	TN-Aktivierung
11–30 TN	TF GF ZF VF Stab	> 40 min	Teilnehmende	Vorab Durchf. Nachher: mittel	mittel	hoch

Vorteile	Nachteile
> Geht schnell auf die persönliche Ebene > Sehr innovativ beim ersten Mal > Bindet alle Teilnehmenden gut ein > Kombiniert das Kennenlernen der Gruppe mit dem Kennenlernen des Übungsgeländes > Schöne Gelegenheit, die neue Umgebung zu erforschen	> Je öfter, desto weniger interessant > Sehr aufwendig in der Vorbereitung > Kann sich störend auf andere Lehrgänge auswirken > Zeitaufwendig > Relativ hoher Personalaufwand zur Begleitung und Unterstützung

7.4 Ideenfindung

Tabelle 38: *Wachrallye – Fortsetzung*

Tipps und Tricks
➢ Hol dir Anregungen und Ideen vom Geocaching ➢ Gib Ausrüstungsgegenstände mit, die zur Lösung von Aufgaben benötigt werden ➢ Idealerweise müssen alle Teilnehmenden genau einen Gegenstand mitnehmen ➢ Einzelgruppen sind möglich, sie sollten sich zwischendrin und am Ende alle Treffen oder miteinander Wechseln oder interagieren müssen. ➢ Ein gemeinsames Treffen und Essen am Ende verbindet noch mehr und macht glücklich

7.4 Ideenfindung

Typischerweise würde man Methoden zur Ideenfindung eher in kreativen Berufen als im Lehrsaal vermuten. Manche davon sind auch im Bereich des Selbstmanagements oder beim Selbstcoaching zu finden. Natürlich lassen sich auch hier wieder Ansätze und einzelne Überlegungen sinnvoll für das Lernen und Lehren nutzen. Eine effektive Suche nach kreativen Ideen und Lösungen basiert auf dem gleichen Prinzip wie eine Fragestellung im Lernprozess. Einige davon können als guter Einstieg in Einzel- oder Gruppenarbeiten dienen und sind auch hier ein wichtiger Teil als Methode zur ganzheitlichen Lösungsfindung.

7.4.1 Brainstorming

Bild 92: *Methode Brainstorming*

Der Sturm im Hirn ist eine der effektivsten und wahrscheinlich auch bekanntesten Methoden zur Ideenfindung. Zu zweit oder in einer Gruppe werden alle möglichen Ideen zu einem Thema gesammelt. Durch die Ideen der anderen Beteiligten ergeben sich immer wieder neue, darauf aufbauende Ideen, die in keinem Fall während des Kreativprozesses gewertet werden dürfen.

7 Methodensammlung

Tabelle 39: *Brainstorming*

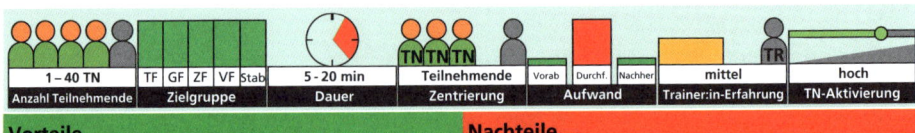

Anzahl Teilnehmende	Zielgruppe	Dauer	Zentrierung	Aufwand	Trainer:in-Erfahrung	TN-Aktivierung
1 – 40 TN	TF GF ZF VF Stab	5 - 20 min	Teilnehmende	Vorab Durchf. Nachher	mittel	hoch

Vorteile	Nachteile
➢ Einfach ➢ Schnell ➢ Wenig Material benötigt ➢ Viele Teilnehmende können eingebunden werden ➢ Sehr viele Ideen in kurzer Zeit ➢ Gegenseitige Assoziationen	➢ Stille Teilnehmende werden eher überhört ➢ Wartezeit bis zum richtigen Kreativprozess wird als unangenehm lang empfunden ➢ Wenig Output bei zu wenig TN ➢ Chaosträchtig bei zu vielen TN

Tipps und Tricks

➢ Die Methode kann auch mehrstufig durchgeführt werden. Zuerst allein, dann zu zweit und final in der gesamten Gruppe
➢ Moderation zur Ergebnissicherung ist notwendig
➢ Wertungen dürfen nicht durchgeführt und müssen sofort unterbunden werden
➢ Dokumentation und Moderation parallel ist nicht einfach > Zwei Personen sind ideal
➢ Nach ca. 10 min wird es zäh und langatmig, aber erst danach beginnt der eigentliche kreative Prozess
➢ Die erste Phase reicht für »reale und sinnvolle« Ergebnisse im Rahmen der Informationsbeschaffung aus
➢ Der Kompromiss zwischen Datenmenge, Kreativität und vorhandener Zeit muss vorher abgewogen werden und ggf. während der Durchführung angepasst werden
➢ Eine Gruppe mit ca. 10 Personen ist ideal – mehr sind gut möglich
➢ Je mehr Teilnehmende desto aufwendiger die Moderation
➢ Methode ist sehr gut geeignet, um Diskussionen (wieder) anzuregen

7.4.2 Brainwriting

Bild 93: *Methode Brainwriting*

7.4 Ideenfindung

Brainwriting ist dem Brainstorming sehr ähnlich, nur dass diese Variante mehr auf die alleinige Durchführung und die Verschriftlichung abzielt. Dies lässt sich oftmals als Vorstufe zusammen mit einem gemeinsamen Brainstorming kombinieren.

Tabelle 40: *Brainwriting*

Anzahl Teilnehmende	Zielgruppe	Dauer	Zentrierung	Aufwand	Trainer:in-Erfahrung	TN-Aktivierung
beliebig	TF GF ZF VF Stab	5 - 20 min	Teilnehmende	Vorab / Durchf. / Nachher	mittel	mittel

Vorteile	Nachteile
➢ Einfach	➢ Durchführung ist länger als Brainstorming
➢ Nur Papier und Stift notwendig	➢ Wartezeit bis zum eigentlichen Kreativprozess wird als unangenehm lang empfunden
➢ Schnell	➢ Wenig Output bei zu wenig Teilnehmenden
➢ Sehr viele Teilnehmende können eingebunden werden	➢ Anregungen und Ideen der anderen Teilnehmenden können nicht mit genutzt werden
➢ Ideen gehen während einer Sammlung nicht verloren, da schriftlich fixiert	
➢ Alle Teilnehmenden werden (gleichwertig) mit eingebunden	
➢ Eigene Gedanken werden ohne Einfluss anderer gesammelt	
➢ Auch sehr große Gruppen möglich	

Tipps und Tricks

➢ Die Methode ist sehr gut mit einem anschließenden Brainstorming zu kombinieren
➢ Ein Verstecken hinter der Masse ist nicht möglich, wenn eine »Abgabe« der Ergebnisse in Aussicht steht
➢ Eine gemeinsame Zusammenfassung der Ergebnisse unterstützt den Kreativitätsprozess

7.4.3 6-3-5 Methode/Methode 635

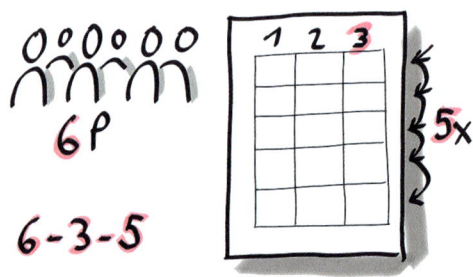

Bild 94: *Methode 635*

Sechs Teilnehmende schreiben jeweils drei Ideen auf ein Blatt und geben dieses fünf Mal weiter. Klingt etwas kompliziert – ist es beim ersten Mal auch. Danach ist es eine effiziente und vor allem sehr klar strukturierte Variante bei der sich die Ideen ebenso wie beim Brainstorming multiplizieren. Idealerweise können so bis zu 108 neue Ideen zustande kommen.

Tabelle 41: *6-3-5 Methode/Methode 635*

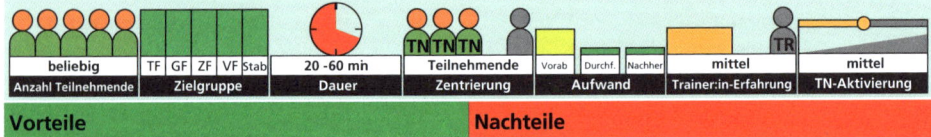

Anzahl Teilnehmende	Zielgruppe	Dauer	Zentrierung	Aufwand	Trainer:in-Erfahrung	TN-Aktivierung
beliebig	TF GF ZF VF Stab	20-60 min	Teilnehmende	Vorab Durchf. Nachher	mittel	mittel

Vorteile	Nachteile
➢ Nur Stift und Papier notwendig ➢ Viele Teilnehmende können eingebunden werden ➢ Sehr viele Ideen sind möglich ➢ Effiziente und strukturierte Methode, bei mehrfacher Durchführung	➢ Kompliziert ➢ Umfangreich zu erklären ➢ Zeitaufwendig ➢ Sehr wenige Ideen sind möglich ➢ Ein Vielfaches von 6 Teilnehmenden ist fast zwingend erforderlich

Tipps und Tricks

➢ Hinweis, dass bereits verwendete Ideen nicht wiederholt werden dürfen
➢ Rückführung der Blätter wieder zu den ersten Teilnehmenden als Rückschluss
➢ Diese Methode muss zwingend vorher erklärt oder besser, kurz vorgemacht werden
➢ Je mehr Übung die Teilnehmenden haben, desto effektiver die Ideenfindung

7.4 Ideenfindung

7.4.4 Mindmap/Denklandkarte

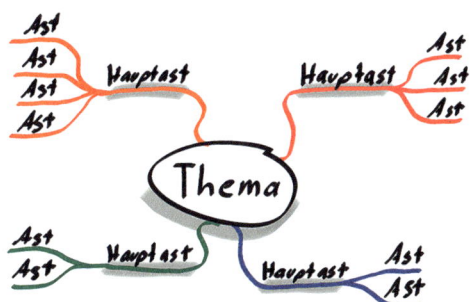

Bild 95: **Methode Mindmap**

Grafisch sehr ansprechende Darstellung von einzelnen Schlagwörtern oder kurzen Aussagen bei dem sich aus einem Ankerpunkt in der Mitte die Ideen wie Äste heraus weiterentwickeln. Die Struktur zwingt einen Aufbau vom Groben ins Feine förmlich auf. Die Hauptäste können danach meist als Überbegriffe verwendet werden.

Tabelle 42: *Mindmap/Denklandkarte*

Vorteile	Nachteile
➢ Einfach und schnell	➢ Kann auch mal länger dauern
➢ Nur Stift und Papier notwendig	➢ Flipchart oder Whiteboard bei größerer Gruppe benötigt
➢ Kann auch allein durchgeführt werden	➢ Moderation und gleichzeitiges dokumentieren ist schwierig
➢ Leicht zu ergänzen und zu erweitern	➢ Kann auch sehr unübersichtlich werden
➢ Kann mit sehr vielen anderen zusammen durchgeführt werden	
➢ Viele können eingebunden werden	

Tipps und Tricks

➢ Ein oder mehrere Ankerpunkte zum Beginn sind möglich – am besten in der Mitte
➢ »Querformat« sieht strukturierter und ordentlicher aus
➢ Aufbau immer vom Groben ins Feine
➢ Kann sehr gut mit einem vorhergehenden Brainstorming kombiniert werden
➢ Bei der Nutzung zusammen mit Brainstorming empfiehlt es sich, die Hauptthemenfelder vorzugeben und eine eigene Musterlösung als Gedankenstütze zu haben
➢ Nutze Farben als Kodierung oder Gruppierung
➢ Nutze Bilder, Symbole und Infografiken zur Veranschaulichung

7.4.5 Negativ-Suche/Kopfstand

Bild 96: *Methode Negativ-Suche*

Gerade bei schwierigen Fragestellungen oder Problemen kann die Negativ-Suche eine sehr effiziente Methode sein, um wieder frischen Wind in den Denkprozess zu bekommen. Dabei wird die Problemstellung um 180 Grad ins Negative gedreht und daraus die entsprechenden Antworten entwickelt. Die dazu passenden Lösungen werden dann wieder zurückgedreht und auf die ursprüngliche Fragestellung angewendet. Diese Methode kann sehr gut allein oder auch in der Gruppe durchgeführt und mit einem Brainstorming kombiniert werden.

Tabelle 43: *Negativ-Suche/Kopfstand*

Anzahl Teilnehmende	Zielgruppe	Dauer	Zentrierung	Aufwand	Trainer:in-Erfahrung	TN-Aktivierung
beliebig	TF GF ZF VF Stab	5 - 20 min	Teilnehmende	Vorab Durchf. Nachher	niedrig	hoch

Vorteile

➢ Löst Denkblockaden und bietet einen komplett anderen Blick auf die Dinge
➢ Kann auch allein sehr gut genutzt werden
➢ Viele Teilnehmende können eingebunden werden
➢ Sehr schnell erklärt

Nachteile

➢ Ein bisschen Vorstellungskraft ist notwendig
➢ Es können auch unsinnige und nicht passende (negative) Lösungen gefunden werden

Tipps und Tricks

➢ Ein kurzes Beispiel verdeutlicht die Methode sehr gut
➢ Zwischenergebnisse (negative Lösungen) sollten zusätzlich schriftlich fixiert werden
➢ Kombination mit Brainstorming oder anderer Methode zur Ergebnissicherung ist zielführend

7.4 Ideenfindung

7.4.6 ABC-Suche/ABC-Liste (Buchstabenassoziieren)

Auch bei dieser Methode handelt es sich um eine Art Brainstorming oder Brainwriting mit leicht veränderten Rahmenbedingungen. Eine Liste mit allen Buchstaben des Alphabets weckt zusätzliche Assoziationen bei der Suche nach Ideen zum Thema. Je länger diese Tabelle geführt wird, desto bessere und kreativere Ergebnisse werden erzielt.

Tabelle 44: *ABC-Suche/-Liste*

Anzahl Teilnehmende	Zielgruppe	Dauer	Zentrierung	Aufwand	Trainer:in-Erfahrung	TN-Aktivierung
beliebig	TF GF ZF VF Stab	5 - 20 min	Teilnehmende	Vorab / Durchf. / Nachher	niedrig	sehr hoch

Vorteile	Nachteile
➢ Einfach ➢ Nur Stift und Papier notwendig ➢ Kann allein durchgeführt werden ➢ Viele Teilnehmende können eingebunden werden	➢ Für wahre Kreativität sehr zeitaufwendig ➢ Einfachste Lösungen werden schneller gefunden, Schwierigere werden ausgeblendet oder erst nach viel Zeit gefunden

Tipps und Tricks

➢ Kleine »Schummeleien« bei Wortfindungsstörungen sind erlaubt und hilfreich
➢ Lücken sind nicht schlimm!
➢ Mehrfachnennungen bei einem Buchstaben unterstützen die Kreativität
➢ Eine (neue) Sammlung zum gleichen Thema jeden Tag (und 14 Tage hintereinander) erzielt erstaunliche Assoziationsergebnisse
➢ Es muss nicht jedes Mal der Anfangsbuchstabe sein (ähnlich Kreuzworträtsel)

7 Methodensammlung

7.4.7 Erzählmethode

Bild 97: *Methode Erzählmethode*

Diese Methode ist bestens geeignet um Schreib- und Denkblockanden, vor allem bei Buchautoren, zu lösen. Dabei schreibt man über zwei sich treffende Menschen, die sich gegenseitig zum Thema ausfragen. So werden zwei wunderbare Kreativwerkzeuge miteinander vereint. Zum einen das Offensichtliche, dass man sich nur indirekt mit der Thematik beschäftigt und durch provokante Fragen immer weiter in die Tiefe gerissen wird. Zusätzlich nutzt man hier die Möglichkeit des »Freewritings«, das im Prinzip dafür steht, dass man einfach irgendwas vor sich hinschreiben soll und die Gedanken dann beim Schreiben so nebenbei dazukommen. Somit ist die Methode auch sehr gut geeignet, um Ideen in der Aus-, Fort- und Weiterbildung zu finden.

Tabelle 45: *Erzählmethode*

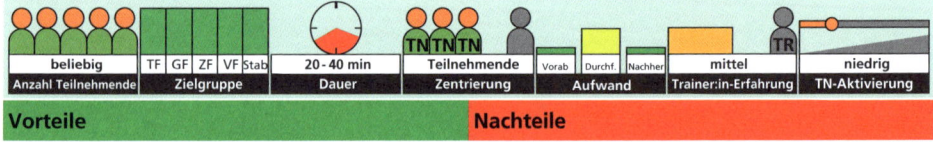

Anzahl Teilnehmende	Zielgruppe	Dauer	Zentrierung	Aufwand	Trainer:in-Erfahrung	TN-Aktivierung
beliebig	TF GF ZF VF Stab	20 - 40 min	Teilnehmende	Vorab Durchf. Nachher	mittel	niedrig

Vorteile	Nachteile
➢ Nur Stift und Papier notwendig	➢ Fühlt sich bei den ersten Malen komisch an
➢ Kann allein durchgeführt werden	➢ Erfordert Übung
➢ Kann als eine Art Interview mit zwei Teilnehmenden durchgeführt werden	➢ Hat in einer großen Gruppe nur einen »Zuschauereffekt«
➢ Kombiniert zwei Kreativtechniken	➢ Richtige Kreativität benötigt Zeit

Tabelle 45: *Erzählmethode – Fortsetzung*

Tipps und Tricks
- Ein Beispiel vorab zum besseren Verständnis ist notwendig
- Bilde bei großen Gruppen viele Zweier-Gruppen und lass dann die Erkenntnisse vorstellen
- Kann hervorragend zur eigenen Schulungsvorbereitung genutzt werden

7.5 Inhaltsvermittlung

Nach dem gegenseitigen Kennenlernen sind wir jetzt endlich bei den Methoden angelangt, die die Kernkompetenz von Aus-, Fort- und Weiterbildungen ausmachen – die Vermittlung von Inhalten. Dabei darfst du jetzt nicht allzu viel Neues erwarten – denn das sind eben die klassischen Methoden, die bereits gekannt und genutzt werden. Denn die überraschenden und kooperativen Methoden passen nur schwer in die Kategorie der Inhaltsvermittlung. Sie sind eher in den offenen Methoden oder Gruppenarbeiten zu finden. Trotzdem möchte ich diese hier nochmal aufführen und vor allem noch mit meiner Legende und mit ein paar Tipps versehen. Damit lassen sich schnell Vor- und Nachteile erkennen und die vermeintlich immer gleichen Methoden können mit den Empfehlungen noch etwas spannender werden.

7.5.1 Lehrvortrag, Vortrag, Erzählung

Bild 98: *Methode Vortrag*

Wenn alle schweigen und einer spricht nennt man das: Unterricht! Die ursprünglichste und bekannteste Methode, um Lehrinhalte zu vermitteln, ist der Vortrag oder die Erzählung. Fachinhalte werden unidirektional (in eine Richtung) vermittelt. Es gibt vier verschiedene Aufbaustile eines Vortrags oder einer Erzählung. Induktiv ist, wenn man anhand von vielen Beispielen oder Ansätzen eine Theorie erklärt. Deduktiv beschreibt die Überprüfung einer Theorie anhand von Fallbeispielen. Problemhaft

7 Methodensammlung

sucht vorab alle möglichen auftretenden Probleme zusammen und versucht hierfür Lösungen zu finden. Exemplarisch ist, wenn man ein anschauliches Beispiel in seine Einzelheiten zerlegt und anhand dieser die geltenden Prinzipien erklärt.

Tabelle 46: *Lehrvortrag*

Anzahl Teilnehmende	Zielgruppe	Dauer	Zentrierung	Aufwand	Trainer:in-Erfahrung	TN-Aktivierung
beliebig	TF GF ZF VF Stab	beliebig	Trainer:innen	Vorab Durchf. Nachher	hoch	sehr niedrig

Vorteile	Nachteile
➢ Keine Hilfsmittel notwendig	➢ Kann sehr eintönig werden
➢ Einfache Zeitplanung	➢ Keinerlei Interaktion mit den Lernenden
➢ Beliebige Teilnehmendenanzahl	➢ Anstrengend für den Vortragenden
➢ Keine Störungen oder Unterbrechungen	➢ Noch anstrengender für die Zuhörenden
➢ Unabhängig von den Rahmenbedingungen	

Tipps und Tricks

➢ Sprich möglichst frei
➢ Nutze nonverbale Rückmeldungen als Feedback
➢ Ergänze einen reinen Vortrag immer mit vielen Visualisierungen zur Verdeutlichung
➢ Nutze viel Variation in der Sprache, Mimik und vor allem Gestik, setze dies bewusst ein
➢ Nutze viele Beispiele als Abwechslung und nutze bildhafte Sprache
➢ Zeige viele Bilder und Videos zur Auflockerung (auch schon wieder kein reiner Vortrag)
➢ Halte Blickkontakt zu allen Teilnehmenden
➢ Spreche möglichst frei und offen
➢ Reduziere die Inhalte auf das absolut Wesentliche, sonst langweilt man sich schneller
➢ Nutze Medien nur zur Veranschaulichung, niemals als Zeitfüller
➢ Visualisierte Texte niemals vorlesen
➢ Wechsle gelegentlich den Standort
➢ Halte unbedingt die geplante Redezeit ein

7.5 Inhaltsvermittlung

7.5.2 Impulsvortrag/Keynote/Pecha Kucha

Bild 99: *Methode Impulsvortrag*

Der Impulsvortrag ist eine besondere Variante des Vortrags, die hier nochmal explizit erwähnt und aufgeführt wird. Das oberste Ziel liegt in der Motivation der Teilnehmenden und greift dabei auf emotionaler Ebene ein Thema auf. Er soll die Lernenden für ein Thema begeistern, mitreißen und die wichtigsten Inhalte des Lernstoffs als kurzen Überblick anbieten. Zusätzlich bietet er noch einen Ausblick in die Zukunft an, so dass man richtig Lust auf den noch kommenden Lernstoff bekommt.

Tabelle 47: *Impulsvortrag*

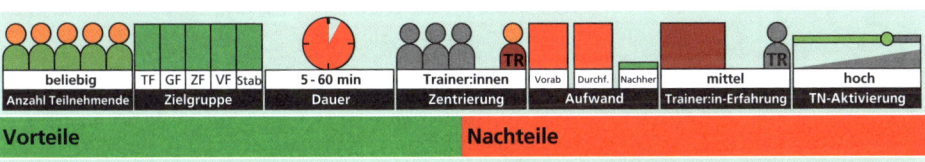

Vorteile	Nachteile
➢ Auch ohne Hilfsmittel möglich	➢ Meist nur oberflächlich
➢ Mitreißend	➢ Grundwissen muss vorhanden sein
➢ Schneller Überblick über ein schwieriges Themenfeld	➢ Darf nicht zu lange dauern

Tipps und Tricks

➢ Meist als Einstieg in ein neues Thema, eine neue Zeitenwende, o. ä. geeignet
➢ Der gesamte Inhalt muss in 10 min rübergebracht werden können
➢ Die Motivation muss sofort schon zu Beginn rüberkommen
➢ ScienceSlams sind eine hervorragende Quelle zur Methodik
➢ Überlege dir einen USP für deinen Vortrag (ein Alleinstellungsmerkmal)
➢ Prinzip ist wie ein Elevator Pitch für einen Themeninhalt

7.5.3 Unterrichtsgespräch/Lehrgespräch/Moderation

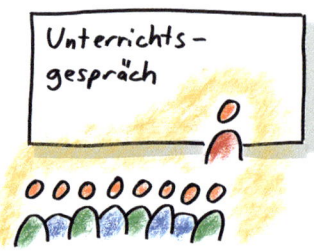

Bild 100: *Methode Unterrichtsgespräch*

Das Unterrichtsgespräch ist darauf ausgelegt die Meinungen, Kenntnisse und Erfahrungen der Teilnehmenden zu ergründen, zu nutzen und weiter zu vertiefen. Sie ist eine sehr effektive Methode, bei bereits (teilweise) vorhandenem Fachwissen, dieses aufzugreifen und daraus den Unterricht und die Lerninhalte an die Bedürfnisse anzupassen.

Tabelle 48: *Unterrichts-/Lehrgespräch*

Anzahl Teilnehmende	Zielgruppe	Dauer	Zentrierung	Aufwand	Trainer:in-Erfahrung	TN-Aktivierung
1 – 50 TN	TF GF ZF VF Stab	beliebig	Beidseitige	Vorab Durchf. Nachher	mittel	hoch

Vorteile	Nachteile
➢ Auch ohne Hilfsmittel möglich ➢ Standardform eines modernen Unterrichts ➢ Teilnehmende werden durch regelmäßige Fragestellungen mit eingebunden und zum Denken angeregt sowie aktiviert ➢ Unterschiedliche Meinungen werden aufgenommen und genutzt	➢ Großer Sprechanteil beim Lehrenden ➢ Stärkere setzen sich mehr durch ➢ Planung des Verlaufs nicht immer möglich ➢ Zeitverlauf kann variieren ➢ Erfordert Erfahrung der Lehrenden

Tipps und Tricks
➢ Entwickle den Inhalt fragend oder darstellend ➢ Bei einer Moderation werden die von der Gruppe entwickelten Ideen nur visualisiert ➢ Halte den eigenen Redeanteil möglichst gering und sorge für eine hohe Beteiligung ➢ Halte Leitfragen schriftlich fest ➢ Ausreichend Zeit zum Nachdenken geben ➢ Stelle möglichst offene Fragen ➢ Animiere zu mehreren Sätzen als Antworten und frage nach Beispielen ➢ Fehlerkorrekturen sollten sensibel und nicht im Denkvorgang erfolgen

7.5 Inhaltsvermittlung

Tabelle 48: *Unterrichts-/Lehrgespräch – Fortsetzung*

> Halte Blickkontakt und behalte trotzdem Überblick über die gesamte Lerngruppe
> Situatives Feedback, Zusammenfassen, Visualisieren und Nachfragen als Übergang zwischen den Fragen

7.5.4 Debatte/Podiumsdiskussion

Bild 101: *Methode Debatte*

Meist in Verwendung bei hoch offiziellen Anlässen mit gegensätzlichen oder stark unterschiedlichen Meinungen. Folgt einem gewissen Ablauf und wird fast immer aufwendig moderiert. In der Politik oder in Talkshows gern angewendete Variante einer lebhaften Diskussion oder eines Streitgesprächs, dort etwas zu über-, in Schulungen eher zu unterrepräsentiert. Auch hier ist die Kombination aus Vorbereitung und Durchführung die eigentliche Methode der Inhaltsvermittlung für die Teilnehmenden.

Tabelle 49: *Debatte/Podiumsdiskussion*

Vorteile	Nachteile
> Ein reger Austausch mit unterschiedlichen Meinungen wird gefördert	> Vorbereitungszeit ist notwendig
> Freie Rede und Selbstvertrauen wird gefördert	> Stärkere setzen sich mehr durch
> Unterstützt die Ausgestaltung der Disziplin	> Meist ein sehr starrer Ablauf oder ein festes Protokoll
> Genaue Ausdrucksweisen und gutes Zuhören werden gefördert	> Erfordert viel Disziplin der Lehrenden
> Politikverständnis entsteht nebenbei	> Viel Moderationserfahrung ist notwendig

Tabelle 49: *Debatte/Podiumsdiskussion – Fortsetzung*

Tipps und Tricks

- Die Anmoderation eröffnet die Veranstaltung, begrüßt Gäste, stellt Honoratioren vor und leitet in das Thema ein
- Eingangsstatements zu den Meinungen der Vortragenden werden gesammelt und kurz vorgestellt
- In der Diskussion werden Meinungen und Inhalte ausgetauscht.
- Gesprächsregeln sollen eingehalten werden
- Redezeit soll ausgeglichen sein und kann genau befristet werden
- Reihenfolge sollte gewahrt bleiben
- Einbindung von Rückfragen in den Themenblock
- Schlussstatements mit Begründungen werden gesammelt und zusammengetragen
- Freie Aussprache als offene Diskussionsrunde
- Zusammenfassung der wichtigsten Positionen am Ende
- Dank an alle Beteiligten und Verabschiedung zum Abschluss

7.5.5 Interview

Ein Interview kann zwischen zwei Personen, einer kleinen Handvoll Personen oder mit der ganzen Gruppe geführt werden. Bei wenigen Personen hat dies einen Vorzeigecharakter und bietet eine gute Abwechslung zum Unterrichtsgespräch. Bei einer Befragung von allen Teilnehmenden (zufällig oder in Reihe) kann die Aufmerksamkeit innerhalb kürzester Zeit sehr stark erhöht werden. Meinungen zum Thema werden i. d. R. besser beantwortet als Fachfragen.

Tabelle 50: *Interview*

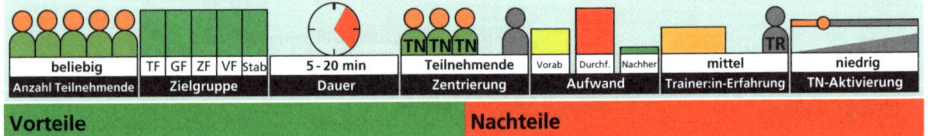

Anzahl Teilnehmende	Zielgruppe	Dauer	Zentrierung	Aufwand	Trainer:in-Erfahrung	TN-Aktivierung
beliebig	TF GF ZF VF Stab	5 - 20 min	Teilnehmende	Vorab Durchf. Nachher	mittel	niedrig

Vorteile	Nachteile
- Fragen, Themen und Inhalte lassen sich einfach steuern	- Fragen müssen gut vorbereitet sein
- Keine Materialien benötigt	- Kann schnell zu einem Verhör werden
- Je nach Variante können wenige oder viele Teilnehmende eingebunden werden	- Kann das Gefühl des Bloßstellens erzeugen
	- Nur als kurze Zwischenmethode geeignet

7.5 Inhaltsvermittlung

Tabelle 50: *Interview – Fortsetzung*

Tipps und Tricks
- Am besten das Thema, ein paar Beispielfragen und Zeit zur Vorbereitung den zu Interviewenden geben
- Geschlossene Fragen müssen vermieden werden
- Bei einer nicht zu beantwortenden Frage, maximal eine Nachfrage stellen, dann zum nächsten Thema oder andere Person suchen
- Auf ausgeglichenen Redeanteil achten
- Frage bei einem Stocken nach Zielen, Empfindungen und Wünschen

7.5.6 PC mit Beamer/Präsentationssoftware

Bild 102: *Methode Präsentation mit Beamer*

Inzwischen als der Klassiker im Unterrichtsumfeld bekannt, auch wenn es sich genaugenommen nicht um eine klassische Methode, sondern nur um eine unterstützende Visualisierung zu einer Vermittlungsmethode handelt. Aufgrund der Verbreitung, der häufigen Nutzung und der Abhängigkeit vom Medium betrachte ich sie persönlich als eigenständig und stelle sie als solche auch vor. Bei der Nutzung der Software gibt es inzwischen zwei grobe Unterscheidungsmöglichkeiten:

Präsentationssoftware (PowerPoint/Impress/Keynote)
Hier wird der Inhalt Folie um Folie mit Text, Bildern, Grafiken, Videos und Animationen aufbereitet und nacheinander dargestellt.

7 Methodensammlung

Präsentationssoftware (Prezi/PowerPoint ab 2019)

Bei dieser neueren und peppigeren Art hat man meist ein großes Bild, das zum Thema passt, in das Folie für Folie hineingezoomt wird. Zwischen den Folien wird immer über das Anfangsbild gezoomt und ggf. auch gedreht, so dass immer das große Bild, also das »Big Picture«, im Hintergrund schwebt. Wie mit so vielen Animationen, neuen Effekten und Innovationen ist der Wow-Effekt am Anfang unglaublich, verliert sich leider sehr schnell und ruft bei mehr als drei Präsentationen hintereinander in dem Stil Schwindelgefühle hervor.

Tabelle 51: *Präsentationssoftware*

Anzahl Teilnehmende	Zielgruppe	Dauer	Zentrierung	Aufwand	Trainer:in-Erfahrung	TN-Aktivierung
beliebig	TF GF ZF VF Stab	beliebig	Trainer:innen	Vorab Durchf. Nachher	mittel	niedrig

Vorteile
- Etabliert, bekannt und guter Standard
- Beliebig verwendbar und wiederholbar
- Bilder, Videos, Animationen
- Lange und große Inhalte können gut strukturiert vermittelt werden
- Einfache Herausgabe der Folien

Nachteile
- Halt nur so irgendwie Standard
- Technik muss funktionieren, Ausfälle können nicht oder nur schwer kompensiert werden
- Kompatibilitäten zwischen Programmen sind nicht immer gegeben
- Seitenverhältnisse nicht immer gleich und erzeugen schwarze Balken oder Ränder
- Furchtbar, wenn nicht richtig gemacht

Tipps und Tricks
- Eine Nachricht/Botschaft pro Folie
- Bilder (besser nur ein Bild pro Folie) zur Unterstützung
- Keine vollständigen Sätze auf die Folien
- Niemals Sätze vorlesen
- Je größer die Schrift, desto besser (mindestes Größe 32!)
- Kontraste zur Verdeutlichung nutzen
- Maximal sechs Objekte pro Folie
- Dunkler Hintergrund nur um den Fokus auf den Lehrenden zu lenken
- Fokussiert wird auf Bewegung, Signalfarben, Kontraste und Größe (nur als Akzent nutzen)

7.5 Inhaltsvermittlung

7.5.7 Flipchart/Digitales Flipchart

Bild 103: *Spezielle für die Flipchartwelt geeignete Methoden*

Ursprünglich nur als darstellende Unterstützung vorgesehen, hat sich das Flipchart und die daraus resultierenden Möglichkeiten inzwischen schon zu einer eigenen Vermittlungsmethode entwickelt. Dies liegt an der aktivierenden Art und dem Miterleben der Entwicklung und Gestaltung während der Inhaltsvermittlung. Diese erzeugt zusammen mit der persönlichen und vor allem nicht digitalen Note eine Begeisterung, Spannung und Neugier, die stark lernfördernd ist. Hier nutzt man inzwischen bewusst die »Handarbeit« als Abwechslung zu allen digitalen Formaten.

7 Methodensammlung

Tabelle 52: *Flipchart*

Anzahl Teilnehmende	Zielgruppe	Dauer	Zentrierung	Aufwand	Trainer:in-Erfahrung	TN-Aktivierung
1 – 40 TN	TF GF ZF VF Stab	beliebig	Trainer:innen	Vorab / Durchf. / Nachher	hoch	hoch

Vorteile	Nachteile
➢ Nahezu ausfallsicher ➢ Gut vorbereitbar ➢ Persönliche Note durch Schrift und Zeichnungen (Sketchnotes) ➢ Ideal als Ergänzung oder Abwechslung zu digitalen Methoden ➢ Fotoprotokoll im Anschluss möglich ➢ Wiederverwendbar ➢ Gestaltung direkt im Vortrag möglich ➢ Alternative Aufhängungsmöglichkeiten ➢ Gerade (2010 – 2024) hip und modern	➢ Fläche begrenzt ➢ Richtige Stifte, Wachsmalblöcke und Können erforderlich ➢ Rissgefahr beim Umblättern ➢ Schwierige Aufbewahrung ➢ Korrekturen sind etwas aufwendiger ➢ Schnittgefahr an Kanten ➢ Flipchart-Ständer für ideale Nutzung erforderlich ➢ Gerade hip und modern (temporär?)

Tipps und Tricks

➢ Jedes Blatt hat eine Überschrift, einen Rahmen und mind. ein Symbolbild als Anker
➢ Großbuchstaben nur bei Überschriften (nicht zu viele Überschriften)
➢ Groß- und Kleinbuchstaben für bessere Lesbarkeit nutzen
➢ Keine Sätze – nur einzelne Stichworte
➢ Maximal drei Farben (besser nur zwei)
➢ Container heben wichtige Punkte hervor
➢ Schatten mit grau oder bunten Farben zur Verdeutlichung nutzen (dicke Stifte)
➢ Farben zum Hervorheben nutzen (Wachsmalblöcke, farbige Schatten)
➢ Kleine Sketchnotes (skizzierte Bilder) unterstützen den Inhalt
➢ Zeichnungen ungefähr faustgroß
➢ Vorderseite weiß, Rückseite kariert > Karos nach hinten – diese scheinen durch
➢ Höhe des Flipcharts idealerweise bei Blattmitte auf Schulterhöhe
➢ Hinknien oder Hinsetzen bei Nutzung im unteren Drittel (Bücken wirkt unprofessionell)
➢ Notizen mit Bleistift direkt auf das Flipchart-Papier (als unsichtbare Vorlage)
➢ Beim Abtrennen des Blatts mit einer Pinnnadel vorritzen
➢ Fehler mit Ausschnitten aus dem gleichen Papier überkleben und überschreiben
➢ Bei häufigen Änderungen (z. B. Termine), durchsichtige Klebefolie verwenden
➢ Vorzeichnen schwieriger Elemente mit Bleistift, Nachzeichnen während der Präsentation
➢ Haftzettel mit Notizen auf die Rückseite des Ständers
➢ Zum schnellen Auffinden bei vielen Blättern, Ecken (wie Eselsohren) einklappen und farblich kennzeichnen
➢ Aufbewahrung auf Hosenkleiderbügeln
➢ Aufbewahrung gerollt, hochkant in Schachteln (Klopapierrollen aneinanderkleben)

7.5 Inhaltsvermittlung

Tabelle 52: *Flipchart – Fortsetzung*

> Für schnelles Wiederfinden, Foto des Flipchart machen > Ausdrucken auf DIN A5 > um gerolltes Flipchart wickeln und mit durchsichtigen Klebestreifen fixieren

7.5.8 Moderationskarten und Pinnwand

Bild 104: *Methode Pinnwand*

Kann sowohl zur Darstellung und Entwicklung analog dem Flipchart verwendet werden. Sie bietet sich aber auch als Sammlung und Strukturierung der (erarbeiteten) Ideen der Teilnehmenden an. Gerade die Kombination aus Überschriften, Zeichnungen, bunten Moderationskarten und Beziehungspfeilen sieht sehr spektakulär aus und lässt sich sehr schön entwickeln.

Tabelle 53: *Moderationskarten/Pinnwand*

Vorteile	Nachteile
➤ Ausfallsicher	➤ Aufbewahrung nur als Foto-Dokumentation
➤ Gut vorbereitbar	➤ Begrenzt wiederverwendbar
➤ Persönliche Note durch Schrift und Zeichnungen (Sketchnotes)	➤ Schönes Schriftbild erforderlich
➤ Große Gestaltungsfläche	➤ Pinnwand erforderlich
➤ Ideal als Ergänzung oder Abwechslung zu digitalen Methoden	
➤ Fotoprotokoll im Anschluss möglich	
➤ Wiederverwendbar	
➤ Gestaltung direkt im Vortrag möglich	

7 Methodensammlung

Tabelle 53: *Moderationskarten/Pinnwand – Fortsetzung*

Tipps und Tricks

- Ideal ein Wort pro Karte (maximal zwei Wörter)
- Kontrolliere vorher die Spitzen der Pins (jede 20. ist stumpf …)
- Suche dir einen Pinnpartner für flüssigeres Vortragen
- Es gibt spezielle wiederlösbare Moderationskarten-Klebestifte
- Kreppband für umklebbare Karten
- Symbolbild anstatt einem Wort gut möglich
- Großbuchstaben nur bei Überschriften verwenden
- Groß- und Kleinbuchstaben für bessere Lesbarkeit nutzen
- Ideal zwei Farben (maximal drei)
- Farben der Karten bewusst nutzen (Achtung bei rot)
- Kleine Sketchnotes (skizzierte Bilder) unterstützen den Inhalt
- Rückseite können gut als Moderationskarten verwendet werden
- Verdeckt pinnen und dann beim Umdrehen entwickeln
- Nutze farbige Klebepunkte zusammen mit den Teilnehmenden zur Schwerpunktsetzung

7.5.9 Metaplanwand

Bild 105: *Methode Metaplanwand*

Meist wie ein großes Flipchart im Querformat auf einem hässlichen braunen Papier. So etwa könnten Gegner der Metaplanwand diese beschreiben. Sie bietet aber die Möglichkeit (natürlich auch auf einem weißen Papier) die Vorteile von Flipchart und Moderationskarten zu kombinieren und parallel zu nutzen. So kann geschrieben, gezeichnet, farbig gepinnt, alles in Relation gesetzt und auch teilweise wieder verändert werden. In der Werbeindustrie wird so etwas als Mood-Board bezeichnet.

7.5 Inhaltsvermittlung

Tabelle 54: *Metaplanwand*

Vorteile	Nachteile
➢ Nahezu ausfallsicher	➢ Fläche begrenzt
➢ Gut vorbereitbar	➢ Nur sehr begrenzt wiederverwendbar
➢ Persönliche Note durch Schrift und Zeichnungen (Sketchnotes)	➢ Richtige Stifte, Wachsmalblöcke und Können erforderlich
➢ Ideal als Ergänzung oder Abwechslung zu digitalen Methoden	➢ Pinnwand erforderlich
➢ Leichte Aufbewahrung	➢ Blätter sind relativ schwer zu bekommen
➢ Fotoprotokoll im Anschluss möglich	
➢ Gestaltung direkt im Vortrag möglich	

Tipps und Tricks

➢ Container für geplante Moderationskarten können gut vorbereitet werden
➢ Kombination aus Überschriften und Zeichnung auf Metaplan und Inhalt auf Moderationskarten ist sehr anschaulich
➢ Großbuchstaben nur bei Überschriften verwenden
➢ Groß- und Kleinbuchstaben für bessere Lesbarkeit nutzen
➢ Ideal nur zwei Farben (maximal drei)
➢ Nutze die Farben der Karten bewusst
➢ Kleine Sketchnotes (skizzierte Bilder) unterstützen den Inhalt
➢ Rückseite gut als Moderationskarten nutzbar
➢ Verdeckt pinnen und dann beim Umdrehen entwickeln

7.5.10 Whiteboard

Bild 106:   *Methode Whiteboard*

Eine weiße wiederbeschreibbare Fläche, die meistens magnetisch ist und nicht mit Pins zu nutzen ist. Hat inzwischen die berühmten grünen Schiefertafeln in den Klassenräumen abgelöst und ist somit fast schon überall eine Standardausstattung. Ansonsten wie eine Metaplanwand zu nutzen, nur Magneten statt Pins und in vielen unterschiedlichen Größen.

Tabelle 55: *Whiteboard*

Vorteile	Nachteile
➢ Ausfallsicher ➢ Persönliche Note durch Schrift und Zeichnungen (Sketchnotes) ➢ Große Gestaltungsfläche ➢ Ideal als Ergänzung oder Abwechslung zu digitalen Methoden ➢ Gestaltung direkt im Vortrag möglich ➢ Gute Darstellung von Farben ➢ Fotoprotokoll im Anschluss möglich	➢ Vorbereitung schwierig ➢ Aufbewahrung unmöglich ➢ Nicht wiederverwendbar ➢ Schönes Schriftbild erforderlich ➢ Whiteboard erforderlich ➢ (richtige) Stifte erforderlich ➢ Entwicklung komplexer Bilder langwierig
Tipps und Tricks	
➢ Kontrolliere die Stifte mindestens dreimal ➢ Alkohol entfernt die meisten permanenten Stifte ➢ Weiches fusselfreies Papier (oder die vom Hersteller) am besten zur Entfernung ➢ Entsorge leere Stifte sofort ➢ Nutze Kreppband für umklebbare Moderationskarten ➢ Teste vorher die Stärke der Magneten ➢ Großbuchstaben nur bei Überschriften verwenden	

7.5 Inhaltsvermittlung

Tabelle 55: *Whiteboard – Fortsetzung*

- Groß- und Kleinbuchstaben für bessere Lesbarkeit nutzen
- Ideal nur zwei Farben (maximal drei)
- Kleine Sketchnotes (skizzierte Bilder) unterstützen den Inhalt

7.5.11 Smartboard/Digitales Schwarzes Brett/Interaktives Whiteboard

Bild 107: *Methode Smartboard*

Vom Prinzip her ein Whiteboard, das entweder mittels eines Nahdistanzbeamers und einer Berührungserkennung (Smartboard) oder eines Touchbildschirms (DSB) noch zusätzlich digitale Inhalte anzeigen kann. Bei ersterem ist die Oberfläche magnetisch und ist auch ausgeschaltet sehr gut verwendbar. Bei letzterem wird der Bildschirm immer benötigt, dafür ist die Touch-Bedienung meist besser und intuitiver. Bei beiden werden in der Regel Spezialstifte bereitgehalten, die das Whiteboard digital beschriften.

Tabelle 56: *Smartboard*

Vorteile	Nachteile
- Teilweise ausfallsicher (je nach Variante) - Persönliche Note durch Schrift und Zeichnungen (Sketchnotes) - Große Gestaltungsfläche - Ideal als Ergänzung zu rein digitalen Methoden	- Kann (teilweise) ausfallen - Methodenvielfalt kann überfordern - Kombinationsmöglichkeiten müssen erlernt werden - Aufbewahrung unmöglich - Nicht wiederverwendbar - Schönes Schriftbild erforderlich

7 Methodensammlung

Tabelle 56: *Smartboard – Fortsetzung*

➢ Kombination aus digitaler und analoger Vermittlung bringt echten Mehrwehrt ➢ Gestaltung direkt im Vortrag möglich	➢ (richtige) Stifte erforderlich

Tipps und Tricks

➢ Ideal für Einsatznachbesprechungen mit realen Einsatzbildern oder Satellitenbildern
➢ Kontrolliere die Stifte mindestens fünfmal
➢ Alkohol und Bildschirme vertragen sich nicht – für dich getestet
➢ Pins und Bildschirme vertragen sich nicht – habe ich gehört
➢ Magnete, Klebungen oder Moderationskarten können die Touch-Steuerung beeinflussen
➢ In PowerPoint (oder Alternativen) lassen sich Buttons mit Hyperlinks zu anderen Folien für eine interaktive Steuerung einfügen

7.6 Offene Methoden

Die Grundprinzipien dieser Methoden liegen auf dem selbststrukturierten Lernen, dem selbst entdecken und hauptsächlich in der eigenen Selbstverantwortung. Dies sind die klassischen Methoden in der Erwachsenenbildung, die dem Konstruktivismus entsprechen und auch noch Spaß machen. Aber, wie so oft, ganz die heile Welt ist es leider dann doch nicht immer. Gerade die Selbstverantwortung und die Findungsphasen für selbststrukturiertes Lernen können hier immer wieder Probleme machen. Je mehr Erfahrung die Teilnehmenden bereits mit offenen Methoden haben und je mehr diese in ihrer täglichen Arbeit mit selbstständiger Problemlösung konfrontiert sind, desto besser kann dies funktionieren. So könnte dies z. B. in einer kleinen FF mit vielen Selbstständigen besser funktionieren als mit einer Wachmannschaft, die von ihrer Wachführung wenig Entscheidungsspielräume und Freiheiten bekommt. Trotzdem kann man diese offenen Methoden für ein modernes, selbstbestimmtes Lernen mit viel kreativem Freiraum auf Augenhöhe verwenden.

7.6 Offene Methoden

7.6.1 World Cafe

Bild 108: *Methode World Cafe*

Ein Thema mit ein paar unterschiedlichen Fragestellungen und einige verschieden Themen werden an ebenso vielen Orten im Raum bearbeitet. Nach einer bestimmten Zeit wechselt die ganze Gruppe oder alle bis auf eine Person (als Übergabe) zur nächsten Station und so weiter, bis alle Teilnehmenden an allen Stationen waren. Danach stellt i. d. R. jede letzte Gruppe das gesamte Ergebnis ihrer Station vor.

Tabelle 57: *World Cafe*

Vorteile	Nachteile
➢ Modern und konstruktivistisch ➢ Viele Ideen werden gefunden ➢ Überarbeitungen lassen Fragen zu ➢ Einfache und schnelle Einführung ➢ Kann auch gleichzeitig zur Gruppenfindung und zum Kennenlernen genutzt werden ➢ Sehr lebendige und authentische Erarbeitung	➢ Dokumentationsmöglichkeiten (i. d. R. Flipcharts) müssen vorhanden sein ➢ Platz zur freien Bewegung benötigt ➢ Manche Gruppen neigen zum Ausruhen und müssen etwas mehr beaufsichtigt werden

Tipps und Tricks

➢ Stelle so viele Flipcharts bereit, wie Gruppen vorhanden sind
➢ Hänge die Aufgabenstellungen zusätzlich nochmal an die Flipcharts
➢ Unterschiedliche Farben für jede Gruppe verwenden > der Stift geht mit
➢ Rotiere selbst am besten von Gruppe zu Gruppe, mindestens einmal pro Gruppe zwischen den Wechseln

7 Methodensammlung

Tabelle 57: *World Cafe – Fortsetzung*

> Vorstellung und Zusammenfassung durch die moderierende Lernbegleitung, ergänzt durch Fragen und Beispiele ist eine etwas andere und sehr begeisternde Möglichkeit

7.6.2 OpenSpace

Bild 109: *Methode OpenSpace*

Der offene Raum ermöglicht u. a. auch sehr großen Gruppen eine selbststrukturierte Erarbeitung eines komplizierten Hauptthemas oder mehrerer Themen. Die Struktur lautet Einleitung – Sammlung – Marktplatz – Gruppenarbeit – Teilen – Maßnahmenplanung – Abschluss – Dokumentation. Im Marktplatz werden die zu bearbeitenden Themen in Abhängigkeit zur vorhandenen Zeit verhandelt. Während der Gruppenarbeit können sich alle nach Lust und Laune frei bewegen. Somit gibt es Wissensinseln und Wissensverteiler.

Tabelle 58: *OpenSpace*

Vorteile	Nachteile
➢ Sehr große Gruppen möglich	➢ Erklärung, Einleitung und Moderation notwendig
➢ Modern und konstruktivistisch	➢ Zeitlich sehr aufwendig
➢ Viele Ideen werden gefunden	➢ Struktur muss vorab erläutert werden
➢ Unterschiedlichste Vorbildungen und Ausbildungsstände können gemeinsam arbeiten	➢ Ergebnisse und Gruppendynamik nur schwer steuerbar
➢ Kann auch gleichzeitig zur Gruppenfindung und zum Kennenlernen genutzt werden	

7.6 Offene Methoden

Tabelle 58: *OpenSpace – Fortsetzung*

➢ Sehr lebendige und authentische Erarbeitung	➢ Viele »schwierige« Teilnehmende können die Methode blockieren

Tipps und Tricks

➢ Struktur zu Beginn vorstellen, dann erst das Thema und die Einleitung
➢ Bei der Themeneinführung den Raum schon öffnen
➢ Themen in »dringend«, »weit gefächert«, »schwierig« und »wichtig« strukturieren lassen
➢ Nicht steuernd eingreifen – was passiert, soll so sein
➢ Die Räumlichkeit braucht Platz, Licht, und Luft (ca. 10 m² pro Person)
➢ Mindestens eine unterstützende (nicht moderierende) Person pro 30–40 Teilnehmende
➢ Verwende Namensschilder
➢ Ein offenes Buffet ohne feste Pausenzeiten bietet sich an

7.6.3 Fishbowl/Innen-Außen-Kreis

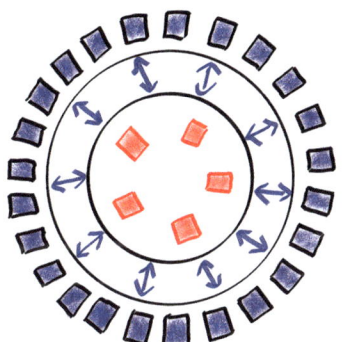

Bild 110: *Methode Fishbowl*

Bei großen Gruppen kann man Diskussionen mittels Fishbowl oder Innen-Außen-Kreis-Methode führen und zum Austausch nutzen. Im inneren Kreis wird ein Thema diskutiert, während alle im äußeren Kreis zuhören und nach bestimmten Regeln in den inneren Kreis wechseln und sich einbringen können. Die Teilnehmenden im inneren Kreis müssen auch nach außen wechseln können.

Tabelle 59: *Fishbowl*

Vorteile	Nachteile
➢ Große Gruppen möglich ➢ Modern und konstruktivistisch ➢ Viele Ideen werden gefunden ➢ Unterschiedlichste Vorbildungen und Ausbildungsstände können gemeinsam arbeiten ➢ Themen werden verdichtet bearbeitet ➢ Ständiger Wechsel bringt unterschiedlichste Ansätze ➢ Diskussion bleibt überschaubar	➢ Mehr Meinungsaustausch als Inhaltsvermittlung ➢ Erklärung, Einleitung und Moderation notwendig ➢ Zeitlich aufwendig ➢ Struktur muss erläutert werden ➢ Ergebnisse und Gruppendynamik nur schwer steuerbar ➢ Viele »schwierige« Teilnehmende können die Veranstaltung blockieren

Tipps und Tricks

➢ Sitzordnung bewusst zu Beginn mit »guten« und »schwachen« Diskutierenden, am besten im Wechsel, besetzen
➢ Visualisierungsmöglichkeiten als Unterstützung anbieten
➢ Mache vorab allen bewusst, dass es nur um Entscheidungsvorschläge und um kein Ergebnis geht
➢ Lässt sich prima mit Graphic Recording (wenn Kompetenz vorhanden) kombinieren

7.7 Methoden speziell für die Feuerwehraus-/-fort- und Weiterbildung

Vielleicht stellst du dir jetzt die Frage: Wie komme ich darauf, dass es spezielle Methoden gibt, die für die Feuerwehr besonders geeignet sind? Jetzt könnte ich mit jahrzehntelanger Erfahrung (oje, das stimmt sogar – oje, ich werde alt …) auftrumpfen und eines der vier Totschlagargumente für Politiker in Bayern zitieren (Ist halt so, das war schon immer so, das haben wir noch nie anders gemacht und da könnte ja jeder kommen). Viel schöner ist es aber, wenn ich dir einfach erkläre, wie ich selbst zu meiner Sammlung an Methoden gekommen bin. Ich durfte mal eine Gruppenführerfortbildung mit Taktikanteilen durchführen und hatte als einzige Vorgabe das Planspiel – **Ja ich war noch im ersten Jahr und die Zielsetzung war etwas weniger ideal**. Daraus habe ich mir, die für mich neue Methode, die Planübung (▶ Kapitel 7.8.4) ausgedacht. Nachdem diese ganz gut ankam musste ich

7.7 Methoden speziell für die Feuerwehraus-/-fort- und Weiterbildung

mir im kommenden Jahr wieder etwas überlegen – vgl. ▶ Kapitel 7.8.1. Aus immer mehr vorhandenen Varianten entwickelte sich für mich eine strukturierte Dokumentation und Suche nach weiteren Methoden, die ich in so manchen noch folgenden Fortbildungen immer wieder ausgetestet habe. **Man möge mir hier meinen ersten OpenSpace-Versuch bei einer ZF-Fortbildung verzeihen!** Die funktionierenden Methoden habe ich für mich in eine Tabelle zusammengefasst und nach bestimmten Kriterien bewertet und in der BRANDSchutz/Deutsche Feuerwehr-Zeitung im November 2017 veröffentlicht. Ungefähr entsprechen die dort beschriebenen Kriterien dem, was ich hier bei jeder Methode zu Beginn mit den Infografiken beschreibe. Auch die Tabelle führe ich immer noch und sie wird regelmäßig erweitert – ▶ Anhang 5. **Übrigens – aufgrund dieses Artikels entstanden die Kontakte, Ideen und letztendlich die ersten Schritte für dieses Buch.**

7.7.1 Vormachen, Erklären, Nachmachen, Üben/Demonstrieren und Nachmachen

Diese Methode kann man als die typische »Feuerwehr-Methode« bezeichnen, um neue Ausrüstungsgegenstände, Fahrzeuge oder Gerätschaften vorzustellen oder vor Indienststellung zu beüben. Das sie ja bereits im ▶ Kapitel 3.8.9 unter Lernformen vorgestellt wurde, dürfte klar sein, dass es etwas mehr als eine reine Methode ist. Trotzdem kann man sie als eine wirksame Kombination mehrerer »Einzelmethödchen« bezeichnen und weiterhin im Feuerwehralltag anwenden. Diese Kombination gehört und passt so fest zusammen, dass ich sie hier eben als eine Methode vorstelle.

Tabelle 60: *Vormachen, Erklären, Nachmachen, Üben*

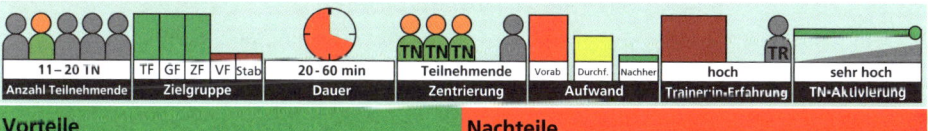

Vorteile	Nachteile
➢ Ganzheitlich	➢ Erfordert etwas Übung, Vorbereitung und Planung für die Durchführung
➢ Von der Theorie zur Praxis	➢ Zeitlich aufwendig bei komplexeren Themen
➢ Vom Groben ins Feine	➢ Muss mit anderen Methoden kombiniert werden
➢ Ideal für standardisierte Tätigkeiten	

Tabelle 60: *Vormachen, Erklären, Nachmachen, Üben – Fortsetzung*

Tipps und Tricks

➢ Packe die Theorie und reinen Inhalte zusammen und vermittle sie gleich zu Beginn
➢ Vormachen und Erklären darf nicht zu lang werden (maximal 25 Prozent zusammen)
➢ Nachmachen sollte am meisten Zeitanteil bekommen
➢ Üben kann auch an die einzelnen Standorte und Wachen ausgelagert werden
➢ Das Erklären sollte typische Fehlerquellen und Problemstellungen enthalten

7.7.2 Ausprobieren und aus Fehlern lernen

Was viele während ihrer Ausbildung schon erlebt haben und gerne auch als »ins kalte Wasser werfen« bezeichnet wird, kann durchaus eine brauchbare Methode sein, um eine ganzheitliche Sicht auf eine neue Aufgabe zu bekommen. Ganz wichtig sind dabei die Erklärungen und die Kommunikation vorab sowie eine sehr detaillierte Aufbereitung und Nachbesprechung. Dabei müssen alle Erkenntnisse und Fehler zusammengetragen, auf konkrete Themenbereiche zugeteilt werden und mit konkreten Lernpunkten weiterentwickelt werden. Diese Methode habe ich bewusst aufgeführt, nicht um sie zu verteufeln, sondern um auf die Wichtigkeit der richtigen Durchführung hinzuweisen.

Tabelle 61: *Ausprobieren und aus Fehlern lernen*

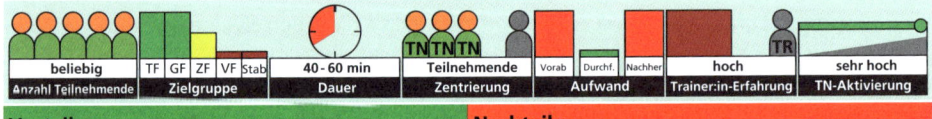

Anzahl Teilnehmende	Zielgruppe	Dauer	Zentrierung	Aufwand	Trainer:in-Erfahrung	TN-Aktivierung
beliebig	TF / GF / ZF / VF / Stab	40–60 min	Teilnehmende	Vorab / Durchf. / Nachher	hoch	sehr hoch

Vorteile	Nachteile
➢ Sehr schnelle Lernkurve	➢ Hoher Erklärungsaufwand
➢ Selbstreflexion wird angeregt	➢ Sehr hoher Nachbesprechungsaufwand
➢ Gemachte Fehler werden so gut wie nie nochmal gemacht	➢ Nur Fehler zu machen, kann gerade zu Beginn frustrierend sein
➢ Die gemeinsame Fehlersuche verbindet alle Teilnehmenden	➢ Bei falscher Moderation und zu wenig Nachbereitung sehr demotivierend

Tipps und Tricks

➢ Vorab muss diese Methode vorgestellt und erklärt werden
➢ Vorab muss der Hinweis kommen, dass Fehler bewusst gewollt sind
➢ Niemals übereinander, sondern immer miteinander reden und analysieren
➢ Die Übung muss in einem geschützten Raum ohne Weitererzählen stattfinden

Tabelle 61: *Ausprobieren und aus Fehlern lernen – Fortsetzung*

> Beispielhafte Durchführung mit Trainer:in am Anfang löst die Anspannung und schafft Verständnis

7.7.3 Echtsimulation

Unter einer Echtsimulation versteht man die vollumfängliche Einsatzübung, die so realistisch wie möglich dargestellt wird. In der Regel werden auch alle Teilnehmenden in ihrer entsprechenden oder angestrebten Funktion eingesetzt. Somit können von den Teilnehmenden des Grundlehrgangs bis zum Zugführer oder, mit dem entsprechenden Aufwand, auch bis zum Verbandführer alle in ihren jeweiligen Funktionen eingesetzt üben. Dies wird im Idealfall z. B. mit Echtfeuer, geschminkten Verletzten, Rettungsdienstpersonal und Notärzten umgesetzt. Auch die Einsatznachbesprechung wird von den Teilnehmenden selbst durchgeführt. Die Trainer:innen greifen nur dann steuernd ein, um bestimmte Grenzen (Gefährdungsausschluss, Zeit, Umgangston, Kritik und Lob) einzuhalten und die Lernpunkte zusammenzufassen.

Tabelle 62: *Echtsimulation*

1 – 40 TN	TF	GF	ZF	VF	Stab	> 20 min	TN TN TN Teilnehmende	Vorab	Durchf.	Nachher	hoch	sehr hoch
Anzahl Teilnehmende		Zielgruppe				Dauer	Zentrierung		Aufwand		Trainer:in-Erfahrung	TN-Aktivierung

Vorteile	Nachteile
> Alle üben in ihren jeweiligen Funktionen > Größtmöglicher Praxisbezug > Echter kann nur bei Realeinsätzen gelernt werden > Zeitläufe sind real > Nicht gefährliche Konsequenzen können erlebt werden	> Aufwendig in der Vorbereitung > Übungsobjekte werden benötigt > Verletzungsrisiko durch reale Hektik > Fahrzeuge und Teilnehmende sind in dieser Zeit nicht zu realen Einsätzen abrufbar > Nachbereitung von Geräten und Material > Zusatzlich zur Vor- und Nachbereitung ist immer noch ein logistischer Grundaufwand notwendig

Tipps und Tricks

> Vermeintliche Kleinigkeiten (Kunstblut, Bremsspuren, …) steigern das Realitätsempfinden
> unbekannte Mimen (wenn rechtlich möglich) verstärken den Realitätseffekt
> alte Kleidung statt alter Feuerwehrkleidung
> Spielregeln müssen vorab definiert werden

Tabelle 62: *Echtsimulation – Fortsetzung*

- Codewort für Ernstfall vorsehen
- Worst-Case-Szenarien (Unfall, Verletzung, Verzögerung bei der Alarmierung, Feuer geht durch, …) vorab durchdenken
- Nur vollständig entleerte Schrott-Pkws nutzen
- Nachbesprechungen vor dem Aufräumen
- Nachbesprechungen von der »kleinsten« Funktion aus anfangen lassen

7.7.4 Realtraining

Das Realtraining ist im Grundsatz wie die Echtsimulation, nur dargestellt in einer sicheren, bzw. vertrauten Umgebung, z. B. in der eigenen Übungshalle oder im eigenen Gerätehaus. Hier spielt es auch keine allzu große Rolle, ob die Teilnehmenden alle in ihrer zu erlernenden Funktion eingesetzt werden oder ob z. B. die Mannschaft im Wechsel dargestellt wird. Durch die begrenzte Anzahl an Varianten eines Übungsobjektes wird die eigene Lösungsfindung nach funktionierenden Handlungsschemata unterstützt. Zur Weiterentwicklung werden ganz gezielte Hinweise auf positive Aspekte sowie Lernpunkte im Anschluss gegeben.

Tabelle 63: *Realtraining*

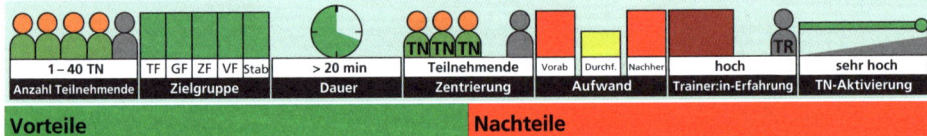

Anzahl Teilnehmende	Zielgruppe	Dauer	Zentrierung	Aufwand	Trainer:in-Erfahrung	TN-Aktivierung
1 – 40 TN	TF GF ZF VF Stab	> 20 min	TN TN TN Teilnehmende	Vorab Durchf. Nachher hoch	hoch	sehr hoch

Vorteile	Nachteile
- Die zu erlernende Funktion wird am meisten gefördert - Keine speziellen Übungsobjekte notwendig - Sehr großer Praxisbezug - Zeitläufe sind real - Nicht gefährliche Konsequenzen können erlebt werden	- Aufwendig in der Vorbereitung - Fahrzeuge und Teilnehmende sind in dieser Zeit nicht zu realen Einsätzen abrufbar - Nachbereitung von Geräten und Material

Tipps und Tricks

- Ein gegenseitiges Unterstützen und Mitdenken durch andere Teilnehmende sollte vorher in Menge und Qualität abgesprochen werden
- alte Kleidung statt alter Feuerwehrkleidung für Darstellende
- Spielregeln vorab definieren

7.7 Methoden speziell für die Feuerwehraus-/-fort- und Weiterbildung

Tabelle 63: *Realtraining – Fortsetzung*

> - Codewort für Ernstfall vorsehen
> - Nachbesprechungen vor dem Aufräumen

7.7.5 Algorithmustraining

Das Einüben von wiederkehrenden Situationen, die kaum Toleranz zu Veränderungen zulassen kann durch Algorithmus-Training nachhaltig verbessert werden. Das Training von Erstmaßnahmen, der Befehlsgebung oder das Absetzen von Rückmeldungen durch regelmäßiges Wiederholen und unter Zuhilfenahme von Akronymen (z. B. MELDEN, Befehlsschema) ist ein Beispiel hierfür. So können im Anschluss daran die Schwerpunkte bei anderen Methoden einfacher trainiert werden, da die Teilnehmenden weniger mentale Ressourcen auf einfachere und wiederkehrende Tätigkeiten verwenden müssen. Die strikte Einhaltung der Algorithmen ist hierbei das oberste Ziel.

Tabelle 64: *Algorithmustraining*

Anzahl Teilnehmende	Zielgruppe	Dauer	Zentrierung	Aufwand	Trainer:in-Erfahrung	TN-Aktivierung
1 – 20 TN	TF GF ZF VF Stab	20 - 40 min	Teilnehmende	Vorab Durchf. Nachher	hoch	hoch

Vorteile	Nachteile
> Viele können parallel das Gleiche üben > Bildet die Basis für komplexe Abläufe > Schnelle Lernerfolge stellen sich ein	> Kann auf Dauer etwas langweilig werden > Benötigtes Material muss entsprechend mehrfach vorgehalten werden

Tipps und Tricks

> - Eine umfangreiche Erklärung vorab steigert die Akzeptanz
> - Wettbewerbe kommen immer gut an (Schnelligkeit, Sauberkeit in der Durchführung, Anzahl an fehlerfreien Wiederholungen)
> - Ein Einsatzbeispiel zu Beginn und am Ende zeigen den deutlichen Unterschied in der Qualität

7.7.6 Praxisspiel

Bild 111: *Methode Praxisspiel*

Beim Praxisspiel werden die Teilnehmenden in einer fiktiven Situation mit einer hohen Dichte an Informationen sowohl direkt als auch über Funk bespielt. Aufgrund der Darstellung der Situation durch Kommunikationswege ist es von Vorteil, wenn die Position der Lernenden eher statisch (z. B. im Fahrzeug) fixiert ist. So findet im Hintergrund über Funk ein kompletter Einsatz mit allen üblichen Rückmeldungen statt. Diese müssen mitgehört, die Wichtigen dabei herausgefiltert und z. B. daraus eine Lageskizze erstellt werden. Diese wird im Anschluss bei einer Lagebesprechung vorgestellt. Eine Steigerung kann durch zusätzliches Einbinden in das Geschehen erfolgen.

Tabelle 65: *Praxisspiel*

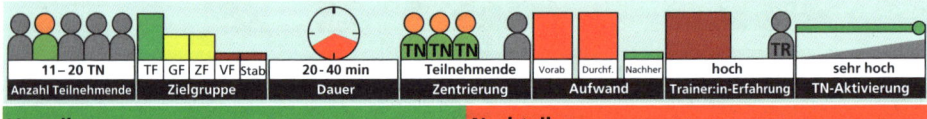

Anzahl Teilnehmende	Zielgruppe	Dauer	Zentrierung	Aufwand	Trainer:in-Erfahrung	TN-Aktivierung
11– 20 TN	TF GF ZF VF Stab	20 - 40 min	Teilnehmende	Vorab Durchf. Nachher	hoch	sehr hoch

Vorteile	Nachteile
➢ Fördert die Stressresilienz ➢ Fördert das Kommunikationsverhalten ➢ Fördert die Filterung von Wichtigem zu unwichtigem	➢ Aufwendig ➢ Viel Personal zur Darstellung benötigt ➢ Kommunikationsmittel werden benötigt ➢ Darstellungsmittel werden benötigt

Tipps und Tricks

➢ Zu trainierende Situationen können z. B. Führungsdienst auf längerer Anfahrt oder die Ausbildung eines Führungsassistenten sein
➢ Es können mehrere Funktionen parallel üben
➢ Tonbandaufnahmen (von nachgesprochenen) Echteinsätzen reduzieren den Aufwand

7.7 Methoden speziell für die Feuerwehraus-/-fort- und Weiterbildung

7.7.7 Ortsbegehung

Sich ein Bild möglicher Einsatzszenarien und baulicher Besonderheiten von komplexen Gebäuden vor Ort zu machen, ist Sinn einer Ortsbegehung. Am besten strukturiert sich diese, indem zuerst die wichtigsten Besonderheiten und Neuerungen zu den Objekten gemeinsam erkundet oder vorgestellt werden. Im Anschluss daran ist es hilfreich, unterschiedliche Einsatzszenarien an verschiedenen Orten mit unterschiedlichen Ansichten durchzusprechen. Die Teilnehmenden beschreiben dann ihre jeweiligen Lösungsvorschläge.

Tabelle 66: *Ortsbegehung*

Anzahl Teilnehmende	Zielgruppe	Dauer	Zentrierung	Aufwand	Trainer:in-Erfahrung	TN-Aktivierung
1 – 40 TN	TF GF ZF VF Stab	> 20 min	TN TN TN Teilnehmende	Vorab Durchf. Nachher	mittel	hoch

Vorteile	Nachteile
➢ Ortsverständnis wird im passiven Gedächtnis für den Ernstfall gespeichert ➢ Unterschiedliche Ansichten und gefundene Auffälligkeiten werden zusammengetragen	➢ Aufwendig und Zeitintensiv ➢ Ggf. Absprachen mit den Verantwortlichen notwendig ➢ Ggf. Genehmigungen erforderlich

Tipps und Tricks

➢ Voranmeldungen ersparen aufwendige Erklärungen vor Ort
➢ Einsatzmantel und Helm erschrecken die Leute vor Ort
➢ Keine Lieferzu- und -abfahrten mit Einsatzfahrzeugen blockieren
➢ Am besten mit Technik- oder Hausverantwortlichen sprechen
➢ Keine Hinweise zu VB-Auffälligkeiten oder Mängeln – das reduziert die Anzahl von Wiederholungsbesichtigungen drastisch
➢ Anleiterproben mit Drehleitern können mit eingebunden werden
➢ Kombiniere die Begehung mit Luft- oder Satellitenbildern und Einsatzplänen

7.7.8 Bilderbegehung

Die Bilderbegehung ist einer Ortsbegehung sehr ähnlich, nur dass diese nicht vor Ort, sondern z. B. im Lehrsaal über einen Beamer oder einen Bildschirm stattfinden kann. So können alle einsatztaktisch wichtigen Aspekte zunächst in der Übersicht und ggf. im Detail dargestellt werden. Auch hier empfiehlt sich, die Planung anhand von

7 Methodensammlung

möglichen Einsatzszenarien durchzuführen und die Reihenfolge der Bilder an die typische Vorgehensweise anzupassen.

Tabelle 67: *Bilderbegehung*

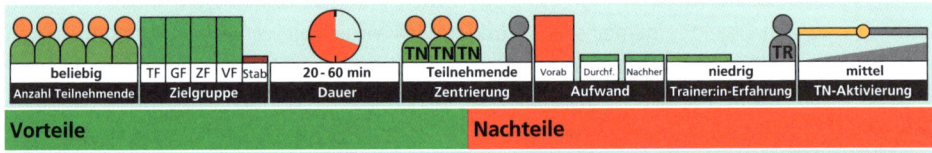

Anzahl Teilnehmende	Zielgruppe	Dauer	Zentrierung	Aufwand	Trainer:in-Erfahrung	TN-Aktivierung
beliebig	TF GF ZF VF Stab	20 - 60 min	Teilnehmende	Vorab Durchf. Nachher	niedrig	mittel

Vorteile	Nachteile
➢ Beliebig wiederhol- und wiederverwendbar ➢ Keine Massenbesichtigung vor Ort ➢ Lässt sich sehr gut mit einer Planspielvariante kombinieren	➢ Einmalig sehr hoher Aufwand in der Vorbereitung ➢ An manchen Objekten ist fotografieren nicht erlaubt

Tipps und Tricks

➢ Reihenfolge der Bilder anhand von möglichen Einsatzszenarien erzeugen
➢ Regelmäßig auch einen Blick zurück fotografieren
➢ An bestimmten Stellen eine 360° Rundumsicht durch viele Fotos erzeugen
➢ Eine Kombination mit einer Planspiel-Variante im Anschluss bietet sich an
➢ Eine Kombination von Bildern, Einsatzplänen und Internetkartendiensten steigert das gemeinsame Bild der Teilnehmenden
➢ Umgebung und Objekt können verhältnismäßig einfach mit Satellitenbildausdrucken und Styroporquadern nachgebaut werden

7.7.9 Kommunikationsübung

Der Schwerpunkt dieser Methode liegt schon offensichtlich im Namen und soll die Teilnehmenden darin schulen, bewusster auf ihr Kommunikationsverhalten zu achten. Dabei sollten die Übungen am besten aus nicht feuerwehrtechnischen Themen entliehen werden, da hier die Kommunikation im Vordergrund steht und nicht in eingefahrene Muster und standardisierte Lösungswege zurückgefallen wird. Es werden auch zahlreiche »Serious Games« am PC oder am guten alten Spielbrett hierfür angeboten.

7.7 Methoden speziell für die Feuerwehraus-/-fort- und Weiterbildung

Tabelle 68: *Kommunikationsübung*

Anzahl Teilnehmende	Zielgruppe	Dauer	Zentrierung	Aufwand	Trainer:in-Erfahrung	TN-Aktivierung
11–30 TN	TF GF ZF VF Stab	20–60 min	Teilnehmende	Vorab Durchf. Nachher	hoch	sehr hoch

Vorteile	Nachteile
➢ Fördert die Zusammenarbeit ➢ Schafft Teamgeist und Vertrauen ➢ Das Lernen erfolgt hier meist nebenbei ➢ Erkenntnisse sind unabhängig von der Funktion und langanhaltend	➢ Etwas abstrakt am Anfang ➢ Es wird nur die bewusste Kommunikation geschult ➢ Viele »schwierige« Teilnehmende können die Methode blockieren

Tipps und Tricks

➢ Externe Referenten kommen hier meist besser an
➢ Eine Feedbackrunde im Anschluss für alle ist Pflicht
➢ Mögliche Beispiele können sein: Aufgaben mit verbundenen Augen in der Gruppe lösen oder Anweisungen nur durch Beschreibungen ausführen
➢ Suchbegriffe »Kommunikationstraining Spiele«
➢ Mindestens zwei Übungen sind notwendig, um einen Lernerfolg aufzuzeigen

7.7.10 Crew/Team Ressource Management

Bild 112: *Methode CRM/TRM*

Das Crew Ressource Management (CRM)-Training ähnelt sehr einer Echtsimulation mit realen Führungsstrukturen. Durch speziell eingebaute Fallstricke und Schwierigkeiten (z. B. widersprüchliche Erkundungsergebnisse, Übermittlungsfehler, Ausfall von Kommunikationswegen, Autoritäre Führungskräfte etc.) können damit Kommunikationsprobleme aufgrund von Beziehungs- oder Abhängigkeitsverhältnissen provoziert werden. Diese können durch Zeitdruck und Stressfaktoren noch weiter verschärft und somit auch besser eintrainiert werden. Hierbei ist die Nachbespre-

7 Methodensammlung

chung ein sehr wichtiges, aber auch ein äußerst umfangreiches und zeitintensives Element. Die Trainer:innen müssen auch Erfahrung im Human-Resources-Bereich haben und durch die richtigen Fragen den Kern der Übung treffen.

Tabelle 69: CRM/TRM

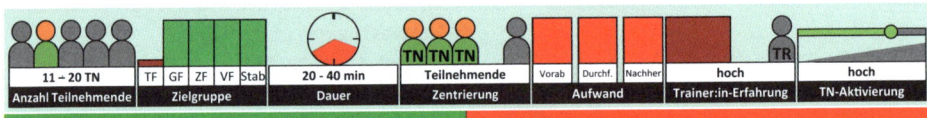

Anzahl Teilnehmende	Zielgruppe	Dauer	Zentrierung	Aufwand	Trainer:in-Erfahrung	TN-Aktivierung
11 – 20 TN	TF GF ZF VF Stab	20 - 40 min	Teilnehmende	Vorab Durchf. Nachher	hoch	hoch

Vorteile	Nachteile
➢ Der Teamgedanke wird weiterentwickelt ➢ Verständnis für die Umgebung und beeinflussende Faktoren wird geschaffen ➢ Sehr umfangreiches und zielgerichtetes Feedback	➢ Es geht mehr um Dynamiken im Team als um fachliche Inhalte ➢ Umfangreich in der Vorbereitung ➢ Aufwendige Vor- und Nachbesprechung ➢ Sehr viel Dokumentation während der Übung notwendig

Tipps und Tricks

➢ Die CRM-Leitsätze nach Rall und Gaba als Einstieg vor dem Training und bei der Nachbesprechung können als roter Faden hier sehr hilfreich sein.
➢ Die weiterentwickelten TRM-Leitfragen für ein zielgerichtetes Feedback nach Gattinger findest du im ▶ Kapitel 8.5.2.

7.7.11 Skill Training

Unter Skill-Training versteht man das Eintrainieren von handwerklichen Fertigkeiten. Dies macht immer dann Sinn, wenn diese regelmäßig und häufig angewendet werden sollen. Zusätzlich kann es helfen, Stress zu reduzieren und so wieder mehr mentale Ressourcen für andere Aufgaben freizubekommen. So kann diese Methode z. B. beim Ausrüsten mit Funkgeräten, Lesen von Einsatzplänen o. Ä. stattfinden. Werden immer genau die gleichen Handgriffe nacheinander durchgeführt, so wird in der Regel im Einsatz bei stressigen Situationen weniger vergessen. Der Unterschied zum Algorithmustraining liegt hier mehr auf dem Anwenden des Handwerkzeugs.

7.8 Spezielle Führungsmethoden

Tabelle 70: *Skill Training*

Anzahl Teilnehmende	Zielgruppe	Dauer	Zentrierung	Aufwand	Trainer:in-Erfahrung	TN-Aktivierung
1 – 10 TN	TF GF ZF VF Stab	5 - 20 min	TN TN TN Teilnehmende	Vorab Durchf. Nachher	niedrig	hoch

Vorteile	Nachteile
➤ Verbessert schnell die Handhabung von Gerätschaften und Einsatzmitteln ➤ Wenig Gesamtaufwand ➤ Kann schnell und effektiv fast immer und überall durchgeführt werden	➤ Sehr häufige Wiederholungen ➤ Kann schnell langweilig werden ➤ Erklärung

Tipps und Tricks

➤ Viele unterschiedliche und entsprechende Skills sollen vor einem Fallbeispiel und komplexen Szenarien eingeübt werden
➤ Wende dies auch in eher untypischen Bereichen an (Ankommen und PC-Anmeldung im Stab, …)
➤ Eine umfangreiche Erklärung vorab steigert die Akzeptanz
➤ Wettbewerbe kommen immer gut an (Schnelligkeit, Sauberkeit in der Durchführung, Anzahl an fehlerfreien Wiederholungen)
➤ Ein Einsatzbeispiel zu Beginn und am Ende zeigen den deutlichen Unterschied in der Qualität
➤ Typische Beispiele für Skills sind im ▶ Kapitel 2.11.3 zu finden

7.8 Spezielle Führungsmethoden

Durch meine langjährige Tätigkeit in der Führungsaus-, -fort- und -weiterbildung konnte ich feststellen, dass es sich hier um eine anspruchsvolle und fordernde Zielgruppe handelt. Darüber hinaus ist es wichtig, regelmäßig neue und vor allem hocheffiziente Methoden anzuwenden, um einem sogenannten Sättigungseffekt zu umgehen. Wie am Anfang des Kapitels beschrieben, war und bin ich immer noch auf der Suche nach neuen Methoden für Feuerwehrschulungen und speziell für die Führungsausbildung. Aufgrund der zur Auswahl der Methoden angefertigten Tabelle konnte ich noch ein paar weitere Methoden entwickeln oder besser systematisch finden. Die Führungsaus- und -fortbildung ist für mich die Königsklasse aller Schulungsvarianten, da hier kleinste Fehler, Schwächen und Schwierigkeiten auf der Lehrendenseite meistens gnadenlos ehrlich zurückgemeldet werden. Zusätzlich fordert gerade die Schaffung von weder über- noch unterfordernden Übungsmöglichkeiten in Kombination mit einem ehrlichen, aber nicht bloßstellendem Feedback alle an der Durchführung Beteiligten schon sehr.

7.8.1 Führungssimulation im Planspiel

Bild 113: *Methode Plansimulation*

An einer Planübungsplatte wird ein Einsatzbeispiel mit verschiedenen Rollen (z. B. alle Einheitsführer im Löschzug) in ihrer jeweiligen zugeteilten Einsatzfunktion beübt. Zusätzlich wird auch der zeitliche Ablauf einer Einsatzsituation realistisch wiedergeben. So werden unterschiedliche Eintreffzeiten, Absprachen und Maßnahmen chronologisch richtig eingespielt und u. a. auch die Kommunikation mit allen Beteiligten und die Übergabe an den nächsthöheren Führungsdienst eintrainiert. Die Teilnehmenden erkunden und agieren an der Planübungsplatte, besprechen sich aber analog wie bei einem realen Einsatz. Die Trainer:innen überwachen hierbei den zeitlichen Ablauf und agieren als alle weiteren dargestellten Personen und Organisationen. Abschließend wird ein Feedback zur Kommunikation der Übungsteilnehmenden untereinander und dem erarbeiteten Lösungsweg gegeben.

Tabelle 71: *Plansimulation*

Anzahl Teilnehmende	Zielgruppe	Dauer	Zentrierung	Aufwand	Trainer:In-Erfahrung	TN-Aktivierung
1 – 10 TN	TF GF ZF VF Stab	20 - 40 min	Teilnehmende	Vorab Durchf. Nachher	hoch	sehr hoch

Vorteile	Nachteile
➢ Sehr nahe an der Realität ➢ Mehrere Funktionen üben parallel ➢ Sichtweisen anderer Funktionen werden im Training erkannt ➢ Ein Gefühl für die Zeit wird entwickelt ➢ Kommunikation wird mit geübt ➢ Komplexeste Einsatzlagen sehr einfach und mit wenig Aufwand trainierbar	➢ Einzelleistungen sind schwer zu bewerten ➢ Dokumentation für erledigte Maßnahmen ist notwendig ➢ Planspielplatte benötigt ➢ Zeitaufwendig wie ein realer Einsatz

7.8 Spezielle Führungsmethoden

Tabelle 71: *Plansimulation – Fortsetzung*

Tipps und Tricks
➢ Funktionswesten und Helme erhöhen den Immersionsgrad ➢ Alarmschreiben hilft beim Einstieg in die Lage ➢ Reale Blickwinkel nutzen (z. B. Rückseite erst bei entsprechender Erkundung) ➢ Maßstab mit Abständen für die Nachbesprechung vorhalten ➢ Stabile Fahrzeuge lohnen sich

7.8.2 Führungssimulationstraining

Bild 114: *Methode FST*

Im Führungssimulationstraining werden alle für die Übungssimulation relevanten Funktionen besetzt. Diese können und sollen räumlich getrennt unabhängig voneinander handeln. Dadurch findet die notwendige Kommunikation u. a. über Funkgeräte und persönlich und z. B. an Feuerwehreinsatzplänen statt. Die Teilnehmenden müssen selbst entscheiden, wann sie welchen Kommunikationsweg nutzen. Die vorgehenden Trupps und Einheitsführenden erhalten Beschreibungen oder Bilder von realen Einsätzen und Messergebnisse. Daraus entwickeln die Teilnehmenden eigene Vorstellungen der Situation und Rückmeldungen, die an die Einsatz- oder Einsatzabschnittsleitungen weitergegeben werden. Diese Methode lässt sich besonders für große und weitläufige Szenarien darstellen, bei denen die Einsatzleitung in der Regel keine oder nur eine eingeschränkte Sicht auf das Schadenszenario hat. Die Trainer:innen beobachten dabei jeweils immer eine Übungsfunktion und sollten parallel den Ablauf mitdokumentieren, um einen Überblick über die Gesamtlage zu behalten und ggf. realistische Einspielungen zu erzeugen.

7 Methodensammlung

Tabelle 72: *FST*

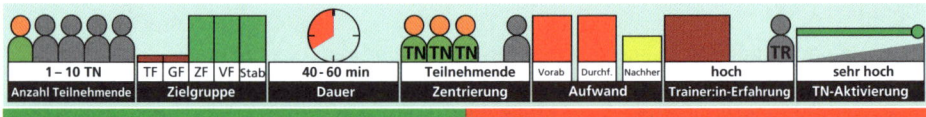

Vorteile	Nachteile
➢ Sehr nahe an der Realität ➢ Mehrere Funktionen üben parallel ➢ Sichtweisen anderer Funktionen werden im Training erkannt ➢ Ein Gefühl für die Zeit wird entwickelt ➢ Kommunikation wird mit geübt	➢ Sehr aufwendig in der Vorbereitung ➢ Sehr personalintensiv ➢ Viele Entscheidungsvarianten müssen vorab durchdacht werden

Tipps und Tricks

- ➢ Jede Funktion erhält eine eigene Einweisungsmappe kombiniert mit allen notwendigen Gerätschaften und Kommunikationsmitteln
- ➢ Funktionswesten und Helme erhöhen den Immersionsgrad
- ➢ Alarmschreiben hilft beim Einstieg in die Lage
- ➢ Dokumentation des Ablaufs in einer »Kommandozentrale« z. B. an einem Whiteboard empfiehlt sich
- ➢ Es empfiehlt sich, ein Skript mit den Haupteinspielungen allen Trainerinnen/Trainern mitzugeben
- ➢ Einsatzpläne oder Übersichten in groß für Nachbesprechungen sind sehr wertvoll
- ➢ Bilder von Einsatzfahrzeugen können helfen, einen Ressourcenüberblick zu schaffen

7.8.3 Planspiel-Einzeltraining

Bild 115: *Methode Planspiel-Einzeltraining*

Das Planspiel-Einzeltraining ist die bekannteste Version des Überbegriffs »Planspiel« (eigentlich besser: Planübung). Sie wird meistens als einfache Übung zum Erlernen der grundlegenden Ablaufschemata und zur Leistungsabfrage in Prüfungen verwendet. Die Teilnehmenden führen selbst durch den strukturierten Ablauf und ihre Gedankengänge mit alternativen Lösungsmöglichkeiten. Dies geschieht anhand

7.8 Spezielle Führungsmethoden

eines Einsatzszenarios an der Planübungsplatte. Die Planübungsleitung spielt nur die erfragten Informationen ein und bewertet die Lösungswege und alternativen Gedankengänge.

Tabelle 73: *Planspiel-Einzeltraining*

Vorteile	Nachteile
➢ Taktisches Verständnis wird geschult	➢ Nur eine Person kann üben
➢ Gefahreneinschätzung sowie die Auswahl von Taktik und Technik wird sehr effektiv eingeübt	➢ Immer wie eine Prüfungssituation
	➢ Denken, Reden und die Gedankengänge erklären erfordert Übung
➢ Individuelles und umfangreiches Feedback	➢ Planübungsplatte erforderlich
➢ Komplexeste Einsatzlagen sehr einfach und mit wenig Aufwand trainierbar	

Tipps und Tricks

➢ Vorstellung eines Beispielszenarios durch die Übungsleitung hilft beim Ablauf
➢ Lass gerade bei den ersten Versuchen ein Nachsehen in den Planspielablauf zu
➢ Alarmschreiben hilft beim Einstieg in die Lage
➢ Zeigestock zum Festhalten gibt Sicherheit

7.8.4 Planspiel-Übung/Planübung

Bild 116: *Methode Planübung*

Die Planspiel-Übung führt die Teilnehmenden an einer Planübungsplatte anhand von vorgefertigten Fragestellungen näher an die Struktur eines Planübungsablaufs oder an eine praxisnahe Einsatzabwicklung heran. Diese Methode empfiehlt sich sehr gut für den Einstieg für neue oder als Hinführung für erfahrene Kollegen, die noch nie mit dem Planübungsablauf gearbeitet haben. Die Teilnehmenden entwickeln so anhand der Fragestellungen einzeln oder in der Gruppe ein gutes Verständnis für den Ablauf und werden dadurch zu alternativen Lösungswegen und vor allem einer überlegten und begründeten Entscheidungsfindung angeregt. Die Trainer:innen moderieren oder helfen bei der Lösungssuche.

Tabelle 74: *Planübung*

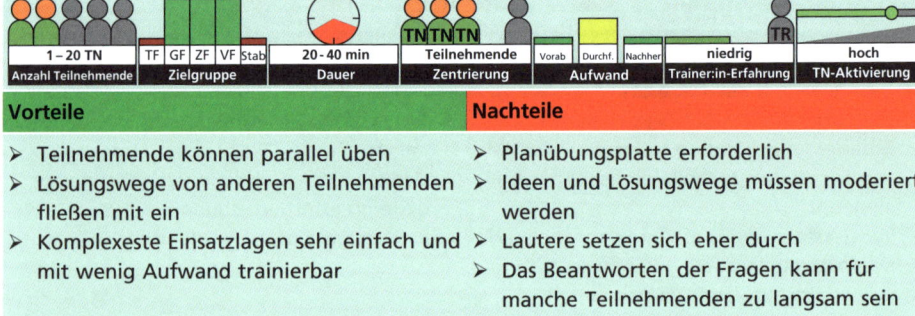

Anzahl Teilnehmende	Zielgruppe				Dauer	Zentrierung	Aufwand			Trainer:in-Erfahrung	TN-Aktivierung
1 – 20 TN	TF	GF	ZF	VF Stab	20 - 40 min	TN TN TN Teilnehmende	Vorab	Durchf.	Nachher	niedrig	hoch

Vorteile	Nachteile
➢ Teilnehmende können parallel üben ➢ Lösungswege von anderen Teilnehmenden fließen mit ein ➢ Komplexeste Einsatzlagen sehr einfach und mit wenig Aufwand trainierbar	➢ Planübungsplatte erforderlich ➢ Ideen und Lösungswege müssen moderiert werden ➢ Lautere setzen sich eher durch ➢ Das Beantworten der Fragen kann für manche Teilnehmenden zu langsam sein
Tipps und Tricks	
➢ Fragen anhand des Planspielablaufs stellen ➢ Je erfahrener die Teilnehmenden, desto besser funktioniert das alleinige Überlegen ➢ Bei Antworten zur Hauptgefahr können mehrere Lösungsvarianten durchgespielt werden	

7.8.5 Planspiel-Besprechung/Planbesprechung

Bild 117: *Methode Planbesprechung*

Gerade für kleinere Gruppen ist die Planbesprechung ein ideales Werkzeug, um die Scheu vor der Planübungsplatte und der alleinigen Durchführung zu nehmen. Dabei führen die Trainer:innen durch die Einsatzlage und beziehen die ganze Gruppe bei den Entscheidungswegen mit ein. Unterschiedliche Varianten und Handlungsstränge können mit Vor- und Nachteilen diskutiert werden. Dadurch öffnet sich das Bewusst-

7.8 Spezielle Führungsmethoden

sein auch für weitere Möglichkeiten und alternative Lösungsansätze. Mit steigender Übungserfahrung sprechen die Teilnehmenden den Ablauf immer mehr selbst durch. So müssen nur noch die befragten Personen eingespielt und ggf. die unterschiedlichen Meinungen moderiert werden.

Tabelle 75: *Planbesprechung*

Anzahl Teilnehmende	Zielgruppe	Dauer	Zentrierung	Aufwand	Trainer:in-Erfahrung	TN-Aktivierung
1–20 TN	TF, GF, ZF, VF, Stab	20-40 min	Teilnehmende	Vorab / Durchf. / Nachher	hoch	sehr hoch

Vorteile	Nachteile
➤ Teilnehmende können zusammen üben	➤ Planübungsplatte erforderlich
➤ Lösungswege von anderen Teilnehmenden werden diskutiert	➤ Ideen und Lösungswege müssen moderiert werden
➤ Komplexeste Einsatzlagen sehr einfach und mit wenig Aufwand trainierbar	➤ Lautere setzen sich eher durch

Tipps und Tricks

➤ Versuche einen gemeinsamen Lösungsweg als zentralen Handlungsstrang zu moderieren
➤ Bei keiner Einigung auf eine Lösungsvariante am besten über die Mehrheit
➤ Weitere Varianten erst ganz zum Schluss durchsprechen und vergleichen

7.8.6 Erkundungsübung

Als Einstieg in neue taktische Aufgaben und Sichtweisen kann die Erkundungsübung von realen Objekten und Gebäuden besonders hilfreich sein. So werden die Teilnehmenden mit vordefinierten Fragen (z. B. beste Zugänglichkeit, Aufstellflächen für Fahrzeuge, hilfreiche feuerwehrtechnische Einrichtungen etc.) und möglichen Einsatzszenarien zu realen Objekten in der Umgebung konfrontiert. Idealerweise handelt es sich dabei um öffentlich zugängliche und etwas komplexere Gebäude, die hier beurteilt werden sollen. Im Anschluss daran müssen die gewonnenen Erkenntnisse an vorbereiteten Bildern, Einsatzplänen oder mittels Internetkartendiensten vorgestellt und weiterführende Fragen hierzu beantwortet werden.

Tabelle 76: *Erkundungsübung*

Anzahl Teilnehmende	Zielgruppe	Dauer	Zentrierung	Aufwand	Trainer:in-Erfahrung	TN-Aktivierung
11–20 TN	TF GF ZF VF Stab	> 40 min	Teilnehmende	Vorab Durchf. Nachher	niedrig	sehr hoch

Vorteile	Nachteile
➢ Zeitläufe und Größen werden realistisch eingeschätzt ➢ Teilnehmende erkunden zusammen ➢ Diskussionen erfolgen während der Erkundung vor Ort ➢ Sehr gut zur Gruppenfindung geeignet	➢ Zeitaufwendig ➢ Anfahrt zu geeigneten Gebäuden meist aufwendig ➢ Begleitung und Betreuung vor Ort notwendig

Tipps und Tricks
➢ Rathaus, Supermarkt, (Hoch-)Schulen, Bahnhof, … ➢ Voranmeldungen ersparen aufwendige Erklärungen vor Ort ➢ Einsatzmantel und Helm erschrecken die Leute vor Ort ➢ Keine Lieferzu- und -abfahrten mit Einsatzfahrzeugen blockieren

7.8.7 Anfahrtsübung

Wenn erste Führungsaufgaben zu Beginn eines Lehrgangs vermittelt werden sollen, kann es bei den Teilnehmenden aufgrund der Fülle an Informationen schnell zu Überforderungen kommen. Zur Vorbeugung werden bei der Anfahrtsübung nur die ersten Maßnahmen komplett durchgeführt und verhältnismäßig früh wieder abgebrochen. Es wird in erster Linie auf die Fahrzeugaufstellung und die Erkundung wert gelegt. Im Anschluss an mögliche Korrekturen wird der erste Einsatzbefehl gegeben. Die dadurch reduzierte Anzahl an Aufgaben erlaubt so einen Fokus auf die zu Beginn eines Einsatzes notwendigen Maßnahmen.

7.8 Spezielle Führungsmethoden

Tabelle 77: Anfahrtsübung

Vorteile	**Nachteile**
➤ Nur die wichtigsten Erst-Maßnahmen eines Einsatzszenarios werden geübt ➤ Weniger zeitaufwendig als eine Echtsimulation ➤ Abarbeitung in einzelnen Schritten	➤ Zeit- und Ressourcenaufwendig ➤ Teilnehmende können nur nacheinander üben ➤ Schneller Abbruch hinterlässt ein ungutes Gefühl, dass etwas fehlt
Tipps und Tricks	
➤ Unterbrechung nach der Erkundung und Darstellung der Erkundungsergebnisse ➤ Frage nach erkannten Gefahren und Schwerpunkten ➤ Korrigiere und ergänze die Gefahren und Schwerpunkte ➤ Ende erfolgt nach dem ersten Durchlaufen des Führungskreislaufs	

7.8.8 Einsatzplandurchsprechung

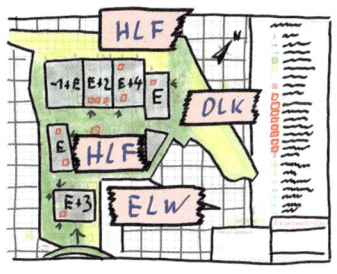

Bild 118: Methode Einsatzplandurchsprechung

Die Einsatzplandurchsprechung ist eine schnelle Möglichkeit, erfahreneren Führungskräften taktische Maßnahmen bei neuen oder besonders komplexen Gebäuden einfach zu erklären. Dabei werden in Feuerwehr(einsatz)plänen, Übersichtsplänen oder Feuerwehr-Laufkarten realistische Szenarien mit Magnetschildern, Stiften oder Klebezetteln dargestellt. Diese werden dann hinsichtlich der Fahrzeugaufstellung, der Vorgehensweisen, der Gefährdungen und Verbesserungspotenzialen in der Gruppe durchgesprochen sowie Vor- und Nachteile diskutiert. So können Klebezettel mit »Rauch«, »Feuer«, »Person« in die Einsatzpläne geklebt werden und das Szenario dadurch schnell dargestellt und durch ein Umkleben variiert werden. Die

7 Methodensammlung

Aufgaben der Trainer:innen sind hierbei die Vorstellung des Szenarios und in erster Linie die Moderation und die Steuerung der Diskussion.

Tabelle 78: *Einsatzplandurchsprechung*

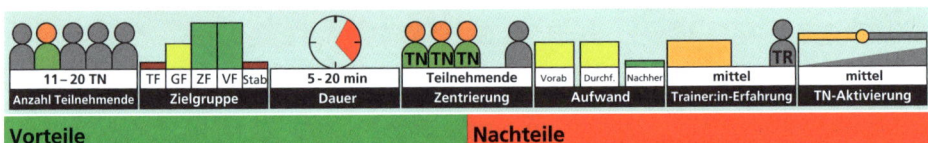

Anzahl Teilnehmende	Zielgruppe	Dauer	Zentrierung	Aufwand	Trainer:in-Erfahrung	TN-Aktivierung
11–20 TN	TF GF ZF VF Stab	5–20 min	Teilnehmende	Vorab Durchf. Nachher	mittel	mittel

Vorteile	Nachteile
➤ Schnell und effektiv ➤ Überall durchführbar ➤ Kombinierbar mit Ortsbegehungen ➤ Eine Fortführung in eine Lagekarte bietet sich an ➤ Komplexeste Einsatzlagen sehr einfach und mit wenig Aufwand trainierbar	➤ Größe der Einsatzpläne begrenzt die Anzahl der Teilnehmenden

Tipps und Tricks

➤ Kann auch mit Alltagsgegenständen (Klemmbrett, Bücher, Milchpäckchen, Salzstreuer, Kulturbeutel, …) erweitert werden, um eine räumliche Darstellung zu erzeugen
➤ Unterschiedliche Farben der Klebezettel für Rauch, Feuer, Person, Einsatzfahrzeuge
➤ Beschriftete Holzklötze erweitern diese Methode schon fast zu einem »Planspiel für Arme« – was aber nicht minder zielführend ist

7.9 Gruppenarbeiten

Bild 119: *Toll ein anderer machts*

7.9 Gruppenarbeiten

Fast könnte man meinen, dass Gruppenarbeiten in der aktuellen Aus-, Fort- und Weiterbildungslandschaft als die ultimative und einzige Lernmethode angesehen werden. Sie werden gerne und häufig angewendet, sind aktiv und erwachsenengerecht, sie fördern die Eigenverantwortung und die Problemlösungskompetenz. Der Lehrende wird hier wirklich im wahrsten Sinne des Wortes zur Weg- und Lernbegleitung – also was will man denn noch mehr? Trotzdem bekommt man manchmal schon nur beim schlichten Erwähnen des Überbegriffs »Gruppenarbeit« ein Feedback der Teilnehmenden, das auf wenig Begeisterung schließen lässt – **manchmal schon leicht verholende Abscheu**. Gründe gibt es hier durchaus viele. So muss nicht nur zwingend die aktuelle Ausführung schlecht sein, bisherige negative Erfahrungen sind genauso realistisch, wie die mangelnde Bereitschaft selbst aktiv zu werden – wo doch eine Berieselung nach einem anstrengenden Tag so verlockend wäre. Auch ein Überstrapazieren dieser Sozialformen, gerade in mehrere Wochen dauernden Lehrgängen, können hier die Ursache sein. Deshalb sollte diese Art der Wissenserzeugung, übrigens wie alle anderen Methoden auch, immer nur im Wechsel und nicht zu häufig hintereinander verwendet werden. Wie das am besten geht, kannst du nochmal im ▶ Kapitel 5.5.3 nachlesen.

 Die Gruppenarbeit ist eine von vier möglichen Sozialformen: Plenumsunterricht, Einzelarbeit, Tandemarbeit, Gruppenarbeit.

Generell gibt es viele Vorteile, aber – wie meistens im Leben – auch ein paar Nachteile, die du vor der Nutzung gegenüberstellen und voreinander abwägen solltest. In der nachfolgenden Tabelle sind die wichtigsten Punkte aufgeführt.

Tabelle 79: *Gruppenarbeiten*

Vorteile	Nachteile
➢ aktivierend und bewegungsfördernd	➢ zeitaufwendiger in der Vorbereitung
➢ Lerner zentriert	➢ zeitaufwendiger in der Durchführung
➢ stärkere soziale Interaktion	➢ aufwendig in der Koordination
➢ Nutzung unterschiedlicher Fachkenntnisse	➢ Zeitverlust durch Teamfindung
➢ Ausgleich von Schwächeren und Stärkeren	➢ Mehrheitsentscheidungen oder stärkere Teilnehmer können andere Meinungen unterdrücken
➢ Aufgabenmischung durch Kooperation	➢ Entscheidungsschwierigkeiten
	➢ bei falscher Anwendung frustrierend für die Teilnehmenden

Tabelle 79: *Gruppenarbeiten – Fortsetzung*

> ➤ Glücksmomente beim Erkennen der Lösung
> ➤ Förderung von Präsentationsmöglichkeiten
> ➤ größere Informationsdichte pro Zeiteinheit

Wichtig sollte hier nur – wie immer in der Erwachsenenbildung – der Lernerfolg der Teilnehmenden sein. Wenn also eine Gruppenarbeit nur zur Entlastung des Dozenten oder zum »Zeitschinden« verwendet werden soll – dann darf sie so niemals stattfinden!

Du hast keine Ahnung, was der Vorteil einer Gruppenarbeit gegenüber einer anderen Methode sein könnte?! – Dann lass es, du schaffst damit nur ein negatives Bild auf ein an sich großartiges Werkzeug!

Aber keine Angst, auch wenn Gruppenarbeiten – wahrscheinlich vor allem bei der Feuerwehr – keinen besonders guten Ruf haben, werden sie oftmals dann doch von fast allen gerne durchgeführt. Es scheitert meistens nur an dem nur wenig vorhandenem Wissen, wie Gruppenarbeiten funktionieren, welche Probleme dabei auftreten können und letztendlich an der mangelnden Vorbereitung. Oh ja, die Vorbereitung darf man nicht unterschätzen! **Allein die Formulierung der Aufgabenstellung kann schon sehr aufwendig werden, wenn man sie eindeutig beschreiben will. Aber die Erfahrung musst auch leider du mal selbst machen – was man an einem einfachen Satz alles »falsch« verstehen kann :-).**

Das Schlimmste, was man bei einer Gruppenarbeit machen kann, ist Folgendes: Kein klares Ziel, schlechte Gruppenauswahl, keine Möglichkeiten zum Erarbeiten, keine Unterstützung während der eigentlichen Arbeit und im Anschluss präsentieren alle Gruppen genau das gleiche Ergebnis! Also alles, was von diesem extremen Negativbeispiel abweicht, ist schon mal ein Gewinn für alle!

7.9 Gruppenarbeiten

7.9.1 Teamfindung

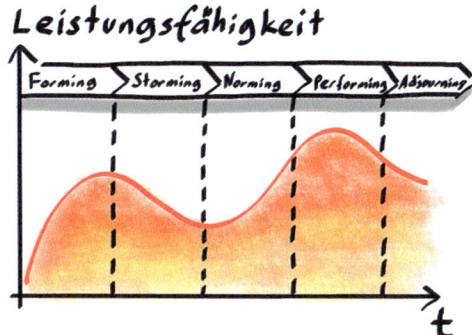

Bild 120: *Jede Teamarbeit muss durch die gleichen Phasen*

Immer dann, wenn mehrere Menschen in einer neuen Konstellation zusammenkommen und gemeinsam arbeiten, lernen oder aber auch spielen sollen, müssen diese erst zueinander finden. Dies ist leider notwendig, bevor effektiv gearbeitet oder eben auch gelernt und geübt werden kann. Dafür gibt es ein häufig verwendetes Modell, das vier Phasen der Teamfindung beschreibt. Manchmal wird dieses Modell noch um eine weitere Phase, dem Adjourning – also der Auflösung, erweitert. Wichtig dabei zu erwähnen ist, dass dies für neue Teams gilt. Das heißt, dass diese Phasen immer dann durchlaufen werden, wenn bestimmte Voraussetzungen nicht erfüllt sind. Im Umkehrschluss können diese Voraussetzungen natürlich auch genutzt werden, um die Teamfindungsphasen zu überspringen oder zumindest zu verkürzen.

7 Methodensammlung

Sorge dafür, dass ...
... sich die Lehrenden vorab bereits gegenseitig kennen lernen konnten
... alle ein gemeinsames Ziel verfolgen (das wäre übrigens auch das Ziel der Gruppenarbeit)
... alle Rollen klar definiert sind
... alle Aufgaben eindeutig verteilt sind.

Wenn man sich bereits gegenseitig kennt, ein gemeinsames Ziel hat, die Rollen klar verteilt sind und die Aufgaben bereits richtig vermittelt sind, hat das schonmal den Vorteil, dass man mit unterschiedlichsten Personenzusammensetzungen gleich starten und performen kann.

Die vier Punkte aus dem vorherigen Kasten sind interessanterweise auch genau die Voraussetzungen, die in stressigen, komplexen und unsicheren Umgebungen (VUCA-Welt) empfohlen werden, um sicher damit umgehen zu können (Resilienz). Mal kurz überlegen, idealerweise kennt man sich auf der Wache oder innerhalb der eigenen Wehr sehr gut, die gemeinsamen Ziele sind mit Menschenrettung, Tierrettung, Brandbekämpfung und Sicherung wertvoller Sachwerte auch exakt definiert, die Rollen werden durch die Wacheinteilung oder zur Not durch die Sitzordnung im Fahrzeug fest vordefiniert (siehste August siehste, ...) und die Aufgaben werden auch, und sogar noch mittels Auftragstaktik, von jemanden (meist mit bunten Westen) genau vorgegeben. Gibt es da etwa Parallelen zu unserem gemeinsamen Hauptthema?!

Ja, und genau das ist der Grund, weshalb die Feuerwehr gleich von Beginn so schnell, effektiv und schlagkräftig ist! Nicht nur bei Gruppenarbeiten, sondern immer dann, wenn es um eine Art der Teamfindung geht, haben sich vier, oder je nach Modell, fünf Phasen zur Erklärung der Funktion dahinter etabliert.

Findungsphase (Forming)
Das erste Zusammenkommen in der neuen (Gruppen-)Konstellation ist zu Beginn eher von Distanz, Zurückhaltung und wenig Persönlichem geprägt. Es wird versucht sich höflich und unverbindlich kennen zu lernen.

Sturm und Drang Phase (Storming)
Erste Spannungen, Reibereien und Konflikte entstehen bei der Suche nach der eigenen Rolle im Team oder bei einem unterschiedlichen Verständnis der Aufgabenstellung.

Normierungsphase (Norming)
Beim ersten Miteinander hat man sich auf gemeinsame Regeln, Arbeitsweisen und Kommunikationsnormen geeinigt. Feste Rollen sind jetzt bekannt und die Aufgaben entsprechend den Rollen sinnvoll im Team verteilt.

Phase der Aufgabenbewältigung (Performing)
In der produktivsten Phase wird entsprechend den vergebenen Aufgaben effektiv und je nach Verteilung selbstständig oder gemeinsam in Kleingruppen am Ergebnis gearbeitet. Es ist ein Teamgefühl vorhanden, man unterstützt sich und durch die schon gemachten Gruppenerfahrungen läuft die Zusammenarbeit konstruktiv auf das Erreichen des Auftragsziels zu.

Auflösungsphase (Adjourning)
Das Ende der Zusammenarbeit ist erkennbar und letzte Aufgaben werden erledigt. Meist wird hier die Ergebnissicherung am stärksten vorangetrieben. Es wird sich von der eingenommenen Rolle und dem Team verabschiedet.

7.9.2 Regeln und Empfehlungen

Damit eine Gruppenarbeit effektiv durchgeführt werden kann, gibt es ein paar Grundregeln, die sich für dich lohnen könnten. Natürlich funktioniert es auch ohne diese Hinweise – aber spätestens, wenn du mittendrin viele Fragen beantworten und immer wieder nachsteuern musst – wirst du dich vielleicht an diese Textpassage hier erinnern.

Als erstes solltest du nicht, wie eigentlich zu vermuten ist, die Aufgabe vorstellen. Die Erfahrung zeigt, dass spätestens, wenn die Aufgabe bekannt ist, niemand mehr beim Rest zuhört. Ein ähnliches Problem ergibt sich bei der Gruppeneinteilung. Diese kann entweder aktiv durch den Lehrenden festgelegt werden oder passiv durch eine vorbestimmte Gruppenaufteilung oder auch durch die Teilnehmenden selbst erfolgen. Letzteres dauert meistens am längsten, hat aber den Vorteil, dass durch die Selbstbestimmung eine höhere Zufriedenheit vorherrscht. Die Aufmerksamkeit der Teilnehmenden wird bei einer Einteilung vom Thema weg auf die zukünftigen, vermeintlich gemeinsamen Leidensgenossen gelenkt. Das ist leider mal wieder nicht lernfördernd – somit sollten wir das besser nicht machen. Es empfiehlt sich also, zunächst die Rahmenbedingungen der Gruppenarbeit bekannt zu geben, bevor das Thema und ganz zum Schluss die Einteilung kommen.

7 Methodensammlung

Erst die Rahmenbedingungen, dann die Aufgabenstellung bekannt geben.
Die Gruppenaufteilung (aktiv oder passiv) erfolgt ganz zum Schluss – denn damit beginnt die aktive Phase.
Am effektivsten sind Gruppen mit 3–5 Lernenden.
Notwendige Parameter für eine Gruppenarbeit
1. Dauer der Gruppenarbeit
   (ggf. Zeitnehmer:in bestimmen lassen)
2. Hilfsmittel für die Durchführung der Gruppenarbeit
   (ggf. Protokollführung bestimmen lassen)
3. Art, Umfang und Dauer der Ergebnissicherung/Präsentation
   (ggf. Vortragende bestimmen lassen)
4. Arbeits- und Aufenthaltsorte für die einzelnen Gruppen
5. Ziel der Gruppenarbeit/Aufgabe
6. Gruppenaufteilung
   a. Abzählen
   b. Losen
   c. Freie Einteilung
   d. Einteilung durch Spiele

7.9.3 Probleme bei Gruppenarbeiten

Natürlich kann es immer wieder zu Problemen bei den Gruppenarbeiten kommen. Die häufigsten habe ich nachfolgend dargestellt und gleich noch mit ein paar Ratschlägen versehen, wie man diese Probleme umgehen, vermeiden oder zumindest reduzieren kann.

Teilnehmende wehren sich sehr stark gegen eine Gruppenarbeit
- Das Wort »Gruppenarbeit« bewusst vermeiden und die Methode ohne Ankündigung beginnen
- Vorschlag, es trotzdem zu versuchen und Erklärung, dass Lernerfolg viel größer ist
- »Verantwortungstragende« mit ins Boot holen und diesen die Gruppensprecherfunktion übertragen
- Gruppenthemen vorbereiten, Themenfelder mit Überschrift und einem Ergebnis aufschreiben > Warten und aushalten
- Beispiele zu den Themenfeldern hängen

7.9 Gruppenarbeiten

Gruppenbildung dauert sehr lange oder gestaltet sich als schwierig
- Steuernd eingreifen und einzelne »Problemfälle« tauschen oder versetzen
- Anreiz für die erste arbeitsfähige Gruppe schaffen
- Selbst durchzählen und auf die Personen deuten als letzte Möglichkeit

Räumlichkeiten sind nicht für Gruppenarbeiten geeignet
- Alternativen suchen und bewusst mal andere Möglichkeiten nutzen (Keller, Speicher, Atemschutz- oder Schlauchkammer, Mannschaftsraum im Fahrzeug, Fahrzeugdach, …)
- Schulungsraum durch Sitz- oder Tischordnung so anpassen, dass es zumindest so viele Bereiche wie Gruppen gibt – Lärmpegel als bewusste Herausforderung verkaufen

Einzelne lassen andere kaum teilnehmen oder zu Wort kommen
- Steuernd eingreifen und auf alle Teilnehmenden hinweisen
- Aktiv die »Stillen« ansprechen und nach Ideen fragen
- Aktiv die »Lauten« bitten etwas zu warten
- Spezialaufträge für die »Lauten« > Beispiele aufschreiben, Details, o. ä. ausarbeiten, Dokumentation erstellen, Kurzprotokoll schreiben

Die Teilnehmenden in den Gruppen sind zu verschieden
- Vorab schon gedanklich die Gruppen festlegen
- Den Fehler offen zugeben und umverteilen
- Teilnehmer:innen in Untergruppen oder Bereiche zusammenfassen (z. B. TM/TF – Maschinisten – GF – ZF – …) und auf unterschiedliche Sichtweisen und Herangehensweisen hinwirken

Einzelbewertung der Leistung ist erforderlich
- Mehrere Beobachter:innen/Bewerter:innen mit bestimmten Schwerpunkten
- Aufteilung in zu beobachtende Personen oder Einzelaufgaben
- Gemeinsames Feedback mit klar aufgeteilter Bewertung > Korrekturen ernst nehmen

7.9.4 Varianten

Wie im Einstieg zu den Gruppenarbeiten schon angesprochen, ist die Gruppenarbeit nur eine von vier möglichen Sozialformen. Trotzdem wird auch die Partnerarbeit oder die Kleingruppe fast immer dieser Form zugeordnet. Dies spielt in der Praxis zum Glück kaum eine Rolle, so dass gerade diese beiden oftmals auch schnell und einfach gerade bei Vorträgen oder Unterrichtsgesprächen zur Auflockerung verwendet werden können. Die vierte Sozialform ist übrigens die Einzelarbeit – sie passt aber nur der Vollständigkeit halber hier her.

7.9.5 Partnerarbeit/Murmelgruppe/Kleingruppe

Kurze und gegensätzliche Themen lassen sich oft in wenigen Minuten entweder in einer Partnerarbeit oder in Kleingruppen – sogenannten Murmelgruppen – durchdiskutieren. Diese Methode ist ideal zur Auflockerung und Aktivierung während Lehrendenzentrierten Methoden.

Tabelle 80: *Partnerarbeit*

Anzahl Teilnehmende	Zielgruppe	Dauer	Zentrierung	Aufwand	Trainer:in-Erfahrung	TN-Aktivierung
1 – 10 TN	TF GF ZF VF Stab	< 5 min	Teilnehmende	Vorab Durchf. Nachher	niedrig	hoch

Vorteile	Nachteile
➢ Keine Materialien notwendig ➢ Ohne Vorbereitung durchführbar ➢ Schnelle Auflockerung bei theorielastigen Themen ➢ Von 2–5 Teilnehmenden variabel ➢ Kurze Aufgabenstellung ausreichend ➢ Keine Ergebnispräsentation notwendig	➢ Kann bei zu häufiger Verwendung eine ablehnende Haltung erzeugen ➢ Lässt sich nicht mit anderen Gruppenarbeiten kombinieren

Tipps und Tricks

➢ Sehr gut anzuwenden, wenn es unruhig wird oder Diskussionsbedarf besteht
➢ Spreche Teilnehmende bewusst an, um Gedanken zur Ergebnissicherung zu nutzen
➢ Methode spätestens dann beenden, wenn ca. ein Drittel nicht mehr am Diskutieren ist

7.10 Evaluationsmethoden

Damit man die Teilnehmenden zu einer Rückmeldung zum vorangegangenen Lernen auffordert, gibt es ein paar Feedback- oder Evaluationsmethoden, die sowohl in theoretischen als auch praktischen Lerneinheiten angewendet werden können.

7.10.1 Daumenfeedback

Die Teilnehmenden werden aufgefordert, ganz im Stile Julius Cäsars, ihren Daumen für die Wertung einzusetzen. So soll im besten Fall der persönliche Nutzen jedes einzelnen aus der vorangegangenen Lerneinheit gewertet werden. Zwei Varianten sind hier für eine sekundenschnelle Rückmeldung möglich. Daumen rauf oder runter für ein sehr hartes Feedback oder mit allen Nuancen dazwischen.

Tabelle 81: *Daumenfeedback*

Anzahl Teilnehmende	Zielgruppe	Dauer	Zentrierung	Aufwand	Trainer:in-Erfahrung	TN-Aktivierung
beliebig	TF GF ZF VF Stab	< 5 min	TN TN TN Teilnehmende	Vorab Durchf. Nachher	niedrig	mittel

Vorteile	Nachteile
➤ Keine Materialien notwendig ➤ Sekundenschnell und immer durchführbar ➤ Beliebige Anzahl der Teilnehmenden ➤ Selbstreflexion der Teilnehmenden wird in Verbindung mit den anderen Bewertungen angeregt	➤ Alle können die Bewertung sehen, so kann es zu einem nicht ganz ehrlichen Feedback kommen ➤ Man erfährt nur die Wertung aber keine Gründe, Verbesserungsvorschläge oder Probleme

Tipps und Tricks

➤ Frage bei einigen nach Gründen, Verbesserungsvorschlägen, Wünschen und Problemen
➤ Nutze für Fragen die extremen Ausreißer nach oben und unten
➤ Kann auch als Variante mit Aufstellen im Raum durchgeführt werden

7.10.2 Blitzlicht

Die Teilnehmenden sollen (am besten) der Reihe nach und mündlich eine kurze Rückmeldung über die vergangene Schulung geben. Die Rückmeldung kann aus einem Wort, einem Satz und sollte maximal aus drei Sätzen bestehen. In Kombination

7 Methodensammlung

mit einer genauen Fragestellung lassen sich aus einem Blitzlicht viele wertvolle Erkenntnisse gewinnen.

Tabelle 82: *Blitzlicht*

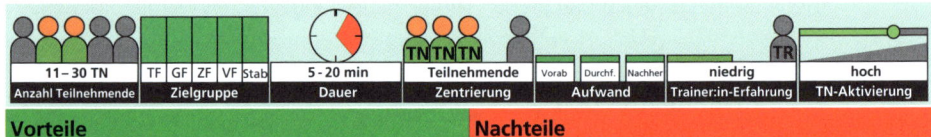

Anzahl Teilnehmende	Zielgruppe	Dauer	Zentrierung	Aufwand	Trainer:in-Erfahrung	TN-Aktivierung
11–30 TN	TF GF ZF VF Stab	5–20 min	Teilnehmende	Vorab Durchf. Nachher	niedrig	hoch

Vorteile	Nachteile
➢ Keine Materialien notwendig ➢ Schnell ➢ Alle geben eine Rückmeldung ➢ Zusammen mit den passenden Fragestellungen wird das Weiterlernen angeregt	➢ Alle können die Bewertung hören, so kann es zu einem nicht ganz ehrlichen Feedback kommen ➢ Ggf. muss die Reihenfolge durch Zeigen aufgezwängt werden

Tipps und Tricks

➢ Lege vorab die Maximallänge des Blitzlichts von Einzelnen fest
➢ Erwähne, dass auch nur ein einziges Wort ausreicht
➢ Mögliche Fragen zur genaueren Rückmeldung können sein:
  – Wurden die eigenen Erwartungen erfüllt?
  – Welchen Nutzen hatte die Lerneinheit?
  – Wurde etwas für die konkrete Anwendung dazugelernt?
  – Was fehlte noch?
  – Welche Wünsche für die Zukunft gibt es noch?
  – Was werden die Teilnehmenden ab jetzt anders machen oder konkret anwenden?

7.10.3 Kartenfeedback (Zeigen und Ausformulieren)

Die wahrscheinlich bekannteste Feedbackvariante ist Moderationskarten in Kombination mit einer kurzen gesprochenen Rückmeldung zu nutzen. Typischerweise werden die Karten in unterschiedlichen Farben zu entsprechenden Fragen zugeteilt.

7.11 Zusammenfassung über das erfahrungsbasierte Lernmodell

Tabelle 83: *Kartenfeedback*

Anzahl Teilnehmende	Zielgruppe	Dauer	Zentrierung	Aufwand	Trainer:in-Erfahrung	TN-Aktivierung
11–30 TN	TF GF ZF VF Stab	20-60 min	TN TN TN Teilnehmende	Vorab / Durchf. / Nachher	niedrig	niedrig

Vorteile	Nachteile
➢ Alle geben eine Rückmeldung ➢ Eine genaue Rückmeldung ➢ Zusammen mit den passenden Fragestellungen wird das Weiterlernen angeregt	➢ Zeitaufwendig und gerade zum Ende kann sich diese Methode ziehen ➢ Rückmeldungen erfolgen nacheinander, während alle anderen Teilnehmenden schon nicht mehr zuhören

Tipps und Tricks

- Lege vorab die Maximallänge der Rückmeldung von Einzelnen fest
- Als Variante ist auch eine anonyme Abgabe der Karten in Kombination mit einem ganzheitlichen Feedback denkbar
- Mögliche Fragen zur genaueren Rückmeldung können sein:
  - Wurden die eigenen Erwartungen erfüllt?
  - Welchen Nutzen hatte die Lerneinheit?
  - Wurde etwas für die konkrete Anwendung dazugelernt?
  - Was fehlte noch?
  - Welche Wünsche für die Zukunft gibt es noch?
  - Was werden die Teilnehmenden ab jetzt anders machen oder konkret anwenden?

7.11 Zusammenfassung über das erfahrungsbasierte Lernmodell für Lernmethoden in der Feuerwehrausbildung

Ganz bewusst steht hier, wahrscheinlich entgegen deinen Erwartungen, keine Zusammenfassung der Lernmethoden. Durch die enorme Vielfalt der bereits existierenden Methoden und der schnellen Weiterentwicklung der allgemeinen Technik und somit der stetigen Neuschaffung von weiteren Möglichkeiten ist es nahezu unmöglich, ein vernünftiges Resümee zu ziehen. Deshalb möchte ich an dieser Stelle die Ergebnisse (und davon die zusammengefasste Version) meiner Masterarbeit vorstellen. Dort habe ich ein Modell zur Auswahl fortschrittlicher Lernmethoden für die Führungsausbildung von Feuerwehren entwickelt. In diesem Zusammenhang habe ich dann noch zwei weitere kühne Thesen aufgestellt. Erstens, dass Methoden für die Feuerwehr immer erfahrungsbasiert sein sollten und dass das Modell für alle und nicht nur für »fortschrittliche« Methoden funktioniert. Die hierfür notwendige

7 Methodensammlung

Evaluation, Auswertung, Validierung und Dokumentation habe ich dann aus Zeitgründen nur mal oberflächlich angegangen – sonst wäre das vom Umfang eher eine Doktorarbeit geworden. **Das habe ich derzeit nicht vor, noch nicht, vielleicht gibt es ja auch noch mehr spannendere Themen.**

Aber aus der Erfahrung und dem Bauchgefühl (und genau darum geht es ja bei Erfahrungen) funktioniert dieses erfahrungsbasierte Lernmodell. Deshalb möchte ich es hier, als sozusagen bessere Zusammenfassung vorstellen, da es dir helfen soll, die richtigen – erfahrungsbasierten Methoden auszuwählen. Es besteht im Großen und Ganzen aus drei anderen bewährten Modellen (Führungskreislauf, Vollständiger Handlung und dem »Recognition-Primed-Decision-Modell« nach Gary Klein) und eben den gewonnenen Erkenntnissen der Masterarbeit. Es unterteilt sich in Grundsätze und Motivation sowie tendenziellen Auswahlkriterien und fünf weiteren Einzelpunkten (Erleben, Planung, Reaktion, Bewertung, Reflexion), die Empfehlungen sowohl für Lernende als auch Lehrende bereithält.

Eine Methode zum erfahrungsbasierten Lernen ist besser geeigneter je ...
- ✓ ... einfacher und standardisierter die Bedienung der notwendigen Werkzeuge ist
- ✓ ... kleiner die Zielgruppe ist
- ✓ ... besser die Inhalte an die Zielgruppe angepasst werden
- ✓ ... direkter Fehler aufgezeigt werden
- ✓ ... mehr Sinne parallel angesprochen werden
- ✓ ... realer die Situation empfunden wird
- ✓ ... realer die entscheidungsrelevanten Faktoren sind
- ✓ ... realer die Zeitverläufe abgebildet werden
- ✓ ... mehr unterschiedliche Sinneseindrücke, Problemstellungen und Sichtweisen erlebt werden
- ✓ ... mehr eigene Erfahrungen gemacht werden können
- ✓ ... mehr eigene Entscheidungen getroffen werden müssen
- ✓ ... direkter die Auswirkungen erfahren werden
- ✓ ... mehr (bewegte) Bilder verwendet werden
- ✓ ... mehr Kommunikation stattfindet
- ✓ ... mehr unterschiedliche Perspektiven möglich sind
- ✓ ... mehr ein sozialer Austausch stattfinden kann
- ✓ ... mehr Leistungssteigerung wahrgenommen wird

Weitere Infos sowie das vollständige Modell sind im digitalen Anhang – Erfahrungsbasiertes Lernmodell nach Gattinger (2019) zu finden.
Wie bei vielen Sachen bin ich auch hier sehr an einem Austausch und an deinen Erfahrungen interessiert! Egal ob es eine Bestätigung oder auch

abweichende Erkenntnisse sind – ich freue mich über jede Rückmeldung. Diese helfen in erster Linie natürlich mir selbst und der Weiterentwicklung meiner Theorien. Langfristig möchte ich die gewonnenen Erkenntnisse immer wieder teilen und weitergeben – hier bin ich einfach ein großer Fan des Open-Source-Gedankens. Meld' dich einfach – ich freue mich auf deine Anregungen und einen Austausch!

7.12 Weiterlernen, Quellen und weiterführende Literatur

Aufgaben zur Umsetzung und Anwendung
- ☐ Markiere alle selbst bereits durchgeführten Methoden in der Übersicht im Anhang!
- ☐ Beschrifte diese mit einem + oder – für die jeweilige Erfahrung!
- ☐ Suche und recherchiere nach weiteren Methoden und probiere diese aus!
- ☐ Versuche geeignete Methoden nach dem »erfahrungsbasierten Lernmodell« auszuwählen
- ☐ Kontaktiere mich und teile mir deine Erkenntnisse und Erfahrungen mit, nutze dafür die E-Mail-Adresse: fuehrungshilfen@gmx.de

Begriffe für Suchmaschinen und Recherche
»Methoden«, »Sammlung«, »Kiste«, »Werkzeug«, »Unterrichtswerkzeuge«, »Trainingsmethoden«, »Ideensammlung«, »Erwachsenenbildung«, »Toolbox«, »Lehre«, »Methodenpool«,
»Recognition Primed Decision Model«.

7 Methodensammlung

Quellen und weiterführende Literatur

Afschar, Tannaz: Sketchnotes für Einsteiger. Visuelle Notizen für Alltag, Schule & Beruf: Basiswissen, viele Schritt-für-Schritt-Anleitungen, große Symbol-Bibliothek mit über 600 Motiven: Kritzel-Spaß für alle. Köln: Naumann & Göbel Verlagsgesellschaft mbH, 2022.

Arnold, Patricia; Kilian, Lars; Thillosen, Anne Maria; Zimmer, Gerhard M.: Handbuch E-Learning. Lehren und Lernen mit digitalen Medien. 5. Aufl., Bielefeld: W. Bertelsmann Verlag (utb Pädagogik, 4965), 2018.

Arnold; Müller: UTB Wörterbuch Erwachsenenbildung: Online-Wörterbuch. Online verfügbar unter http://www.wb-erwachsenenbildung.de/online-woerterbuch/?tx_buhutbedulexicon_main%5Bentry%5D=98&tx_buhutbedulexicon_main%5Baction%5D=show&tx_buhutbedulexicon_main%5Bcontroller%5D=Lexicon&cHash=14fff06588549e6e891e74a0809d507b, letzter Zugriff: 02.07.2024.

Bogner, Alexander; Littig, Beate; Menz, Wolfgang: Interviews mit Experten. Eine praxisorientierte Einführung. Wiesbaden: Springer VS (Lehrbuch), 2014. Online verfügbar unter http://link.springer.com/book/10.1007/978-3-531-19416-5, letzter Zugriff: 02.04.2024.

Cornelson Verlags GmbH: Interview mit Rolf Arnold, o. A.

Dirks, Sandra; Wehr, Tanja: Das große Flipchart-Vorlagen-Buch – Über 180 Vorlagen: von Agenda bis Evaluation für Meetings, Präsentationen und Workshops, 1. Aufl., mitp, Frechen, 2019.

Dittler, Ullrich (Hg.): E-Learning 4.0. Mobile Learning, Lernen mit Smart Device und Lernen in sozialen Netzwerken. Berlin, Boston: De Gruyter, Oldenbourg, 2017.

Dittler, Ullrich: E-Learning. Einsatzkonzepte und Erfolgsfaktoren des Lernens mit interaktiven Medien. 3., komplett überarb. und erw. Aufl., Oldenbourg Wiss.-Verl. (Informatik 10-2012), München, 2011.

Gattinger, Andreas: Bewertungsbogen Praktische Ausbildung, unveröffentlichtes Manuskript, 2014.

Gattinger, Andreas: Praxisnahe Methoden in der Führungsaus- und -fortbildung. In: BRANDSchutz 2017 (11), S. 788–794, 2017. Online verfügbar unter https://shop.kohlhammer.de/praxisnahe-methoden-in-der-fuhrungsaus-und-fortbildung-978-3-00-422851-9.html, letzter Zugriff: 02.07.2024.

Geiß-Hein, Michael: Sketchnotes – Dein Workshop mit Mister Maikel. In 6 Wochen Sketchnotes lernen. 1. Aufl., Stuttgart, TOPP, 2021.

Göhnermeier, Lutz: Praxishandbuch Präsentation und Veranstaltungsmoderation. Wie Sie mit Persönlichkeit überzeugen. Wiesbaden: Springer VS, 2015.

Grass, Brigitte; Ant, Marc; Chamberlain, James R.; Rörig, Horst: Schritt für Schritt zur erfolgreichen Präsentation. Berlin, Heidelberg: Springer-Verlag Berlin Heidelberg, 2008.

Grieser-Kindel, Christin; Henseler, Roswitha und Möller, Stefan: Method Guide – Schüleraktivierende Methoden für den Englischunterricht in den Klassen 5–10, Schöningh, Paderborn, 2006.

Grieser-Kindel, Christin; Henseler, Roswitha und Möller, Stefan: Method Guide – Methoden für einen kooperativen und individualisierten Englischunterricht in den Klassen 5–12, Schöningh, Paderborn, 2009.

Haas, Heike: Flipchart. Das Praxisbuch für Einsteiger. 1. Aufl., Frechen: mitp (mitp Business), 2018.

Humm, Hansruedi, Methodenmappe – Weiterbildung ist vielfältig, 2006. Online verfügbar unter https://schuldekanataemter.drs.de/fileadmin/user_files/166/Dokumente/Methodenmappe07.pdf, letzter Zugriff: 02.07.2024.

IdF NRW: Ausbildungsmethoden, Ausbildungsmittel. Hg. v. IdF NRW. IdF NRW Dezernat K1. Münster, 2016.

IdF NRW: Praktische Ausbildung. Hg. v. IdF NRW. IdF NRW Dezernat K1. Münster, 2016.

k.o.s GmbH: weiter gelernt – 2 Lehr-Lernarrangements. Online verfügbar unter https://www.bvktp.de/media/122012_2_lehr-lernarrangements.pdf, letzter Zugriff: 03.07.2024.

Kerres, Michael: Multimediale und telemediale Lernumgebungen. Konzeption und Entwicklung. 2., vollst. überarb. Aufl., München: Oldenbourg, 2009.

7.12 Weiterlernen, Quellen und weiterführende Literatur

Klimsa, Paul; Issing, Ludwig (Hg.): Online-Lernen. Planung, Realisation, Anwendung und Evaluation von Lehr- und Lernprozessen online. 2. Aufl., München: De Gruyter, 2011.

Lamers, Christoph: Führungsausbildung der französischen Feuerwehren. Ausbildung an einer zentralen Bildungseinrichtung. In: BRANDSchutz 2015 (11), S. 968–971, 2015.

Lasogga, Frank; Gasch, Bernd: Notfallpsychologie. Lehrbuch für die Praxis. 1. Aufl., s. l.: Springer-Verlag, 2008.

Mattes, Wolfgang: Methoden für den Unterricht: 75 kompakte Übersichten für Lehrende und Lernende, Schöningh im Westermann; Paderborn, 2011.

Methodenkartei der Uni Oldenburg: https://www.methodenkartei.uni-oldenburg.de/schulform/erwachsenenbildung/?post_types=methode, letzter Zugriff: 02.07.2024.

Mieg; Näf: Experteninterviews in den Umwelt- und Planungswissenschaften. Eine Einführung und Anleitung. Hg. v. Eidgenössische Technische Hochschule Zürich. Institue of Human-Envirement Systems. Zürich, 2005. Online verfügbar unter www.metropolenforschung.de/download/Mieg_Experteninterviews.pdf, letzter Zugriff: 02.07.2024.

Müller-Zielke, Tobias: Wie macht man einen guten Pecha Kucha Vortrag? 2016. Online verfügbar unter: https://www.tmt-beratung.de/wie-macht-man-einen-pecha-kucha-vortrag/, letzter Zugriff 02.07.2024.

Niegemann, Helmut M.: Kompendium multimediales Lernen. Berlin, Heidelberg: Springer (X.media.press), 2008.

Nitschke, Petra: Bildsprache. Formen und Figuren in Grund- und Aufbauwortschatz. 4. Aufl., ManagerSeminare Verlags-GmbH, Bonn, 2017.

Nohl, Arnd-Michael: Interview und Dokumentarische Methode. Anleitungen für die Forschungspraxis. 5., aktual. und erw. Auflage. Wiesbaden: Springer VS (Qualitative Sozialforschung), 2017. Online verfügbar unter http://dx.doi.org/10.1007/978-3-658-16080-7, letzter Zugriff: 02.07.2024.

Nydegger, Daniel: Methodensammlung für die Ausbildung in der Feuerwehr. 1. Aufl., W. Kohlhammer, Stuttgart 2021.

Rachow, Sauer: Der Flipchart-Coach. Profi-Tipps zum Visualisieren und Präsentieren am Flipchart, 10. Auflage, managerSeminare Verlags GmbH, Bonn, 2022.

Rachow, Sauer: Kreativ präsentieren: Wirkungsvolle Präsentationsformen – überzeugend anders als PowerPoint, managerSeminare Verlags GmbH, Bonn, 2022.

Rogers, Bill: Classroom Management. Das Praxisbuch. Weinheim: Beltz (Pädagogik Praxis), 2013.

Rohs, Matthias (Hg.): Handbuch Informelles Lernen, Springer VS (Springer Reference Sozialwissenschaften), Wiesbaden, 2016.

Roßa, Nadine: Sketchnotes. Die große Symbol-Bibliothek. 1000 Vorlagen mit vielen Zeichenanleitungen, TOPP, Stuttgart, 2020.

Roßa, Nadine: Sketchnotes. Visuelle Notizen für Alles: von Business-Meetings über Partyplanung bis hin zu Rezepten. 8. Aufl., frechverlag (TOPP), Stuttgart, 2021.

Sauer: Business-Symbole einfach zeichnen lernen, Die wichtigsten Motive für Flipchart und Whiteboard : mit Schritt-für-Schritt-Zeichenanleitung, 4. Aufl., managerSeminare Verlags GmbH, Bonn, 2020.

Schaffranek, Ines: Sketchnotes kann jeder. Visuelle Notizen leicht gemacht. 1st ed. Bonn: Rheinwerk Verlag, 2017.

Scheibe; Skjöth; Wulff: Verhalten im Einsatz. Einführung Führung und Kommunikation. Basisausbildung I, Lernabschnitt 9.2. Hg. v. Bundesanstalt Technisches Hilfswerk. Bonn, 2006. Online verfügbar unter https://ov-idar-oberstein.thw.de/fileadmin/user_upload/LVRP/GBKN/OIOS/BA1_LA09_2_Verhalten_i_Einsatz_u_Fue_Kom_PDF_Anl.pdf, letzter Zugriff: 02.07.2024

Schön, S.; Ebner, M.: Lehrbuch für Lernen und Lehren mit Technologien: 2. Aufl.: epubli GmbH, 2013.

Schröder, Wolfgang: Führung in der VUCA-Welt. Erfahrungen und Lösungen. Hg. v. brainGuide. Meinerzhagen, 2016. Online verfügbar unter https://www.brainguide.de/Fuehrung-in-der-VUCA-Welt, letzter Zugriff: 03.07.2024.

Schulentwicklung NRW – Methodensammlung – Methodensammlung, 2023. Online verfügbar unter https://www.schulentwicklung.nrw.de/cms/methodensammlung/methodensammlung/index.html/, letzter Zugriff: 02.07.2024.

Staatliche Feuerwehrschule Würzburg: Feuerwehr Lernbar. Hg. v. Bayerisches Staatsministerium des Innern. Würzburg, 2018. Online verfügbar unter https://www.feuerwehr-lernbar.bayern/home/, letzter Zugriff: 02.07.2024.

Steinhoff, Falk; Pointner, Timo: FAQ – Lean Management. 100 Fragen – 100 Antworten. 1. Aufl., Düsseldorf: Symposion, 2016.

Strasmann: Teilautonome Arbeitsgruppen: ein Königsweg zu mehr Produktivität und einer menschengerechten Arbeit? Hg. v. beltz. Remscheid, 1997. Online verfügbar unter http://www.hampp-verlag.de/Archiv/3_97_Rezensionen.pdf, letzter Zugriff: 02.07.2024.

Tippelt, Rudolf; Hippel, Aiga von (Hg.): Handbuch Erwachsenenbildung/Weiterbildung. 6., überarb. und aktual. Aufl., Springer VS (Springer Reference Sozialwissenschaften), Wiesbaden, 2018.

Weber: Analyse von Gruppenarbeit. Kollektive Handlungsregulation in soziotechnischen Systemen. 1. Aufl., Bern, Göttingen, Toronto, Seattle: Verlag Hans Huber, 1997.

Wehr, Tanja: Die Sketchnote Starthilfe – Neue Bilderwelten. Umfangreicher Business- und Sketchnote-Bildwortschatz. 1. Aufl., Frechen: mitp (mitp Business), 2018.

Wehr, Tanja: Die Sketchnote Starthilfe. 1. Aufl., Frechen: mitp (mitp Professional), 2017.

Weidemann: Handbuch Active Training, 3. Aufl., Beltz Verlag, Weinheim Basel, 2015.

Wiegand, Jürgen: Handbuch Planungserfolg. Methoden, Zusammenarbeit und Management als integraler Prozess. Zürich: vdf Hochschulverl. an der ETH (vdf Wirtschaft), 2005.

Zhang, Yu (Hg.): Handbook of mobile teaching and learning. Berlin, Heidelberg, New York, Dordrecht, London: Springer Reference, 2015.

8 Lernzielbilanzierung, Lernzielkontrolle, Prüfung und Evaluation

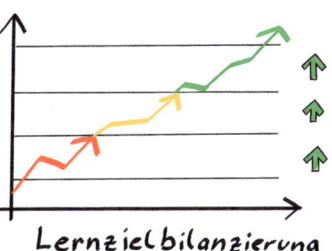

Bild 121: *Lernzielbilanzen beschreiben die Erreichung der gesetzten Bildungsziele*

Nutzen:
- ✓ Du weißt, worauf es bei einer Prüfung ankommt.
- ✓ Du bist in zukünftigen eigenen Prüfungen besser, weil du die Modalitäten kennst.
- ✓ Du kannst mit positiven und negativen Evaluationen besser umgehen.
- ✓ Du wirst für dein Feedback geschätzt.
- ✓ Dein Feedback ist für alle Teilnehmenden objektiv und nachvollziehbar.

Lernziel:

Am Ende des Kapitels solltest du …
- … die wichtigsten Bausteine einer Lernzielbilanzierung erklären können.
- … die Gütekriterien von Prüfungen erläutern und anwenden können.
- … geeignete Prüfungsmethoden einschätzen und auswählen können.
- … wirksame Evaluationen erstellen und durchführen können.
- … ein professionelles und wirksames Feedback strukturieren können.
- … die wesentlichen Kriterien für eine objektive Überprüfung verwenden und selbst eine objektive Beurteilung gestalten können.

Fragen:
- ? Was sind wichtige Gütekriterien für Prüfungen?
- ? Aus welchen Bestandteilen setzt sich eine Lernzielbilanzierung zusammen?
- ? Wofür sind Lernfortschrittskontrollen notwendig?
- ? Was ist ein Lernkorridor?
- ? Welche Arten von Prüfungsmethoden gibt es?

8 Lernzielbilanzierung, Lernzielkontrolle, Prüfung und Evaluation

> ? Wie wird eine Evaluation durchgeführt?
> ? Wie gibt man ein professionelles Feedback?
> ? Wie beurteilt man objektiv?

Nachdem ich in den vorherigen Kapiteln und explizit im ▶ Kapitel 3.4 wiederholt sehr viel Wert auf die klare Formulierung von Lernzielen gelegt habe, ist es jetzt an der Zeit einen weiteren Nutzen dieser Pedanterie **(meiner fast schon übertriebenen Genauigkeit – hier natürlich aber nur »fast«)** kennen zu lernen. Denn, je genauer das Lernziel definiert wurde, desto einfacher kann nach der Durchführung der Lerneinheit kontrolliert werden, ob dieses Lernziel auch wirklich erreicht wurde. Die Lernzielkontrolle ist ein essenzielles Element, um festzustellen, ob die Lernenden ausreichend Wissen, Können oder noch besser Kompetenzen vermittelt bekommen haben. Daraus können dann noch weitere Nachschulungen notwendig werden. Sie ist auch ein wichtiger Beitrag zur Qualitätssicherung in der Erwachsenenbildung. Falls du dir gerade etwas unsicher bist, was denn die genauen Definitionen der vorher genannten Begriffe sein könnten, empfehle ich dir einen kurzen Sprung zum ▶ Kapitel 2. Das Wissen um das Erreichen des angestrebten Ziels ist ein wichtiger Bestandteil, um die Qualität der Ergebnisse zu überprüfen. Ebenso wie das Wissen um die Unterschiede in der Lernzielbilanzierung. Zum Glück haben alle als Ziel, die Qualität der Schulung zu verbessern.

8.1 Definitionen der Begrifflichkeiten

Selbst wenn ich kein großer Freund von langen Definitionen gleich zu Beginn bin, hilft es doch ungemein, einen kurzen Überblick über die vielen unterschiedlichen Begriffe zu haben. Die Lernzielbilanzierung besteht im Wesentlichen aus zwei Teilen, wie in nachfolgender Grafik ersichtlich ist. Beide geben wichtige Rückmeldungen für die Lernbegleitenden. Dies ist so weit wichtig, um herauszufinden, ob alle Lernziele schon erreicht wurden oder noch entsprechend nachgearbeitet werden muss. Ebenso können daraus Rückschlüsse auf weitere nachfolgende Lerneinheiten, Trainings und Lehrgänge gezogen werden. Grundsätzlich kann man sagen, dass zwei unterschiedliche Bereiche für eine ganzheitliche Auswertung notwendig sind. Zum einen geht es um die Qualität der Lernergebnisse und zum anderen um die Qualität der Schulung. Die Lernergebnisse können mittels Lernzielkontrollen und Prüfungen auf ihre Qualität überprüft werden. Die Schulungsqualität kann durch die Schulungsleitung selbst oder durch Teilnehmende und Kunden evaluiert werden.

8.1 Definitionen der Begrifflichkeiten

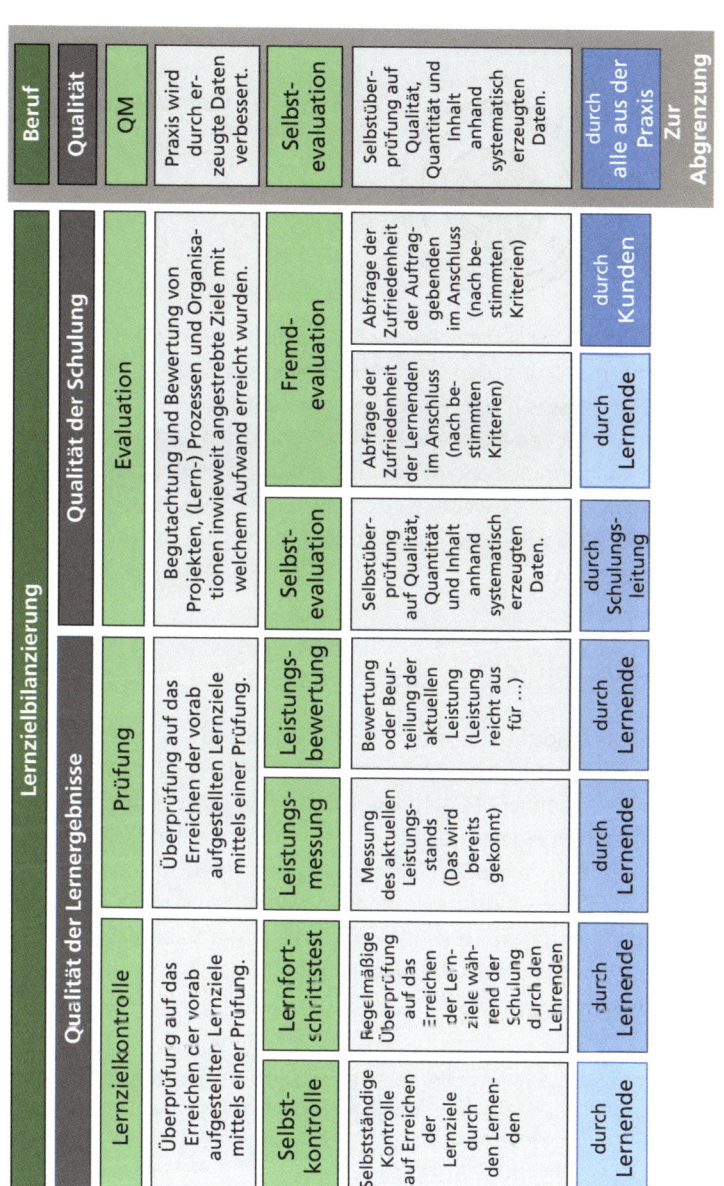

Bild 122: *Grafik zur Klärung der Begrifflichkeiten einer Lernzielbilanzierung*

8.2 Lernzielkontrolle

Bild 123: *Zur Kontrolle von Lernzielen muss man genau hinsehen*

Meistens werden in Lerneinheiten mehrere definierte Lernziele und diese in mehreren einzelnen Lernzielkontrollen überprüft. Einerseits ermöglicht dies eine Kontrolle und einen Rückschluss auf den Erreichungsgrad der Lernziele und lassen andererseits gleichzeitig in der damit einhergehenden Prüfung den Leistungsstand der Lernenden ermitteln. Man ermittelt also den aktuellen Lernfortschritt in Abhängigkeit zur Dauer des Lehrgangs. Idealerweise wird diese durch Selbstkontrollen der Lernenden ergänzt, so dass eine regelmäßige Überprüfung auf das Erreichen der Lernziele durchgeführt wird.

8.2.1 Selbstkontrolle

Für eine gute Selbstkontrolle benötigen die Lernenden eine gute Selbstreflexionskompetenz und auch den Mut, sich selbst Fehler und Verbesserungspotentiale eingestehen zu können. Es geht in erster Linie darum, die selbst erstellten Arbeiten und abgelieferten Ergebnisse auf ihre Verwendbarkeit für die angestrebte Funktion hin zu überprüfen. Je häufiger diese durchgeführt wird, umso besser, effektiver und selbstverständlicher kann diese eingesetzt werden. Wichtig ist dabei auch eine Rückmeldung durch die Lehrenden zur Qualität der Selbsteinschätzung. So erfolgt einerseits ein Dialog um die Ergebnisse und zusätzlich wird die Selbstreflexionskompetenz gesteigert.

 Gib den Teilnehmenden am Anfang immer selbst kurz die Gelegenheit ihre Arbeitsleistung einzuschätzen, bevor du deine Rückmeldungen und Bewertung anbietest. Meist fällt diese sehr kritisch aus – relativiere diese im Anschluss über das Gesamtziel und gerade zu Beginn einer Schulungsmaßnahme in Bezug auf den Lernfortschritt. Zusätzlich bietet es sich an, im Nachgang die Selbsteinschätzung der Teilnehmenden mit deiner Einschätzung zu vergleichen und entsprechende Abweichungen zu begründen. Das fördert die Selbstreflexionskompetenz.

8.2 Lernzielkontrolle

8.2.2 Lernfortschrittskontrollen

Bild 124: *Befindet sich die Lernentwicklung im Lernkorridor – dann ist alles im grünen Bereich*

Regelmäßige Überprüfungen, ob die zu erwartenden Ziele erreicht werden können, nennt man auch Lernerfolgskontrollen, Lernfortschrittserhebungen, Lernfortschrittstests oder auch Leistungskontrollen. Sie werden meist während einer längeren Schulung durchgeführt und zeigen sowohl den Lehrenden als auch den Lernenden an, ob aufgrund der bisherigen Leistungen das finale Lehrgangsziel erreicht werden kann. Durch die Regelmäßigkeit entsteht schon frühzeitig eine schnelle Rückmeldung über mögliche Defizite – oder auch Stärken. So kann rechtzeitig von beiden Seiten auf eine Verbesserung eingewirkt werden – und vorhandene Stärken genutzt werden. Sollte dies nicht der Fall sein, so kann durch eine bestimmte Anzahl an nicht bestandenen Lernerfolgskontrollen z. B. der Zugang zur eigentlichen Prüfung verwehrt werden. Das mag an dieser Stelle sehr hart klingen, ist aber notwendig, wenn man entsprechende Qualitätskriterien und Mindestanforderungen anlegt. Eine frühzeitige Kommunikation durch regelmäßige Kontrollen kann auf beiden Seiten viel Frust und Mehraufwand ersparen. Manchmal ist es eben besser, wieder vom Anfang an mit einem neuen Versuch zu beginnen.

Lernfortschrittskontrollen sind ein Prognosewerkzeug, um herauszufinden, ob und wo man sich im angestrebten Lernkorridor befindet.

8.3 Prüfungen

Bild 125: *Unbeliebt, aufwendig, aber meist vorgeschrieben – Prüfungen*

Prüfungen müssen bestimmten Ansprüchen gerecht werden, um unweigerlich auftretende Fehler möglichst gering zu halten und um auch, im gewissen Rahmen, rechtssicher zu sein. Dabei wird in zwei Begriffe unterschieden, in eine Leistungsmessung, die nachweist, ob etwas ausreichend gekonnt wird, und in eine Leistungsbewertung, bei der festgestellt wird, ob dieses Können von Einzeltätigkeiten für eine komplexe Aufgabenstellung ausreicht. Die Leistungsmessung gibt nur an, inwieweit etwas gekonnt wird. So weit so gut, das ist ja schließlich genau die Anforderung, die die Lernziele einfordern. Eine umfangreiche Tätigkeit ergibt sich aber eben aus vielen einzelnen Lernzielen und dem Blick auf das große Ganze. Daraus erfolgt dann eine Leistungsbewertung und diese hat immer eine zu erreichende Referenz und erzeugt daraus dann Abstufungen in der Qualität – **daraus werden dann die Noten gemacht**.

 Leistungsbewertungen treffen nur ja/nein Aussagen. Leistungsmessungen erzeugen (notenwürdige) Abstufungen.

8.3 Prüfungen

8.3.1 Ansprüche an Prüfungen/Gütekriterien

Prüfungen sind ein sehr gutes Instrument, mit dem die Leistung von Lernenden gemessen wird, **wenn es denn richtig gemacht wird – sonst sind sie leider ungenügend**. Damit dabei auch aussagekräftige Ergebnisse erzielt und ableitbare Aussagen getroffen werden können, müssen Prüfungen immer bestimmte Gütekriterien aufweisen. Die wichtigsten und am häufigsten genannten sind hier Validität, Reliabilität und Objektivität und werden im Folgenden noch weiter vorgestellt. Die Validität (= Gültigkeit) ist dabei das wichtigste Gütekriterium, da ohne dieses die Prüfung an sich ihre Berechtigung verliert. Zusätzlich zu diesen drei Hauptkriterien gibt es noch einige weitere, die in ihrer Summe die Aussagekraft von Prüfungen festigen.

Aus der Erfahrung heraus – **auch aus der eigenen** – steht gerade für die Prüflinge als wichtigstes Kriterium die Transparenz an erster Stelle. Diese gibt die Art und Weise, wie eine Prüfung durchgeführt wird, vor und schafft gerade durch eine frühzeitige Kommunikation vorab viel Vertrauen und Akzeptanz. Genauso spielt auch die Fairness gegenüber allen Teilnehmenden durch Chancengleichheit und keine Bevorzugung oder Benachteiligung eine wichtige Rolle. Dies zielt auch auf die Unverfälschbarkeit (also kein Unterschleif oder Schummeln) des Ergebnisses durch die zu Prüfenden ab. Dies würde bei einem Bekanntwerden auch die Fairness gegenüber allen anderen und die Augenscheinvalidität reduzieren. Mit dieser wird die Prüfung von allen Beteiligten als gültig und aussagekräftig empfunden. Das steigert wiederum die Akzeptanz bei der Bewertung, vor allem auch bei schlechten Ergebnissen. Nicht ganz vergessen sollte man auch die Ökonomie von Prüfungen. Sie gewährleistet, dass der Aufwand zum Nutzen in einem vernünftigen Verhältnis steht und damit diese auf lange Sicht überhaupt durchführbar bleiben.

> Prüfungen müssen eindeutig, objektiv und verständlich sein. Sie müssen zuverlässige Ergebnisse liefern, nur den vermittelten Inhalt (und nichts darüber hinaus) prüfen und wirtschaftlich durchführbar sein.
> Idealerweise soll über die vermittelten Inhalte die berufliche Handlungskompetenz und die reale Leistungsfähigkeit überprüft werden.

Validität/Gültigkeit

Das Gütekriterium der Validität beschreibt, wie bei der Lernzielbilanzierung nur genau die notwendige Leistung (und keine andere oder zusätzliche) gemessen wird. Das heißt, dass die zu bewertende Leistung sowohl mit dem Lerninhalt als auch den Lernzielen übereinstimmt - dies nennt man Inhaltsvalidität. Eines der Ziele eines Tests liegt in der Vorhersagevalidität der Ergebnisse, so dass Rückschlüsse auf spätere Fähigkeiten prognostiziert werden können und damit eine Lernentwicklung vorhergesagt werden kann.

Was in der Prüfung gekonnt wird, sollte dann auch im Einsatz funktionieren!

Reliabilität/Zuverlässigkeit
Das Ergebnis der Prüfung beschreibt im Zusammenhang mit der Zuverlässigkeit, was tatsächlich an Leistung vorhanden ist – idealerweise ohne Abweichungen. Die gewünschten Merkmale sollen möglichst exakt und ohne Messfehler gemessen werden. Je höher die Reliabilität, desto robuster ist die Prüfung gegenüber Störungen und Fehlern. Auch sollte das Ergebnis unabhängig von den zu prüfenden Personen sein.

Unterschiedliche Prüfungen, mit den gleichen Voraussetzungen, erzeugen ähnliche und im besten Fall identische Ergebnisse.

Objektivität
Die Ergebnisse einer Prüfung sollen unabhängig von den äußeren Bedingungen und den Prüfenden sein. Das heißt, dass sie nicht subjektiv abhängig sind – gleiche Leistung wird bei unterschiedlichen Personen auch gleich bewertet.

Gleiche oder unterschiedliche Prüfende bewerten gleiche Leistungen bei unterschiedlichen zu prüfenden Personen immer gleich!

Eine idealisierte Objektivität kann nur durch vollkommene Standardisierung von Prüfungen erreicht werden, die aber wiederum die pädagogische Freiheit einschränkt. Dabei könnten dann nur wenige kreative Lösungen zugelassen werden, weshalb es hier immer einen Mittelweg zwischen Standardisierung und Entfaltungsmöglichkeiten geben muss. In der Praxis bedeutet dies hier, einen Kompromiss zwischen Kreuzchentest (Multiple Choice) und offenen Fragen zu finden.

8.3 Prüfungen

Am besten kann dies erreicht werden, wenn es vorab erstellte Musterlösungen zu den Aufgaben gibt und genaue Beschreibungen (sog. Erwartungshorizont) zu den relevanten Bewertungspunkten vorliegen.

Bei Prüfungen gibt es drei einzelne Teilschritte, die auch Auswirkungen auf die Objektivität haben: Durchführung, Auswertung und Interpretation. Bei der Durchführungsobjektivität soll das Prüfungsergebnis unabhängig von der prüfenden Person sein. Diese kann auch nur »technisch« prüfen (z. B. nur anwesend sein). Die Auswertungsobjektivität soll das Ergebnis unabhängig von der korrigierenden oder leistungsmessenden Person sein. Die von der bewertenden Person unabhängige Leistungsbeurteilung nennt man Interpretationsobjektivität.

Objektivitätssteigerung bei der Prüfung:
- Je kürzer die Aufgabenformulierung, desto objektiver
- Je wichtiger das Fach und die Prüfung durch die Prüfenden angesehen wird, desto objektiver
- Je weniger (Lebens-)Erfahrung zur Beantwortung notwendig ist, desto objektiver

8.3.2 Ausgestaltung von Prüfungen

Eine didaktisch richtige und zielgerichtete Prüfung zu stellen, ist meist genauso kompliziert und ebenso umfangreich, wie eine vernünftige Schulung durchzuführen. Bei einer gut vorbereiteten Schulung ist es aber nicht mehr ganz so schlimm, da hier Teile der Planung wieder genutzt werden können. Denn die in ▶ Kapitel 3.4.2 vorgestellten Taxonomiestufen werden wieder ausgepackt und kommen zum Einsatz. Ich hoffe du erinnerst dich – sie heißen jetzt Operatoren und können uns viel Arbeit sparen.

Empfehlungen zur Ausgestaltung:
- Eine fachliche Prüfung sollte sich immer nur auf ein einzelnes Fach beziehen.
- Eine Kompetenzüberprüfung sollte immer interdisziplinär erfolgen.
- Die Aufgaben sollen immer einen Anwendungs- und Praxisbezug haben.
- Idealerweise wird die vollständige Handlung durch die Prüfung komplett abgebildet.
- Vorab sollten die möglichen Punkte für die Aufgaben festgelegt werden, so können Schwerpunkte innerhalb der Themengebiete erkannt und diese ggf.

8 Lernzielbilanzierung, Lernzielkontrolle, Prüfung und Evaluation

> angepasst werden. Auch der zeitliche Umfang, der zur Bearbeitung einzelner Aufgaben notwendig ist, kann so durch eine Anpassung der zu vergebenden Punkte gesteuert werden. Ein Punkt je zu bearbeitender Minute wäre z. B. eine gute mögliche Variante.
> - Die Schwierigkeit der Fragestellungen oder Aufgaben sollte im Verlauf der Prüfung ansteigen.

8.3.2.1 Anforderungsbereiche (Afb)

Damit eine Notengebung entsprechend den erforderlichen Anforderungen erfolgen kann, ist es notwendig, bestimmte unterschiedlich schwierige Bereiche festzulegen. Diese Anforderungsbereiche werden analog den Taxonomiestufen eingeteilt und sind diesen im Prinzip recht ähnlich. Allerdings gibt es hier nur drei Abstufungen, Anforderungsbereich I, II und III oder wie in den nachfolgenden Unterpunkten Faktenwissen, Transfer und Problemlösung genannt. In jeder Prüfung müssen Aufgaben aus allen drei Anforderungsbereichen gestellt werden, da sie sonst zu leicht, zu schwer oder zu unausgewogen sind.

Afb I – Faktenwissen/Reproduktion:
Im ersten Anforderungsbereich geht es um die Überprüfung der notwendigen Grundlagen im Bereich von Wissen und Kenntnissen. Hier soll ein in sich abgegrenztes Wissensgebiet und die Grundlagen des vermittelten Gebiets abgefragt werden. Darüber hinaus sollen eingeübte Arbeitstechniken und bekannte Methoden überprüft werden. Bei der Reproduktion geht es um die Überprüfung, ob die Materie ausreichend bekannt ist und kleinere fachliche Probleme, entsprechend dem Erlernten, gelöst werden können. Sie sind i. d. R. ebenfalls aus dem gleichen Themengebiet und beinhalten bereits eingeübte Abläufe und bekannte Methoden. Fachbegriffe sollen an der richtigen Stelle richtig eingesetzt werden. Meistens wird hier nach dem Prinzip – ein Problem, eine passgenaue Lösung – verfahren.

Das meiste kann somit durch reines Auswendiglernen und Wiedergeben beantwortet werden. Ein Wissensabruf aus dem (Kurzzeit-)Gedächtnis heraus funktioniert hier i. d. R. ganz gut. **Deswegen wird dieser Bereich gerne auch, wegen des anteiligen Umfangs, als »Sechserstopp« bezeichnet.**

Vorbereitung: auswendig Lernen

8.3 Prüfungen

Afb II – Anwendung/Reorganisation/Transfer
Die Anwendung des vorhandenen Wissens auf komplexere Problemstellungen und der Transfer bekannter Inhalte auf neue Fragestellungen oder Tätigkeiten ist das Ziel des zweiten Anforderungsbereichs. Somit sollen bekannte Sachverhalte, mit mittlerer Schwierigkeit, selbstständig bearbeitet und erklärt werden. Aus mehreren bekannten Methoden müssen jetzt bereits die geeigneten ausgewählt werden, in eine geeignete Reihenfolge gebracht und erfolgreich angewendet werden. Des Weiteren sollen bekannte Situationen auf andere unbekannte Tätigkeiten übertragen werden können. Diese Tätigkeiten sollten von der Schwierigkeit her vergleichbar mit dem Erlernten sein.

Vorbereitung: Verstehen, Beispielaufgaben lösen und auf ähnliche Fälle anwenden

Afb III – Problemlösung/Reflexion
In diesem Bereich soll sowohl ein bewusster Umgang und eine eigenständige Lösungsfindung noch unbekannter Probleme erreicht werden. Teilweise ist es erforderlich, die komplexen und umfangreichen Aufgaben zu analysieren und in Einzelprobleme zu zerlegen. Die erlernten Erkenntnisse und Methoden sollen als Begründungen und zur Beurteilung herangezogen und weiterentwickelt werden. Eine Abschätzung und Bewertung der verschiedenen erarbeiteten Varianten sowie eine Auswahl mit Argumentation und Begründung ist das Endziel des reflektierten Vorgehens. Die Vorgehensweise soll idealerweise kreativ und gestaltend sein. Aufgrund der umfangreichen Beantwortung und der hohen Leistungserwartung wird dieser Anforderungsbereich gerne mal als »Einserbremse« bezeichnet. Hier trennt sich nun mal die Spreu vom Weizen oder eben der Durchschnitt von den sehr guten Prüflingen.

Vorbereitung: komplettes Verstehen, Anwendung auf schwierigere Fälle und Suche nach eigenen Lösungen

Verteilung für eine zielgerichtete Prüfung
Nachdem die Anforderungsbereiche entsprechend abgegrenzt sind, stellt sich logischerweise die Frage, wie diese Informationen weiterverwendet werden sollen. Gleich zu Beginn der Beschreibung der Anforderungsbereiche haben wir ja schon festgestellt, dass es notwendig ist, unterschiedliche Schwierigkeitsgrade bei den Prüfungen einstellen zu können.

8 Lernzielbilanzierung, Lernzielkontrolle, Prüfung und Evaluation

Je nach Reifegrad der Zielgruppe sind entsprechende Verteilungen möglich. Die nachfolgende Tabelle 84 zeigt eine übliche Verteilung für die entsprechenden Bildungsstufen **sowie eine persönliche Empfehlung für den Feuerwehrbereich**.

Tabelle 84: *Prozentuale Verteilung der Anforderungsbereiche*

	Anforderungsbereich I	Anforderungsbereich II	Anforderungsbereich III
Begriffe in den Anforderungsbereichen	Faktenwissen, Reproduktion	Anwendung, Reorganisation, Transfer	Problemlösung, Reflexion
Vergleich zu den Taxonomiestufen nach Bloom	Wissen, Verstehen	Anwendung, Analyse	Synthese, Bewertung
Primärstufe/Grundschule	25 – 60 %	30 – 50 %	5 – 25 %
Sekundarstufe I/Mittelstufe	30 – 40 %	50 %	5 – 10 %
Sekundarstufe II/Oberstufe	20 – 40 %	40 – 50 %	10 – 30 %
Abitur	30 %	40 %	30 %
Berufsschule	10 – 25 %	30 – 65 %	10 – 40 %
Persönliche Empfehlung für den Feuerwehrbereich			
Feuerwehr Grundausbildung	30 – 40 %	40 – 50 %	10 – 20 %
Feuerwehr Weiterbildung	20 – 30 %	50 – 60 %	20 – 30 %

Notengebung und Gewichtung

Auch bei der Notengebung gibt es eine entsprechende Gewichtung, die abhängig von der jeweiligen Bildungsstufe ist. Letztendlich ist die entscheidende Frage vorneweg: Gibt es hierfür gesetzlich Vorgaben und Regelungen? Sollte dies nicht der Fall sein, empfiehlt es sich, wieder einen Vergleich von möglichen Eingruppierungen zu machen. Die nachfolgende Tabelle zeigt ein paar gängige Varianten.

8.3 Prüfungen

Tabelle 85: *Gängige Notenschlüssel (Verteilung in Prozent)*

Note	IHK-Standard (Berufsschulen)	Abitur (KMK) (Oberstufe)	Unter-/Mittelstufe	Lineare Verteilung
Sehr gut	100 – 92 %	100 – 85 %	100 – 96 %	100 – 83 %
Gut	91 – 81 %	84 – 70 %	95 – 80 %	83 – 68 %
Befriedigend	80 – 67 %	69 – 55 %	79 – 60 %	67 – 52 %
Ausreichend	66 – 50 %	54 – 40 %	59 – 45 %	51 – 36 %
Mangelhaft	49 – 30 %	39 – 20 %	44 – 16 %	35 – 18 %
Ungenügend	29 – 0 %	19 – 0 %	15 – 0 %	17 – 0 %

Solltest du dich jetzt fragen, was die einzelnen Noten so an sich aussagen und warum es manchmal gar keine Note für ungenügend gibt, dann schau einfach mal in den ▶ Anhang 5.

Operatoren

Für die genaue Beschreibung der Tätigkeiten, die ein Prüfling durchführen soll, sind sogenannte Operatoren notwendig. Dies sind bestimmte Verben (Tun-Wörter) die eine entsprechende Schwierigkeitsabstufung in die Aufgabenstellung bringen.

Vielleicht hast du dich bei dem ersten Satz etwas gewundert, warum Tätigkeiten beschrieben und keine Fragen gestellt werden. Auch wenn es vermeintlich schon immer so war, dass die Prüfenden fragen und die zu prüfende Person antwortet, lassen sich mit bestimmten Signalwörtern die Anforderungsbereiche damit viel besser treffen. Fragen sind immer entweder geschlossen oder offen formuliert. Selbst bei den offenen Fragen kann man nur auf das Spektrum der berühmten W-Fragen zurückgreifen. Aber genau so eine Begrenzung soll es bei den Aufgabenstellungen nicht geben, da man ja möglichst anwendungsbezogene Lösungen haben und diese auch noch sinnvoll bewerten will.

Geschlossene Fragen werden so gestellt, dass es nur eine (genau definierte oder richtige) Antwort gibt. Meist ist die Antwort ja, nein, eine Zahl, ein Wort – aber eben immer eine konkrete (meist sehr knappe Antwort). Diese Variante bietet sich gerade bei zeitkritischen Einsätzen sehr gut an.
Ein schönes Beispiel, wie ein (Fernseh-)Interview mit den falschen Fragen in die Hose gehen kann, ist die Befragung von Willy Brandt, 1972, im WDR. Dies sind richtig sehenswerte zwei Minuten, die über einschlägigen Suchmaschinen im Internet mit »Willy Brandt Interview ja nein 1972« sofort gefunden werden können.

8 Lernzielbilanzierung, Lernzielkontrolle, Prüfung und Evaluation

Offene Fragen sollen dagegen grundsätzlich ein (normales) Gespräch am Laufen halten und Interesse an der Person gegenüber oder am Inhalt zeigen. Sie werden genutzt, um eigene Meinungen oder auch Kenntnisse wiederzugeben. Meistens werden hier die W-Fragen genutzt. Dies hört sich leider immer etwas wie ein Verhör an und begrenzt immer noch die Möglichkeiten. Zusätzlich erfolgt die Fragestellung ohne genaues Anforderungsprofil und Schwierigkeitsabstufungen.

Die Kombination einer Aufforderung zusammen mit entsprechenden Operatoren oder vordefinierte Verben (▶ Anhang 3) bieten hier eine noch viel größere Vielfalt an Einzelmöglichkeiten und Abstufungen in der Schwierigkeit an. Der wirkliche Vorteil ist, dass sie bei einer Aufgabenstellung oder Prüfung zu einer bestimmten Tätigkeit auffordern und diese sehr genau in Umfang, Schwierigkeit und zu erwartender qualitativer Leistung definieren. Die nachfolgende Tabelle zeigt mögliche Operatoren in den jeweiligen Anforderungsbereichen und den weiteren Kompetenzstufen analog zu den Taxonomiestufen:

Tabelle 86: *Beispiele für Operatoren in den jeweiligen Bereichen*

Anforderungsbereich I		Anforderungsbereich II		Anforderungsbereich III	
Reproduktion	Reorganisation	Transfer		Problemlösung/Beurteilung	
Wissen	**Verstehen**	**Anwendung**	**Analyse**	**Synthese**	**Bewertung**
▪ Nennen ▪ Bestimmen ▪ Skizzieren ▪ Aufzählen ▪ Aufsagen ▪ Wiedergeben ▪ Darstellen ▪ …	▪ Beschreiben ▪ Bestimmen ▪ Definieren ▪ Erklären ▪ Zuordnen ▪ Identifizieren ▪ Deuten ▪ …	▪ Anwenden ▪ Bilden ▪ Durchführen ▪ Konstruieren ▪ Umwandeln ▪ Zusammenfassen ▪ Testen ▪ …	▪ Analysieren ▪ Auswerten ▪ Prüfen ▪ Ableiten ▪ Entdecken ▪ Offenlegen ▪ Auflösen ▪ …	▪ Begründen ▪ Beweisen ▪ Erzeugen ▪ Folgern ▪ Planen ▪ Verallgemeinern ▪ Entwickeln ▪ …	▪ Beurteilen ▪ Abschätzen ▪ Bewerten ▪ Diskutieren ▪ Kommentieren ▪ Werten ▪ Gewichten ▪ …

8.3 Prüfungen

8.3.3 Prüfungsmethoden

Prüfungsmethoden sollten in der Planung wie Methoden zur Vermittlung von Inhalten angesehen werden. Wichtig ist dabei, sich über das Ziel vorneweg im Klaren zu sein und dann erst die Methode auszuwählen. **Hoffentlich kommt dir das irgendwoher bekannt vor?!** Dazu muss man vor der Auswahl die Taxonomiestufen der Schulung und das Lernziel kennen. Kommt dir das auch noch irgendwo bekannt vor? Erst dann kann man feststellen, ob die Prüfungsmethode zu den zu überprüfenden Kompetenzen passt. Bei der Auswahl mündlicher, schriftlicher oder praktischer Methoden können folgende Fragestellungen helfen.

Welche Lernziele hat die Schulung?
Welche Kompetenzen sollen erworben werden?
Werden die Lernziele durch die Prüfungsmethode überprüft?
Können die Kompetenzen durch die Prüfungsmethode nachgewiesen werden?

8.3.3.1 Mündliche Prüfungen

Bestimmt sind mündliche Prüfungen noch bestens und in unterschiedlichen Formen aus der Schulzeit bekannt. Auch in der Ausgestaltung sind diese, wie früher, stark vom Fach und der prüfenden Person abhängig. Je mehr es in Richtung Faktenwissen geht, umso straffer und fixierter ist i. d. R. der Ablauf der Prüfung.

In der Auswahl der Methoden kann man sich hier an den unterschiedlichen Ausprägungen der Anforderungsbereiche orientieren und so die mündliche Prüfung entsprechend ausgewogen gestalten.

Tabelle 87: *Mündliche Prüfungen*

Methode	Kurzbeschreibung	Anforderungsbereich		
		I	II	III
Befragung	Es werden nacheinander eine Reihe Fragen gestellt, die Prüflinge beantworten diese	X	X	
Demonstration	Bekannte Gegenstände, Modelle oder Abläufe werden durch die Prüflinge erklärt, beschrieben und vorgestellt	X	X	X

Tabelle 87: *Mündliche Prüfungen – Fortsetzung*

Methode	Kurzbeschreibung	Anforderungsbereich		
		I	II	III
Denkanstoß	Die Prüflinge müssen aufgrund von kurzen Aussagen, Kommentaren oder Einzelaspekten selbstständig eine Diskussion durchführen			X
Diskussion	Ein vorgegebenes Thema wird auf alle möglichen Denkweisen besprochen, bis ein Ergebnis erreicht wurde	X	X	X
Fallbesprechung	Ein Beispiel wird mit möglichen Problemen, Varianten und Besonderheiten beschrieben, wie es in der Realität vorkommt und gelöst werden sollte		X	X
Gruppenarbeit	Neben den fachlichen Aspekten werden hier auch die persönlichen und sozialen Eigenschaften mit überprüft	X	X	X
Mitarbeit	Diese findet nebenbei im Unterrichtsgeschehen statt und orientiert sich an quantitativen (Häufigkeit und qualitativen (Verwendbarkeit) Aspekten der Mitarbeit	X	X	X
Problemlösung	Eine (meist) unbekannte Aufgabe wird durch die Prüflinge selbstständig mittels eines eigenen Lösungsweges gelöst		X	X
Vortrag	Eine Zusammenfassung eines Themas wird in einer bestimmten Zeit vorgetragen		X	X

8.3.3.2 Schriftliche Prüfungen

Schriftliche Prüfungen werden meistens auch Klausuren genannt und haben u. a. den Vorteil, dass sie von den zu prüfenden Personen in Ruhe bedacht und (mehrfach) überarbeitet werden können. Ebenso ist die Reihenfolge der Beantwortung beliebig wählbar, dafür gibt es nur begrenzte Nachfragemöglichkeiten. Sie werden in geschlossene, halboffene und offene Aufgabenstellungen eingeteilt. Ähnlich wie bei den Fragestellungen selbst gibt hier die Art der Antwortmöglichkeit die Einteilung vor.

8.3 Prüfungen

Geschlossene Aufgabenstellung
Hier wird eine Auswahl an Antworten vorgegeben und angeboten, so dass keine eigenen Antworten formuliert werden müssen. Gerne werden diese auch als Multiple-Choice-Fragen bezeichnet und besonders bei sehr vielen Prüfungsfragen und großen Gruppengrößen angewendet. Es wird kein Können und es werden keine Fähigkeiten, sondern reines Wissen abgefragt. Der Schwerpunkt befindet sich im ersten und gerade noch im zweiten Anforderungsbereich. Sie sind außerdem schnell zu beantworten, vergleichbar und somit sehr objektiv. Mögliche richtige Optionen sind: eine, einige, keine, mehrere und alle Antworten. Die Schwierigkeit dabei liegt hauptsächlich darin, realistische und ausreichend attraktive falsche Antwortoptionen zu finden (sogenannte Distraktoren – **klingt plausibel … oder? Setze hier ein Kreuzchen, falls du der Meinung bist, das Wort stimmt => ☐**).

Entscheidungsaufgaben, Multiple-Choice, Zuordnungsaufgaben

Halboffene Aufgabenstellungen
Gibt es nur eine eindeutige richtige Lösung, die allerdings selbst gesucht, gefunden und formuliert werden muss, spricht man von halboffenen Aufgabenstellungen. Die Antworten sind dabei meist kurz oder mit einem einzigen Wort zu lösen. Da hier schon eine Transferleistung notwendig ist, befindet man sich hauptsächlich im zweiten Anforderungsbereich. Die Erstellung solcher Aufgaben geht vermeintlich durch das fehlende Suchen nach falschen Antwortmöglichkeiten schneller, die Überprüfung auf eine garantierte Eindeutigkeit gestaltet sich aber meist sehr aufwendig.

Aufzählungen, Ergänzungsaufgaben, Lückentexte, Rechnungen, Vokalabfragen

Offene Aufgabenstellungen
Ist die Beantwortung frei möglich und kann durch die zu Prüfenden selbst und ohne die Vorgabe eines Lösungsweges bestimmt werden, wird die Aufgabenstellung offen genannt. Hier soll das Zusammenspiel von Wissen und Können aus mehreren Kompetenzbereichen angewendet und komplexe Aufgaben bewältigt werden. Besonders wichtig sind dabei das selbstständige Problemlösen und die Beurteilung der Sachverhalte. Deshalb ist man hier häufig im dritten Anforderungsbereich. Bei der

Erstellung muss wieder viel Wert auf die Eindeutigkeit gelegt werden, trotzdem ist diese wesentlich weniger zeitintensiv als die Auswertung. Dafür empfiehlt es sich, vorher eine Musterlösung zu erstellen, die damit eine objektivere, nachvollziehbare und schnellere Korrektur mit dem sogenannten Erwartungshorizont ermöglicht.

Aufsätze, Kurzarbeiten, Projektarbeiten, Referate, Skizzen, Zeichnungen

8.3.3.3 Praktische Prüfungen

Die praktischen Prüfungen gehören zur Feuerwehrausbildung wie die blauen Lichter auf die roten Fahrzeuge. Es dürfte nicht mehr viele andere Bereiche und »Berufe« geben, die ähnlich viel Wert auf das Können legen (sollten). Die erlernten praktischen Fertigkeiten und Kompetenzen sollen auf die spätere Tätigkeit vorbereiten, so dass aus beispielhaften Situationen alle weiteren, auch unbekannten Lagen bewältigt und währenddessen beurteilt werden können. Zur Überprüfung gibt es viele praktische Prüfungsmethoden mit unterschiedlichen Anforderungsbereichen.

Tabelle 88: *Praktische Prüfungen*

Methode	Kurzbeschreibung	Anforderungsbereich		
		I	II	III
Arbeitsprobe	Ein Produkt wird beispielhaft als Prüfungsstück gemäß den Anforderungen möglichst genau er stellt. Zusätzlich kann auch der Fertigungsprozess beurteilt werden.	X	X	X
Demonstration	Bekannte Gegenstände, Modelle oder Abläufe werden durch die Prüflinge vorgemacht und vorgestellt.	X	X	X
Durchführung	Wenig aufwendige Tätigkeiten mit wenigen Handgriffen werden der Reihe nach durchgeführt und so der Algorithmus dahinter vorgestellt.	X	X	
Fallbeispiel	Eine Arbeitsprobe wird mündlich so vorgestellt und durchgesprochen, wie sie in der Realität auch durchgeführt werden würde.	X	X	

8.3 Prüfungen

Tabelle 88: *Praktische Prüfungen – Fortsetzung*

Methode	Kurzbeschreibung	Anforderungsbereich		
		I	II	III
Fachgespräch	Bei einem Fachgespräch wird ein Arbeitsgespräch wie in einem Rollenspiel auf fachlicher Ebene durchgeführt. Sie entspricht fast einer mündlichen Prüfung mit etwas mehr Praxisbezug.	X		
Planspiel	Eine fiktive Situation wird an einem Modell laut besprochen und möglichst viele Varianten bis zur Entscheidung vorgestellt. Dabei wird besonders viel Wert auf die Gedanken und Abwägungen bei der Erarbeitung des Lösungswegs gelegt.		X	X
Projektarbeit	Arbeitsabläufe und Teilaufgaben werden unter bestimmten Vorgaben selbstständig geplant und umgesetzt. Dazu gehört auch eine fachgerechte Dokumentation als Nachweis.		X	X
Prüfungsstück	Ein Produkt wird beispielhaft als Prüfungsstück gemäß den Anforderungen möglichst genau erstellt. Es zählt allein das Ergebnis und nicht der Weg dorthin.	X	X	
Rollenspiele	Eine vorbestimmte Rolle wird den Prüflingen aufgetragen, so dass sie anhand der gelernten Vorgaben handeln und interagieren sollen.	X	X	
Situationsaufgabe	Eine Situation aus dem späteren Aufgabenspektrum wird realitätsnah durchgeführt und ggf. mit kleineren Schwierigkeiten modifiziert.			
Vollständige Handlung	Handlungsorientierte Durchführung eines vollständigen Arbeitsprozesses, der neuartig ist. Alle Stufen werden hier durchlaufen und bewertet.	X	X	X

8.3.4 Zusammenfassung zu Prüfungen

Transparenz	die Art und Weise der Prüfung soll bekannt sein
Validität	Gültigkeit – nur notwendige Merkmale sollen geprüft werden
Reliabilität	Zuverlässigkeit – das Ergebnis soll verlässlich und präzise sein
Objektivität	die Prüfung soll unabhängig von der Situation und den Prüfenden sein
Fairness	für alle Prüflinge gilt Chancengleichheit
Unverfälschbarkeit	die Prüflinge sollen die Ergebnisse nicht verfälschen können
Augenscheinvalidität	die Prüfung soll von allen Beteiligten als gültig und aussagekräftig empfunden werden
Ökonomie	der Aufwand für eine Prüfung soll im Verhältnis zum Nutzen stehen

Erstelle eine Sechser-Bremse:
Faktenwissen
Problemlösung
Wähle die Methode zum passenden Verhältnis der Anforderungsbereiche aus

Probleme mit den Prüflingen:
- Schwer leserliche Handschriften verschlechtern die Beurteilung
- Mädchen und Frauen werden tendenziell besser beurteilt
- Als sympathisch empfundene Personen werden besser bewertet
- Gute Leistungen in anderen Bereichen überstrahlen die aktuelle Leistung (Halo-Effekt)
- Einzelne gute Leistungen überkompensieren einzelne Fehler

Probleme mit den Prüfenden:
- Hungrige Prüfende tendieren zu mittleren Bewertungen
- Weibliche Prüferinnen bewerten milder
- Müde Prüfende bewerten milder
- Gesundheitlich angeschlagene Prüfende bewerten milder
- Erster Eindruck überwiegt die späteren Leistungen (Primacy-Effekt)
- Getroffene Bewertungen werden meistens beibehalten (Perseveration)
- Nachkorrekturen weisen nur kleine Änderungen auf
- Prüfungen zu Beginn werden strenger bewertet
- Der vorherige Prüfling verstärkt die aktuelle Einschätzung nach oben oder unten (Kontrast-Effekt)
- Wissen um Objektivitätsprobleme verstärkt den gegenteiligen Effekt (Überkompensation)

8.4 Evaluation

Bild 126: *Die Evaluation ist die Rückmeldung zur Qualität der Schulung*

Eine Evaluation ist meistens eine fachliche und systematische Überprüfung von Bedingungen, Prozessen oder Ergebnissen. Dabei werden zuvor festgelegte Kriterien auf deren Einhaltung überprüft. Im Bildungszusammenhang geht es um die Überprüfung der Qualität der Schulung. Diese setzt sich aus der Selbstevaluation der Lehrenden und Fremdevaluation durch die Teilnehmenden und die Auftraggebenden zusammen. Dabei geht es in erster Linie um die Qualität, danach dann um Mengen, die Inhalte und die Zufriedenheit der Ausführung. Teile der Fremdevaluation können noch während des Trainings oder des Lehrgangs relativ einfach durchgeführt werden. Im Gegensatz zur Selbst-Evaluation und Einschätzung der Schulungsleitung ist die Fremd-Evaluation durch die Teilnehmenden eine sehr gute lernerzentrierte Art, konstruktive Rückmeldungen zu erhalten.

Typische Methoden der Evaluation:
Beobachtung, Fragebögen, Tests, Materialanalyse, Datenanalyse, Befragung

8.4.1 Selbstevaluation

Die Selbsteinschätzung durch die Schulungsleitung ist im Rahmen eines professionellen Handelns und einer zielgerichteten Weiterentwicklung unerlässlich. Hier geht

8 Lernzielbilanzierung, Lernzielkontrolle, Prüfung und Evaluation

es darum, die individuellen Leistungen und Einschätzungen auf eine organisatorische Ebene zu bringen. Anschließend werden diese nach positiven, negativen und sonstigen Gesichtspunkten analysiert. Danach wird bei der Bewertung herausgearbeitet, ob sich daraus Maßnahmen ableiten und wie diese auszusehen haben. Wenn hier eine Mindestselbstreflexionskompetenz und die Voraussetzungen für eine ehrliche Einschätzung vorhanden sind, dann können so sehr wertvolle Erkenntnisse, durch die sehr nahe an der Praxis orientierte Auswertung genutzt werden. Auch ist die Weiterverwendbarkeit der Ergebnisse aufgrund einer sehr guten Identifikation mit der Aufgabe meistens recht hoch. Die besten Resultate werden erzielt, wenn dieselbe Person die gleiche Schulung in einem kurzen Zeitintervall nochmal durchführen muss oder darf.

- Was hat besonders gut funktioniert?
- Was muss zwingend verbessert werden?
- Was ist zusätzlich noch erwähnenswert?

Diese drei Fragen können entweder auf die gesamte Schulung oder auch auf zielführende Teilbereiche runtergebrochen und so beantwortet werden. Übrigens lässt sich diese Methode auch sehr gut in ein kleines »Einsatztagebuch« integrieren!

8.4.2 Fremdevaluation

Evaluationen durch Außenstehende sind immer ein wichtiger Teil der Qualitätssicherung – egal in welchem Bereich. Speziell in der Aus-, Fort- und Weiterbildung dient die Abfrage der Zufriedenheit hauptsächlich der Überprüfung der Qualität aus unterschiedlichen Blickwinkeln. So werden die Teilnehmenden, die auftraggebenden Personen oder auch die Vorgesetzten der Teilnehmenden befragt. Dies kann entweder direkt nach der durchgeführten Schulung oder erst nach einer bestimmten Einarbeitungszeit zu bestimmten Kriterien erfolgen. Denn erst nach einer gewissen Dauer können die Schulungsmaßnahmen anfangen zu wirken und sich noch weiterentwickeln. Dann kann eine sichtbare Verbesserung (oder manchmal auch leider nicht) beobachtet werden.

Typische Fragestellungen für Fremdevaluationen können sein:

- Konnten neue Erkenntnisse gewonnen werden?
- Wurden die Erwartungen erfüllt?
- Konnten die Referierenden den Lerninhalt vermitteln?
- Waren die Methoden zielführend?

8.5 Feedback, Qualität und objektive Einschätzung

- Wurde auf das Vorwissen eingegangen?
- Waren Vorkenntnisse vorhanden?
- Was war gut?
- Was muss verbessert werden?
- Was sollte sonst noch erwähnt werden?

Bei offenen Fragestellungen handelt es sich immer um stark subjektive Rückmeldungen der Teilnehmenden oder Kunden, die erst durch eine entsprechend große Anzahl an Antworten eine gewisse Aussagekraft besitzen. Zwar liefern diese ohne eine entsprechend durchgeführte Inhaltsanalyse erstmal noch keine wissenschaftlich fundierten Ergebnisse, man kann aber immerhin von einer sehr guten Tendenz ausgehen. Auch liefern offene Fragen besser nutzbare und wertvollere Erkenntnisse als reine Multiple-Choice-Fragebögen. **Ich persönlich sage immer, wenn dir jemand eine Banane gibt – freu' dich drüber. Ab der dritten Banane solltest du dir Gedanken machen, ob du dich nicht selbst zum Affen machst.** Im übertragenen Sinne lautet die Empfehlung für Rückmeldungen aus Freitextfeldern von Evaluationen, dass Einzelnennungen zwar wichtige Hinweise geben können, sie sollten aber nicht überbewertet werden. Bei Mehrfachnennungen sollte der Sache auf den Grund gegangen und entsprechende Maßnahmen eingeleitet werden.

8.5 Feedback, Qualität und objektive Einschätzung

Bild 127: *Feedback muss immer wertschätzend sein*

Im nachfolgenden Bereich wird die spannende Frage geklärt, wie Qualität, Feedback und eine objektive Überprüfung zusammenhängen. So viel sei hier gleich zu Beginn aber schon mal verraten: Die notwendige Qualität des zu erreichenden Bildungsziels kann nur durch regelmäßiges Feedback auf Basis einer objektiven Einschätzung der Leistung erreicht werden.

8.5.1 Qualität

Bei der Suche nach der Definition für Qualität in der Ausbildung findet man oftmals zwei Antworten oder auch Auslegungen. Die Erste beschreibt, dass der Ausbildungsprozess stetig verbessert werden soll und die Zweite geht auf die Relevanz für die spätere Verwendung ein. Auf die Aus-, Fort- und Weiterbildung in der Feuerwehr übertragen, kann man darunter die Garantie verstehen, die angestrebten Funktionen und die damit verbundenen Tätigkeiten in komplexen Einsatzsituationen sicher ausführen zu können. Dieser Punkt sollte zusammen mit der immer weiteren Verbesserung der Schulungen auch unser Anspruch sein. Genau dafür gibt es ein paar Empfehlungen, deren Einhaltung überprüft und umgesetzt werden sollten.

- Ein ganzheitliches Konzept soll entwickelt werden, das die Qualitätsziele festlegt, diese regelmäßig überprüft und dadurch Verbesserungen anstößt.
- Aus-, Fort- und Weiterbildungspläne werden ganzheitlich erstellt und zusammen mit den Lernenden besprochen.
- Ein regelmäßiger Austausch mit allen an den Schulungen beteiligten Stellen findet statt und wird dazu genutzt, die Zusammenarbeit zu verbessern.
- Alle Lehrenden sind fachlich und methodisch für die Vermittlung der Inhalte kompetent ausgebildet und nutzen die Angebote zur eigenen Fortbildung und Weiterqualifizierung.
- Die Lernmethoden sind an die Bedürfnisse der Lernenden angepasst und bereiten auf die späteren Aufgaben vor.
- Der Bildungsverlauf ist transparent und wird dauerhaft von einem Verantwortlichen begleitet, der die Lernziele überprüft und Feedbackgespräche führt.

Eine qualitativ hochwertige Schulung ist immer gerne gesehen und verkauft sich (auch in der Politik) immer sehr gut. Jedoch werden ein paar damit zusammenhängende Fragen gerne übersehen, bewusst nicht gestellt oder an anderer Stelle erst angebracht. Wir befinden uns hier im sogenannten magischen Dreieck aus Qualität, Kosten (Aufwand) und Zeit. Dieses besagt, dass nur eine Ecke dieses Dreiecks eingehalten werden kann und wenn eine zweite Ecke dazukommen soll, dies immer zu Lasten der dritten Ecke geht. Erklärungen und Beispiele hierzu gibt es im Internet genügend. Mir geht es an dieser Stelle mehr darum, sich dessen bewusst zu sein und einen vernünftigen Mittelweg zu finden und trotzdem die Mindestanforderungen nicht zu unterschreiten.

8.5 Feedback, Qualität und objektive Einschätzung

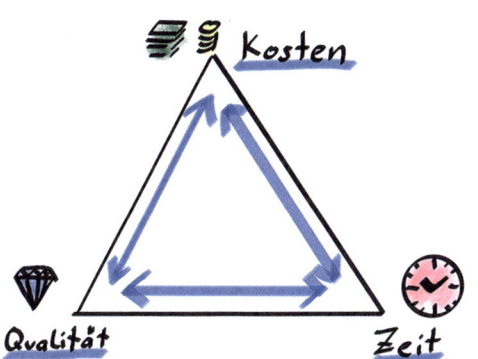

Bild 128: *Magisches Dreieck*

8.5.2 Feedback/Übungsnachbesprechungen

Feedbackgespräche sind ein wichtiger Teil der Empfehlungen, um die Qualität der Lernergebnisse zu verbessern. Ebenso sollte es das Ziel jeder/jedes Ausbildenden sein, ein ehrliches und qualitativ hochwertiges Feedback geben zu können. Wichtig ist dabei zu wissen, dass Feedback – im Gegensatz zur klassischen (Manöver-)Kritik – immer eine Verbesserung als Absicht hat.

 Feedback ist immer offen, ehrlich, wertschätzend und auf Augenhöhe.

Die Kunst für die Feedbackgebenden ist es zu akzeptieren, dass jeder eine andere Sichtweise, Wahrnehmung und Einschätzung auf die Dinge hat (▶ Kapitel 3.7.3). Also müssen wir zunächst immer erst nach den Hintergründen für Entscheidungen oder Antworten fragen, um den Sachstand zu erfahren, erst dann sind eine Beurteilung, Einschätzung und entsprechende Hinweise zur Verbesserung möglich. Hier könnten jetzt wahnsinnig viele Informationen über Sender-Empfänger-Modell, vier-Seiten-Modell, das Kommunikationsmodell und noch viele andere mehr stehen. Für dich als professionelle Lernbegleitung ist es dabei wichtig zu wissen, dass die Feedback empfangende Person Botschaften auf unterschiedliche Weisen aufnehmen und meist zwischen Sach- und Beziehungsebene nicht trennen kann. Deshalb empfiehlt es sich, anhand der klassischen Feedbackregeln wie in einem typischen (Mitarbeiter-)Gespräch vorzugehen. Diese sind auch bekannt als die drei-W-Regeln:

8 Lernzielbilanzierung, Lernzielkontrolle, Prüfung und Evaluation

Wahrnehmung: Wie wurde das Verhalten durch mich selbst wahrgenommen?
Wirkung: Wie hat das auf mich selbst gewirkt?
Wunsch: Was möchte ich mit dem Gespräch erreichen?

In diversen Coachingseminaren und Ratgeberhilfen gibt es viele Empfehlungen für Feedbackgespräche, die sich letztendlich auf sechs einfache Punkte zusammenfassen lassen.

Feedback sollte ...
- ... zielführend, klar und kurz sein.
- ... nur die eigene Wahrnehmung wiedergeben.
- ... zeitnah erfolgen und einen direkten Bezug haben.
- ... konstruktiv sein und ein Verhalten beschreiben.
- ... so konkret wie möglich sein und darf nicht verallgemeinern.
- ... Perspektiven aus einer Ich-Botschaft heraus aufzeigen.

Das bringt uns zu den typischen Einsatzübungsnachbesprechungen und wie sie am besten durchgeführt werden sollten – zumindest wie ich sie aus den oberen Punkten hergeleitet habe. Ergänzend gibt es dazu noch ein paar wichtige Grundregeln, die aber eigentlich immer zwischen Lehrenden und Lernenden angewendet werden sollten.

Versuche Erzählungen und Aufzählungen von Einzeltätigkeiten zu vermeiden, frage stattdessen direkt nach erteilten Aufträgen, Erkundungsergebnissen, Entscheidungen und konkreten Maßnahmen sowie nach einem eigenen kurzen Resümee als Einschätzung. Lass alle ausreden und sorge dafür, dass sich alle anderen ebenfalls daranhalten. Es soll auch möglichst keine Verteidigungen oder Rechtfertigungen geben. Lobe und ermutige – betrachte die Leistung immer im gesamten Kontext und suche nicht nach Kleinigkeiten. Frage nach dem Warum und lass hier kurze Erklärungen zu. Gib selbst möglichst kurze und klare Rückmeldungen und gib dazu immer Begründungen und (wenn nötig) Verbesserungsvorschläge.

Vorschlag für eine Übungsnachbesprechung:
1. (Kurze) Lageeinweisung/Übergabe zur Einführung durch die Teilnehmenden,
2. Benennung der eigenen Ziele vor der Durchführung,
3. (kurze) eigene Einschätzung zur Zieleinschätzung bei der Durchführung als Resümee,
4. Wiederholung der erwarteten Ziele durch die Lehrenden,
5. klare Benennung der Zielerreichung und Abweichungen der erwarteten Ziele,

8.5 Feedback, Qualität und objektive Einschätzung

> 6. Erforschen der Kritikpunkte, die zu den Abweichungen geführt haben,
> 7. Empfehlung für Hinweise bei der nächsten Durchführung,
> 8. Formulierung neuer Ziele,
> 9. Zusammenfassung auf maximal drei Lernpunkte.

Zusätzlich zu den allgemeinen Feedbackregeln gibt es noch ein paar weitere, speziell für Feedbacks geeignete Kommunikationsregeln:
- Lehrende sprechen – Lernende schweigen
- Lernende sprechen – Lehrende schweigen
- Feedback zur Zielerreichung geben nur die Lehrenden
- Keine Rechtfertigungen
- Keine Beschuldigungen
- Keine Unterstellungen
- Bei Unklarheiten – nachfragen

Darüber hinaus bieten sich noch ein paar weitere Überlegungen an. Ermuntere vorab, auch mal etwas auszuprobieren und Fehler zu machen. Ersetze das Wort Fehler durch Lernpunkte – **klingt unwichtig, macht aber viel aus**. Ebenso wichtig ist, dass Schulungen immer geschützte Räume sind und somit keine Interna über Leistungen nach außen gehen. Traue dich auch, entsprechend zu loben. Achte aber darauf, nicht das Gießkannenprinzip anzuwenden.

Selbstorganisiertes Feedback
Ein selbstorganisiertes Feedback ist auf (ganz) lange Sicht das wirksamste Werkzeug für Verbesserungen, da hier ohne Druck und Prüfungscharakter die eigenen Fehler oder Lernpunkte erfasst werden. Natürlich benötigt man hierzu eine ordentliche Menge an Erfahrung und Selbstreflexionskompetenz. Dieses kann man am besten erreichen, wenn man regelmäßig und kontinuierlich steigernd zur Selbsteinschätzung anregt, diese fördert und einfordert. **Drei Werfer auf einen geschlossenen Dachstuhlbrand und die Hosenträger danach schnalzen lassen – ist definitiv keine Selbstreflexionskompetenz, sondern tendenziell irgendwas mit verzerrter Selbstwahrnehmung!**

CRM/TRM basierendes Feedback
Beim Crew Resource Management (CRM) geht es um den Teamgedanken und die Vorbeugung von menschlichem Versagen durch fehlende Absprachen oder Hierarchieprobleme. Das Thema ist ursprünglich von der Luftfahrt in die Medizin, dann zur

8 Lernzielbilanzierung, Lernzielkontrolle, Prüfung und Evaluation

Rettungsmedizin und inzwischen auch ein bisschen zur Feuerwehr gekommen. Das Team Resource Management (TRM) ist eigentlich die Weiterentwicklung des CRM und beschreibt die optimale Nutzung aller vorhandenen Ressourcen (Menschen, Informationen, Ausstattung). Leider wird es immer wieder synonym verwendet, so dass CRM und TRM oftmals gleichgesetzt, aber falsch verwendet werden. Letztendlich geht es zum Glück in beiden Modellen um Sicherheit, Qualität und Effizient. Speziell im CRM-Bereich gibt es (nach Rall/Gaba) ein paar Leitsätze, die menschliche Fehler reduzieren sollen. Daraus lassen sich folgende essenzielle Punkte für das geleitete Feedback bei Feuerwehrübungen oder Trainings ableiten. Wichtig für eine Einschätzung nach CRM/TRM-Gesichtspunkten ist dabei die Fragestellung, die sich auf die Einhaltung der Leitsätze bezieht. Diese sollen sich die beobachtenden Personen und die Teilnehmenden jeweils selbst für die Auswertung beantworten. Im Anschluss daraus werden Fragen zu den Hintergründen erzeugt, die bei aufgetretenen Problemen oder Schwierigkeiten die Ursache ermitteln sollen. Hier kann mit anschließendem Nachfragen nach einem »Warum« oder auch »Warum nicht« noch weiter nachgeforscht werden.

Idealerweise sollte sowohl CRM als auch TRM im Fortbildungsbereich eingesetzt werden. Für die Aus- und Weiterbildung fehlt die grundlegende Erfahrung auf der zu übenden Funktion. Hier wird sich noch zu viel mit grundlegenden Themen beschäftigt, als dass auf die Feinheiten der Kommunikation eingegangen werden kann. Nachfolgende Fragestellungen für ein TRM **(oder etwa ein CRM, recherchiere doch gleich mal selbst!)** basiertes Feedback wurden aus den CRM-Leitsätzen nach Rall/Gaba, den Phasen des Führungskreislaufes und eigenen Erfahrungen für ein geleitetes Feedback von mir entwickelt.

Allgemein
- Gab es Probleme bei der Handhabung der Ausrüstung?
- Wurden Fixierungsfehler erkannt und verhindert?
- Wurde der Führungskreis regelmäßig durchlaufen?

Erkundung
- Wurden alle vorhandenen Informationen genutzt?
- Wurden Merkhilfen verwendet?

Planung
- Wurde ausreichend vorausgeplant?
- Wurden alle notwendigen persönlichen, personellen und technischen Ressourcen mobilisiert?
- Wurden die Prioritäten den Situationen angepasst?

8.5 Feedback, Qualität und objektive Einschätzung

Befehlsgebung
- Wurde effektiv miteinander kommuniziert?
- Wurde die Führung klar übernommen oder dieser klar zugearbeitet?
- Wurde zielführend zusammengearbeitet?
- Wurde die Arbeitsbelastung gleich verteilt?
- Wurden die Stärken und Schwächen bei allen berücksichtigt?

Nachforderung und Übergabe
- Wurde ausreichend Unterstützung angefordert?
- Wurden alle vorhandenen Informationen weitergeben?

Generell empfiehlt es sich als Feedback für handlungsorientierte Lernsituationen oder praktische Übungen, die Entscheidungsgrundlagen der Lernenden zu kennen und auf dieser Basis die Bewertung durchzuführen. Am schlimmsten ist es, hierbei selbst einen (vermeintlich) idealen Lösungsweg zu haben und alle anderen Lösungen damit zu vergleichen. Ideal ist es z. B. in der Führungsausbildung, den Wissensstand der Erkundung im Moment der getroffenen Entscheidung als Grundlage der Bewertung zu verwenden. Trotzdem muss, speziell in unserer Umgebung, die Zielerreichung immer mit betrachtet werden. **So ist ein Lob für eine richtige Entscheidung (z. B. bei fehlerhafter Erkundung) im Zusammenhang mit einer sehr geringen Zielerreichung (z. B. Patient hat nicht überlebt) nicht angebracht! Hier sind wir wieder bei der objektiven Einschätzung im Gesamtkontext.**

8.5.3 Objektive Überprüfung und Beurteilungsmethoden

Eine (für alle) gerechte Prüfung durchzuführen, dürfte allein schon aufgrund der unterschiedlichen Perspektiven oder des Machtgefälles manchmal sehr schwierig werden. Eine der Lösungsmöglichkeiten ist, über den Ansatz rein objektiver Beurteilungskriterien eine aussagekräftige Beurteilung zu erzeugen. Hier geht es zunächst nicht um eine große Entscheidung über das Bestehen, sondern mehrere kleinere und meistens leichter zu beurteilende Entschlüsse, die eine Zusammenfassung über eine Gesamtentscheidung stützen. Das bringt uns wieder zu den Lernzielen, die am besten sehr feinteilig definiert sein sollten. Daraus lässt sich relativ einfach mit geschlossenen Antwortmöglichkeiten die Beurteilung durchführen. Mögliche Kriterien in der praktischen Ausbildung könnten z. B. folgende Fragestellungen sein:

8 Lernzielbilanzierung, Lernzielkontrolle, Prüfung und Evaluation

Wurden Personen durch Maßnahmen gefährdet?
Wurden Einsatzkräfte durch Entscheidungen gefährdet?
Wurde die Lage durch die durchgeführten Maßnahmen verschlimmert?
Gab es eine Eigengefährdung?
Wie viele zielführende Erkundungsphasen gab es?
Wurden die Einsatzschwerpunkte erkannt?
Wurden die richtigen Ressourcen verwendet?
War die Fahrzeugaufstellung zielführend?
Waren die Bewegungsflächen zielführend?
Wurden die Aufträge eindeutig formuliert?
Wurde kontrolliert und nachgesteuert?
War die verwendete Taktik zielführend?
War die technische Umsetzung zielführend?
War ein technisches Grundverständnis vorhanden?
Wurden die Einsatzmittel richtig verwendet?
Wurden die Einsatzmittel effektiv verwendet?
War die Zusammenarbeit zielführend?
War die Kommunikation zielführend?
War die Schutzausrüstung vollständig?
Wurde körperschonend gearbeitet?
War die Gerätehandhabung zielführend?
Waren die handwerklichen Arbeiten zielführend?
Wurden Patienten unbetreut gelassen?
Wurde die Grundfunktion eines Gerätes erkannt?
Wurde der Zustand eines Gerätes verschlimmert?
Wurde die Grundfunktion erklärt?
Wurde die Hauptaufgabe gelöst?
Wurden mögliche Fehlerquellen kontrolliert?
Wurden die sicherheitstechnischen Einrichtungen kontrolliert?
Wurden die richtigen Werkzeuge verwendet?
Wurden Rettungsmaßnahmen innerhalb einer vorab definierten Zeit eingeleitet?
Waren die Rettungsmaßnahmen zielführend?

Wie man hier sehen kann, ist der letzte Punkt schon deutlich schwieriger zu beurteilen und lässt vor allem in der Interpretation einen größeren Spielraum. Einschränken lässt sich dieser mittels Kontrolle weiterer und vor allem genauerer, zusätzlicher Abfragen, die idealerweise ebenfalls wieder aus klaren ja/nein Entscheidungen bestehen. Immer wenn die Frage nach zielführenden Maßnahmen verwendet wird, empfiehlt es sich, die Definition von Zielen im Bereich des Projektmanagements für unsere Zwecke zu nutzen. Dort gibt es das Akronym SMART, das ich nachfolgend auf unsere Feuerwehrwelt angepasst habe, so dass es sich sehr gut für die (Über-)Prüfung einer praktischen Feuerwehrlage anwenden lässt.

S	Spezifisch	Wurden die Aufträge eindeutig formuliert?
M	Messbar	Wurden die Aufträge kontrolliert und ggf. nachgesteuert?
A	Attraktiv	Wurde der richtige Personalansatz gewählt?
R	Realistisch	Wurden die richtigen Ressourcen angewendet?
T	Terminiert	Wurde zeitlich effektiv gearbeitet?

Noch ein wichtiger Hinweis zur Zeitmessung und der damit verbundenen Zielorientierung. Mir ist schon sehr genau klar, dass jede individuelle Lage eine schier unendliche Anzahl an (richtigen) Lösungsmöglichkeiten bereithält. Deshalb sollte nach der Vorbereitung ein reales und ein maximales Zeitfenster vorab festgelegt werden. Denn auch wenn die Rettung traumhaft schön war … Ist sie nach 25 min überhaupt noch sinnvoll und lässt eine gute Note zu? **Ah – du verstehst die objektive Einschätzung und den Gesamtzusammenhang!**

8.6 Zusammenfassung der Lernzielbilanzierung

Versuche wann immer es geht, eine Selbstkontrolle und eine Eigeneinschätzung durch die Lernenden selbst zu initiieren, einzubinden und zu unterstützen. Dies ist normalerweise für alle ungewohnt und nicht ganz leicht. Also muss auch die Selbstreflexion, wie vieles andere, erst mal entsprechend geübt und wiederholt werden. Es dürfte auch offensichtlich sein, dass diese zu einem eher langen Einstieg führen kann. Frage deshalb direkt nach Aufträgen, Erkundungsergebnissen, Entscheidungen und konkreten Maßnahmen, um Erlebniserzählungen zu vermeiden. Versuche ein offenes, ehrliches und vor allem klares Feedback mit maximal drei Lernpunkten aus deiner Sichtweise zu geben. Sorge dafür, dass alle Lernenden immer genau wissen, wo sie sich in ihrem persönlichen Lernfortschritt in Abhängigkeit zum Lernziel befinden. Überprüfe dich selbst als Schulungsleitung und deine Schulung immer wieder auf die Hauptkriterien oder Richt- und Grobziele. Was soll so bleiben und was muss verändert oder gar verbessert werden? Gewinne auch wichtige Erkenntnisse aus der Befragung und den Rückmeldungen der Teilnehmenden selbst, deren Vorgesetzte und den Kunden, die den Auftrag zur Schulung gegeben haben.

8 Lernzielbilanzierung, Lernzielkontrolle, Prüfung und Evaluation

8.7 Weiterlernen, Quellen und weiterführende Literatur

Aufgaben zur Umsetzung und Anwendung
- ☐ Schreibe dir selbst eine kleine Prüfungsordnung mit den wichtigsten Kriterien zusammen!
- ☐ Überlege dir geeignete Prüfungsmethoden!
- ☐ Schreibe dir eine eigene Anleitung für Übungsnachbesprechungen zusammen!
- ☐ Überlege dir eigene objektive Kriterien!
- ☐ Überlege dir Kriterien für eine Evaluation eines Trainings und eines Lehrgangs!

Begriffe für Suchmaschinen und Recherche
»Lernzielkontrolle«, »Prüfung«, »Leistungsnachweis«, »Leistungsmessung«, »Kompetenzdiagnostik«, »Erfolgskontrolle«, »Testierung«, »Gütekriterien Prüfung«, »Validität«, »Reliabilität«, »Objektivität«, »Gültigkeit«, »Transparent«, »Fairness«, »mündlich«, »schriftlich«, »praktisch«, »Operatoren«, »Operationalisierung«, »Liste«, »Anforderungsbereiche«, »Crew Resource Management«, »CRM«, »CRM Leitsätze«, »FORDEC«, »10 für 10«, »Team Resource Management«, »TRM«, »Evaluation«, »Feedback«, »Selbst«, »Fremd«, »Qualität«, »Nachbesprechung«, »objektiv«.

Quellen und weiterführende Literatur

Avallone, M.; Gruber, S.: Empfehlung zum Einsatz von Multiple Choice Prüfungen. Hochschulreferat Studium und Lehre, Technische Universität München, 2012.

Bachmann, H. (Hrsg.): Kompetenzorientierte Hochschullehre: die Notwendigkeit von Kohärenz zwischen Lehr-/Lernzielen, Prüfungsformen und Lehr-Lern-Methoden. Forum Hochschuldidaktik und Erwachsenenbildung, Bd. 1, hep Verlag, Bern, 2011.

Baumert, Jürgen: Vergleichende Leistungsmessung im Bildungsbereich – In: Oelkers, Jürgen [Hrsg.]: Zukunftsfragen der Bildung. Weinheim, Beltz, 2001, S. 13–36. Online verfügbar unter https://www.pedocs.de/volltexte/2013/7912/pdf/Baumert_2001_Vergleichende_Leistungsmessung_im_Bildungsbereich.pdf, letzter Zugriff: 03.07.2024.

Beywl, W.; Bestvater, H.; Friedrich, V.: Selbstevaluation in der Lehre. Ein Wegweiser für sichtbares Lernen und besseres Lehren: Waxmann Verlag GmbH, 2011. Online verfügbar unter https://books.google.de/books?id=KQWBR8sZmuEC, letzter Zugriff: 03.07.2024.

Bloom, B.; Krathwohl, B. S.: Taxonomy of educational objectives: The classification of educational goals. In: Handbook I, Cognitive domain. McKay, New York, 1969.

8.7 Weiterlernen, Quellen und weiterführende Literatur

Brauns, K.; Schubert, S.: Qualitätssicherung von Multiple-Choice-Prüfungen. In: Dany, S., Szczyrba, B., Wildt, J. (Hrsg.): Blickpunkt Hochschuldidaktik: Prüfungen auf die Agenda! Band Nr. 118, Bertelsmann Verlag GmbH & Co. KG, Bielefeld, S. 92 – 102, 2008.

DAAD: Lernergebnisse, Curriculumsdesign und Mobilität : Ein Wörterbuch für Qualitätsbewusste. DAAD, Bonn, 2010.

Döring, Klaus W.: Handbuch Lehren und Trainieren in der Weiterbildung, Bael, Beltz Verlag, Weinheim Basel, 2008.

Dubs, R.: Besser schriftlich prüfen : Prüfungen valide und zuverlässig durchführen. In: Neues Handbuch Hochschullehre, 2 22 06 03 (H 5.1) Prüfungen und Leistungskontrollen, S. 1- 26, 2006.

Ebbinghaus, M.; Schmidt, J. U.: Prüfungsmethoden und Aufgabenarten. Bertelsmann Verlag GmbH & Co. KG, Bielefeld, 2002.

Fischer, Martin (Hrsg.): Qualität in der Berufsausbildung, Anspruch und Wirklichkeit, Bundesinstitut für Berufsbildung BIBB, Bertelsmann Verlag, Potsdam, 2014.

Fischer, Martin; Rauner, Felix; Zhao, Zhiqun (Hg.): Kompetenzdiagnostik in der beruflichen Bildung. Methoden zum Erfassen und Entwickeln beruflicher Kompetenz: COMET auf dem Prüfstand. Berlin, Münster: LIT (Bildung und Arbeitswelt, 30), 2015.

Fuchs, Sandra: Leitfaden zur Formulierung von Lernergebnissen in der Erwachsenbildung. München, 2012.

Gattinger, Andreas: Evaluationskonzept für die praktische Gruppenführerausbildung. Fallarbeit zum Modul EB 0700 »Qualität und Evaluation«. München, unveröffentlichtes Manuskript, 2017.

Gaylor, Claudia (Hrsg.): Leitfaden Qualität der betrieblichen Berufsausbildung, Bundesinstitut für Berufsbildung BIBB, Bertelsmann Verlag, Potsdam, 2015. https://www.bibb.de/dienst/veroeffentlichungen/de/publication/download/7503, letzter Zugriff: 03.07.2024.

Gerick, Sommer, Zimmermann (Hrsg.): Kompetent Prüfungen gestalten, 2. Aufl., Waxmann Verlag GmbH, Stuttgart, 2018.

Gruber, Schlögl, et al.: Qualitätsentwicklung und -sicherung in der Erwachsenenbildung in Österreich. Wohin geht der Weg? 2007. Online verfügbar unter https://erwachsenenbildung.at/downloads/service/nr1_2007_insiqueb.pdf, letzter Zugriff: 03.07.2024.

Kötzle, Markus: Evaluation und Erfolgskontrolle. Online verfügbar unter https://systemblick.de/?id=113, letzter Zugriff: 03.07.2024.

Leitstelle – Leitsätze für die Arbeit von Disponenten. Edewecht, Stumpf + Kossendey, 2013.

Quick, Alexandra: Evaluationsziele und Bewertungskriterien I. Online verfügbar unter https://silo.tips/download/evaluationsziele-und-bewertungskriterien-i, letzter Zugriff: 03.07.2024.

Rall, Dieckmann, Hackstein: Crew Resource Management in der Leitstelle – Leitsätze für die Arbeit von Disponenten. Edewecht. Stumpf + Kossendey, 2013.

Rall, Lackner Crisis Resource Management – der Faktor Mensch in der Medizin. Notfall Rettungsmed 13: 349–356, 2010.

Rapp Sonja: Entscheidungshilfen zur Wahl der Prüfungsform, Eine Handreichung zur Prüfungsgestaltung, Zentrum für Lehre und Weiterbildung der Universität Stuttgart, Working Paper, 2014. Online verfügbar unter https://elib.uni-stuttgart.de/bitstream/11682/6471/1/zlw_working_paper_01.2014.pdf, letzter Zugriff: 03.07.2024.

Reis, O./Ruschin, S.: Kompetenzorientiertes Prüfen – Baustein eines gelungenen Paradigmenwechsels. In: Dany, S., Szczyrba, B., Wildt, J. (Hrsg.): Blickpunkt Hochschuldidaktik: Prüfungen auf die Agenda! Band Nr. 118, Bertelsmann Verlag GmbH & Co. KG, Bielefeld, 2008.

Schmidt, S.: Regionale Bildungslandschaften wirkungsorientiert gestalten. Ein Leitfaden zur Qualitätsentwicklung: Verlag Bertelsmann Stiftung, 2012. Online verfügbar unter https://books.google.de/books?id=-G7R-DAAAQBAJ, letzter Zugriff: 03.07.2024.

Schrader: Lehren und Lernen: in der Erwachsenen- und Weiterbildung, wbv Publikation, Bielefeld, 2018.

Tippelt, Rudolf; Hippel, Aiga von (Hg.): Handbuch Erwachsenenbildung/Weiterbildung. 6., überarb. und aktual. Auflage. Wiesbaden: Springer VS (Springer Reference Sozialwissenschaften), 2018.

Tittmann; Gerth; Halgasch: Formulierung von Lernzielen. Didaktische Handreichung. In: Sächsisches E-Competence Zertifikat, 2010. Online verfügbar unter https://tu-dresden.de/mz/ressourcen/dateien/services/e_learning/didaktische-handreichung-formulierung-von-lernzielen-aus-dem-projekt-seco?lang=de/, letzter Zugriff: 03.07.2024.

Tödt, Katja: Lernorientierte Qualitätstestierung für Bildungsveranstaltungen. Leitfaden für die Praxis. Hg. v. ArtSet Forschung Bildung Beratung GmbH. Hannover, 2009. Online verfügbar unter http://www.qualitaets-portal.de/wp-content/uploads/LQB-Leitfaden-200809.pdf, letzter Zugriff: 03.07.2024.

Wildt, J.: Kompetenzen als »Learning Outcome«. In: Journal Hochschuldidaktik: Studieren in Modulen. 17. Jg. Nr. 1, März 2006, S. 6- 9, 2006.

Zech: Lernerorientierte Qualitätstestierung in der Weiterbildung. LQW-Modellversion 3 Leitfaden für die Praxis. 6. korrigierte Auflage. Hannover: ArtSet Forschung Bildung Beratung GmbH, 2017.

9 Schulungsabschluss

Bild 129: *Abschluss und Übergang für die weiteren Aufgaben*

INFO

Nutzen:
- ✓ Du hast, auch im realen Leben, immer einen guten und schnellen Ausstieg aus einem Thema parat.
- ✓ Du kannst dir selbst auf dich abgestimmte Weiterlernangebote auswählen.
- ✓ Du weißt, worauf es bei einem Abschluss einer Schulung ankommt.

INFO

Lernziel:

Am Ende des Kapitels solltest du …
- … die Bestandteile und den Aufbau eines Schulungsabschlusses erklären und darstellen können.
- … einen für die Teilnehmenden unauffälligen Themenausstieg durchführen können.
- … eine Zusammenfassung, Feedbackelemente und eine Evaluation in den Rückblick integrieren können.
- … Evaluationen zu den Inhalten getrennt von Prüfungen entwickeln können.
- … eine Perspektive für die Zielgruppe gestalten können.
- … die passenden Weiterlernangebote bewerten und auf die angestrebte Funktion auswählen können.

9 Schulungsabschluss

Fragen:
- ? Woraus besteht ein Schulungsabschluss?
- ? Warum sollte ein Schulungsabschluss aus vielen aufeinanderfolgenden Punkten bestehen?
- ? Warum ist eine Perspektive mit ihren Einzelpunkten so wichtig?
- ? Wie sollte ein zielführender Schluss aussehen?
- ? Wie sollte eine Verabschiedung auf Augenhöhe durchgeführt werden?

Ein erfolgreiches Lernen zeigt sich immer auch durch einen guten Abschluss am Ende einer Schulung. Dieser ist besonders wichtig, um die erarbeiteten Lerninhalte zu sichern, einen Bezug zu noch folgenden eigenständigen Lerninhalten herzustellen und um das Weiterlernen anzuregen. Solltest du einfach nach der Inhaltsvermittlung aufhören, kann dies zwei negative Auswirkungen haben. Erstens entsteht schnell das Gefühl, dass alles, was vorab erarbeitet wurde, gar nicht so wichtig war – **was du logischerweise unbedingt vermeiden solltest**. Zweitens verpasst du eine prima Gelegenheit, den vorher vermittelten Inhalt, der an dieser Stelle noch präsent ist, kurz aufbereitet zusammenzufassen und mit wenig Aufwand direkt auf den Weg ins Langzeitgedächtnis zu befördern. Wenn man so will, besteht das Ende einer Schulung (egal ob kurz oder lang) aus mehreren Einzelpunkten, die ich versucht habe in der nachfolgenden Tabelle etwas deutlicher darzustellen.

Tabelle 89: *Schulungsabschluss*

Thema vermitteln	
Rückblick und Transfer Vermittelte Inhalte bis in die Gegenwart	Themenausstieg
	Zusammenfassung
	Feedback und Evaluation
	Lernzielkontrolle und Prüfung
Perspektive Gegenwart bis in die Zukunft	Ausblick
	Weiterlernangebote
	Schluss und Verabschiedung

Man kann erkennen, dass es eine aufeinander aufbauende Systematik gibt und ein guter Schulungsabschluss in der Regel zweigeteilt ist. Er bietet einen Blick von den vermittelten Inhalten bis in die Gegenwart und von dieser in die Zukunft.

9.1 Rückblick und Transfer

Bild 130: *Rückblick – was liegt bereits hinter uns*

Hier wird versucht eine Brücke aus dem gelernten Inhalt in die aktuelle Handlungssituation oder für die jeweilige angestrebte Funktion zu übertragen. Idealerweise kann das Gelernte im Anschluss an den Themenausstieg und die Zusammenfassung auf vergleichbare reale Situationen übertragen werden. **Aufgemerkt – genau dieser Aspekt ist ein Teil der Kompetenzdefinition – ▶ Kapitel 2.6 – hier schließt sich also der Kompetenzkreis.** Zusammen mit der Lernzielkontrolle und einer optionalen Prüfung bildet der Transfer den ersten Teil des Schulungsabschlusses.

9.1.1 Themenausstieg

Der Themenausstieg sollte eine Art Übergang zwischen dem eigentlichen Thema oder dem Lerninhalt mit all seinen Methoden und dem sich andeutenden Ende der Veranstaltung sein. Das Ziel wäre es hier, einen geordneten Wechsel zwischen aktivem Lernen, Transferüberlegungen, Lernzielkontrollen, Prüfungen, Weiterlernangeboten und der Entlassung in die Freiheit hinzubekommen. Dabei sollten die bisherigen Ergebnisse gesichert und dokumentiert werden. Es wird also eine erste Bilanz der Lernergebnisse erstellt. Eine typische, nicht besonders lange Form, wäre: »Gibt es noch Fragen? – Gut, dann kommen wir jetzt zum Schluss«.

Wenn ich das jetzt etwas bewusst überzeichnet dargestellt habe, steckt doch ein wahrer und nicht zu unterschätzender sinnvoller Kern in dieser Fragestellung. Ernsthaft und zielführend formuliert, sucht die Frage nach noch offenen Punkten, (Verständnis-)Problemen oder eben allen anderen weiteren Fragen, die Helfen, die Inhaltsvermittlung auf die Bedürfnisse der Lernenden anzupassen. So kann sichergestellt werden, dass niemand übersehen wird und alle Themen ausreichend vermittelt werden. Die Kunst ist es, nicht die Pause bis zu möglichen Antworten zu verlängern, sondern die Fragestellung etwas ausgiebiger auf die einzelnen oben beschriebenen Punkte zu lenken.

Eine ähnliche Methode ist es, die am Anfang durchgeführte Ideensammlung der Teilnehmenden nochmal hervorzuholen, durchzugehen und abzuhaken. Dies hat den Vorteil, dass sie gleich mit der Zusammenfassung kombiniert werden kann, um durch das Aufrufen der bearbeiteten Inhalte die noch offenen Fragestellungen besser ins Gedächtnis zu rufen.

9.1.2 Zusammenfassung

Vielleicht kannst du dich noch an das zweite Vorwort (das »Richtige Vorwort«) erinnern? Dort habe ich bereits die aus meiner Sicht fünf wichtigsten Fragestellungen für eine gute Schulung erwähnt:
1. Was willst du wirklich vermitteln und welches Ziel soll erreicht werden?
2. Welcher Zielgruppe willst du das vermitteln und warum?
3. Was ist die beste Methode, die du kennst, diesen Inhalt zu verdeutlichen?
4. Gibt es Zuhörer, die mehr Wissen haben? Gut, dann nutze es!
5. Und bitte – lass es nicht raushängen, dass du durch deinen Wissensvorsprung über den Teilnehmenden stehst.

Diese Überlegungen lassen sich an dieser Stelle umkehren und für die Zusammenfassung nutzen, indem man sich die Frage stellt, ob dies alles schon erreicht wurde. Wenn ja, dann ist das schon sehr gut und man hat jetzt die Gelegenheit, sich einen oder mehrere der ersten vier Punkte passend zum Thema, der Gruppe und der Lernsituation auszusuchen und so als Anlass für die Zusammenfassung zu verwenden. Falls nicht, sollte spätestens an dieser Stelle versucht werden, alle offenen Punkte in der Zusammenfassung noch einmal kurz aufzugreifen. Eine Zusammenfassung muss sich übrigens nicht immer nur auf das Wissen beschränken und aus einem theoretischen Resümee bestehen. Vielmehr geht es in unserem Hobby oder Beruf um das handlungsorientierte Anwenden und Können. Folglich kann die Zusammenfassung auch durch praktisches Vormachen, gemeinsames Durchsprechen einer Lage oder eine Gerätebedienung in der Gruppe erfolgen.

9.1.3 Feedback und Evaluation

Zwei kleine Empfehlungen hätte ich noch, wieso die Rückmeldungen vor der Lernzielkontrolle und einer eventuellen Prüfung stattfinden sollten. Offensichtlich bleibt so die gute Grundstimmung erhalten und wird nicht durch das eigene

Nichtwissen oder Nichtkönnen versaut. **Klingt lustig, ist es aber leider nicht immer – vor allem für die Nichtwissenden oder Nichtkönnenden.** Das Nichtbestehen färbt tatsächlich immer mal wieder auf das Feedback zur Inhaltsvermittlung ab. Ein bisschen kann man das schon nachvollziehen, schließlich ist ein Durchfallen ja auch eine gewisse Art von Rückmeldung und auch die (eigenen) Lernziele wurden eben nicht erreicht. Meine Empfehlung ist es hier, die Evaluation für die Lernvermittlung und die der Prüfung einfach zu trennen. So können auch die daraus resultierenden Maßnahmen besser getrennt bearbeitet werden. Wie immer plädiere ich zu Offenheit und viel Transparenz schon im Vorhinein. So wissen die Teilnehmenden, dass sie auch eine Feedbackmöglichkeit zur Prüfung haben, das entspannt die Situation bei der Evaluation zur Schulung ungemein.

9.1.4 Lernzielkontrolle und Prüfung

Du magst keine Dopplungen? Sehr gut, ich auch nicht – deshalb ab ins ▶ Kapitel 8.2 und ▶ 8.3!

9.2 Perspektive

Bild 131: *Weitblick, Ausblick und eine Perspektive gehören fest zusammen*

Wenn alles gesagt, zusammengefasst, evaluiert und geprüft wurde, ist es an der Zeit einen geeigneten Übergang zum Ausblick zu finden. Idealerweise werden dabei auch noch Angebote zum Weiterlernen an die Teilnehmenden unterbreitet und jeder ist glücklich. So weit so gut zur Theorie – die entscheidende Frage ist nur: Wie kann ein passender Ausblick gelingen? Leider besteht auch noch die Kunst darin, hier die Spannung nach einer abschließenden Zusammenfassung oder, noch schlimmer, einer Prüfung aufrecht zu erhalten, um diese Inhalte auch noch sinnvoll aufzubereiten.

9.2.1 Ausblick

Der Ausblick soll die Lernenden für das weitere Lernen begeistern und aktivieren, das aktuell Verarbeitete in einem größeren Gesamtzusammenhang zu sehen. Für viele von uns kann allein der ferne Blick ins Universum mit seinen unendlichen Weiten ausreichen, um den Forschergeist in uns zu wecken. Das wäre natürlich die Idealvorstellung, indem man das gerade vermittelte Thema als nur eine kleine Wissensinsel im großen weiten Bildungsmeer einordnen kann. Um bei diesem bildhaften Vergleich zu bleiben, kann dann der Ausblick die Perspektive auf die Entdeckung einer neuen (Wissens-)Welt sein. Aber jetzt genug des philosophischen Vergleiches und gleich wieder zurück zu wesentlich greifbareren Empfehlungen.

Erarbeite mit den Teilnehmenden in einer kleinen Runde, was sie konkret tun müssen, um in ihrer neu erlernten Funktion in der Anfangsphase bestehen zu können. Bei Trainings reicht oftmals schon die Frage, was, wie, wo am besten zukünftig angewendet werden kann.

Wie geht es direkt nach der Schulung weiter? Damit kann einerseits der Hinweis auf einen weiteren Pflichtlehrgang oder ein Praktikum gemeint sein oder noch viel kleinteiliger: Was folgt direkt im Anschluss? **Pause?! Mittag?!** Gibt es noch weitere Themen, die daran anknüpfen? Hier bietet sich übrigens nochmal die Klärung offener Fragen zum Thema Ausblick an.

9.2.2 Weiterlernangebote

Ein vernünftiger Ausstieg oder Exit des Themas – **also quasi ein Thexit** – ist die Grundlage für eine Stofffestigung und zur Schaffung von Weiterlernangeboten. Manche Lernende sehen das meist anders, denn das Wichtigste ist ja schon geschafft und hinter ihnen. Deswegen lohnt es sich schon während des Trainings oder Lehrgangs, immer wieder Hinweise auf alle möglichen Weiterlernangebote, Quellen, weiterführende Literatur und zielführende Informationen zu geben und diese am Ende nochmal kurz aufzuführen. **Vielleicht kommt dir diese Methodik wieder mal bekannt vor?! Das wäre zumindest mein Ziel gewesen. Am Ende jedes**

9.2 Perspektive

Kapitels habe ich sowohl Quellen, weiterführende Literatur als auch Suchmaschinenbegriffe als Anregung zur Verfügung gestellt.

Hausaufgaben
Wen es bei diesem Wort nicht gleich fröstelt, der werfe das erste Vokabelheft. So ungeliebt sie nun mal sind, so effektiv sind Hausaufgaben unter anderem als »Weiterlernangebot«. Genau aus diesem Grund habe ich sie nochmal explizit mit aufgeführt und wahrscheinlich werden sie deshalb in der klassischen Schulbildung auch so forciert. Auch bei längeren Feuerwehrlehrgängen bieten sich manchmal kleinere Hausarbeiten, Projektarbeiten oder die schöner formulierten »Weiterlernangebote« an. Wichtig ist nur, dass sie im Rahmen der Aus-, Fort- und Weiterbildungen bei Feuerwehren, nie wie oben genannt werden dürfen, nicht zu umfangreich sind, möglichst viel Praxisbezug haben müssen und immer nur als Empfehlung, nie als Muss mit Konsequenzen mitgegeben werden. **Es sei denn wir sind wieder im Bereich der Berufsausbildungen.** Letztendlich sind die Weiterlernangebote aber nichts anderes.

9.2.3 Schluss und Verabschiedung

So wie ein »Herzlich willkommen« zu Beginn einen guten Start markieren soll, so müsste es doch auch hier eine entsprechende ideale und allgemeingültige Kurzformel zur Verabschiedung geben. Wie wäre es denn mit der berühmten Floskel »Vielen Dank für Ihre Aufmerksamkeit!«? – Ich persönlich finde diese wieder nicht passend, sie vermittelt auch gerade in der Erwachsenenbildung ein völlig falsches Bild. Etwas Besseres als »Vielen Dank, dass ihr mich und meine Stoffvermittlung ausgehalten habt und nicht eingeschlafen seid!« sollte auch bei einer weniger provokativen Übersetzung schon drin sein.

Letztendlich geht es bei einer Verabschiedung immer nur um drei Aspekte, damit alles schön rund klingt:
1. ein kleiner Dank für das Miteinander,
2. ein schöner Wunsch wie es weitergehen soll
3. und die eigentliche Verabschiedung mittels der ortsüblichen Grußformeln.

Natürlich sollte das Ganze auch möglichst ehrlich gemeint sein und zu einem selbst passen. Ansonsten verspielt man, wie auch beim Einstieg, den (hier letzten) Eindruck, der lange noch bestehen bleiben kann und ebenso die abschließende Einschätzung auf Sympathie und Nützlichkeit bestärkt oder abschwächt.

9 Schulungsabschluss

Hier noch ein paar Vorschläge, die etwas besser als die Standardfloskel klingen dürften:

- Vielen Dank fürs Mitdenken und Mitmachen.
- Ich hoffe euch hat es genauso viel Spaß gemacht wie mir.
- Schön, dass ihr da wart und ich hoffe, dass ihr möglichst viel mitgenommen habt.
- Viel Erfolg beim Weiterlernen.
- Wir sehen uns beim nächsten Mal – ich freue mich schon drauf.
- Ich wünsche euch noch viel Spaß und Erfolg beim Anwenden.
- Wir sehen uns beim nächsten Einsatz, wo ihr alles gut anwenden könnt.

9.3 Weiterlernen, Quellen und weiterführende Literatur

Aufgaben zur Umsetzung und Anwendung
- ☐ Überlege dir einen eigenen Ablauf für einen Schulungsablauf!
- ☐ Überlege dir ein paar mögliche Themenausstiege!
- ☐ Überlege dir, welche Weiterlernangebote du zukünftig nutzen willst!
- ☐ Entwickle eine eigene Verabschiedung!

Begriffe für Suchmaschinen und Recherche

»Rückblick«, »Transfer«, »Themenausstieg«, »Zusammenfassung«, »Exzerpt«, »Weitblick«, »Perspektive«, »Weiterlernen«, »Angebote«, »Weitermachen«, »Transferleistung«,

»Schluss«, »Abschluss«, »Verabschiedung«, »Abschiedsgruß«.

9.3 Weiterlernen, Quellen und weiterführende Literatur

Quellen und weiterführende Literatur

Arnold; Müller: UTB Wörterbuch Erwachsenenbildung: Online-Wörterbuch. Online verfügbar unter https://www.stzgd.de/weiterbildung/, letzter Zugriff: 03.07.2024.

Birkenbihl, Michael: Train the trainer. Arbeitshandbuch für Ausbilder und Dozenten ; mit 21 Rollenspielen und Fallstudien. 17. Aufl., München: Redline Wirtschaft bei Verl. Moderne Industrie, 2002.

Döring, Klaus W.: Handbuch Lehren und Trainieren in der Weiterbildung, Bael, Beltz Verlag, Weinheim Basel, 2008.

Fromm: Einführung in didaktisches Denken, Waxmann Verlag, Münster, 2012.

Fromm: Einführung in die Pädagogik – Grundfragen, Zugänge Leistungsmöglichkeiten, utb Verlag, 2015.

Grass, Brigitte; Ant, Marc; Chamberlain, James R.; Rörig, Horst: Schritt für Schritt zur erfolgreichen Präsentation. Berlin, Heidelberg: Springer-Verlag Berlin Heidelberg, 2008.

Hippel, Kulmus, Stimm: Didaktik der Erwachsenen- und Weiterbildung, Schöningh, Brill Verlag, 2018.

Pöggeler, Franz; Raapke, Hans-Dietrich (Hg.): Handbuch der Erwachsenenbildung. Erscheinungsort nicht ermittelbar (Handbuch der Erwachsenenbildung), 1985

Schrader: Lehren und Lernen: in der Erwachsenen- und Weiterbildung, wbv Publikation, Bielefeld, 2018.

Tippelt, Rudolf; Hippel, Aiga von (Hg.): Handbuch Erwachsenenbildung/Weiterbildung. 6., überarb. und aktual. Auflage. Wiesbaden: Springer VS (Springer Reference Sozialwissenschaften), 2018.

Witt, Susanne: Schlusssituationen. Deutsches Institut für Erwachsenenbildung, 2015. Online verfügbar unter https://www.die-bonn.de/wb/2015-schlusssituationen-01.pdf, letzter Zugriff: 03.07.2024.

10 Abschluss dieses Buchs

Bild 132: *Ein Abschluss – Herzlichen Glückwunsch*

Nutzen:
✓ Du brauchst nicht mehr allzu viel lesen.

Lernziel:
Am Ende des Kapitels solltest du …
- … mal kein Lernziel haben.
- … zufrieden und glücklich sein, denn du hast ein gutes Buch gelesen und hast hoffentlich etwas Praktisches gelernt.

10.1 Transfer in deine Aufgabe oder Funktion

Fragen:
- ? Wer bin ich und wenn ja wie viele?
- ? Wie viele Vorworte gab es?
- ? Wo ist ein Anker abgebildet?
- ? Was steht als zwölftes Wort auf Seite 217?

Alles hat ein Ende ... **nur dies' Buch hat zwei** ... Der Abschluss im letzten Kapitel hat sich mit dem Abschließen von Schulungen im Allgemeinen beschäftigt. Nachdem ich dieses Buch ja ein bisschen wie eine eigene Schulungsmaßnahme ansehe und natürlich den Aufbau aus Beispielgründen bewusst genauso auch aufgebaut habe, folgt jetzt folglich der Abschluss dieses Buches.

Das Bild zu Beginn des Kapitels habe ich übrigens ganz bewusst ausgewählt, da ich das Durcharbeiten, sich mit der Thematik Auseinandersetzen und das Verstehen schon als eine besondere Leistung ansehe. Natürlich lässt sich auch hier wieder etwas ableiten, auch wenn es sich um keinen Abschluss handelt, heißt das nicht, dass man sich darauf ausruhen sollte oder darf! Es geht immer (irgendwie) weiter ... auch und gerade beim Lernen. Ansonsten sieh dir nochmal die Grafik im ▶ Kapitel 2.2 zum Thema Fortbildungen an. **Hörst du auf besser zu werden, dann hast du schon lange aufgehört gut zu sein.** Deshalb auch hier der Transfer vom Buch für dich sowie ein Ausblick und konkrete Weiterlernangebote!

10.1 Transfer in deine Aufgabe oder Funktion

Eine spannende Frage zum Einstieg, die du eigentlich nur selbst beantworten kannst: was haben dir die vielen vorangegangenen Seiten selbst gebracht? Du könntest hier an dieser Stelle eine kurze Pause einlegen und ein paar Minuten überlegen, bevor du weitermachst und diese notieren – **das wäre wieder ein Pluspunkt für die Selbstreflexionskompetenz**. Vielleicht stellst du dir nach deinem nächsten durchgeführten Training oder Lehrgang nochmal genau dieselbe Frage. Denn dann kannst du direkt anhand der noch frischen Erfahrung bestimmen, welche Teile dir als Transfer gelungen sind und wo du noch weiteren Lernbedarf siehst.

Ich hoffe, ich konnte dir viele allgemeine Prinzipien, Denkweisen und Erfahrungen mitgeben, die du jetzt vertikal (also auch für schwierigere Problemstellungen) auf deine zukünftigen Aufgaben transferieren und anwenden kannst. Lateraler Transfer ist übrigens der Übertrag in eine gleich schwere Stufe. Deswegen habe ich das Buch auch mit vielen Such- und Finde-Hilfen, Bildern, Merke-, Achtung-, Info- und Praxistippkästchen zugepflastert, um dir zusätzlich ein schnelles und effektives

Nachschlagewerk für deine zukünftige Funktion als Lernbegleitung an die Hand zu geben. Deshalb schnapp dir gleich mal ein paar Klebemarkierer und markiere dir maximal drei Ideen, die du bei der nächsten Schulung anwenden willst. Ob der Transfer von diesem theoretischen Werk in die praxisorientierte Aus-, Fort- und Weiterbildung dann am Ende gelungen ist und du selbst damit zufrieden bist – kannst nur du selbst beantworten. **Aber du kannst mir hier ein Feedback zukommen lassen, über das ich mich von dir sehr freuen würde!**

Nimm dir nicht zu viele Veränderungen auf einmal vor. Versuche lieber nur ein paar Ideen pro Schulung umsetzen. Realisiere diese stattdessen vernünftig und bleibe regelmäßig bei allen weiteren Schulungen weiter dran.

10.2 Ausblick zum Thema Lernen und Lehren

Egal welche Ideen, Konzepte oder technischer Schnickschnack in Zukunft noch kommen wird, es wird immer auf zwei Grundprinzipien herauslaufen, die eine Verbesserung bei Schulungen unterstützen werden. Du wirst einerseits mit neuen Methoden und vielleicht auch mit neuen Lerntheorien umgehen können. Bei den Methoden, die zum Lernen ausgewählt, angewendet und auf ihre Effektivität evaluiert werden, ist das Einzige, was zählt, das zielgerichtete Lernen in den jeweiligen Situationen. Somit wird dein »methodisch-didaktischer« Werkzeugkasten einfach nur immer größer, du hast mehr Möglichkeiten zum Auswählen und kannst dir nach den für dich relevanten Kriterien die passende Methode aussuchen und anwenden. Also lass dich von irgendwelchen neuen Methoden nicht von den Grundprinzipien abbringen, überlege dir immer zuerst, was wichtig für das Lernen ist und erst danach, ob die (neue) Methode dies auch erfolgreich unterstützt.

Sollte es wieder erwarten in naher Zukunft eine weitere »echte« Lerntheorie geben – wäre das einerseits sehr spannend und andererseits natürlich aufwendiger in der Anwendung als nur eine neue Methode. Deswegen habe ich dir sowohl die derzeit neuesten Erkenntnisse vorgestellt und gleichzeitig versucht, eine Grundtendenz über die Entwicklung der letzten Lerntheorien mitzugeben. Dabei ist zu beobachten, dass sich alle Theorien immer weiter in Richtung der neurologischen Erkenntnisse entwickelt haben. Ebenso werden die Lernenden immer mehr mit dem Ziel der Selbstständigkeit und Verantwortung mit einbezogen. Ebenso geht es immer weiter weg von fachlichen Inhalten hin zu interdisziplinären Fähigkeiten und Kompetenzen. Die letzte der drei Entwicklungspositionen geht immer mehr davon

10.2 Ausblick zum Thema Lernen und Lehren

aus, dass wir als soziale und vernetzte Lebewesen, so lernen sollten, wie wir auch leben. Eine neue Lerntheorie wird folglich die vorhandenen nicht komplett umkrempeln und revolutionieren, sondern einfach diese in genau die vorab beschriebene Richtung weitervorantreiben – **hoffentlich?!** Damit solltest du, zumindest für die nächsten zehn bis zwanzig Jahre ausreichend gewappnet sein – denn spätestens danach hoffe ich auf eine weitere Auflage, die sich dann wieder entsprechend anpassen **und verkaufen** lässt. Ein paar Überlegungen, die gerade am stärksten in der Entwicklung oder Transformation oder im Change-Prozess stecken, möchte ich dir aber noch anschließend vorstellen.

10.2.1 E-Learning/Blended Learning

Wodurch wurde das E-Learning in deutschen Feuerwehren so richtig vorangetrieben?
- A: DFV
- B: LFV
- C: Corona
- D: AGBF
- E: Was ist E-Learning? Ich wohne auf dem Land …

Nicht nur, aber gerade seit dieser Fledermaus-Pandemie hat das E-Learning im Bereich der Ausbildung nahezu einen Quantensprung hingelegt. Zahlreiche neue Plattformen und Möglichkeiten wurden geschaffen und lange aufgeschobene Tests mussten einfach schnell umgesetzt werden. Trotzdem wird sich in diesem Bereich noch viel tun, vor allem bei der technischen Weiterentwicklung und den digitalen Möglichkeiten. Zum Glück wird es aber in unserem Hobby oder Beruf immer auch eine **handfeste, ehrliche und bodenständige** Ausbildung in der Praxis geben (müssen). Diese Vermischung der unterschiedlichsten Formate (z. B. (digitale) Selbstlerneinheiten, E-Learning-Lerneinheiten, Distance Learning/Virtual Classroom, klassische Stoffvermittlung, praktisches Üben etc.) wird dann Blended Learning genannt.

Wie du vermutlich aus dem eigenen Umfeld mitbekommen hast, gibt es schon einige Versuche und konkret funktionierende Lösungen. Warum also noch ein Ausblick? Weil es in Zukunft für alle von uns selbstverständlich werden wird, dass es eine bunte Mischung an Möglichkeiten und Methoden an kurzen Trainings, langen Lehrgängen, digitalen Inhalten und praktischen Schulungen geben wird. Irgendwann wird es genauso selbstverständlich sein, sich an ein digitales Gerät zu setzen, dort ein paar Lerneinheiten zu absolvieren und kurz darauf inhaltlich dort weiterzumachen und vor Ort in Kleingruppen zu üben, wie es jetzt selbstverständlich ist unzählige Liter Diesel zu verblasen, indem man für eine Stunde Vortrag von einem zum anderen Standort fährt.

10.2.2 VR/AR/XR

Spätestens seit Meta (die Firma von Facebook) das Metaversum vorgestellt hat, man die Investitionssummen der größeren HiTech-Firmen in diesem Bereich öffentlich einsehen kann und ich selbst ein paar Sachen VR, AR und XR ausprobieren durfte – bin ich überzeugt, dass das für Schulungen der nächste heiße Scheiß – **äh, tschuldigung Gamechanger – äh, die neue Zukunftsmethode** – wird!

Virtual Reality, Augmented Reality und Mixed Reality (genaue Erklärungen siehe Kurzwörterbuch am Ende des Buches) bieten so unglaublich viele Möglichkeiten und Erweiterungen wie wahrscheinlich die Einführung des Computers. Dabei kratzen wir gerade vergleichbar erst an der C64 oder 286er-Entwicklungsstufe. Eine der vielen Möglichkeiten kann es sein, ein Szenario an einem Standort darzustellen und mittels VR-Brillen ganz woanders an diesem Szenario bestimmte Fertigkeiten (nicht alle!) einzuüben. Zukunftsmusik? Nein, das habe ich, während dem Schreiben dieses Buchs, selbst über die Distanz von Dresden nach München ausprobieren dürfen! Selbst wenn es, auch für Meta, noch nicht ganz rund läuft und es wahrscheinlich noch viele Jahre in der Entwicklung dauern wird – damit rechnen sollte man meiner Meinung nach schon.

10.2.3 WTF? – Was kommt da noch?!

Bild 133: *Evolution – das Lernen findet immer einen Weg*

Nichts ist so beständig wie der Wandel – heißt es zumindest immer wieder. Die gute Frage, die sich in unserem Zusammenhang hier stellt, ist: **»Trifft das auch auf das Lehren und Lernen zu oder sind das alles nur Modeerscheinungen und die Theorie bleibt gleich?«** Ganz schnell beantwortet, wird das Grundprinzip des Lernens nahezu immer gleichbleiben. Selbst Lerntheorien entwickeln sich immer aus bereits Vorhandenen über Jahre und Jahrzehnte hinweg und müssen sich dann erst

10.2 Ausblick zum Thema Lernen und Lehren

noch etablieren und durchsetzen. Hier sind erstmal keine kurzfristigen Überraschungen zu erwarten, auch wenn es einen langfristigen Wandel mit entsprechenden Anpassungen immer geben wird.

Gerade im Bereich der Methoden passiert sehr schnell, sehr viel. Aber Achtung, immer wenn eine neue Methode auch gleichzeitig eine »Revolution des Lernens« verspricht, ist das immer! nur heiße Marketingluft. Klar, Methoden entwickeln sich weiter, werden neu erfunden und bieten dadurch auch mehr Möglichkeiten und Kombinationsvarianten. **Nehmen wir mal meine Schulzeit als Beispiel: kooperativ, auf Augenhöhe, selbstbestimmt und in Gruppen war damals (in Schwarz-Weiß natürlich) noch gar nichts. Computer gab es nur in einem Raum, der, wenn überhaupt, bei Ausfallstunden genutzt wurde. Zum Glück hat sich hier inzwischen viel getan, Lernlandschaften, Tablets und sogar die Sitzordnung wurden auf das kooperative Lernen angepasst.**

Manche Weiterentwicklungen werden durch einen Paradigmenwechsel, politischen Druck oder Gesetzesänderungen angestoßen und manche werden schleichend durch die langsame Einführung neuer Möglichkeiten und Innovationen eingeführt. Natürlich gibt es auch immer eine Vermischung aus diesen beiden Bereichen. Dass das Ganze nicht ganz so einfach ist und wird – wie eigentlich immer im Bereich der Sozialwissenschaften – war ja selbstverständlich und erwartbar. Das macht es für den Feuerwehrler an sich sehr schwierig, denn nirgends sonst mögen alle klare, Wenn-Dann Konstellationen – allerdings auch nur so lange wie niemand in seiner persönlichen Freiheit eingeschränkt wird. **Zusätzlich kennt man ja die zwei Sachen die ein Feuerwehrler grundsätzliches nicht mag – Stillstand und Veränderung.**

Das Erkennen von reinen Modeerscheinungen und wertvollen neuen Möglichkeiten ist dann schon wieder ein eigener Lernprozess. Vergleichbar ist dies mit einem neuen Einsatzkonzept, das eingeführt wird, um dann ein paar Monate und Praxisfälle später festzustellen, dass es z. B. zu starr ist oder bestimmte Fälle nicht abgedeckt sind und das Konzept aufgrund dessen leicht geändert und angepasst werden muss.

Das heißt jetzt für dich und in der Zukunft, es werden noch viele technische Entwicklungsschritte kommen, viele »Experten« werden dir von neuen Methoden, Werkzeugen oder ähnlichen hochtrabenden Begriffen berichten. Meine Empfehlung dafür, bleib gelassen und lass den Gipfel der ersten Hysterie an dir vorüberziehen, bis das allgemeine Plateau der Vernunft erreicht wurde. Dann kannst du dir dies alles in Ruhe anschauen und entsprechend darauf reagieren. **Diese Herangehensweise** empfehle ich übrigens auch immer bei »neuen« Gefahren und deren Berichten – siehe Airbags, Fotovoltaikanlagen, Faserverbundwerkstoffe oder Brände von E-Fahrzeugen, … to be continued!

Noch ein paar Worte zum Thema künstliche Intelligenz, da diese weder zu neuen Methoden noch zu Lerntheorien passt.

Künstliche Intelligenz (KI) ist ein Bereich der Informatik, der Maschinen und Computern die Fähigkeit gibt, menschenähnliche Intelligenz zu entwickeln und zu nutzen. Die Möglichkeiten von KI sind vielfältig und reichen von automatisierten Prozessen in der Industrie bis hin zur personalisierten Medizin. KI kann auch dabei helfen, komplexe Datenmuster zu erkennen und Entscheidungen zu treffen. Allerdings gibt es auch ethische und soziale Herausforderungen, die im Zusammenhang mit der Verwendung von KI adressiert werden müssen.

Dieser Text wurde übrigens von einer KI mittels Chatfunktion geschrieben … Mein Auftrag an die KI lautete hier: »Schreibe eine kurze Zusammenfassung in vier Sätzen über die Möglichkeiten von künstlicher Intelligenz«. Interessant? Erschreckend? **Auch wenn der Text jetzt nicht vor Humor und Charme gerade sprüht, zeigt es doch mal die aktuellen Möglichkeiten auf. Ich habe für mich gerade erst erkannt, dass sich hier in den nächsten Jahren noch sehr viel ändern kann und wird! Wir werden es spätestens in der zweiten Auflage dann sehen …**

10.3 Weiterlernangebote

Bild 134:   *Weiterlernangebote sind wie Geschenke*

Wenn du die anderen Kapitel alle aufmerksam gelesen hast, weißt du ja, dass die Weiterlernangebote in diesem Buch immer aus drei Punkten bestehen: freiwillige

10.3 Weiterlernangebote

Aufgaben, Begriffe für Suchmaschinen und Recherche sowie Quellen und weiterführende Literatur. Diese sollen dir zusammen mit einem zusätzlichen Punkt, meinen persönlichen Weiterlerntipps, einen Übergang zwischen Buch und späterer Realität das Weiterlernen erleichtern.

Trotzdem möchte ich an dieser Stelle dir nochmal eine schnelle Zusammenfassung für die weitere Zukunft im Bereich der Erwachsenenbildung geben. Denn, daran kannst du dich schon gleich mal gewöhnen, in den Sozialwissenschaften, und da befinden wir uns jetzt einfach, ist nichts so beständig wie der Wandel.

10.3.1 Erklärung für die (freiwilligen) Aufgaben

Wie bereits im ▶ Kapitel 9.2.2 erläutert, sind an das Thema anschließende Aufgaben als besondere Art des Weiterlernens sehr effektiv. Ich hoffe, dass du schon das Angebot genutzt hast und die ein oder andere freiwillige Aufgabe nach den Kapiteln durchgeführt hast. Falls nicht wäre es spätestens jetzt ein guter Zeitpunkt damit anzufangen. Denn diese sind einmal eine zusätzliche Wiederholung der vermittelten Inhalte und bieten darüber hinaus eine Vorbereitung für deine weiteren Aufgaben. Daraus kann man, mit dem notwendigen Ziel vor Augen, so ganz nebenbei nochmal praxisbezogen lernen. Das Ziel dieser Aufgaben ist es, den gerade gelernten Inhalt so in die Aufgabenstellung zu verpacken, dass damit ein konkreter Nutzen oder eine weitere Vorbereitung für die spätere Funktion erreicht wird. **Ganz im Gegensatz zu vielen Hausaufgaben in unserem Schulsystem, die eher den Sinn einer Beschäftigungstherapie erfüllen.**

10.3.2 Erklärung für die Quellen und weiterführende Literatur

Natürlich habe ich mir die vorangegangenen Erkenntnisse nicht einfach aus dem Finger gesaugt. Auch ist es bei Fachpublikationen nun mal so üblich, dass man nicht eigene Gedanken mit Quellen belegt, und das will ich mir natürlich nicht entgehen ... oder vorwerfen lassen. **Nicht dass ich meine Titel noch zurückgeben muss – aber egal, Titel sind ja keine Kompetenz!** Aus Gründen der Übersichtlichkeit habe ich auf die klassischen Fuß- oder Endnoten verzichtet und am Ende jedes Kapitels alle verwendeten Quellen aufgeführt. Das hat den zusätzlichen Charme, dass du diese auch gleichzeitig als weiterführende Literatur verwenden kannst. Natürlich sind diese in alphabetischer Reihenfolge und ohne Wertung aufgeführt.

10 Abschluss dieses Buchs

10.3.3 Erklärung für die Suchmaschinenbegriffe

Gerade in der Schnelllebigkeit des Internets und bei der Verwendung von unterschiedlichen Suchmaschinen (ja – es gibt noch andere als die mit dem großen G …) sowie den ein oder anderen Datenbanken (eBooks, Bibliotheken, Streamingdienste etc.) empfiehlt es sich, hilfreiche Suchbegriffe vorzugeben. Aus meiner Sicht heraus sind hier absolute Links und Empfehlungen zu statischen Webseiten nicht so zielführend – deshalb die langlebigere Variante mit den Begriffen. Natürlich werden die ganzen Wörter für eine Internetrecherche niemals vollständig sein und die Ergebnisse werden immer wieder unterschiedlich ausfallen. Zum einen findet hier ein stetiger Wechsel statt, es kommen neue Seiten dazu und manche verschwinden auch wieder. Zweitens werden die Algorithmen von Suchmaschinen immer weiterentwickelt und passen sich aufgrund der gesammelten Daten immer besser deinem Profil an.

Wenn du z. B. nach einem »Verlobungsring« suchst, brauchst du dich nicht wundern, wenn schon ein paar Monate später erste Angebote für Hochzeitslocations, Caterings und sogar Traumurlaube für die Flitterwochen, auf der Basis deiner bisherigen Suchen, vorgeschlagen werden. Die nächste Stufe ist dann ca. 1 Jahr später die Empfehlungen für Babysachen … Vielleicht wissen die ja doch mehr als man selbst?!

Herzlich willkommen in der schönen neuen Welt der Big Data Analysen! Aber das wäre jetzt fast schon ein eigenes Thema … Also nicht wundern, wenn unterschiedliche Ergebnisse zu unterschiedlichen Zeiten mit unterschiedlichen Benutzern auf unterschiedlichen Computern bei sonst gleichen Suchbegriffen angeboten werden.

Jetzt kommt natürlich wieder das große ABER! Diese Filterung kann bestimmte – auch gegenteilige Informationen – ausblenden und dir somit nur eine bestimmte Richtung geben und vor allem auch bestätigen. Suchst du z. B. eine Zeitlang nur nach den Vorteilen von CAFS, kann es irgendwann passieren, dass keine Nachteile mehr angezeigt werden.

Wenn du dir mal ein sehr schönes Beispiel dieser »Filterblase« anschauen willst, kann ich dir nur wärmstens das Projekt TheirTube empfehlen. Dort kannst du dir sechs unterschiedliche Persönlichkeiten und die daraus resultierenden Auswirkungen auf die vorgeschlagenen Videos anzeigen lassen – leider nur in Englisch.

10.3 Weiterlernangebote

Einen weiteren guten Punkt gibt es noch, die entsprechenden Suchbegriffe vorzugeben. Dies ist eine Art des Brainwritings, so dass du auch ein bisschen überlegen und selbst noch weitere, gerne auch ähnliche, Begriffe finden und ergänzen kannst.

10.3.4 Wissenschaftlichkeit

Ein wichtiger Begriff für eine wichtige Sache! Wissenschaftlichkeit bezeichnet nichts anderes als die Garantie, gesicherte Informationen bereitzustellen und dies auch belegen zu können. Dies habe ich in diesem Buch durch jede Menge an Quellen und Literatur bestmöglich versucht umzusetzen. Die Grenze zwischen vielen Quellen und Allgemeingültigkeit ist dabei immer die schwierigste, deshalb bitte ich dich, eventuell (einzelne!) fehlende Quellenangaben nachzusehen.

Am einfachsten ist es wahrscheinlich mit einem kleinen Beispiel: Nehmen wir mal an, ich schreibe an dieser Stelle, dass dies das umfassendste und beste Buch über Aus, Fort- und Weiterbildung bei der Feuerwehr wäre … Dann kann man das einfach glauben oder ich müsste entsprechende Beweise bereitstellen. Diese könnten z. B. aus einer entsprechenden Umfrage in ca. einem Jahr bei einem Teil der Leser:innen stammen.

Diese schriftlichen Beweise sind in der (wissenschaftlichen) Literatur Belege, Zitate und Quellenangaben. So liefert man die Erklärung, dass dies bereits woanders so schon geschrieben steht und nur weiterverwendet wird. Speziell bei Doktorarbeiten empfiehlt es sich alles abzusichern – sonst droht der Plagiatsvorwurf **(gell – Herr Karl Theodor Silvester und all die anderen Feiertage …)**. Gibt es keine ausreichenden Belege oder Quellen für eine These oder Theorie, ist das auch nicht schlimm, denn hier kommt der eigentliche Teil einer wissenschaftlichen Arbeit – die Erzeugung neuen Wissens. Diese erfolgt mittels einer ausgeklügelten Methodik im Forschungsdesign. Jeder der schon mal eine Abschlussarbeit geschrieben hat weiß, von was ich rede (ansonsten einfach mal im Internet nach »qualitativer Inhaltsanalyse nach Mayring« suchen, um eine von vielen Möglichkeiten zu nennen).

Greifen wir das Beispiel nochmal auf. Entweder habe ich ein paar gute Rezensionen oder Buchvorstellungen, die genau das so beschreiben oder ich muss eben selbst den Beweis erbringen …
Z. B. mittels dieser qualitativer Inhaltsanalyse – d. h. nichts anderes, als dass ich eine sogenannte Studie durchführen und diese Studie hier nachvollziehbar nieder-

10 Abschluss dieses Buchs

> schreiben muss. So wären z. B. 200 Feuerwehrlehrkräfte aus ganz Deutschland mit genau den gleichen Fragen interviewt worden und wenn dabei herauskäme, dass 199 von 200 genau die Aussage von oben unterstützen – voila, da haben wir den fehlenden Beweis.

Was ich mit dem Beispiel aufzeigen wollte: Man muss keine Angst vor wissenschaftlichen Belegen haben. Die Begriffe sind (auch für mich immer noch) abschreckend und klingen kompliziert. Letztendlich werden Aussagen und Theorien nur durch andere Quellen belegt. Der Grundsatz hier lautet – je mehr Quellen eine These unterstützen, desto besser! Wenn keine anderen Quellen vorhanden sind (weil es sich z. B. um ein neues Thema handelt), muss man halt Beweise liefern oder den Weg dahin nachvollziehbar machen. **So kann man dann ganz leicht nachvollziehen, dass eine Studie darüber, dass Schokolade gesünder als Salat ist, entweder durch fehlende Verweise entlarven oder schnell feststellen, dass die vorhandenen Quellen alle von der Zuckerindustrie stammen. Aber Achtung, auch das ist schon mehrfach passiert, dass die Finanzierer solcher Studien sich durch Scheinfirmen vertreten lassen und so ihre schmutzigen Geschäfte durch eine »nicht-mehr-nach-Vollziehbarkeit« vertuschen! Dieses Beispiel ist natürlich nur frei erfunden.**

10.3.5 Persönliche Weiterlerntipps

An persönlichen Tipps, Hinweisen und Verständnisbeispielen dürfte es in diesem Buch wirklich nicht mangeln. Trotzdem möchte ich dir an dieser Stelle noch meine ganz persönlichen Tipps zum Weiterlernen anbieten. Vorausgesetzt, du interessierst dich für dieses Thema und möchtest noch mehr darüber wissen.

- ✓ Nimm dir ein schönes kleines Büchlein und schreib dir auf jede Seite bei jeder Schulung, gute Ideen, Verbesserungsmöglichkeiten und interessante Aspekte auf, die du gerne selbst anwenden möchtest.
- ✓ Fasse komplizierte Frage- und Problemstellungen auf max. einem DIN A5 Zettel zusammen.
- ✓ Es gibt unterschiedlichste VHS-Kurse zu diesen Themenfeldern, die gar nicht mal viel kosten, gute Ideen bringen und neue wertvolle und nette Kontakte ermöglichen.
- ✓ Schließe dich mit anderen in der Aus-, Fort- und Weiterbildung tätigen Personen zusammen und veranstalte ein regelmäßiges Methodentraining, in dem ihr Sachen ausprobieren und euch gegenseitig neue Ideen vorstellen könnt.

10.3 Weiterlernangebote

> ✓ Erwachsenenbildung kann man studieren (oder auch ähnliche Studienrichtungen) und dadurch sein Wissen enorm erweitern – hat sogar bei mir geholfen und funktioniert.
> **Hier meine absolute Empfehlung für alle Lebenslagen!**
> ✓ Überlege dir selbst immer genau einen Punkt nach jeder durchgeführten Schulung/Situation den du beim nächsten Mal besser machen willst! Das bringt dich qualitativ langfristig sehr weit nach vorne! Dies funktioniert genauso nach jedem Einsatz, Mitarbeitergespräch, Projekt u. v. m.

11 Schluss und Danke

Bild 135: *Vielen Dank!*

An dieser Stelle möchte ich dir danken, dass du dich bemühst die Qualität in der Aus-, Fort- und Weiterbildung der Feuerwehren zu verbessern. Hier extra Zeit und Geld in deine eigene Weiterbildung zu investieren ist nicht selbstverständlich! Das verdient Respekt und Anerkennung! Ich hoffe du konntest viele interessante Ideen und nützliche Anregungen mitnehmen, die du bei deinen nächsten Schulungen (egal ob Unterricht, Übungsabend, Training oder Lehrgang) hoffentlich sofort anwenden möchtest und kannst. Solltest du irgendwo mal anderer Meinung sein oder Fehler gefunden haben, freue ich mich – **und das meine ich ganz ehrlich** – darauf von dir zu hören und so selbst daraus zu lernen!

Mach's gut und viel Erfolg beim Weiterlernen. Irgendwann treffen wir uns in der kleinen Feuerwehrwelt bestimmt mal persönlich – ich freue mich schon drauf …

Servus!

Nachdem unterhalb noch etwas Platz ist, möchte ich den auch sinnvoll nutzen und an dieser Stelle ein paar Personen herzlich für die Unterstützung danken …

11 Schluss und Danke

DANKE!

Annette:	… meine wundervolle Frau – für die viele Geduld an vielen Abenden, die ich nicht neben dir auf der Couch saß! Schön, dass du an meiner Seite bist!
Papa:	… dafür, dass du mir mit deiner großen Leidenschaft die Feuerwehr und sehr viel über Führungsverständnis gezeigt hast!
Mama:	… für alles, was du mir an Empathie und Selbstbewusstsein mitgegeben hast!
Franzi:	… dada bam rote Auto Papa Arbeit – für die süßeste und schönste aller Ablenkungen beim Buchschreiben!
Tobi:	… für deine Freundschaft, deine Unterstützung im Beruf und für die Idee das Studium der Erwachsenenbildung anzufangen!
Frau Hanuschkin	… für die Geduld bis zur Fertigstellung und die wertvolle Unterstützung beim Lektorieren.
Herr Janzen:	… für die umfangreiche Detailarbeit und die unentbehrliche Fortführung des Lektorats.

Kurzwörterbuch/Stichwortverzeichnis

Bild 136: *Kurzwörterbuch für einen schnellen Überblick*

Andragogik (siehe auch Erwachsenenbildung)
Die Andragogik ist die Wissenschaft über die > Erwachsenenbildung. Der Begriff findet i. d. R. nur in direktem Zusammenhang oder als Abgrenzung zur Pädagogik Verwendung.

Augmented Reality (AR)
Darstellung einer virtuellen Realität eingebettet in die reale Umgebung. In der Regel wird dies mittels halbdurchlässiger Brillen umgesetzt, diese blenden in die wirkliche Welt virtuelle Objekte ein.

Ausbildung
Eine Ausbildung vermittelt Wissen, Fertigkeiten und Kompetenzen i. d. R. durch eine Bildungseinrichtung. Ziel ist es einen Abschluss zu erreichen, der für eine bestimmte Funktion oder einen bestimmten Beruf befähigt. Fast immer wird dies durch eine Prüfung am Ende bescheinigt

Blended Learning
Vermischung mehrerer Lernmethoden, meistens werden Präsenzphasen in der Ausbildung didaktisch zielführend mit E-Learning-Einheiten oder Selbststudium kombiniert.

Computer-Based-Training (CBT)
Beschreibt alle Formen eines Computerunterstütztes Lernens in der einfachsten Form. Der Begriff steht auch für die erste Welle des E-Learnings (E-Learning 1.0).

Kurzwörterbuch/Stichwortverzeichnis

Didaktik
Die Kunst des Unterrichtens und des Lehrens. Die Didaktik ist wie die Taktik im Feuerwehreinsatz (das Richtige zur richtigen Zeit am richtigen Ort tun) – nur werden hier Inhalte vermittelt. Didaktik ist aber auch die Wissenschaft der allgemeinen Unterrichtslehre und die Theorie zur Steuerung von Lernprozessen.

Didaktischer Ablauf
Logische und abgestimmte Reihenfolge einzelner Trainingseinheiten oder Themenfelder, die aufeinander aufbauen und aus dem im Anschluss ein Stundenplan erzeugt wird.

Distance Learning = Fernunterricht
Der größte Teil von Lerninhalten, Kenntnissen und Fähigkeiten wird aufgrund einer räumlichen Trennung zwischen Lehrenden und Lernenden vermittelt. Meistens finden dabei einzelne Präsenztermine statt, bei denen die Inhalte präzisiert oder eingeübt werden. Ein individuelles Lernen und eine freie Zeiteinteilung sind hier die Hauptvorteile.

E-Learning/eLearning
Ein Kunstwort, das als Überbegriff für alle digitalen Lernmethoden, online und offline, steht. Es werden digitale Medien zur Produktion, Nutzung oder Veröffentlichung von Lerneinheiten genutzt.

Ermöglichungsdidaktik
Die Ermöglichungsdidaktik soll dem Lernenden eigenständiges Lernen ermöglichen. Der Lehrende unterstützt dabei und hilft bei der eigenständigen Lösungssuche. Sie ist eine Form der Didaktik und basiert auf den Prinzipien der Selbstbestimmung und Selbststeuerung. Sie geht davon aus, dass für die Lernenden ein Lernprozess nicht von außerhalb erzeugt, sondern nur durch geeignete Rahmenbedingungen für einen inneren Lernprozess ermöglicht wird.

Erwachsenenbildung (= Andragogik)
Erwachsenenbildung ist die formelle und informelle Form des Lernens über die gesamte Lebensdauer. Sie wird oftmals mit der beruflichen Weiterbildung gleichgesetzt.

Kurzwörterbuch/Stichwortverzeichnis

Evaluation
Eine Evaluation ist die Bewertung oder zielgerichtete Rückmeldung vieler Möglichkeiten. Im Lernzusammenhang geht es um die Eignung eines angestrebten Zecks, die Erreichung der Lernziele oder der Zielerreichungsgrad des Lernprozesses in seiner Gesamtheit oder in Teilen.

Fortbildung
Die Fortbildung dient dazu, nach Abschluss einer Ausbildung das Wissen und Können auf dem aktuellen Stand zu halten, an fortschreitende Veränderungen anzupassen und zu vertiefen. Eine Fortbildung wird immer im eigenen Tätigkeits- oder Funktionsbereich durchgeführt.

Gamification
Die Förderung des Lernprozesses mittels unterhaltungsfördernder Elemente zur Weckung des Spieltriebs wird als Gamification bezeichnet. So werden spielerische Inhalte dazu genutzt, sie mit einem anderen Zusammenhang – hier dem Lernen – zu verbinden. Das heißt, dass das Lernen nebenbei zum Spielen passiert und so als solches kaum wahrgenommen wird.

Handlungsorientierung
Handlungsorientierter Unterricht ist ein ganzheitlicher, aktiver Unterricht, in dem die zwischen den Lehrenden und den Lernenden vereinbarten Handlungsprodukte die Organisation des Unterrichtsprozesses bestimmen.

Kompetenz
Kompetenzen beschreiben vorhandene Fähigkeiten, mit dem existierenden Wissen in speziellen Gebieten Probleme zu lösen oder in beliebigen Situationen anzuwenden sowie die Bereitschaft und den Willen, dies auch zu tun.

Konstruktivismus
Der Konstruktivismus beschreibt, dass das Erleben und Lernen Konstruktionsprozessen unterworfen ist. Diese werden durch sinnesphysiologische, neuronale, kognitive und soziale Prozesse beeinflusst. Lernende schaffen sich eine eigene Abbildung der Welt in ihrem Lernprozess. Somit hängt das Lernergebnis stark, aber nicht ausschließlich, vom Lernenden selbst und seinen Erfahrungen ab.

Kurzwörterbuch/Stichwortverzeichnis

Künstliche Intelligenz/KI/Artificial Intelligence/AI
Die künstliche Intelligenz beschreibt eine wissenschaftliche Disziplin zur Entwicklung von Systemen oder Programmen, die sich intelligent verhalten sollen. Lernprogramme sollen so Muster im Lernprozess erkennen und diese bewusst fördern und ausbauen.

Lernmanagementsoftware
Zentrale Verwaltung und Oberfläche für die Bereitstellung, Anzeige, Auswertung und Verbindung aller virtuellen Lehrinhalte. Es enthält meist asynchrone oder zeitversetzte Kommunikationsmöglichkeiten.

Lernnuggets
Lernnuggets sind die wertvollen und wesentlichen Lerninhalte, die im Schürfen nach Wissen hängenbleiben. Gleich einem Sieb, fällt der unwichtige Sand durch und die wenig wertvollen Steine bleiben zwar liegen, aber die glänzenden Nuggets der Erkenntnis strahlen aus der Schürfpfanne hervor.

Lehrziel
Beschreibt die geplanten und angestrebten Ziele des Lernenden, die in der entsprechenden Lerneinheit erreicht werden sollen. Im Gegensatz zum Lernziel geht es hier um die individuelle Fokussierung.

Lernziel
Der geplante Zustand oder die Anforderungen, die durch Lernende beim Denken, Wissen, Verhalten, in den Fertigkeiten oder auch in den Einstellungen erreicht werden soll, werden hier beschrieben. Die zu erwerbenden Eigenschaften sollen so formuliert werden, dass diese auch durch Außenstehende erkannt werden können.

Methodik
Die Methodik ist im Fachgebiet der Pädagogik eine eigene Teildisziplin, die sich mit dem Weg zu den (Lern-)Zielen befasst. Es geht darum, wie etwas vermittelt werden soll. Diese Frage darf erst nach den Überlegungen, »was« vermittelt werden soll, bearbeitet werden.

Microlearning
Eine relativ einfache und wenig aufwendige Möglichkeit Lernen in kurze Pausen oder sogar in den Alltag zu integrieren. So werden Lerninhalte ganz kurz und an

ungewöhnlichen Orten wie z. B. auf Toilette oder am Wasserspender mit ganz einfachen Mitteln wie z. B. einem QR-Code oder einem einlaminierten Zettel bereitgestellt.

Mixed Reality (MR)
Eine Weiterentwicklung der Virtual Reality mit Vermischung von realen Elementen. Meist sind dies die Hände der Lernenden oder auch typische Gegenstände aus dem Berufsalltag, die in der echten Welt genutzt und in der virtuellen Welt angezeigt werden.

Mobil Learning
Lernen ohne feste räumliche oder zeitliche Vorgaben, meist gleichbedeutend mit dem Begriff oder verstanden als Teil des Begriffs E-Learning mit mobilen Geräten.

Online-Lehrgänge
Der Unterschied zu Lernprogrammen liegt in der Betreuung durch Fachpersonen während der Durchführung. Zusätzlich werden Präsenzphasen während der Online-Lehrgänge, vor allem am Anfang und weniger gegen Ende hin, angeboten.

Operatoren
Operatoren sind Wissen oder Tätigkeiten beschreibende Verben (wie z. B. erklären, aufzeigen oder begründen), die bei einer Aufgabe oder Prüfung zu einer bestimmten Tätigkeit auffordern und diese möglichst genau beschreiben sollen. Dabei gibt es zwischen den erwarteten Handlungen (z. B. Reproduktion, Reorganisation, Transfer) qualitative Unterschiede in den Anforderungen.

Pädagogik
Die Pädagogik ist eine Wissenschaft, die sich mit der allgemeinen Lehre aber auch der Erziehung oder den Normen und Werten von Lernenden befasst. Die wörtliche Übersetzung der Erziehung von Kindern und die ersten Überlegungen sind leider nicht mehr ganz zeitgemäß in der Erwachsenenbildung. Wenn man es allerdings als Wissenschaft zur Entwicklung und auch Begründung von Zielen in der Aus-, Fort- und Weiterbildung bezeichnet, funktioniert die Definition. Hier geht es um das Prinzip »was« und in welchem Zusammenhang etwas vermittelt wird und diese Überlegungen stehen dabei immer vor der Methodik mit dem »wie«!

Kurzwörterbuch/Stichwortverzeichnis

Perturbation
Dies ist eine Störung (im irritierenden Sinne) zur Steigerung des Lernverhaltens. Meist als Provokation, Überraschung, Verblüffung oder Aha-Moment im Lernprozess, der als Anregung zum Nachdenken aus dem eintönigen Lernbrei herausreißen soll.

Planspiele
Simulationen oder Gedankenspiel in einer Modellumgebung, um bestimmte (meist negative) Auswirkungen ohne Konsequenzen auszutesten. Gerne auch genutzt, um aufwendige Szenarien relativ schnell mit unterschiedlichen Varianten durchzuspielen.

Selbststeuerung/Selbstreflexionskompetenz
In Bezug auf Bildung ist eine der wichtigsten Eigenschaften und folglich auch Kompetenzen die Fähigkeit sich selbst zu beobachten, zu reflektieren, kritisch zu hinterfragen und Abweichungen an die eigenen Ziele anzupassen. Oftmals wird auch Selbstmanagement den beiden Begriffen gleichgesetzt. Sozusagen ist selbstgesteuertes Lernen die Kernaussage der Erwachsenenbildung.

Selbstwirksamkeit
Die Selbstwirksamkeit ist das eigene Vertrauen in Wissen, Können und Kompetenzen alle möglichen (berufsbezogenen) Aufgaben zu bewältigen. Sie ist die höchste Stufe auf dem Weg der Selbstentwicklung zu einer erfolgreichen Einsatzkraft für alle möglichen komplexen Einsatzsituationen.

Serious Games
Bei den ernsthaften (Computer-)Spielen handelt es sich um Unterhaltungsmethoden mit hohem Spaßfaktor, die mittels einer spielerischen Umgebung oder Geschichte Wissen und Lerninhalte nebenbei vermitteln. Das Lernen erfolgt meist passiv und wird oftmals gar nicht als solches war genommen.

Simulation
Übergeordneter Begriff für alle Methoden, die zur Darstellung realer Situationen stehen. In erster Linie werden hier komplexe Beispiele eintrainiert um unter Stress zielführend agieren zu können.

Taxonomie
Eine hierarchische Einteilung schwieriger Gegebenheiten erleichtert in fast jeder Wissenschaft die Beschreibung und Herausstellung der Unterschiede. Auch in der

Pädagogik wird diese Kategorisierung bei der Darstellung von Lernzielen verwendet. So können unterschiedliche Schwierigkeits- und Anforderungsstufen an die Lernenden einfach erzeugt werden.

Teilnehmerorientierung
Wenn Lerninhalte, Trainings und Lehrgänge anhand der Erfahrungen, Interessen und Bedürfnisse und des Vorwissens von Teilnehmenden aufgebaut werden, spricht man von einer Teilnehmerorientierung. Sie sollte in der Erwachsenenbildung selbstverständlich sein und garantiert die Vermeidung von Langeweile, Unter- und Überforderung.

Virtual Reality
Die Virtual Reality schafft eine vollständige künstliche Umgebung, in die man eintauchen kann und die man als eigene Realität übernehmen kann. Je stärker dies umgesetzt wird, desto besser die sogenannte Immersion (= Eintauchen/Einbetten) in die virtuelle Welt, die aktuell mittels VR-Brillen, 3D-Sound und Steuercontrollern realisiert wird.

Virtuelle Klassenräume/Virtual Classrooms/Virtuelle Seminare
Virtueller, meist synchroner, Informationsaustausch mit aktiver Beteiligung der Lernenden. Dies ist sowohl auf allen möglichen audiovisuellen Kanälen als auch über Text oder Chat-Funktionen möglich. Es wird versucht, den Unterricht in einem realen Klassenraum weitestgehend real abzubilden.

Vollständige Handlung
Die vollständige Handlung besteht aus sechs aufeinanderfolgenden Phasen, die einen Kreislauf mit kontinuierlichen Rückmeldungen ergeben. Diese lauten: Informieren, Planen, Entscheiden, Ausführen, Kontrollieren und Bewerten. Sie wird häufig in der handwerklichen und betrieblichen Aus- und Weiterbildung angewendet.

Weiterbildung
Meist geht es um Schulungen, die einen beruflich weiterbringen sollen. Es steht oft synonym für lebenslanges Lernen oder die Erwachsenenbildung. Neben der beruflichen Weiterbildung gibt es auch noch die allgemeine und politische Weiterbildung, die auf die Schlüsselkompetenzen abzielen sowie die, die an Hochschulen vermittelt wird.

Kurzwörterbuch/Stichwortverzeichnis

Wissen
Wissen ist die Verbindung von Informationen mit Zusammenhang, Erwartungen und vor allem gemachten Erfahrungen. Sie dient einer besseren Entscheidungsfindung auf Basis der Kombination von Daten, Kenntnissen und der Summe vieler Meinungen. Gerne wird die Definition auch noch auf Fähigkeiten und deren Anwendung ausgeweitet.

Web-Based-Training (WBT)
WBT beschreibt die zweite große Welle des E-Learnings und ist auch mit dem Begriff Web 2.0 verbunden (E-Learning 2.0). Es ist die Kombination aus CBT mit den Möglichkeiten des Internets.

Webinare/Web-Seminar/Online-Seminar
Dieser Begriff beschreibt die Durchführung von Unterrichten und Bereitstellung von Präsentationen via Internet. Diese Form kommt den klassischen Präsenzveranstaltungen am nächsten. Sie erfordern allerdings einen hohen technischen Aufwand durch die Übertragungsfunktionalitäten. Fun Fact: Der Begriff »Webinar« war bis 2023 noch markenrechtlich geschützt, mittlerweile ist das Patentrecht abgelaufen.

Weblogs/Blogs
Weblogs sind in der Regel als öffentliche Tagebücher anzusehen, mittels denen z. B. Projektarbeiten oder regelmäßig ergänzte, persönliche Geschichten für alle einsehbar sind und als Dokumentation dienen können. So wären sie auch z. B. als Lerntagebuch denkbar.

Wikis
Ein Wiki ist eine Sammlung von untereinander verlinkten Webseiten, die von allen Nutzern erstellt, bearbeitet und erweitert werden kann. Durch die Mitarbeit vieler Nutzer entsteht ein Wissensatlas, der ohne Verifizierung der Inhalte generiert wird.

Abkürzungsverzeichnis

AfA	Absetzung für Abnutzung
AR	Augmented Reality
BBiG	Berufsbildungsgesetz
BF	Berufsfeuerwehr
BMA	Brandmeldeanlage
BMZ	Brandmeldezentrale
BYOD	Bring your own Device (Bring' dein eigenes Gerät mit)
CC	Creative Commons
DIE	Deutsches Institut für Erwachsenenbildung
DQR	Deutscher Qualifikationsrahmen
etc.	et cetera (und so weiter)
EDV	Elektronische Datenverarbeitung
EQR	Europäischer Qualifikationsrahmen
FF	Freiwillige Feuerwehr
FAT	Feuerwehranzeigetableau
FBF	Feuerwehrbedienfeld
FIZ	Feuerwehrinformationszentrum
FSD	Feuerwehrschlüsseldepot
FwDV	Feuerwehrdienstvorschrift
GF	Gruppenführer
ggf.	gegebenenfalls
i. d. R.	in der Regel
IHK	Industrie- und Handelskammer
KOA	Kompetenzorientierte Ausbildung
KMK	Kultusministerkonferenz
min	Minuten
LdL	Lernen durch Lehren
LZS	Lernzielstufen
SuS	Schüler und Schülerinnen
UE	Unterrichtseinheit (meistens 45 min)
USP	Unique Selling Proposition (Alleinstellungsmerkmal)
USt.	Unterrichtsstunde
UStd.	Unterrichtsstunde
VHS	Volkshochschule

Abkürzungsverzeichnis

VR Virtual Reality
ZF Zugführer

Anhang und Hinweise zum digitalen Content

Bild 137: *Ein kleiner Anhang mit viel Inhalt*

Hinweise zum digitalen Content – Wo finde ich die Dateien?

Um den Buchumfang nicht vollends »zu sprengen« wurden einige Inhalte sinnvollerweise als digitaler Content aufbereitet. Sie können diese Inhalte über folgenden Link abrufen:

 Digitaler Content zum Buch:
 https://dl.kohlhammer.de/978-3-17-035438-8

Digital bereitgestellt werden folgende Inhalte:
- Hinweise zum Urheberrecht – kurz und bündig
- Informationsbeschaffung
- Protokoll zum Kundenanforderungsgespräch
- Methodenübersicht
- Das Erfahrungsbasierte Lernmodell (EbL)

Im Folgenden werden einige Tabellen, Hinweise und Tipps direkt als unmittelbare Nachschlagehilfe bereitgestellt.

Anhang 1 – Verben zur Lernzielformulierung

Kognitive Lehrziele		
Stufe der Komplexität	**Beschreibung**	**Verben/Operatoren**
Stufe 1 **Kenntnis**	Bekannte Informationen können wiedergegeben werden	angeben, benennen, aufzählen, formulieren, definieren, erläutern, aufzeigen, skizzieren, berichten, aufführen, erfassen, kennzeichnen, darstellen, zitieren, berichten
Stufe 2 **Verstehen**	Neue Informationen können aufgenommen und in einen veränderten Zusammenhang eingeordnet werden	erklären, erläutern, bestimmen, präsentieren, identifizieren, definieren, darstellen, definieren, beschreiben, bestimmen, demonstrieren, klassifizieren, deuten, einordnen
Stufe 3 **Anwenden**	Regeln und Prinzipien können in vorbestimmten Bereichen verwendet werden	anwenden, erarbeiten, organisieren, unterscheiden, einordnen, vergleichen, ordnen, berechnen, auswählen, gliedern, auswerten, ableiten, auf Richtigkeit überprüfen
Stufe 4 **Analyse**	Eine Aufgabe kann in Bestandteile zergliedert werden	erkunden, herausfinden, ermitteln, sortieren, testen, untersuchen, bestimmen, gegenüberstellen, ableiten, auswerten, gliedern, prüfen, auswählen, auswerten
Stufe 5 **Synthese**	Teile können zu einem neuen Ganzen zusammengefügt werden	kombinieren, konstruieren, planen, entwickeln, modifizieren, Schlüsse ziehen verallgemeinern, ableiten, folgern, beweisen, einordnen, entwickeln, ableiten

Kognitive Lehrziele

Stufe der Komplexität	Beschreibung	Verben/Operatoren
Stufe 6 Evaluation	Urteile über den Erfüllungsgrad bestimmter Kriterien können gefällt werden	bewerten, beurteilen, entscheiden, begründen, kritisch vergleichen, evaluieren, bestimmen, klassifizieren, abschätzen, diskutieren, einschätzen, urteilen, gewichten, evaluieren

Anhang 2 – Operatoren für die Prüfungsbeschreibung

Operatoren beschreiben die konkrete Aufgabenstellung bei Prüfungen. In Aufbau und Bedeutung sind sie entsprechend mit den Verben zur Lernzielformulierung vergleichbar.

Anforderungsbereich I

Operatoren	Durchführung – *Erklärung*
beschreiben	Darstellen von Personen, Situationen, Gegenständen, Vorgängen, … *ohne Erklärung und Wertung*
darstellen, darlegen, wiedergeben, angeben	Wiedergeben von Zusammenhängen, Problemen, Sachverhalten, … *mit logischer Abfolge und begrifflicher Genauigkeit, ohne Kommentar*
bestimmen	Feststellen von Ursachen, Motiven, Zielen, … *nach bestimmten Kriterien, meist Stichworte*
formulieren	Beschreiben von Ergebnissen, Standpunkten, Eindrücken, … *mit eigenen Worten, knapp*
skizzieren, schildern	Darstellen von Handlungen, Abfolgen, Problemen … *nur das Wesentliche*
(auf)zeigen, schildern	Darlegen von Textinhalten, Sachverhalten, Strukturen, Formen, … *mit Sachbezug und verdeutlichend*

Anhang 2 – Operatoren für die Prüfungsbeschreibung

Operatoren	Durchführung – *Erklärung*
zusammenfassen	Wiedergeben von Inhalten, … *sachbezogen, strukturiert, verkürzt*
herausarbeiten	Entnehmen und Wiedergeben von Informationen, Sachverhalten, … *aus vorgegebenem Material*
(be)nennen, bezeichnen	Bezeichnen von Sacherhalten, Tätigkeiten, Aufgaben, … *aufzählend*
kennzeichnen	Hervorheben von Begriffen, Auffälligkeiten, Typischen, … *ohne Erklärung*
aufzählen	Benennen von Informationen, Problemen, … *in sinnvoller Ordnung oder Reihenfolge*

Anforderungsbereich II

Operatoren	Durchführung – *Erklärung*
erstellen	Darstellen oder beschreiben von Sachverhalten, Zusammenhängen, … *inhaltlich und methodisch angemessen mit Fachbegriffen*
darstellen	Beschreiben von Strukturen, Zusammenhängen, …
analysieren	Auswerten von Materialien, Sachverhalte, … *systematisch und gezielt*
einordnen, zuordnen	In Zusammenhang stellen von Sachverhalten, Vorgängen, … *ausreichend begründet*
begründen	Entwickeln von komplexen Grundgedanken, Problemstellungen, … *Argumentativ, schlüssig und im Zusammenhang*
erklären	In Zusammenhang stellen von eigenem Wissen, Einsichten, … *mittels Theorie, Modell, Gesetz, Regel, …*
erläutern	Beschreiben von Sachverhalten, Zusammenhänge, … *anschaulich, mit Beispiel, Belegen, …*
vergleichen	Gegenüberstellen von Gemeinsamkeiten, Behauptungen, … *Gewichten, mit Ergebnis*

Anhang und Hinweise zum digitalen Content

Anforderungsbereich III

Operatoren	Durchführung – *Erklärung*
überprüfen	Messen von vorgegebenen Behauptungen, Aussagen, … *stimmig, anhand konkreter Sachverhalte*
beurteilen	Prüfen von Aussagen, Behauptungen, Vorschlägen, Maßnahmen, … *stichhaltig, angemessen und angewendete Kriterien benennen*
bewerten	Beurteilen von Aussagen, Behauptungen, Vorschlägen, Maßnahmen, … *mit persönlicher Stellungnahme, eigene Wertmaßstäbe erklären*
erörtern	Fällen eines Urteils *mit Begründung und darstellen aller Für- und Wider-Argumente*
gestalten	Entwerfen von Reden, Strategien, Skizzen, Szenarien, Modellen, … *produkt-, rollen-, adressatenorientiert*

Anhang 3 – Gestaltung von digitalen Präsentationen

Grundsatz:
Die Präsentation ist nicht ihr/dein Vortrag – sie illustriert nur den Vortrag und macht ihn besser verständlich!
10 – 20 – 30 – maximal 10 Folien in 20 Minuten mit mindestens Schriftgröße 30.

Vermeide folgendes
- ✓ Packe niemals den Vortragstext auf die Folien
- ✓ Verwende keine vollständigen Sätze
- ✓ Lese niemals die nicht vorhandenen Sätze vor

Verwende auf den Folien am besten nur
- ✓ Bilder, Grafiken
- ✓ Schlagwörter, Schlüsselbegriffe, Thesen, Argumente, Fachausdrücke
- ✓ Diagramme, Infografiken, Zahlen,
- ✓ Beispiele

Anhang 3 – Gestaltung von digitalen Präsentationen

- ✓ Ggf. auch Zitate (wenige und nur sehr wichtige!)
- ✓ Keine Sätze – besser sind Stichworte – besser sind Bilder – ideal ist ein Bild und ein Schlagwort

Grundsätze der Gestaltung
- ✓ Schriftgröße mindestens 30
- ✓ Schriftart am besten ohne Serifen
- ✓ Eine Folie – ein Gedanke
- ✓ Eine Folie – zwei Farben
- ✓ Eine Folie – drei Stichworte
- ✓ Keine Übergänge
- ✓ Kalkuliere Pufferthemen ein, falls der Vortrag zu kurz wird

Grundsätze des Vortrags
- ✓ Mindestens eine Minute pro Folie (besser und realistischer 2–3 Minuten)
- ✓ Niemals den Inhalt der Folien vorlesen!
- ✓ Eine neue Folie darf erst ein paar Sekunden wirken, d. h. eine kleine Pause zwischen den Übergängen hilft bei der Verarbeitung

Anhang und Hinweise zum digitalen Content

Schriftwirkung (spezielle für digitale Präsentationen)

Standard und Nahwirkung (schwarze Schrift auf weißem Grund)
Fern- und Signalwirkung am größten (schwarze Schrift auf gelbem Grund)
Positive Wirkung (weiße Schrift auf blauem Grund)
Verbote und Achtungswirkung (weiße Schrift auf rotem Grund)
Ebenfalls positiv belegte Wirkung (weiße Schrift auf grünem Grund)
Standardhervorhebung (rote Schrift auf weißem Grund)
Helle Schriften auf hellem Grund sind immer schwierig und anstrengend zu lesen
Das gleiche gilt für dunkle Schriften auf dunklem Grund
Schwierig zu lesen (bunte Schrift auf egal welchem Grund)
Komplementärfarben schmerzen im Auge!

Bild 138: *Schwer zu lesen?*

Anhang 4 – Flipchart-Gestaltung

Hier gibt es ein paar sehr gute Bücher, die ich an dieser Stelle vorstellen möchte. Gleich das Erste hat auch noch einen schönen Feuerwehrbezug und kann zusätzlich noch für Lagekarten bei Einsätzen verwendete werden.

Zweite Buchempfehlung

Schulze, Denne: Visualisierung in Einsatz und Ausbildung, Verlag W. Kohlhammer, Stuttgart, 2023.

Anhang 4 – Flipchart-Gestaltung

Weitere Buchempfehlungen

Weitere sehr gute Bücher für die Flipchart- und visuelle Gestaltung sind die drei nachfolgenden, hier geht es von grundlegenden Sachen (welche Stifte, Stifthaltung, ...) über Farbenlehre bis zu ausgefallenen und kreativen Vermittlungstechniken (Zeichnen auf Schachteln).

Rachow, Sauer: Der Flipchart-Coach. Profi-Tipps zum Visualisieren und Präsentieren am Flipchart, 10. Auflage, Bonn, managerSeminare Verlags GmbH, 2022.

Rachow, Sauer: Kreativ präsentieren: Wirkungsvolle Präsentationsformen – überzeugend anders als PowerPoint, Bonn, managerSeminare Verlags GmbH, 2022.

Sauer: Business-Symbole einfach zeichnen lernen, Die wichtigsten Motive für Flipchart und Whiteboard : mit Schritt-für-Schritt-Zeichenanleitung, 4. Auflage, Bonn, managerSeminare Verlags GmbH, 2020.

Eigene Kurztipps

Trotzdem möchte ich an dieser Stelle noch ein paar Tipps und eine ganz kurze fünfstufige Anleitung für die visuelle Gestaltung geben.

- ✓ Drehe das Papier so, dass die Vorderseite leer und die Rückseite kariert ist – Karos scheinen nur auf die Nähe durch
- ✓ Höhe des Flipcharts idealerweise bei Blattmitte auf Schulterhöhe
- ✓ Jedes Blatt und jede Zeichnung haben eine Überschrift
- ✓ Zeichne immer einen Rahmen um das gesamte Thema
- ✓ Verwende Großbuchstaben nur in Überschriften und Hervorhebungen
- ✓ Verwende ansonsten Groß- und Kleinbuchstaben
- ✓ Schreibe nur Stichworte – keine Einzelsätze
- ✓ Verwende maximal drei Farben
- ✓ Verwende einen großen Marker mit Keilspitze (3–5 mm)
- ✓ Container heben wichtige Punkte hervor
- ✓ Schatten mit grau oder bunten Farben zur Verdeutlichung nutzen (dicke Stifte, > 7 mm)
- ✓ Farben zum Hervorheben nutzen (Wachsmalblöcke, farbige Schatten)
- ✓ Kleine Sketchnotes (skizzierte Bilder) unterstützen den Inhalt
- ✓ Zeichnungen sollten ungefähr faustgroß sein
- ✓ Hinknien oder Hinsetzen bei Nutzung im unteren Drittel (Bücken wirkt unprofessionell)

Anhang und Hinweise zum digitalen Content

1. Schrift zuerst
2. Kasten drum!
3. Schattierungen
4. Hellere Farbe
5. Nachkolorieren

Bild 139: *Minimalste Flipchart-Gestaltungshinweise für Container*

Anhang 5 – Notengebung

Die nachfolgende Tabelle stellt mehrere Definitionen dar, wie die einzelnen Notenstufen beschrieben werden können. In der Erwachsenenbildung werden meist nur fünf Stufen verwendet, da mangelhafte und ungenügende Leistungen zusammengefasst werden. Beide Leistungen entsprechen nicht den Anforderungen, Erwartungen oder Lernzielen. Somit ist keine weitere zusätzliche Abstufung innerhalb dieser Lernzielverfehlung notwendig.

Note	Mögliche Definitionen
Sehr gut	Die Leistung entspricht den Erwartungen in besonderem Maße.
	Es handelt sich um eine besonders hervorragende Leistung.
	Die Leistung geht über die Anforderungen hinaus. Wissen, Kenntnisse und Fähigkeiten übertreffen den Ausbildungsstand.
	Besonderes Engagement bei ansonsten vollumfänglichen Leistungen

Anhang 5 – Notengebung

Note	Mögliche Definitionen
Gut	Die Leistung entspricht den Erwartungen vollkommen.
	Es handelt sich um eine überdurchschnittliche Leistung.
	Die Leistung entspricht den Anforderungen vollumfänglich. Wissen, Kenntnisse und Fähigkeiten entsprechen dem Ausbildungsstand. Es besteht keinerlei Bedarf zur Lernförderung.
Befriedigend	Die Leistung entspricht den Erwartungen größtenteils.
	Es handelt sich um eine durchschnittliche Leistung.
	Die Leistung entspricht größtenteils den Anforderungen. Wissen, Kenntnisse und Fähigkeiten liegen in einzelnen Teilbereichen unterhalb des Ausbildungsstandes. Eine minimale Förderung in diesen Bereichen kann die vorhandenen Lücken schließen.
Ausreichend	Die Leistung entspricht den Erwartungen teilweise
	Es handelt sich um eine Leistung mit wenigen Mängeln
	Die Leistung entspricht nicht dem erwarteten Ausbildungsstand und weist Mängel auf. Wissen, Kenntnisse und Fähigkeiten sind lückenhaft. Eine erhöhte Förderung kann die vorhandenen Lücken schließen.
Mangelhaft	Die Leistung entspricht nicht den Erwartungen.
	Es handelt sich um eine Leistung mit erheblichen Mängeln.
	Die Leistung entspricht nicht dem erwarteten Ausbildungsstand und weist gravierende Mängel auf. Nur intensive Förderung kann die Lücken schließen.
Ungenügend	*[hier gibt es keine Definition]* Note 5 und Note 6 werden zusammengefasst in »die Erwartungen wurden nicht erfüllt«.
	Es handelt sich um eine unbrauchbare Leistung.
	Die Leistung entspricht nicht den Minimalanforderungen, selbst Grundkenntnisse weisen massive Lücken auf. Auch intensive Förderung können die Lücken nicht in kurzer Zeit füllen.
	Komplette Themaverfehlung oder vorsätzliche Täuschung

Carsten Hahn/Marius Brüser

Prüfungsleitfaden für die Feuerwehren

Eine Lernhilfe für die
Aus- und Weiterbildung

5., erw. und überarb. Auflage 2023
369 Seiten mit 32 Abb. und 28 Tab. Kart.
€ 42,–
ISBN 978-3-17-039059-1

Das Buch behandelt in 24 Sachgebieten Beispielfragen zu einer Vielzahl von Bereichen des Feuerwehrwesens, die häufig Gegenstand schriftlicher und mündlicher Prüfungen sind. Der Frage- und der Antwortteil sind getrennt abgedruckt und geben somit die Möglichkeit zum Selbststudium und zur selbstständigen Erfolgskontrolle. Durch die ausführlichen Antworten zu den einzelnen Prüfungsfragen und nicht zuletzt durch die langjährige Erfahrung der beiden Autoren in der Aus- und Weiterbildung kann sich der Leser mit diesem Buch optimal und praxisnah auf Laufbahn- und Lehrgangsprüfungen vorbereiten. Die 5. Auflage wurde vollständig überarbeitet, berücksichtigt die Neuerungen der FwDV 500 und wurde unter anderem um Fragen zum Sicherheitstrupp oder zum Digitalfunk erweitert.

Carsten Hahn, Leitender Branddirektor, ist Abteilungsleiter der Prävention und stellvertretender Amtsleiter der Feuerwehr Düsseldorf.
Marius Brüser, Brandrat, ist Leiter der Feuerwehrschule Düsseldorf.

Digital-Ausgabe erhältlich in der
BRANDSchutz-App und als E-Book.
Leseproben und weitere Informationen:
www.kohlhammer-feuerwehr.de

Nils Beneke/Jan Ole Unger

Einsatzübungen planen und durchführen

Ein Handbuch für Feuerwehren und Rettungsdienste

2., aktual. Auflage 2023
156 Seiten mit 75 Abb. und 4 Tab. Kart.
€ 28,–
ISBN 978-3-17-043696-1

Die Autoren beschreiben die Planung, Durchführung und Nachbereitung von Übungen für Feuerwehr und Rettungsdienste. Das Grundlagenwerk stellt hierbei hilfreiche Werkzeuge für das Anlegen von Einsatzübungen und Führungstrainings vor.
Ganz gleich, ob eine Übung für eine kleine Einheit oder organisationsübergreifend mit zahlreichen Einsatzkräften durchgeführt wird. Beschrieben wird auch die gewissenhafte Nachbereitung von Einsatzübungen. Das Fachbuch wird durch Sicherheitshinweise sowie hilfreiche Checklisten und Arbeitsblätter ergänzt, die dem Leser die praktische Umsetzung von Übungen erleichtern. Die Autoren gehen zudem auf den Nutzen von virtueller Simulation für die Durchführung von Übungen ein.

Jan Ole Unger, Brandamtsrat, ist stellvertretender Leiter einer Feuer- und Rettungswache der Berufsfeuerwehr Hamburg.
Nils Beneke, Brandamtsrat, ist bei der Berufsfeuerwehr Hannover tätig.
Die Autoren sind Gründer des Ausbildungsportals DREHLEITER.info und führen als Instruktoren Ausbildungen im In- und Ausland durch.

Digital-Ausgabe erhältlich in der BRANDSchutz-App und als E-Book.
Leseproben und weitere Informationen:
www.kohlhammer-feuerwehr.de

Redaktion BRANDSchutz/
Deutsche Feuerwehr-Zeitung (Hrsg.)

Das Feuerwehr-Lehrbuch

Grundlagen – Technik – Einsatz

9., erw. und überarb. Auflage 2025
1180 Seiten mit 1369 Abb. und 118 Tab.
Fester Einband
€ 94,–
ISBN 978-3-17-046400-1

Dieses Standardwerk der Feuerwehrausbildung erläutert, orientiert an den Lernzielkatalogen für die Ausbildung des mittleren feuerwehrtechnischen Dienstes und der Feuerwehr-Dienstvorschrift 2 „Ausbildung der Freiwilligen Feuerwehren", die vollständige Feuerwehr-Grundausbildung für Berufs- und Werkfeuerwehren sowie für Freiwillige Feuerwehren. Dabei entsprechen die Aussagen der aktuellen Lehrmeinung. Zudem wird auf einen hohen Praxisbezug Wert gelegt: Zwölf klar gegliederte Hauptkapitel und 91 Unterkapitel, vorgegebene Lernschritte, zahlreiche Merk- und Informationskästen sowie eine reiche Bebilderung mit speziell erstellten Grafiken erleichtern das Lernen. Die 9. Auflage wurde komplett durchgesehen, aktualisiert und um zwei neue Kapitel ergänzt.

32 namhafte Autoren aus dem Feuerwehrbereich haben spezielle Fachkapitel erarbeitet. Die Herausgabe erfolgt durch die Redaktion der führenden Feuerwehrfachzeitschrift BRANDSchutz/Deutsche Feuerwehr-Zeitung.

Digital-Ausgabe erhältlich in der
BRANDSchutz-App und als E-Book.
Leseproben und weitere Informationen:
www.kohlhammer-feuerwehr.de